力学丛书·典藏版 2

非线性弹性理论

郭仲衡 著

科学出版社

1980

内 容 简 介

本书从理性力学观点，系统叙述非线性弹性力学的精确理论，着重理论的基本概念，使读者除了掌握本理论外，还为进一步了解理性力学的其它方面打下基础.

本书取目前国际上最通用的“两点张量法”和“抽象符号法”之长，首次采用“两点张量抽象符号法”，使之有可能进行简明扼要而严格的数学描述；同时，又避免用过深的数学工具，使读者能由浅入深掌握本书内容.

本书可供力学工作者和理工科大学师生参考.

图书在版编目 (CIP) 数据

非线性弹性理论 / 郭仲衡著. —北京：科学出版社，2016.1
(力学丛书)
ISBN 978-7-03-046892-5
I. ①非… II. ①郭… III. ①非线性—弹性理论 IV. ① 0343
中国版本图书馆 CIP 数据核字 (2016) 第 004368 号

力 学 丛 书
非 线 性 弹 性 理 论
郭 仲 衡 著
*
科 学 出 版 社 出 版
北京东黄城根北街 16 号
北京京华虎彩印刷有限公司印刷
新华书店北京发行所发行 各地新华书店经售
*

1980 年第一版　　开本：850×1168 1/32
2016 年印刷　　印张：7 3/4 插页：2
字数：204,000

定 价：68.00元

前　　言

五十年代末六十年代初，作者在波兰科学院研究有限变形理论期间作过一些札记，曾于 1963 年，1964 年在北京大学数学力学系讲授过. 本书是在 1964 年讲义的基础上修改补充并添进若干结果而写成的. 由于时间仓促，不免有漏误之处，请读者指正. 作者感谢中国科技大学朱兆祥教授对本书修改提出的宝贵意见.

郭　仲　衡

(Guo Zhong-heng)

1978 年 12 月于北京大学

再　　言

本书脱稿付印后，作者在波兰 21 届固体力学会议（1979 年 9 月）作了题为“非线性弹性理论变分原理的统一理论”的报告. 该文补充了本书的“变分原理”一章的不足，叙述进了一步. 今列为附录，便于读者了解问题的全貌.

作　　者

1979 年 11 月于西德鲁尔大学

目　　录

绪　　论

弹性力学作为精确理论,从本质上就是非线性的. Cauchy 和 Green 在这方面都作出了贡献. 在 Kirchhoff 和 Kelvin 的工作里也可以找到这一理论的基础. 1894 年, Finger 完成了超弹性(*hyper-elastic*, 即有弹性势的)体的有限变形理论. 有限弹性变形理论方程冗长而复杂,特别是强烈的非线性,使当时的人们感到在数学上进行一般性的讨论是没有多大希望的. 再加上当时应用的均属于在弹性范围内变形不大的弱弹性材料, 生产与工程实际没有提出应用精确理论的迫切要求. 于是, 绝大多数弹性力学工作者都避开这种理论而走上了线性化的道路. 现今, 古典线性弹性力学已发展为一门成熟的理论, 并且在解决许多实际问题中找到了得心应手的应用.

近二、三十年来,新现象的发现,新材料和新结构的应用,使非线性理论重新受到重视. 不少作者对古典理论作不同程度的几何上的或物理上的修正而提出各式各样的非线性工程理论, 种类繁多,不胜枚举.

本书不涉及这些工程理论, 而准备尽可能从一般性的角度叙述弹性通论. 张量分析工具的应用,虽然并不改变问题的实质,但它能使方程摆脱繁杂的形式而变得简单、明晰,物理概念突出,从而使许多问题的进一步探讨成为可能. 其次,第二次世界大战期间,橡皮工业的发展提出了橡皮结构(而现在还有高分子聚合物结构)的计算问题. 1940 年 Mooney 通过大量实验证实了某些类型橡皮的力学性能可用弹性势: $\Sigma = C_1(\mathrm{I} - 3) + C_2(\mathrm{II} - 3)$ 来描述, 从而把非线性弹性理论中最困难的问题之一——弹性势的函数形式问题——具体向前推进了一步. 再者, 实验证实了橡皮是几乎不可压缩的材料. 1948 年起, Rivlin 等正是利用了不可压缩条件用半返逆法获得了一系列简单而重要问题(圆柱体扭转、立方体弯曲等)的精确解．把这些解和橡皮的实验作比较得到了弹性势的形式．用这些结果预报橡皮制品的性能，即使它的伸长为原长的两三倍，精度仍能达到百分之几．只要想到，伸长度为 1% 时小变形理论的误差已甚大，就可以体会到有限变形论获得成功的份量了．这个成功鼓舞了人们研究这种理论的勇气，从而开始了对有限变形弹性论的新攻势，并且由此而导致了整个理性力学的蓬勃发展．

在作为连续介质力学来叙述有限弹性变形理论的开始，不能对“连续介质假设”只字不提．众所周知，物质由分子构成，而分子由原子，原子由原子核和电子，原子核又由基本粒子构成．“物质结构论”的观点是：分布性物体(或叫连续体——相对于离散的质点而言)的宏观行为应由基本粒子理论作为结论而推导得出．当前也正在开展这方面的研究，但存在的困难是很大的，因为：

(1) 基本粒子法则本身尚未完全建立．即使根据目前人们认识所及的基本粒子法则能够建立(至于如何建立，还是一个尚待解决的问题)一个分布性物体的理论，则每当发现基本粒子的一个新性质时，这种理论势必得从头进行修改．但粒子观点的无尽发展从认识论上来说是不可避免的．

(2) 数学困难目前尚难以克服．迄今为止，对某些特殊情形作过一些工作，但都经过很多数学上的简化．特别是当所得结果与实验不符的时候，就很难知道，问题出于基本法则的不妥呢，还是出于数学的简化推导过程本身．由于物质结构的复杂性，常常要采用统计方法，这样一来就失去了从粒子根本法则出发的原来意义．

(3) 基本粒子性质的细节和大部分力学问题无直接关联．粒子结构区别很大的物体在对应力的反应上往往区别不大．

基于此，连续介质力学避开上述的复杂过程而建立一个可无尽地分割而又不失去其任何定义性质的连续场直接理论．场可以是运动、物质、力、能和电磁现象所在场所．用这些概念来表达的理论叫唯象理论（或叫现象宏观理论），因它表达实验的直接现象而并不企图用粒子观点去解释．唯象理论的合理性在于所依据的是宏观实验，而所得结论仍然用于宏观实际；也就是以宏观世界作为出发点，建立宏观理论，返回来又用于宏观世界，并由宏观世界来检验其正确性．这样，我们就可不必去管粒子结构．

理论是对客观世界观察和实验的归纳、总结及抽象的结果．但在建立理论过程中，我们总力图抓住对象的主要矛盾，并以之为依据引进一些假定和理想化——建立所谓“数学模型”．这样，任何理论都只是在不同程度上对自然界某些方面的“近似”，都有一定的、由自然界本身的实验来确定的有效范围．也就是看这理论所预言的结果和实验相符合的程度如何．因此，我们在数学上总是力求严格，即指在一定的统一假定下进行推理，避免半途作随心所欲的假定．只有这样才能检验所建立的数学模型的正确性．今后的叙述我们将本着这个精神去做．

近代理性力学的发展相当程度上是从非线性弹性理论获得进展而开始的．后者是前者的重要组成部分．有限变形理论的基本概念也是理性力学的基本概念．牢固地掌握这些基本概念是进一步研究目前已发展得极为丰富的理性力学的必由之路．因此，本书力求按照近代理性力学的观点，详尽系统地叙述这些基本概念．非线性弹性理论采用的工具各家不同，目前国际上最通用的是“两点张量场法”．它特别适用于描述有限变形，克服了其他方法易引起混乱的缺点．尽管张量方法已经使现象的描述高度凝缩，但过多的上、下指标有时仍然显得累赘，在这一点上抽象记法又有它的优越之处．本书合两方法之长，首次采用了“两点张量抽象符号法”．初次接触这方法时可能会感到不习惯，但熟练掌握后优越性就会逐渐显示出来．作者的目的是否能达到，当由读者去判断．

本书分两部分：第一部分叙述非线性场论的基本数学工具——两点张量抽象符号法；第二部分系统介绍有限弹性变形理论的基本原理以及它向古典弹性理论的过渡．本书包含了作者在这领域的部分研究结果．这里不准备列举浩瀚的参考文献．写作过程中主要参考过的专著(它们都有详尽的文献索引)有：

[1] Новожилов, В. В., Основы нелинейной теории упругости, Огиз (1948). (中译本: В. В. 诺沃日洛夫,非线性弹性力学基础,科学出版社, 1958).

[2] Green, A. E., Zerna, W., Theoretical Elasticity, Oxford (1954).

[3] Новожилов, В. В., Теория упругости, Судпром (1958).

[4] Truesdell, C., Toupin, R. A., The Classical Field Theories, Handbuch der Physik, Bd. III/1, Springer (1960).

[5] Eringen, A. C., Nonlinear Theory of Continuous Media, McGraw-Hill (1962).

[6] Седов, Л. И., Введение в механику сплошной среды, Физматгиз (1962).

[7] Truesdell, C., Noll, W., The Non-linear Field Theories of Mechanics, Handbuch der Physik, Bd. III/3, Springer (1965).

[8] Truesdell, C., Six Lectures on Modern Natural Philosophy, Springer (1966).

[9] Oden, J. T., Finite Elements of Non-linear Continua, McGraw-Hill (1972).

[10] Eringen, A. C., Continuum Physics, Vol. I–IV, Academic (1971—75).

[11] Wang, C.-C., Truesdell, C., Introduction to Rational Elasticity, Noordhoff (1973).

[12] Washizu, K., Variational Methods in Elasticity and Plasticity, Pergamon (1975).

第一部分　三维欧氏空间张量分析

自然界的运动法则以及所出现的几何或物理量是与坐标系无关的．不管有无坐标系，例如，物体的任何一部分，总要处在(静的或动的)平衡状态．但处理具体问题时，总得引进一个较方便的坐标系．这样一来，连续介质的平衡方程除了反映微体平衡这一事实外，还夹杂了由具体坐标系所招致而与平衡事实完全无关的东西．这在理论研究中有时会引起不必要的复杂化，甚至遮盖所反映的物理实质而使我们分辨不清．尽管都是平衡方程，在柱坐标系和球坐标系的形式就完全不同．我们说，像这样的方程就不具有与坐标系无关的不变性．

为了摆脱这种状况，不采用坐标系的抽象记法曾经有过很大吸引力．只运用标量和向量的一些力学分支广泛应用这种方法．但在出现复杂于向量的物理量的力学分支（如弹性力学）里，单纯的抽象记法有时显得并不方便．最常用的是张量方法．张量方法就是既采用坐标系而又摆脱具体坐标系影响的不变性方法．它从整体上使物理概念更明确了．本文准备通过并矢记法将张量方法和抽象记法结合起来．

第一章　斜角坐标系(即仿射坐标系)

§1. 基向量和度量张量

令在三维欧氏空间中（在那里向量的点积和叉积有定义），斜角坐标系由三个非共面向量 $\mathbf{g}_1$，$\mathbf{g}_2$，$\mathbf{g}_3$（不失一般性，今后均采用右手系)确定．任意向量 $\mathbf{v}$ 可表达为这三向量的线性组合：

$$\mathbf{v} = v^1\mathbf{g}_1 + v^2\mathbf{g}_2 + v^3\mathbf{g}_3 = v^i\mathbf{g}_i. \tag{1.1}$$

这里采用了 **Einstein 求和约定**：凡重复一次且仅一次的上下指标均从 1 至 3 求和．重复的指标叫**盲指标**，可以任意代换，如 $v^i\mathbf{g}_i = v^j\mathbf{g}_j$．为了求得分解系数 v^i（拉丁指标总是自 1 至 3 取值），以 $\mathbf{g}_j$ 点乘(1.1)式两边，并引进符号

$$g_{ij} \stackrel{df}{=} \mathbf{g}_i \cdot \mathbf{g}_j \quad (\text{可以看出 } g_{ij} = g_{ji}) \tag{1.2}$$

后，得

$$g_{ir}v^r = \mathbf{v} \cdot \mathbf{g}_i. \tag{1.3}$$

这个含三个未知量 v^i 的线性代数方程组有唯一解，因它的系数行列式（鉴于 $\mathbf{g}_i$ 非共面）[1]

$$g \stackrel{df}{=} |g_{ij}| = |\mathbf{g}_i \cdot \mathbf{g}_j| = [\mathbf{g}_1\mathbf{g}_2\mathbf{g}_3]^2 \neq 0. \tag{1.4}$$

为了更方便的目的，再引进满足关系：

$$\mathbf{g}^i \cdot \mathbf{g}_j = \delta^i_j \stackrel{df}{=} \begin{cases} 1 & \text{当} \quad i = j, \\ 0 & \text{当} \quad i \neq j, \end{cases} \tag{1.5}$$

的三个向量 $\mathbf{g}^i$，称为**逆变基向量**，而 $\mathbf{g}_j$ 则称为**协变基向量**（δ^i_j 一般叫作 **Kronecker** 符号）．设方程(1.5)有解，则其解 $\mathbf{g}^i$ 必可表达为 $\mathbf{g}_j$ 的线性组合

$$\mathbf{g}^i = g^{ij}\mathbf{g}_j. \tag{1.6}$$

这样，方程(1.5)的解的存在唯一问题就变成 g^{ij} 能否被唯一确定的问题．为此，将(1.6)式代回(1.5)式得

$$g^{ir}\mathbf{g}_r \cdot \mathbf{g}_j = \delta^i_j \quad \text{即} \quad g^{ir}g_{rj} = \delta^i_j. \tag{1.7}$$

根据性质(1.4)，作为满秩矩阵 $\|g_{ij}\|$ 的逆矩阵 $\|g^{ij}\|$ 存在且唯一．利用 Cramer 公式得

$$g^{ij} = \frac{1}{g}\frac{\partial g}{\partial g_{ji}}. \tag{1.8}$$

代回(1.6)式即得 $\mathbf{g}^i$．直接代入(1.5)，容易验证，$\mathbf{g}^i$ 也可表达为

$$\mathbf{g}^i = \frac{\mathbf{g}_j \times \mathbf{g}_k}{[\mathbf{g}_1\mathbf{g}_2\mathbf{g}_3]}, \quad (i < j < k) \tag{1.9}$$

---

1) 矩阵 $\|g_{ij}\|$ 的行列式记为 $|g_{ij}|$ 或 $\det\|g_{ij}\|$．矩阵 $\|g_{ij}\|$ 的第 1 个指标总是行指标．

$[\mathbf{uvw}] = \mathbf{u} \cdot \mathbf{v} \times \mathbf{w}$,

以及

$$\mathbf{g}_i = \frac{\mathbf{g}^j \times \mathbf{g}^k}{[\mathbf{g}^1\mathbf{g}^2\mathbf{g}^3]}, \quad (i < j < k). \tag{1.10}$$

后面将说明，$\mathbf{g}^i$ 亦为非共面，故(1.10)式有意义．将逆变基向量 $\mathbf{g}^j$ 点乘(1.1)式两边得

$$\mathbf{v} \cdot \mathbf{g}^j = v^i\mathbf{g}_i \cdot \mathbf{g}^j = v^i\delta_i^j = v^j, \tag{1.11}$$

这比解方程组(1.3)方便多了．将 $\mathbf{g}^i$ 点乘(1.6)式两边又得

$$\mathbf{g}^i \cdot \mathbf{g}^j = g^{ir}\mathbf{g}_r \cdot \mathbf{g}^j = g^{ij} \quad (\text{显然 } g^{ij} = g^{ji}). \tag{1.12}$$

将(1.6)式两边乘以 g_{ki} 给出

$$g_{ki}\mathbf{g}^i = g_{ki}g^{ij}\mathbf{g}_j = \delta_k^j\mathbf{g}_j = \mathbf{g}_k. \tag{1.13}$$

公式(1.6)，(1.13)，(1.7)，(1.2)及(1.12)刻划出 $\mathbf{g}_i$，$\mathbf{g}^i$，g_{ij} 及 g^{ij} 间的相互关系．

从(1.7)第二式又得行列式

$$1 = |g^{ir}g_{rj}| = |g^{ir}| \cdot |g_{rj}|, \quad |g^{ij}| = \frac{1}{g} \neq 0,$$

上式说明 $\mathbf{g}^i$ 也是三个非共面向量．这样，$\mathbf{v}$ 也可表达为 $\mathbf{g}^i$ 的线性组合

$$\mathbf{v} = v_j\mathbf{g}^j. \tag{1.14}$$

以 $\mathbf{g}_i$ 点乘上式得

$$v_i = \mathbf{v} \cdot \mathbf{g}_i. \tag{1.15}$$

将(1.1)式代入上式右边，或(1.14)式代入(1.11)式左边，分别得

$$v_i = \mathbf{g}_i \cdot \mathbf{g}_r v^r = g_{ir}v^r, \tag{1.16}$$

$$v^i = \mathbf{g}^i \cdot \mathbf{g}^r v_r = g^{ir}v_r. \tag{1.17}$$

可以看出，分解系数 v_i 和 v^i 是不同的，它们由(1.16)和(1.17)式相互联系．今后称 v_i 为 $\mathbf{v}$ 的**协变分量**，而 v^i 为**逆变分量**．从形式上看来，g_{ij} 和 g^{ij}在上两式以及(1.6)和(1.13)式中起着升降指标的作用，它们分别称为**协变**和**逆变度量张量**(理由后述)．总的说来，给出非共面协变基 $\mathbf{g}_i$ 后就可求得 g_{ij}，g^{ij}，$\mathbf{g}^i$ 以及 $\mathbf{v}$ 的两种分量 v_i 和 v^i． v_i 和 v^i 只是同一几何量的不同表示法而已，因此三种说法："向量 $\mathbf{v}$"，"向量 v^i"或"向量 v_i"是等价的．

§ 2. 向量点积和叉积

任意两向量 $\mathbf{u}=u^i\mathbf{g}_i=u_j\mathbf{g}^j$，$\mathbf{v}=v^i\mathbf{g}_i=v_j\mathbf{g}^j$ 的点积可表达为

$$\begin{aligned}\mathbf{u}\cdot\mathbf{v}&=\mathbf{g}_i\cdot\mathbf{g}_j u^i v^j=g_{ij}u^i v^j=u^r v_r\\&=\mathbf{g}^i\cdot\mathbf{g}^j u_i v_j=g^{ij}u_i v_j=u_r v^r.\end{aligned}\tag{2.1}$$

若令 $\mathbf{u}=\mathbf{v}$，则得 $\mathbf{v}$ 长度的平方 $|\mathbf{v}|^2$. 可以看出，g_{ij} 和 g^{ij} 是点积亦即求长度的核心，**度量张量**一词即从这里而来.

为了求叉积，引进 **Eddington 张量**：

$$\varepsilon_{ijk}\overset{df}{=}[\mathbf{g}_i\mathbf{g}_j\mathbf{g}_k],\quad \varepsilon^{ijk}=[\mathbf{g}^i\mathbf{g}^j\mathbf{g}^k].\tag{2.2}$$

这样，叉积 $\mathbf{u}\times\mathbf{v}$ 的协变和逆变分量就是

$$\begin{aligned}\mathbf{u}\times\mathbf{v}\cdot\mathbf{g}_i&=[\mathbf{g}_i\mathbf{g}_r\mathbf{g}_s]u^r v^s=\varepsilon_{irs}u^r v^s,\\\mathbf{u}\times\mathbf{v}\cdot\mathbf{g}^i&=[\mathbf{g}^i\mathbf{g}^r\mathbf{g}^s]u_r v_s=\varepsilon^{irs}u_r v_s.\end{aligned}$$

在叉积中，Eddington 张量具有和度量张量在点积中相类似的地位.

容易看到，$\mathbf{u}$ 和 $\mathbf{v}$ 夹角的余弦以及 $\mathbf{u}$，$\mathbf{v}$ 和 $\mathbf{w}$ 所定的体积分别为

$$\cos(\mathbf{u},\mathbf{v})=\frac{\mathbf{u}\cdot\mathbf{v}}{|\mathbf{u}|\cdot|\mathbf{v}|}=\frac{u^r v_r}{\sqrt{u^k u_k}\sqrt{v^l v_l}}$$

和

$$[\mathbf{uvw}]=[\mathbf{g}^i\mathbf{g}^j\mathbf{g}^k]u_i v_j w_k=\varepsilon^{ijk}u_i v_j w_k=\varepsilon_{ijk}u^i v^j w^k.$$

§ 3. 坐标变换和张量

我们再考虑另一个仿射坐标系，它的协变基（亦设为右手系）记为：

$$\mathbf{g}_{i'}=A^i_{i'}\mathbf{g}_i,\tag{3.1}$$

则

$$[\mathbf{g}_{1'}\mathbf{g}_{2'}\mathbf{g}_{3'}] = A^i_{1'}A^j_{2'}A^k_{3'}[\mathbf{g}_i\mathbf{g}_j\mathbf{g}_k] = |A^i_{i'}|[\mathbf{g}_1\mathbf{g}_2\mathbf{g}_3], \tag{3.2}$$

其中 $A^i_{i'}$ 是新协变基向量在旧协变基上的分解系数．因 $[\mathbf{g}_1\mathbf{g}_2\mathbf{g}_3]>0$ 和 $[\mathbf{g}_{1'}\mathbf{g}_{2'}\mathbf{g}_{3'}]>0$，故行列式

$$|A^i_{i'}|>0. \tag{3.3}$$

新协变基 $\mathbf{g}_{i'}$ 的**共基**(协变基和逆变基互为共基)

$$\mathbf{g}^{i'} = g^{i'r'}\mathbf{g}_{r'} \tag{3.4}$$

当然也可表达为旧逆变基向量的线性组合：

$$\mathbf{g}^{i'} = A^{i'}_j\mathbf{g}^j. \tag{3.5}$$

将(3.1)和(3.5)式代入共基的定义关系式(1.5)得

$$\delta^{i'}_{j'} = \mathbf{g}^{i'}\cdot\mathbf{g}_{j'} = (A^{i'}_i\mathbf{g}^i)\cdot(A^j_{j'}\mathbf{g}_j) = A^{i'}_iA^j_{j'}\delta^i_j = A^{i'}_rA^r_{j'}. \tag{3.6}$$

这说明，$\|A^{i'}_i\|$ 是满秩矩阵 $\|A^i_{i'}\|$ 的逆矩阵．从公式：

$$\left.\begin{aligned}
&g_{i'j'} = \mathbf{g}_{i'}\cdot\mathbf{g}_{j'} = A^i_{i'}A^j_{j'}\mathbf{g}_i\cdot\mathbf{g}_j = A^i_{i'}A^j_{j'}g_{ij},\\
&g^{i'j'} = \mathbf{g}^{i'}\cdot\mathbf{g}^{j'} = A^{i'}_iA^{j'}_j\mathbf{g}^i\cdot\mathbf{g}^j = A^{i'}_iA^{j'}_jg^{ij},\\
&\epsilon_{i'j'k'} = [\mathbf{g}_{i'}\mathbf{g}_{j'}\mathbf{g}_{k'}] = A^i_{i'}A^j_{j'}A^k_{k'}[\mathbf{g}_i\mathbf{g}_j\mathbf{g}_k] = A^i_{i'}A^j_{j'}A^k_{k'}\epsilon_{ijk},\\
&\epsilon^{i'j'k'} = A^{i'}_iA^{j'}_jA^{k'}_k\epsilon^{ijk},\\
&\sqrt{g'} = |A^i_{i'}|\sqrt{g},
\end{aligned}\right\} \tag{3.7}$$

得出结论，给出 $A^i_{i'}$(从而也就有 $A^{i'}_j$)后，由旧坐标系的各特征量 $\mathbf{g}_i,\cdots,g^{ij}$ 可直接得出新坐标系的各特征量 $\mathbf{g}_{i'},\cdots,g^{i'j'}$，反之亦然．

对向量 $\mathbf{v}$ 的分量 v^i，v_i 和 $v^{i'}$，$v_{i'}$ 也有类似的变换关系，因由

$$\begin{aligned}
\mathbf{v} &= v^{i'}\mathbf{g}_{i'} = v^{i'}A^i_{i'}\mathbf{g}_i = v^i\mathbf{g}_i = v^iA^{i'}_i\mathbf{g}_{i'}\\
&= v_{i'}\mathbf{g}^{i'} = v_{i'}A^{i'}_i\mathbf{g}^i = v_i\mathbf{g}^i = v_iA^i_{i'}\mathbf{g}^{i'}
\end{aligned} \tag{3.8}$$

得

$$v^{i'} = A^{i'}_iv^i,\quad v^i = A^i_{i'}v^{i'}, \tag{3.9}$$

$$v_{i'} = A^i_{i'}v_i,\quad v_i = A^{i'}_iv_{i'}. \tag{3.10}$$

可见，$A^i_{i'}$ 和 $A^{i'}_i$ 在坐标变换中起着根本性作用，称为**变换系数**．我们将(3.7)，(3.9)和(3.10)式进行推广．定义满足如下变换关系的量为**张量**(有时也称为**几何量**，每指标取具体值时相对应的数叫分量，张量是指全部分量的有序整体)：

$$\varphi^{i'\cdots j'}{}_{k'\cdots l'} = |A^{p}_{p'}|^{W} A^{i'}_{i}\cdots A^{j'}_{j} A^{k}_{k'}\cdots A^{l}_{l'} \varphi^{i\cdots j}{}_{k\cdots l}, \qquad (3.11)$$

其中 W 是张量的**权**，而指标数目是它的**阶**，指标的上下在**度量空间**(即 g_{ij} 和 g^{ij} 有定义的空间)里是非本质的．正如 v^i 和 v_i，只是同一几何量的不同表示法而已，可以用度量张量升降指标而由一种表示法转到另一种表示法．权和阶相同的几何量称为同型．对于 $W=0$ 情形，常称为**绝对张量**，反之，就有所谓**相对张量**，或**张量密度**．我们注意，变换公式(3.11)关于 $\varphi^{i\cdots j}{}_{k\cdots l}$ 是线性齐次，而关于变换系数是代数齐次的．若在某具体坐标系里 $\varphi^{i\cdots j}{}_{k\cdots l}=0$，则在任何其他坐标系亦恒为零，这叫零张量．标量和向量是张量的特殊情形，是零阶和一阶张量．$\sqrt{g}$ 是权为 1 的零阶张量密度．

向量的每分量 v^i 和 v_i 随坐标系而变化，但向量 $\mathbf{v}$ 本身却是与坐标系无关的．在任何坐标系里均可写成下面形式的一种：

$$\mathbf{v} = v^{i'}\mathbf{g}_{i'} = v_{i'}\mathbf{g}^{i'} = v^{i}\mathbf{g}_{i} = v_{i}\mathbf{g}^{i}.$$

仿效向量，我们也引进张量的**不变性记法**（或叫**抽象记法**，绝对记法，并矢记法)：

$$\begin{aligned}
\boldsymbol{\varphi} &= \varphi^{i'\cdots j'}{}_{k'\cdots l'}\sqrt{g'}^{-W}\mathbf{g}_{i'}\cdots\mathbf{g}_{j'}\mathbf{g}^{k'}\cdots\mathbf{g}^{l'}\\
&= \varphi^{i'\cdots j'}{}_{k'\cdots l'}(|A^{p}_{p'}|\sqrt{g})^{-W}A^{i}_{i'}\mathbf{g}_{i}\cdots A^{j}_{j'}\mathbf{g}_{j}A^{k'}_{k}\mathbf{g}^{k}\cdots A^{l'}_{l}\mathbf{g}^{l}\\
&= (|A^{p'}_{p}|^{W}A^{i}_{i'}\cdots A^{j}_{j'}A^{k'}_{k}\cdots A^{l'}_{l}\varphi^{i'\cdots j'}{}_{k'\cdots l'})\sqrt{g}^{-W}\mathbf{g}_{i}\cdots\mathbf{g}_{j}\mathbf{g}^{k}\cdots\mathbf{g}^{l}\\
&= \varphi^{i\cdots j}{}_{k\cdots l}\sqrt{g}^{-W}\mathbf{g}_{i}\cdots\mathbf{g}_{j}\mathbf{g}^{k}\cdots\mathbf{g}^{l} = \cdots = \cdots\\
&= \varphi_{i\cdots j}{}^{k\cdots l}\sqrt{g}^{-W}\mathbf{g}^{i}\cdots\mathbf{g}^{j}\mathbf{g}_{k}\cdots\mathbf{g}_{l}.
\end{aligned} \qquad (3.12)$$

这时 $\varphi^{i\cdots j}{}_{k\cdots l}$，$\varphi_{i\cdots j k\cdots l}$，$\cdots$，$\varphi^{i\cdots j k\cdots l}$ 等就叫张量 $\boldsymbol{\varphi}$ 在本坐标系的各种分量．其实也可以倒过来用(3.12)式来代替 (3.11) 式作为张量的定义，也就是说，凡可以在任何坐标系里写成如(3.12)不变形式的量就是张量．今后我们将按方便用(3.11) 或 (3.12)式来鉴别一组数的张量性和推导其他公式．

度量张量和 Eddington 张量的并矢记法是

$$\mathbf{I} = g_{ij}\mathbf{g}^{i}\mathbf{g}^{j} = \mathbf{g}_{i}\mathbf{g}^{i} = \delta^{i}_{j}\mathbf{g}_{i}\mathbf{g}^{j} = g^{ij}\mathbf{g}_{i}\mathbf{g}_{j}, \qquad (3.13)$$

$$\boldsymbol{\epsilon} = \epsilon_{ijk}\mathbf{g}^{i}\mathbf{g}^{j}\mathbf{g}^{k} = \epsilon^{i}{}_{jk}\mathbf{g}_{i}\mathbf{g}^{j}\mathbf{g}^{k} = \cdots = \epsilon^{ijk}\mathbf{g}_{i}\mathbf{g}_{j}\mathbf{g}_{k}. \qquad (3.14)$$

可见，度量张量和 Kronecker 符号实质上是同一几何量．

§4. 张量代数

下面列举几种张量的代数运算，其结果仍然是张量. 某些简单证明将从略.

(1) 加法

只有同型的张量才能相加，其和仍是同型张量. 分量相加时必须将指标升降至相同结构.

$$\boldsymbol{\xi}+\boldsymbol{\eta}=\xi^{i\cdot\cdot j}{}_{k\cdot\cdot l}\sqrt{g}^{-W}\mathbf{g}_i\cdot\cdot\mathbf{g}_j\mathbf{g}^k\cdot\cdot\mathbf{g}^l+\eta^{i\cdot\cdot j}{}_{k\cdot\cdot l}\sqrt{g}^{-W}\mathbf{g}_i\cdot\cdot\mathbf{g}_j\mathbf{g}^k\cdot\cdot\mathbf{g}^l$$
$$=(\xi^{i\cdot\cdot j}{}_{k\cdot\cdot l}+\eta^{i\cdot\cdot j}{}_{k\cdot\cdot l})\sqrt{g}^{-W}\mathbf{g}_i\cdot\cdot\mathbf{g}_j\mathbf{g}^k\cdot\cdot\mathbf{g}^l$$
$$\stackrel{df}{=}\zeta^{i\cdot\cdot j}{}_{k\cdot\cdot l}\sqrt{g}^{-W}\mathbf{g}_i\cdot\cdot\mathbf{g}_j\mathbf{g}^k\cdot\cdot\mathbf{g}^l=\boldsymbol{\zeta}\tag{4.1}$$

或

$$\xi^{i\cdot\cdot j}{}_{k\cdot\cdot l}+\eta^{i\cdot\cdot j}{}_{k\cdot\cdot l}=\zeta^{i\cdot\cdot j}{}_{k\cdot\cdot l}.\tag{4.2}$$

容易证明，$\boldsymbol{\zeta}$ 在任何坐标系里均具有(3.12)的不变形式，从而其分量的变换规律就是(3.11)式.

(2) 并乘

任何两张量的并乘定义为

$$\boldsymbol{\xi\phi}=(\xi^{i\cdot\cdot j}{}_{k\cdot\cdot l}\sqrt{g}^{-\overset{1}{W}}\mathbf{g}_i\cdot\cdot\mathbf{g}_j\mathbf{g}^k\cdot\cdot\mathbf{g}^l)(\phi^{p\cdot\cdot q}{}_{r\cdot\cdot s}\sqrt{g}^{-\overset{2}{W}}\mathbf{g}_p\cdot\cdot\mathbf{g}_q\mathbf{g}^r\cdot\cdot\mathbf{g}^s)$$
$$=(\xi^{i\cdot\cdot j}{}_{k\cdot\cdot l}\phi^{p\cdot\cdot q}{}_{r\cdot\cdot s})\sqrt{g}^{-(\overset{1}{W}+\overset{2}{W})}\mathbf{g}_i\cdot\cdot\mathbf{g}_j\mathbf{g}^k\cdot\cdot\mathbf{g}^l\mathbf{g}_p\cdot\cdot\mathbf{g}_q\mathbf{g}^r\cdot\cdot\mathbf{g}^s$$
$$\stackrel{df}{=}\zeta^{i\cdot\cdot j}{}_{k\cdot\cdot l}{}^{p\cdot\cdot q}{}_{r\cdot\cdot s}\sqrt{g}^{-W}\mathbf{g}_i\cdot\cdot\mathbf{g}_j\mathbf{g}^k\cdot\cdot\mathbf{g}^l\mathbf{g}_p\cdot\cdot\mathbf{g}_q\mathbf{g}^r\cdot\cdot\mathbf{g}^s=\boldsymbol{\zeta}$$

或

$$\xi^{i\cdot\cdot j}{}_{k\cdot\cdot l}\phi^{p\cdot\cdot q}{}_{r\cdot\cdot s}=\zeta^{i\cdot\cdot j}{}_{k\cdot\cdot l}{}^{p\cdot\cdot q}{}_{r\cdot\cdot s}.\tag{4.3}$$

积仍为张量，其权和阶分别为乘子的权和阶之和. 注意，张量的并乘与次序有关.

(3) 缩并

若在并矢记法，例如

$$\boldsymbol{\varphi}=\varphi^{ijk}{}_{rst}\sqrt{g}^{-W}\mathbf{g}_i\mathbf{g}_j\mathbf{g}_k\mathbf{g}^r\mathbf{g}^s\mathbf{g}^t$$

中将任意某两基向量点乘（例如 $\mathbf{g}_j$ 和 $\mathbf{g}^s$，也可以取两个同是协变或逆变基向量），其结果是较原张量低二阶的新张量（下面用的符号 $\overbrace{\boldsymbol{\varphi}}^{\cdot}$ 是不明确的，还要具体看其并矢形式）：

$$\begin{aligned}\overbrace{\boldsymbol{\varphi}}^{\cdot}&=\varphi^{ijk}{}_{rst}\sqrt{g}^{-W}\mathbf{g}_i\overbrace{\mathbf{g}_j\mathbf{g}_k\mathbf{g}^r\mathbf{g}^s}^{\cdot}\mathbf{g}^t\\&=\varphi^{ijk}{}_{rst}\delta^s_j\sqrt{g}^{-W}\mathbf{g}_i\mathbf{g}_k\mathbf{g}^r\mathbf{g}^t\\&=\varphi^{isk}{}_{rst}\sqrt{g}^{-W}\mathbf{g}_i\mathbf{g}_k\mathbf{g}^r\mathbf{g}^t\overset{df}{=}\psi^{ik}{}_{rt}\sqrt{g}^{-W}\mathbf{g}_i\mathbf{g}_k\mathbf{g}^r\mathbf{g}^t=\boldsymbol{\psi}.\end{aligned}$$

$\boldsymbol{\psi}$ 的张量性证明如下：

$$\begin{aligned}\boldsymbol{\psi}&=\psi^{i'k'}{}_{r't'}\sqrt{g'}^{-W}\mathbf{g}_{i'}\mathbf{g}_{k'}\mathbf{g}^{r'}\mathbf{g}^{t'}=\varphi^{i's'k'}{}_{r's't'}\sqrt{g'}^{-W}\mathbf{g}_{i'}\mathbf{g}_{k'}\mathbf{g}^{r'}\mathbf{g}^{t'}\\&=\varphi^{i'j'k'}{}_{r's't'}\sqrt{g'}^{-W}\mathbf{g}_{i'}\overbrace{\mathbf{g}_{j'}\mathbf{g}_{k'}\mathbf{g}^{r'}\mathbf{g}^{s'}}^{\cdot}\mathbf{g}^{t'}\\&=\varphi^{i'j'k'}{}_{r's't'}(|A^p_{p'}|\sqrt{g})^{-W}A^{i}_{i'}A^{j}_{j'}A^{k}_{k'}A^{r'}_{r}A^{s'}_{s}A^{t'}_{t}\mathbf{g}_i\overbrace{\mathbf{g}_j\mathbf{g}_k\mathbf{g}^r\mathbf{g}^s}^{\cdot}\mathbf{g}^t\\&=\varphi^{ijk}{}_{rst}\sqrt{g}^{-W}\mathbf{g}_i\overbrace{\mathbf{g}_j\mathbf{g}_k\mathbf{g}^r\mathbf{g}^s}^{\cdot}\mathbf{g}^t\\&=\psi^{ik}{}_{rt}\sqrt{g}^{-W}\mathbf{g}_i\mathbf{g}_k\mathbf{g}^r\mathbf{g}^t.\end{aligned}$$

（证毕）

缩并可以连续进行，例如

$$\begin{aligned}\varphi^{ijk}{}_{rst}\sqrt{g}^{-W}\overbrace{\mathbf{g}_i\mathbf{g}_j\mathbf{g}_k\mathbf{g}^r\mathbf{g}^s\mathbf{g}^t}^{:}&=\varphi^{ijk}{}_{rst}\delta^s_i\delta^t_j\sqrt{g}^{-W}\mathbf{g}_k\mathbf{g}^r\\&=\varphi^{stk}{}_{rst}\sqrt{g}^{-W}\mathbf{g}_k\mathbf{g}^r=\eta^k{}_r\sqrt{g}^{-W}\mathbf{g}_k\mathbf{g}^r=\boldsymbol{\eta}.\end{aligned}$$

注意符号的表示法

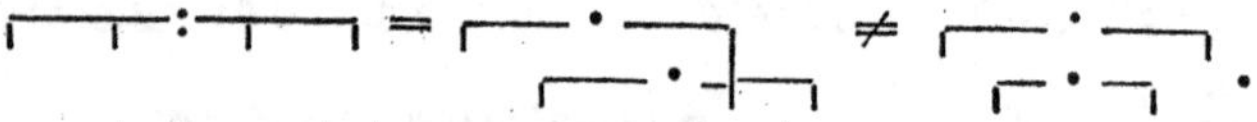

若被点乘的是相邻近的基向量，则直接写

$$\mathbf{g}_i\mathbf{g}_j\mathbf{g}^p:\mathbf{g}^q\mathbf{g}^r\mathbf{g}^s=\mathbf{g}_i\overbrace{\mathbf{g}_j\mathbf{g}^p\mathbf{g}^q\mathbf{g}^r}^{:}\mathbf{g}^s.$$

(4) 点积

这运算实质上是由并乘和缩并组成，也采用不太明确的符号 $\overbrace{\boldsymbol{\xi}\ \boldsymbol{\eta}}^{\cdot}$ 表示：

$$\overset{\cdot}{\boldsymbol{\xi}\;\boldsymbol{\eta}} = (\xi^{ij}{}_{kl}\sqrt{g}^{-\overset{1}{W}}\mathbf{g}_i\mathbf{g}_j\mathbf{g}^k\mathbf{g}^l)(\eta^{pq}{}_{rs}\sqrt{g}^{-\overset{2}{W}}\mathbf{g}_p\mathbf{g}_q\mathbf{g}^r\mathbf{g}^s)$$

$$= \xi^{ij}{}_{kl}\eta^{pk}{}_{rs}\sqrt{g}^{-(\overset{1}{W}+\overset{2}{W})}\mathbf{g}_i\mathbf{g}_j\mathbf{g}^l\mathbf{g}_p\mathbf{g}^r\mathbf{g}^s$$

$$= \zeta^{ij\cdot p}{}_{l\cdot rs}\sqrt{g}^{-W}\mathbf{g}_i\mathbf{g}_j\mathbf{g}^l\mathbf{g}_p\mathbf{g}^r\mathbf{g}^s = \boldsymbol{\zeta}.$$

若点积所涉及的基矢是相邻近的，则直接记为

$$\boldsymbol{\xi}:\boldsymbol{\eta} = (\xi^{ij}{}_{kl}\sqrt{g}^{-\overset{1}{W}}\mathbf{g}_i\mathbf{g}_j\mathbf{g}^k\mathbf{g}^l)(\eta^{pq}{}_{rs}\sqrt{g}^{-\overset{2}{W}}\mathbf{g}_p\mathbf{g}_q\mathbf{g}^r\mathbf{g}^s).$$

可以看出，通常的向量点积就是这里所定义的张量点积的特殊情形.

(5) 叉积

只能运用于相邻近的基矢.

$$\boldsymbol{\xi}\overset{\times}{\times}\boldsymbol{\eta} = (\xi^{ij}{}_{kl}\sqrt{g}^{-\overset{1}{W}}\mathbf{g}_i\mathbf{g}_j\mathbf{g}^k\mathbf{g}^l)(\eta_{pq}{}^{rs}\sqrt{g}^{-\overset{2}{W}}\mathbf{g}^p\mathbf{g}^q\mathbf{g}_r\mathbf{g}_s)$$

$$= \xi^{ij}{}_{kl}\eta_{pq}{}^{rs}\sqrt{g}^{-(\overset{1}{W}+\overset{2}{W})}\mathbf{g}_i\mathbf{g}_j(\mathbf{g}^k\times\mathbf{g}^p)(\mathbf{g}^l\times\mathbf{g}^q)\mathbf{g}_r\mathbf{g}_s$$

$$= \epsilon^{mkp}\epsilon^{nlq}\xi^{ij}{}_{kl}\eta_{pq}{}^{rs}\sqrt{g}^{-W}\mathbf{g}_i\mathbf{g}_j\mathbf{g}_m\mathbf{g}_n\mathbf{g}_r\mathbf{g}_s$$

$$= \zeta^{ijmnrs}\sqrt{g}^{-W}\mathbf{g}_i\mathbf{g}_j\mathbf{g}_m\mathbf{g}_n\mathbf{g}_r\mathbf{g}_s = \boldsymbol{\zeta}.$$

(6) 指标置换

若对张量

$$\boldsymbol{\varphi} = \varphi^{ijk}{}_{rst}\sqrt{g}^{-W}\mathbf{g}_i\mathbf{g}_j\mathbf{g}_k\mathbf{g}^r\mathbf{g}^s\mathbf{g}^t$$

的分量同类（上标或下标，如遇不同类时可将指标升降至同类）的任意个指标变换次序，其结果是同型的新张量（注意，我们今后将一贯采用基矢次序不变的原则），例如

$$\varphi^{kij}{}_{rst}\sqrt{g}^{-W}\mathbf{g}_i\mathbf{g}_j\mathbf{g}_k\mathbf{g}^r\mathbf{g}^s\mathbf{g}^t = \psi^{ijk}{}_{rst}\sqrt{g}^{-W}\mathbf{g}_i\mathbf{g}_j\mathbf{g}_k\mathbf{g}^r\mathbf{g}^s\mathbf{g}^t = \boldsymbol{\psi}.$$

可见，指标的次序是很重要的，每一列只能出现一个指标，例如我们不能写 φ^{ijk}_{rst}. 有时为明确起见，我们将加一圆点，例如 $B^{i}{}_{\cdot j}$ 中第

一列的圆点表示本列已为上标 i 所占.

(7) 对称化和反称化

若张量某一组同水平指标的任意两个经置换后所给出的张量和原张量相同，则说这张量关于这组指标为**对称**. 若和原张量相差一符号，则称此张量关于这组指标为**反称**.

若对已知张量的同类（同水平）N 个指标进行 $N!$ 不同的置换，并且取所得的 $N!$ 个新张量的算术平均值，这运算叫**对称化**. 其结果张量关于参与置换的指标为对称，将它们放在圆括弧内表示之. 例如

$$a_{(ij)}=\frac{1}{2!}(a_{ij}+a_{ji}),$$

$$a_{(ijk)}=\frac{1}{3!}(a_{ijk}+a_{jki}+a_{kij}+a_{kji}+a_{ikj}+a_{jik}).$$

若将指标经过奇数次置换的新张量取反符号后再求算术平均值，运算就叫**反称化**. 结果张量关于参与置换的指标为反称，将这些指标放在方括弧中以表示. 例如

$$a_{[ij]}=\frac{1}{2!}(a_{ij}-a_{ji}),$$

$$a_{[ijk]}=\frac{1}{3!}(a_{ijk}+a_{jki}+a_{kij}-a_{kji}-a_{ikj}-a_{jik}).$$

(8) 商法则

这法则在简单情况下较易说明，但任何推广都是显然的.

我们知道，如果 $a^{ij}{}_k$ 和 b^i 是张量，则 $a^{ij}{}_r b^r=c^{ij}$ 也必然是张量. 现在提一个反过来的问题：若在每坐标系中按某规律都给出 3^3 个数 $a(ijk)$，且有关系 $a(ijk)b^k=c^{ij}$（对 k 从 1 至 3 求和），其中 b^i 为与 $a(ijk)$ 无关的任意张量，c^{ij} 也是张量，则 $a(ijk)$ 的变换规律应如何?

因在新坐标系中

$$a(i'j'k')b^{k'} = c^{i'j'}, \tag{4.4}$$

而

$$c^{i'j'} = A^{i'}_i A^{j'}_j c^{ij} = A^{i'}_i A^{j'}_j a(ijk)b^k = A^{i'}_i A^{j'}_j A^k_{k'} a(ijk)b^{k'}, \tag{4.5}$$

将(4.4)式减(4.5)式得

$$[a(i'j'k') - A^{i'}_i A^{j'}_j A^k_{k'} a(ijk)]b^{k'} = 0.$$

由于 b^i 是与 $a(ijk)$ 无关的任意张量，故必有

$$a(i'j'k') = A^{i'}_i A^{j'}_j A^k_{k'} a(ijk),$$

这正是张量 $a^{ij}{}_k$ 的变换规律，也就是说 $a(ijk)$ 必然是张量. 我们将经常利用商法则直接肯定某些量的张量性.

§5. Ricci 符号，广义 Kronecker 符号，行列式和代数余子式

为了今后运算形式上的方便，引进 **Ricci 符号**:

$$e^{ijk}(\text{或 } e_{ijk}) \overset{df}{=} \begin{cases} 1, & \text{当 } (i, j, k) \text{ 是 } (1, 2, 3) \text{ 的偶数次置换}, \\ -1, & \text{当 } (i, j, k) \text{ 是 } (1, 2, 3) \text{ 的奇数次置换}, \\ 0, & \text{其余情形}. \end{cases} \tag{5.1}$$

在任何坐标系都这样取值. 首先可以肯定，Ricci 符号关于所有指标为反称，其他性质以后再探讨.

又引进**广义 Kronecker 符号**:

$$\delta^{ij}_{rs} \text{ 和 } \delta^{ijk}_{rst} \overset{df}{=} \begin{cases} 0, & \text{有两个或更多的上（或下）指标相同，或是上、下由不同指标组成}, \\ 1, & \text{上下指标的区别为偶数次置换}, \\ -1, & \text{上下指标的区别为奇数次置换}. \end{cases} \tag{5.2}$$

可以看出

$$\delta^{ijk}_{rst} = e^{ijk} e_{rst}, \tag{5.3}$$

$$\delta^{ij}_{rs} = \delta^{ijt}_{rst}. \tag{5.4}$$

考虑到 Ricci 符号的含义，根据行列式的定义，任何矩阵 $\|a^m{}_{\cdot n}\|$ 的行列式均可写成

$$|a^m_{\cdot n}| = e_{rst}a^r_{\cdot 1}a^s_{\cdot 2}a^t_{\cdot 3} \tag{5.5}$$

$$= e^{rst}a^1_{\cdot r}a^2_{\cdot s}a^3_{\cdot t}. \tag{5.6}$$

再看表达式:

$$e_{rst}a^r_{\cdot i}a^s_{\cdot j}a^t_{\cdot k}, \tag{5.7}$$

基于 Ricci 符号的反称性及盲指标可以任意代换我们有

$$e_{rst}a^r_{\cdot i}a^s_{\cdot j}a^t_{\cdot k} = e_{tsr}a^t_{\cdot i}a^s_{\cdot j}a^r_{\cdot k}$$

$$= e_{tsr}a^r_{\cdot k}a^s_{\cdot j}a^t_{\cdot i} = -e_{rst}a^r_{\cdot k}a^s_{\cdot j}a^t_{\cdot i},$$

故表达式(5.7)关于指标 i, j, k 为反称. 此外, 当 i, j, k 取值 1, 2, 3 时,(5.7)式等于 $|a^m_{\cdot n}|$, 故

$$e_{rst}a^r_{\cdot i}a^s_{\cdot j}a^t_{\cdot k} = |a^m_{\cdot n}|e_{ijk}. \tag{5.8}$$

同理亦有

$$e^{rst}a^i_{\cdot r}a^j_{\cdot s}a^k_{\cdot t} = |a^m_{\cdot n}|e^{ijk}, \tag{5.9}$$

$$e^{rst}a_{ri}a_{sj}a_{tk} = e^{rst}a_{ir}a_{js}a_{kt} = |a_{mn}|e_{ijk}. \tag{5.10}$$

将(5.8)和(5.9)式应用于变换系数行列式 $|A^p_{p'}|$ 和 $|A^{p'}_p|$ 得

$$e_{ijk}A^i_{i'}A^j_{j'}A^k_{k'} = |A^p_{p'}|e_{i'j'k'},$$

$$e^{ijk}A^{i'}_iA^{j'}_jA^{k'}_k = |A^{p'}_p|e^{i'j'k'},$$

即

$$e_{i'j'k'} = |A^p_{p'}|^{-1}A^i_{i'}A^j_{j'}A^k_{k'}e_{ijk}, \tag{5.11}$$

$$e^{i'j'k'} = |A^p_{p'}|A^{i'}_iA^{j'}_jA^{k'}_ke^{ijk}. \tag{5.12}$$

这正是 Ricci 符号的变换规律, 它说明 e_{ijk} 和 e^{ijk} 是三阶张量密度, 权量分别为 -1 和 1. 因此它们是两个不同的几何量: $e_{rst}g^{ri}g^{sj}g^{tk} \neq e^{ijk}$. 这和 ϵ_{ijk}, ϵ^{ijk} 都代表 Eddington 张量有本质上的区别. 但后者和 Ricci 符号又有相通的地方. 首先, ϵ 关于所有指标亦为反称,其所取的值可以写为

$$\epsilon_{ijk} = e_{ijk}[\mathbf{g}_1\mathbf{g}_2\mathbf{g}_3] = e_{ijk}\sqrt{g}, \tag{5.13}$$

$$\epsilon^{ijk} = e^{ijk}[\mathbf{g}^1\mathbf{g}^2\mathbf{g}^3] = e^{ijk}\frac{1}{\sqrt{g}}. \tag{5.14}$$

这两个公式很重要,根据它们可得广义 Kronecker 符号的进一步具体表达式. 为此,将(5.13)和(5.14)式代入(5.3)式,得

$$\delta^{ijk}_{rst} = e^{ijk}e_{rst} = \varepsilon^{ijk}\varepsilon_{rst} = [\mathbf{g}^i\mathbf{g}^j\mathbf{g}^k][\mathbf{g}_r\mathbf{g}_s\mathbf{g}_t]$$

$$= \begin{vmatrix} \mathbf{g}^i\cdot\mathbf{g}_r & \mathbf{g}^i\cdot\mathbf{g}_s & \mathbf{g}^i\cdot\mathbf{g}_t \\ \mathbf{g}^j\cdot\mathbf{g}_r & \mathbf{g}^j\cdot\mathbf{g}_s & \mathbf{g}^j\cdot\mathbf{g}_t \\ \mathbf{g}^k\cdot\mathbf{g}_r & \mathbf{g}^k\cdot\mathbf{g}_s & \mathbf{g}^k\cdot\mathbf{g}_t \end{vmatrix} = \begin{vmatrix} \delta^i_r & \delta^i_s & \delta^i_t \\ \delta^j_r & \delta^j_s & \delta^j_t \\ \delta^k_r & \delta^k_s & \delta^k_t \end{vmatrix}$$

$$= \delta^i_r\delta^j_s\delta^k_t + \delta^i_t\delta^j_r\delta^k_s + \delta^i_s\delta^j_t\delta^k_r - \delta^i_t\delta^j_s\delta^k_r - \delta^i_s\delta^j_r\delta^k_t - \delta^i_r\delta^j_t\delta^k_s. \quad (5.15)$$

经过一次，二次和三次缩并后又得

$$\delta^{ijt}_{rst} = \delta^i_r\delta^j_s - \delta^i_s\delta^j_r, \quad (5.16)$$

$$\delta^{ist}_{rst} = 3\delta^i_r - \delta^i_r = 2\delta^i_r, \quad (5.17)$$

$$\delta^{rst}_{rst} = 2\delta^r_r = 3!. \quad (5.18)$$

将(5.8)和(5.10)式分别点乘以 e^{ijk}，并利用(5.18)式的结果，最后得行列式的展开式

$$|a^m_{\cdot n}| = \frac{1}{3!}\delta^{rst}_{ijk}a^i_{\cdot r}a^j_{\cdot s}a^k_{\cdot t}, \quad (5.19)$$

$$|a_{mn}| = \frac{1}{3!}e^{ijk}e^{rst}a_{ir}a_{js}a_{kt}. \quad (5.20)$$

于是，行列式 $|a^m_{\cdot n}|$ 的元素 $a^p_{\cdot q}$ 的**代数余子式**及 $|a_{mn}|$ 的元素 a_{pq} 的代数余子式就可分别表达为

$$\frac{\partial|a^m_{\cdot n}|}{\partial a^p_{\cdot q}} = \frac{1}{3!}\delta^{rst}_{ijk}(\delta^i_p\delta^q_r a^j_{\cdot s}a^k_{\cdot t} + a^i_{\cdot r}\delta^j_p\delta^q_s a^k_{\cdot t} + a^i_{\cdot r}a^j_{\cdot s}\delta^k_p\delta^q_t)$$

$$= \frac{1}{3!}(\delta^{qst}_{pjk}a^j_{\cdot s}a^k_{\cdot t} + \delta^{rqt}_{ipk}a^i_{\cdot r}a^k_{\cdot t} + \delta^{rsq}_{ijp}a^i_{\cdot r}a^j_{\cdot s})$$

$$= \frac{1}{2!}\delta^{qst}_{pjk}a^j_{\cdot s}a^k_{\cdot t}, \quad (5.21)$$

$$\frac{\partial|a_{mn}|}{\partial a_{pq}} = \frac{1}{2!}e^{pjk}e^{qst}a_{js}a_{kt}. \quad (5.22)$$

第二章　二阶张量——仿射量

§1. 仿　射　量

二阶张量在应用上有特殊意义，也称为**仿射量**．今后一般用

大写拉丁字母表示:

$$\mathbf{B} = B^{i}_{\cdot j}\mathbf{g}_i\mathbf{g}^j. \tag{1.1}$$

它和任意向量 $\mathbf{v} = v^k\mathbf{g}_k$ 点乘(或者说它作用于向量 $\mathbf{v}$):

$$\mathbf{B}\cdot\mathbf{v} = B^{i}_{\cdot j}v^k\mathbf{g}_i\mathbf{g}^j\cdot\mathbf{g}_k = B^{i}_{\cdot j}v^j\mathbf{g}_i = u^i\mathbf{g}_i = \mathbf{u}, \tag{1.2}$$

给出另一向量 $\mathbf{u}$. 也可以说, $\mathbf{B}$ 是一个算子,它使空间内每一向量 $\mathbf{v}$ 有某一个向量 $\mathbf{u}$ 与之对应. 我们说, 对于算子 $\mathbf{B}$, $\mathbf{u}$ 是 $\mathbf{v}$ 的映象. 明显,这是线性算子:

$$\mathbf{B}\cdot(\alpha\mathbf{u} + \beta\mathbf{w}) = \alpha\mathbf{B}\cdot\mathbf{u} + \beta\mathbf{B}\cdot\mathbf{w}, \tag{1.3}$$

这里 $\mathbf{u}$, $\mathbf{w}$ 是任意向量, α, β 是任意实数.

在(1.1)式中, 对每具体 j 说来, $B^{i}_{\cdot j}\mathbf{g}_i$ 代表一个与坐标系有关且和 $\mathbf{g}_j$ 具有相同变换规律的向量,记为 $\mathbf{f}_j$. 于是(1.1)式又可写为

$$\mathbf{B} = \mathbf{f}_j\mathbf{g}^j, \tag{1.4}$$

就是说,任何仿射量均可表示为三对并矢之和. 我们称 (1.4)式为仿射量并矢表示的基本形式. 反之, 若给出任意数量并矢的线性组合,则总可化成三对并矢之和:

$$\sum_{j=1}^{3}\overset{j}{\mathbf{b}}\overset{j}{\mathbf{a}},$$

其中 $\overset{j}{\mathbf{a}}$ (求和指标写在字母的正上方是为了和写在右边的张量指标相区别)为三非共面向量. 取 $\overset{j}{\mathbf{a}}$ 为逆变基向量 $\mathbf{g}^j$, 就得仿射量并矢表示的基本形式. 将 $\overset{j}{\mathbf{b}}$ 在 $\mathbf{g}_i$ 上分解, 记其分解系数为 $B^{i}_{\cdot j}$,又得仿射量的不变性记法 (1.1)

$$\sum_{j=1}^{3}\overset{j}{\mathbf{b}}\ \overset{j}{\mathbf{a}} = B^{i}_{\cdot j}\mathbf{g}_i\mathbf{g}^j = \mathbf{B}. \tag{1.5}$$

两个或两个以上仿射量之和或点积:

$$\mathbf{B} + \mathbf{D} = B^{i}_{\cdot j}\mathbf{g}_i\mathbf{g}^j + D^{i}_{\cdot j}\mathbf{g}_i\mathbf{g}^j = (B^{i}_{\cdot j} + D^{i}_{\cdot j})\mathbf{g}_i\mathbf{g}^j, \tag{1.6}$$

$$\mathbf{B}\cdot\mathbf{D} = (B^{i}_{\cdot j}\mathbf{g}_i\mathbf{g}^j)\cdot(D^{k}_{\cdot l}\mathbf{g}_k\mathbf{g}^l) = (B^{i}_{\cdot r}D^{r}_{\cdot j})\mathbf{g}_i\mathbf{g}^j \tag{1.7}$$

仍然是仿射量,并记 $\mathbf{B}$ 的 $(n-1)$ 次自点积为

$$\mathbf{B}^n \equiv \underbrace{\mathbf{B}\cdots\mathbf{B}}_{n}. \tag{1.8}$$

经过指标置换后,

$$\mathbf{B}^* = B^{*i}{}_j \mathbf{g}_i \mathbf{g}^j \overset{\mathrm{df}}{=} B_j{}^i \mathbf{g}_i \mathbf{g}^j \tag{1.9}$$

称为 $\mathbf{B}$ 的**共轭仿射量**. 显然,对任意两向量 $\mathbf{a}$ 和 $\mathbf{b}$ 均有

$$\mathbf{a} \cdot \mathbf{B} \cdot \mathbf{b} = \mathbf{b} \cdot \mathbf{B}^* \cdot \mathbf{a}. \tag{1.10}$$

若在上式中以 $\mathbf{D} \cdot \mathbf{b}$ 代替 $\mathbf{b}$, 得

$$\mathbf{a} \cdot \mathbf{B} \cdot (\mathbf{D} \cdot \mathbf{b}) = (\mathbf{D} \cdot \mathbf{b}) \cdot (\mathbf{B}^* \cdot \mathbf{a}). \tag{1.11}$$

考虑到 $\mathbf{B} \cdot (\mathbf{D} \cdot \mathbf{b}) = (\mathbf{B} \cdot \mathbf{D}) \cdot \mathbf{b}$, 并利用(1.10)式,(1.11)式可写为

$$\mathbf{b} \cdot (\mathbf{B} \cdot \mathbf{D})^* \cdot \mathbf{a} = \mathbf{b} \cdot (\mathbf{D}^* \cdot \mathbf{B}^*) \cdot \mathbf{a}.$$

因 $\mathbf{a}$, $\mathbf{b}$ 为任意,故

$$(\mathbf{B} \cdot \mathbf{D})^* = \mathbf{D}^* \cdot \mathbf{B}^*. \tag{1.12}$$

§2. 正则与退化

对于仿射量 $\mathbf{B}$, 若某三个非共面向量 $\mathbf{a}, \mathbf{b}, \mathbf{c}$ 的映象 $\mathbf{B} \cdot \mathbf{a}$, $\mathbf{B} \cdot \mathbf{b}$, $\mathbf{B} \cdot \mathbf{c}$ 亦为非共面,则 $\mathbf{B}$ 称为**正则**,否则为**退化**. 换言之,$\mathbf{B}$ 是退化还是正则,取决于

$$\mathrm{III} = \frac{(\mathbf{B} \cdot \mathbf{a}) \times (\mathbf{B} \cdot \mathbf{b}) \cdot (\mathbf{B} \cdot \mathbf{c})}{[\mathbf{abc}]} \tag{2.1}$$

是否为零. 容易证明,对其他任意三非共面向量 $\mathbf{a}', \mathbf{b}', \mathbf{c}'$ 恒有

$$\frac{(\mathbf{B} \cdot \mathbf{a}') \times (\mathbf{B} \cdot \mathbf{b}') \cdot (\mathbf{B} \cdot \mathbf{c}')}{[\mathbf{a}'\mathbf{b}'\mathbf{c}']} = \frac{(\mathbf{B} \cdot \mathbf{a}) \times (\mathbf{B} \cdot \mathbf{b}) \cdot (\mathbf{B} \cdot \mathbf{c})}{[\mathbf{abc}]}. \tag{2.2}$$

这就是说, III 只由 $\mathbf{B}$ 本身决定, 与 $\mathbf{a}, \mathbf{b}, \mathbf{c}$ 的选择无关. 当然也可以取 $\mathbf{g}_i$ 作为这三向量,因而 III 与坐标系的选择无关, 称之为 $\mathbf{B}$ 的**第三主不变量**(以后还要出现第一、二主不变量).

还有另一个与之等价的, 判别仿射量 $\mathbf{B}$ 是否退化的准则: 对于退化仿射量至少存在一个这样的方向, 这个方向的向量 $\mathbf{z}$ 的映象均为零: $\mathbf{B} \cdot \mathbf{z} = 0$. 设此方向存在, 则 $\mathbf{z}$ 可表达为 $\mathbf{z} = \alpha\mathbf{a} + \beta\mathbf{b} + \gamma\mathbf{c}$. 根据 $\mathbf{B}$ 的线性性质 $\mathbf{B} \cdot \mathbf{z} = \alpha\mathbf{B} \cdot \mathbf{a} + \beta\mathbf{B} \cdot \mathbf{b} + \gamma\mathbf{B} \cdot \mathbf{c} = 0$, 这就是说 $\mathbf{a}, \mathbf{b}, \mathbf{c}$ 的映象共面,从而 $\mathbf{B}$ 为退化. 又若 $\mathbf{B}$ 为

退化，则 $\mathbf{B}\cdot\mathbf{a}$, $\mathbf{B}\cdot\mathbf{b}$, $\mathbf{B}\cdot\mathbf{c}$ 共面，即存在不全为零的 α, β, γ，使

$$0=\alpha\mathbf{B}\cdot\mathbf{a}+\beta\mathbf{B}\cdot\mathbf{b}+\gamma\mathbf{B}\cdot\mathbf{c}=\mathbf{B}\cdot(\alpha\mathbf{a}+\beta\mathbf{b}+\gamma\mathbf{c}).$$

就是说，对退化的 $\mathbf{B}$，必然存在这样的方向 $\mathbf{z}=\alpha\mathbf{a}+\beta\mathbf{b}+\gamma\mathbf{c}$. 它称为该退化仿射量的**零向**.

具有一个零向的退化仿射量使空间全部向量的映象处在一平面上，或者说，它使空间变形为平面．若具有两个零向，则它们所定平面上每方向都是零向，这时所有映象共线．如有三个非共面零向，则空间每方向都是零向，这时映象均为零，即有所谓**零仿射量**．只有正则仿射量才使空间变形后仍为三维空间.

正则仿射量是一个可逆算子，它使空间内向量与其映象有一一对应关系．因设有 $\mathbf{u}=\alpha\mathbf{a}+\beta\mathbf{b}+\gamma\mathbf{c}$ 和 $\mathbf{u}'=\alpha'\mathbf{a}+\beta'\mathbf{b}+\gamma'\mathbf{c}$，若 $\mathbf{B}\cdot\mathbf{u}=\mathbf{B}\cdot\mathbf{u}'$，则经代入并移项后得

$$(\alpha-\alpha')\mathbf{B}\cdot\mathbf{a}+(\beta-\beta')\mathbf{B}\cdot\mathbf{b}+(\gamma-\gamma')\mathbf{B}\cdot\mathbf{c}=0,$$

故 $\mathbf{u}=\mathbf{u}'$．因此必存在逆仿射量 $\overset{-1}{\mathbf{B}}$，使空间内每 $\mathbf{B}\cdot\mathbf{u}$ 与 $\mathbf{u}$ 相对应：$\mathbf{u}=\overset{-1}{\mathbf{B}}\cdot(\mathbf{B}\cdot\mathbf{u})=(\overset{-1}{\mathbf{B}}\cdot\mathbf{B})\cdot\mathbf{u}$，或

$$\overset{-1}{\mathbf{B}}\cdot\mathbf{B}=\mathbf{I},\quad \text{也有}\quad \mathbf{B}\cdot\overset{-1}{\mathbf{B}}=\mathbf{I},\tag{2.3}$$

其中 $\mathbf{I}$ 是单位仿射量，亦即度量张量．上式如用分量形式写出，就变得更明显了，因若取 $\mathbf{g}_i$ 作为 $\mathbf{a}$, $\mathbf{b}$, $\mathbf{c}$，则由(2.1)式有

$$\begin{aligned}\mathrm{III}&=\frac{(\mathbf{B}\cdot\mathbf{g}_1)\times(\mathbf{B}\cdot\mathbf{g}_2)\cdot(\mathbf{B}\cdot\mathbf{g}_3)}{[\mathbf{g}_1\mathbf{g}_2\mathbf{g}_3]}\\&=\frac{(B^i_{\cdot j}\mathbf{g}_i\mathbf{g}^j\cdot\mathbf{g}_1)\times(B^p_{\cdot q}\mathbf{g}_p\mathbf{g}^q\cdot\mathbf{g}_2)\cdot(B^r_{\cdot s}\mathbf{g}_r\mathbf{g}^s\cdot\mathbf{g}_3)}{\sqrt{g}}\\&=\frac{B^r_{\cdot 1}B^s_{\cdot 2}B^t_{\cdot 3}[\mathbf{g}_r\mathbf{g}_s\mathbf{g}_t]}{\sqrt{g}}=e_{rst}B^r_{\cdot 1}B^s_{\cdot 2}B^t_{\cdot 3}=|B^i_{\cdot j}|.\end{aligned}$$

对正则仿射量

$$|B^i_{\cdot j}|=\mathrm{III}\neq 0,\tag{2.4}$$

作为满秩矩阵 $\|B^i_{\cdot j}\|$ 的逆矩阵 $\|\overset{-1}{B}{}^k_{\cdot l}\|$ 必然存在唯一.

正则仿射量 $\mathbf{B}$ 的共轭 $\mathbf{B}^*$ 亦为正则，因其第三主不变量 $=|B^{*i}_{\cdot j}|=|B_j^{\cdot i}|=|g_{jr}B^r_{\cdot s}g^{si}|=|g_{jr}|\cdot|B^r_{\cdot s}|\cdot|g^{si}|=|B^i_{\cdot j}|=$

$\mathrm{III} \neq 0$.

我们有时称 $\mathbf{B}$ 的第三主不变量为它的行列式，并记为 $\det\mathbf{B} = |B^i_{\cdot j}| = |B_j^{\cdot i}|$. 但应注意，当 $g \neq 1$ 时，$|B_{ij}| \neq |B^{ij}| \neq \det\mathbf{B}$.

从 $(\overset{-1}{\mathbf{B}})^* \cdot \mathbf{B}^* = (\mathbf{B} \cdot \overset{-1}{\mathbf{B}})^* = \mathbf{I}^* = \mathbf{I} = (\mathbf{B}^*)^{-1} \cdot \mathbf{B}^*$ 有 $[(\overset{-1}{\mathbf{B}})^* - (\mathbf{B}^*)^{-1}] \cdot \mathbf{B}^* = 0$，两边右点乘以 $(\mathbf{B}^*)^{-1}$，得

$$(\overset{-1}{\mathbf{B}})^* = (\mathbf{B}^*)^{-1}. \tag{2.5}$$

意思是，正则仿射量的逆仿射量的共轭等于其共轭的逆仿射量. 因此，今后可以不加区别地写 $\overset{-1}{\mathbf{B}}{}^*$.

还有一个正则仿射量 $\mathbf{B}$ 的有用公式. 从（2.1）式，并利用（1.10）式，有

$$\begin{aligned} \mathrm{III}\mathbf{a} \times \mathbf{b} \cdot \mathbf{c} &= (\mathbf{B} \cdot \mathbf{a}) \times (\mathbf{B} \cdot \mathbf{b}) \cdot (\mathbf{B} \cdot \mathbf{c}) \\ &= \mathbf{B}^* \cdot [(\mathbf{B} \cdot \mathbf{a}) \times (\mathbf{B} \cdot \mathbf{b})] \cdot \mathbf{c}, \end{aligned}$$

因 $\mathbf{c}$ 为任意，并考虑到（2.5）式得

$$(\mathbf{B} \cdot \mathbf{a}) \times (\mathbf{B} \cdot \mathbf{b}) = \mathrm{III}\overset{-1}{\mathbf{B}}{}^* \cdot (\mathbf{a} \times \mathbf{b}). \tag{2.6}$$

§3. 重向和不变量

若向量 $\mathbf{u}$ 及其映象 $\mathbf{B} \cdot \mathbf{u}$ 具有相同方向：

$$\mathbf{B} \cdot \mathbf{u} = B\mathbf{u} \quad (B \text{ 为常数}), \tag{3.1}$$

则这方向称为 $\mathbf{B}$ 的**重向**. 从（3.1）式得

$$(\mathbf{B} - B\mathbf{I}) \cdot \mathbf{u} = 0. \tag{3.2}$$

这说明，假如 $\mathbf{B}$ 有重向 $\mathbf{u}$，则 $\mathbf{u}$ 是仿射量 $\mathbf{B} - B\mathbf{I}$ 的零向，因而后者是一退化仿射量，必有

$$\frac{[(\mathbf{B} - B\mathbf{I}) \cdot \mathbf{a}] \times [(\mathbf{B} - B\mathbf{I}) \cdot \mathbf{b}] \cdot [(\mathbf{B} - B\mathbf{I}) \cdot \mathbf{c}]}{[\mathbf{abc}]} = 0$$

或

$$\det(\mathbf{B} - B\mathbf{I}) = 0.$$

展开后得 $\mathbf{B}$ 的**特征方程**

$$B^3 - \mathrm{I}B^2 + \mathrm{II}B - \mathrm{III} = 0, \tag{3.3}$$

其中标量

$$\mathrm{I}=\frac{\mathbf{b}\times\mathbf{c}\cdot(\mathbf{B}\cdot\mathbf{a})+\mathbf{c}\times\mathbf{a}\cdot(\mathbf{B}\cdot\mathbf{b})+\mathbf{a}\times\mathbf{b}\cdot(\mathbf{B}\cdot\mathbf{c})}{[\mathbf{abc}]},\tag{3.4}$$

$$\mathrm{II}=\frac{(\mathbf{B}\cdot\mathbf{a})\times(\mathbf{B}\cdot\mathbf{b})\cdot\mathbf{c}+(\mathbf{B}\cdot\mathbf{b})\times(\mathbf{B}\cdot\mathbf{c})\cdot\mathbf{a}+(\mathbf{B}\cdot\mathbf{c})\times(\mathbf{B}\cdot\mathbf{a})\cdot\mathbf{b}}{[\mathbf{abc}]}.\tag{3.5}$$

可以证明,对任意其他三非共面向量 $\mathbf{a}'$, $\mathbf{b}'$, $\mathbf{c}'$ 亦有类似于(2.2)式的两个等式. 故 I, II 也与 $\mathbf{a}$, $\mathbf{b}$, $\mathbf{c}$ 的选择无关, 而只由 $\mathbf{B}$ 本身决定,分别叫作 $\mathbf{B}$ 的**第一,二主不变量**.

对于正则仿射量,(3.5)式可利用(2.6)式改写为

$$\mathrm{II}=\mathrm{III}\,\frac{\mathbf{b}\times\mathbf{c}\cdot(\overset{-1}{\mathbf{B}}\cdot\mathbf{a})+\mathbf{c}\times\mathbf{a}\cdot(\overset{-1}{\mathbf{B}}\cdot\mathbf{b})+\mathbf{a}\times\mathbf{b}\cdot(\overset{-1}{\mathbf{B}}\cdot\mathbf{c})}{[\mathbf{abc}]}.\tag{3.6}$$

如果在(3.4),(3.5)和(2.1)式中取 $\mathbf{g}_i$ 作为 $\mathbf{a}$, $\mathbf{b}$, $\mathbf{c}$, 则得

$$\begin{aligned}\mathrm{I}&=\frac{\mathbf{g}_2\times\mathbf{g}_3\cdot(B^{i}_{\cdot j}\mathbf{g}_i\mathbf{g}^j\cdot\mathbf{g}_1)+\mathbf{g}_3\times\mathbf{g}_1\cdot(B^{p}_{\cdot q}\mathbf{g}_p\mathbf{g}^q\cdot\mathbf{g}_2)+\mathbf{g}_1\times\mathbf{g}_2\cdot(B^{r}_{\cdot s}\mathbf{g}_r\mathbf{g}^s\cdot\mathbf{g}_3)}{[\mathbf{g}_1\mathbf{g}_2\mathbf{g}_3]}\\&=\mathbf{g}^1\cdot(B^{i}_{\cdot 1}\mathbf{g}_i)+\mathbf{g}^2\cdot(B^{p}_{\cdot 2}\mathbf{g}_p)+\mathbf{g}^3\cdot(B^{r}_{\cdot 3}\mathbf{g}_r)\\&=\mathbf{g}^r\cdot(B^{s}_{\cdot r}\mathbf{g}_s)=B^{r}_{\cdot r}=\frac{1}{1!}\delta^{r}_{i}B^{i}_{\cdot r},\end{aligned}\tag{3.7}$$

$$\begin{aligned}\mathrm{II}&=\\&\frac{(B^{i}_{\cdot 1}\mathbf{g}_i)\times(B^{j}_{\cdot 2}\mathbf{g}_j)\cdot\mathbf{g}_3+(B^{p}_{\cdot 2}\mathbf{g}_p)\times(B^{q}_{\cdot 3}\mathbf{g}_q)\cdot\mathbf{g}_1+(B^{r}_{\cdot 3}\mathbf{g}_r)\times(B^{s}_{\cdot 1}\mathbf{g}_s)\cdot\mathbf{g}_2}{[\mathbf{g}_1\mathbf{g}_2\mathbf{g}_3]}\\&=B^{i}_{\cdot 1}B^{j}_{\cdot 2}e_{ij3}+B^{p}_{\cdot 2}B^{q}_{\cdot 3}e_{pq1}+B^{r}_{\cdot 3}B^{s}_{\cdot 1}e_{rs2}\\&=\frac{1}{2}(B^{i}_{\cdot 1}B^{j}_{\cdot 2}e_{ij3}-B^{i}_{\cdot 2}B^{j}_{\cdot 1}e_{ij3}+B^{p}_{\cdot 2}B^{q}_{\cdot 3}e_{pq1}-B^{p}_{\cdot 3}B^{q}_{\cdot 2}e_{pq1}\\&\quad+B^{r}_{\cdot 3}B^{s}_{\cdot 1}e_{rs2}-B^{r}_{\cdot 1}B^{s}_{\cdot 3}e_{rs2})\\&=\frac{1}{2}e_{ijt}e^{rst}B^{i}_{\cdot r}B^{j}_{\cdot s}=\frac{1}{2!}\delta^{rs}_{ij}B^{i}_{\cdot r}B^{j}_{\cdot s},\end{aligned}\tag{3.8}$$

$$\mathrm{III}=\frac{1}{3!}\delta^{rst}_{ijk}B^{i}_{\cdot r}B^{j}_{\cdot s}B^{k}_{\cdot t}.\tag{3.9}$$

仿射量 **B** 除了三个主不变量，其他较重要的不变量是矩

$$\bar{\mathrm{I}}_k(\mathbf{B}) = \mathrm{tr}\mathbf{B}^k \quad (k = 1, 2\cdots), \tag{3.10}$$

其中线性算子 tr 表示**迹** (*trace*)：

$$\mathrm{tr}\mathbf{B} = B^r_{\cdot r} = \mathrm{I}. \tag{3.11}$$

B 的特征方程(3.3)是实系数三次多项式，必有一个实根，就命为 B (暂且不管另外两个根)，它使 $\mathbf{B} - B\mathbf{I}$ 为退化，故任何仿射量至少有一个重向(退化仿射量的零向同时也是重向，这时 $B=0$)。若对应于同一 B 值有两个重向，则这两重向所确定的平面上的每方向都是重向。一个 B 值有三非共面重向就使空间任何方向均为重向，这时 **B** 必然是**相似仿射量** $B\mathbf{I}$。若 **u** 是 **B** 的重向，则也是 $\mathbf{B}^n$ 的重向，因

$$\mathbf{B}^n \cdot \mathbf{u} = B^n\mathbf{u}. \tag{3.12}$$

§4. Cayley-Hamilton 定理

在(3.4)和(3.5)式中分别以 $\mathbf{B}^2 \cdot \mathbf{c}$ 和 $-\mathbf{B} \cdot \mathbf{c}$ 代替 **c**，而 III 的表达式则照写，得

$$\begin{aligned} \mathrm{I}[\mathbf{ab}(\mathbf{B}^2 \cdot \mathbf{c})] &= \mathbf{b} \times (\mathbf{B}^2 \cdot \mathbf{c}) \cdot (\mathbf{B} \cdot \mathbf{a}) + (\mathbf{B}^2 \cdot \mathbf{c}) \times \mathbf{a} \\ &\quad \cdot (\mathbf{B} \cdot \mathbf{b}) + \mathbf{a} \times \mathbf{b} \cdot (\mathbf{B}^3 \cdot \mathbf{c}), \\ -\mathrm{II}[\mathbf{ab}(\mathbf{B} \cdot \mathbf{c})] &= -(\mathbf{B} \cdot \mathbf{b}) \times (\mathbf{B}^2 \cdot \mathbf{c}) \cdot \mathbf{a} - (\mathbf{B}^2 \cdot \mathbf{c}) \\ &\quad \times (\mathbf{B} \cdot \mathbf{a}) \cdot \mathbf{b} - (\mathbf{B} \cdot \mathbf{a}) \times (\mathbf{B} \cdot \mathbf{b}) \cdot (\mathbf{B} \cdot \mathbf{c}), \\ \mathrm{III}[\mathbf{abc}] &= (\mathbf{B} \cdot \mathbf{a}) \times (\mathbf{B} \cdot \mathbf{b}) \cdot (\mathbf{B} \cdot \mathbf{c}). \end{aligned}$$

将上三式相加，有

$$\mathbf{a} \times \mathbf{b} \cdot [(\mathrm{I}\mathbf{B}^2 - \mathrm{II}\mathbf{B} + \mathrm{III}\mathbf{I}) \cdot \mathbf{c}] = \mathbf{a} \times \mathbf{b} \cdot (\mathbf{B}^3 \cdot \mathbf{c}),$$

由于 **a**, **b** 为任意，得

$$(\mathbf{B}^3 - \mathrm{I}\mathbf{B}^2 + \mathrm{II}\mathbf{B} - \mathrm{III}\mathbf{I}) \cdot \mathbf{c} = 0.$$

上式说明，任意方向 **c** 均为括号(　)中所代表的仿射量的零向，故这仿射量必是零仿射量：

$$\mathbf{B}^3 - \mathrm{I}\mathbf{B}^2 + \mathrm{II}\mathbf{B} - \mathrm{III}\mathbf{I} = 0. \tag{4.1}$$

这就是著名的 Cayley-Hamilton 方程，也叫 **Cayley-Hamilton 定**

理．这是一个仿射量方程，利用它，$\mathbf{B}^n$，$(n \geqslant 3)$，均可用 $\mathbf{B}^2$，$\mathbf{B}$ 和 $\mathbf{I}$ 及 $\mathbf{B}$ 的三个主不变量来表达．注意，这方程的结构和 $\mathbf{B}$ 的特征方程(3.3)是相同的，但后者却是标量方程．

§5. 几种特殊仿射量

(1) 对称仿射量

这时

$$\mathbf{S} = \mathbf{S}^*, \quad 即 \quad S^i_{\cdot j} = S_j^{\cdot i} \quad 或 \quad S_{ij} = S_{ji}. \tag{5.1}$$

详细性质留到以后讨论主向时叙述，这里只提出对称仿射量的两个概念．

对单位向量 $\mathbf{n}$ 及 $\mathbf{t}$，标量

$$\mathbf{t} \cdot \mathbf{S} \cdot \mathbf{n} = \mathbf{n} \cdot \mathbf{S} \cdot \mathbf{t} = S_{ij} n^i t^j \tag{5.2}$$

称为 $\mathbf{S}$ 在 $\mathbf{n}$ 和 $\mathbf{t}$ 方向的**剪分量**．若 $\mathbf{n} \cdot \mathbf{t} = 0$，则称为**正交剪分量**．若 $\mathbf{t} = \mathbf{n}$，作为(5.2)的特殊情形

$$\mathbf{n} \cdot \mathbf{S} \cdot \mathbf{n} = S_{ij} n^i n^j \tag{5.3}$$

叫作 $\mathbf{S}$ 在 $\mathbf{n}$ 方向的**法分量**．这概念今后起重要作用．若在任何方向的法分量均大于零，则 $\mathbf{S}$ 称为**正定**，这时分量 S_{ij} 是正定二次型的系数． 可以证明，正定对称仿射量的三个主不变量均大于零：$\mathrm{I} > 0$，$\mathrm{II} > 0$，$\mathrm{III} > 0$．

(2) 反称仿射量(轴仿射量)

这时

$$\mathbf{A} = -\mathbf{A}^*, \quad 即 \quad A^i_{\cdot j} = -A_j^{\cdot i} \quad 或 \quad A_{ij} = -A_{ji}. \tag{5.4}$$

轴仿射量是退化仿射量，因为在 $\mathbf{A}$ 作用下，任意向量 $\mathbf{v}$ 的映象：

$$\begin{aligned}
\mathbf{A} \cdot \mathbf{v} &= (A_{ij} \mathbf{g}^i \mathbf{g}^j) \cdot (v^k \mathbf{g}_k) = \frac{1}{2}(A_{ij} - A_{ji}) v^j \mathbf{g}^i \\
&= \frac{1}{2} \delta^{rs}_{ij} A_{rs} v^j \mathbf{g}^i = \epsilon_{itj} \left(-\frac{1}{2!} \epsilon^{trs} A_{rs} \right) v^j \mathbf{g}^i \\
&= \left(-\frac{1}{2!} \epsilon^{trs} A_{rs} \mathbf{g}_t \right) \times (v^k \mathbf{g}_k)
\end{aligned}$$

$$= \left(-\frac{1}{2!}\epsilon^{trs}\mathbf{g}_t\mathbf{g}_r\mathbf{g}_s : A_{ij}\mathbf{g}^i\mathbf{g}^j\right) \times (v^k\mathbf{g}_k)$$

$$= \left(-\frac{1}{2!}\boldsymbol{\epsilon} : \mathbf{A}\right) \times \mathbf{v}. \tag{5.5}$$

均与

$$\boldsymbol{\omega} \overset{df}{=} -\frac{1}{2!}\boldsymbol{\epsilon} : \mathbf{A} \tag{5.6}$$

正交. $\boldsymbol{\omega}$ 称作 $\mathbf{A}$ 的向量，它就是 $\mathbf{A}$ 的零向，因如取 $\mathbf{v} /\!/ \boldsymbol{\omega}$，则 $\mathbf{A} \cdot \mathbf{v} = 0$. 若以 $-\boldsymbol{\epsilon}$ 点积(5.6)式的两边，得

$$-\boldsymbol{\epsilon} \cdot \boldsymbol{\omega} = \frac{1}{2!}\boldsymbol{\epsilon} \cdot \boldsymbol{\epsilon} : \mathbf{A} = \frac{1}{2!}\epsilon_{ijk}\mathbf{g}^i\mathbf{g}^j\mathbf{g}^k \cdot \epsilon^{trs}A_{rs}\mathbf{g}_t$$

$$= \frac{1}{2!}\epsilon_{ijt}\epsilon^{trs}A_{rs}\mathbf{g}^i\mathbf{g}^j = \frac{1}{2!}\delta^{rs}_{ij}A_{rs}\mathbf{g}^i\mathbf{g}^j$$

$$= \frac{1}{2!}(A_{ij} - A_{ji})\mathbf{g}^i\mathbf{g}^j = A_{ij}\mathbf{g}^i\mathbf{g}^j = \mathbf{A}. \tag{5.7}$$

可见，$\mathbf{A}$ 和 $\boldsymbol{\omega}$ 一一对应，考察 $\boldsymbol{\omega}$ 和考察 $\mathbf{A}$ 是等价的. 由此还可得到启发：三阶反称张量 $\boldsymbol{\varphi}$ 只有一个独立分量，它等价于一个标量，因

$$-\frac{1}{3!}\boldsymbol{\epsilon} \vdots \boldsymbol{\varphi} = -\frac{1}{3!}\epsilon_{ijk}\varphi^{ijk} \overset{df}{=} \alpha, \tag{5.8}$$

$$-\boldsymbol{\epsilon}\alpha = \frac{1}{3!}\epsilon^{ijk}\epsilon_{rst}\varphi^{rst}\mathbf{g}_i\mathbf{g}_j\mathbf{g}_k = \varphi^{ijk}\mathbf{g}_i\mathbf{g}_j\mathbf{g}_k = \boldsymbol{\varphi}. \tag{5.9}$$

我们称 $\mathbf{A}$ 和 $\boldsymbol{\omega}$，$\boldsymbol{\varphi}$ 和 α 互成**反偶**；而 $\mathbf{A}$ 和 $-\boldsymbol{\omega}$，$\boldsymbol{\varphi}$ 和 $-\alpha$ 则互成**对偶**，对偶和反偶只差一符号.

现在我们来考察仿射量 $\mathbf{I} + \mathbf{A}$，看任意向量 $\mathbf{v}$ 的映象的长度平方（若 $\mathbf{v}$ 和其映象同具有长度量纲，则 $\boldsymbol{\omega}$ 是无量纲向量）：

$$[(\mathbf{I} + \mathbf{A}) \cdot \mathbf{v}]^2 = (\mathbf{v} + \boldsymbol{\omega} \times \mathbf{v})^2$$

$$= \mathbf{v}^2 + [\mathbf{v}\boldsymbol{\omega}\mathbf{v}] + [\boldsymbol{\omega}\mathbf{v}\mathbf{v}] + (\boldsymbol{\omega} \times \mathbf{v})^2$$

$$= \mathbf{v}^2 + \boldsymbol{\omega}^2\mathbf{v}^2 - (\boldsymbol{\omega} \cdot \mathbf{v})^2 = \mathbf{v}^2[1 + \boldsymbol{\omega}^2 - (\boldsymbol{\omega} \cdot \mathbf{n})^2],$$

其中 $\mathbf{n} \equiv \frac{1}{|\mathbf{v}|}\mathbf{v}$ 为单位无量纲向量，$|\boldsymbol{\omega} \cdot \mathbf{n}| \leqslant |\boldsymbol{\omega}|$. 若 $|\boldsymbol{\omega}| \ll 1$，则上式中后两项可被忽略而有

$$[(\mathbf{I}+\mathbf{A})\cdot\mathbf{v}]^2 \doteq \mathbf{v}^2,$$

即 $\mathbf{v}$ 的映象长度不变，因此可以称 $\mathbf{I}+\mathbf{A}$ 为**小转动仿射量**. 应强调一句，小转动的意义只有在 $|\boldsymbol{\omega}| \ll 1$ 时才成立，这时转轴与 $\boldsymbol{\omega}$ 同向，转角为 $|\boldsymbol{\omega}|$，故 $\boldsymbol{\omega}$ 又叫**小转动向量**（见图 1）. 下面将讨论转角为有限的情形.

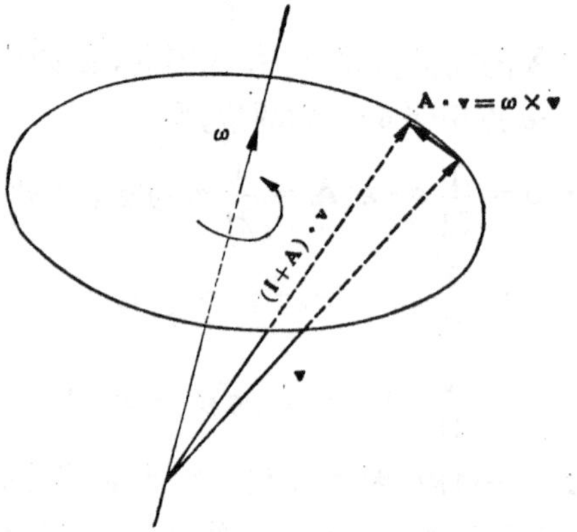

图 1

(3) 正交仿射量(有限转动仿射量)

正交仿射量 $\mathbf{R}$ 准确保持映象长度不变（那么它当然是正则的，并且其逆亦为正交）:

$$(\mathbf{R}\cdot\mathbf{v})^2 = \mathbf{v}^2, \tag{5.10}$$

或
$$\mathbf{v}\cdot(\mathbf{R}^*\cdot\mathbf{R})\cdot\mathbf{v} = \mathbf{v}\cdot\mathbf{v}.$$

因 $\mathbf{v}$ 为任意，故 $\mathbf{R}^*\cdot\mathbf{R}=\mathbf{I}$，从而

$$\mathbf{R}^* = \overset{-1}{\mathbf{R}}. \tag{5.11}$$

写成分量形式则有

$$R_{r}{}^{i}R^{r}{}_{j} = \delta^i_j \quad 或 \quad R_{ri}R^{rj} = \delta^j_i. \tag{5.12}$$

若在(5.10)中代 $\mathbf{v}$ 以 $\mathbf{u}+\mathbf{v}$，则

$$(\mathbf{R}\cdot\mathbf{u}+\mathbf{R}\cdot\mathbf{v})^2 = (\mathbf{u}+\mathbf{v})^2,$$

乘开后又有

$$(\mathbf{R}\cdot\mathbf{u})\cdot(\mathbf{R}\cdot\mathbf{v})=\mathbf{u}\cdot\mathbf{v}. \tag{5.13}$$

故正交仿射量不改变向量点积，或者说，不改变向量间的夹角．如又令 $\mathbf{u}=\mathbf{v}$，则从(5.13)式又回到(5.10)式，故(5.10)式和(5.13)式是等价的正交仿射量的定义关系．又看

$$[(\mathbf{R}\cdot\mathbf{a})(\mathbf{R}\cdot\mathbf{b})(\mathbf{R}\cdot\mathbf{c})]^2=$$

$$\begin{vmatrix}(\mathbf{R}\cdot\mathbf{a})^2 & (\mathbf{R}\cdot\mathbf{a})\cdot(\mathbf{R}\cdot\mathbf{b}) & (\mathbf{R}\cdot\mathbf{a})\cdot(\mathbf{R}\cdot\mathbf{c})\\ (\mathbf{R}\cdot\mathbf{b})\cdot(\mathbf{R}\cdot\mathbf{a}) & (\mathbf{R}\cdot\mathbf{b})^2 & (\mathbf{R}\cdot\mathbf{b})\cdot(\mathbf{R}\cdot\mathbf{c})\\ (\mathbf{R}\cdot\mathbf{c})\cdot(\mathbf{R}\cdot\mathbf{a}) & (\mathbf{R}\cdot\mathbf{c})\cdot(\mathbf{R}\cdot\mathbf{b}) & (\mathbf{R}\cdot\mathbf{c})^2\end{vmatrix}$$

$$=\begin{vmatrix}\mathbf{a}^2 & \mathbf{a}\cdot\mathbf{b} & \mathbf{a}\cdot\mathbf{c}\\ \mathbf{b}\cdot\mathbf{a} & \mathbf{b}^2 & \mathbf{b}\cdot\mathbf{c}\\ \mathbf{c}\cdot\mathbf{a} & \mathbf{c}\cdot\mathbf{b} & \mathbf{c}^2\end{vmatrix}=[\mathbf{abc}]^2,$$

故正交仿射量保持体积不变，且第三主不变量

$$\mathrm{III}=\pm 1. \tag{5.14}$$

为了求得类似于(5.5)式的正交仿射量 $\mathbf{R}$ 的典则公式，先证明下面两个对任何仿射量均成立的辅助公式：

1) 任意仿射量及其共轭具有相同的第一主不变量(可证其他不变量亦相等)：

$$\begin{aligned}\mathrm{I}(\mathbf{B})&=\frac{\mathbf{g}_2\times\mathbf{g}_3\cdot(\mathbf{B}\cdot\mathbf{g}_1)+\mathbf{g}_3\times\mathbf{g}_1\cdot(\mathbf{B}\cdot\mathbf{g}_2)+\mathbf{g}_1\times\mathbf{g}_2\cdot(\mathbf{B}\cdot\mathbf{g}_3)}{[\mathbf{g}_1\mathbf{g}_2\mathbf{g}_3]}\\&=\frac{\mathbf{g}_1\cdot\mathbf{B}^*\cdot(\mathbf{g}_2\times\mathbf{g}_3)+\mathbf{g}_2\cdot\mathbf{B}^*\cdot(\mathbf{g}_3\times\mathbf{g}_1)+\mathbf{g}_3\cdot\mathbf{B}^*\cdot(\mathbf{g}_1\times\mathbf{g}_2)}{[\mathbf{g}_1\mathbf{g}_2\mathbf{g}_3]}\\&=\frac{\mathbf{g}^2\times\mathbf{g}^3\cdot(\mathbf{B}^*\cdot\mathbf{g}^1)+\mathbf{g}^3\times\mathbf{g}^1\cdot(\mathbf{B}^*\cdot\mathbf{g}^2)+\mathbf{g}^1\times\mathbf{g}^2\cdot(\mathbf{B}^*\cdot\mathbf{g}^3)}{[\mathbf{g}^1\mathbf{g}^2\mathbf{g}^3]}\\&=\mathrm{I}(\mathbf{B}^*).\end{aligned} \tag{5.15}$$

2) 由第一不变量表达式并利用(5.15)式有

$$\begin{aligned}\mathrm{I}\mathbf{a}\times\mathbf{b}\cdot\mathbf{c}&=\mathbf{b}\times\mathbf{c}\cdot(\mathbf{B}^*\cdot\mathbf{a})+\mathbf{c}\times\mathbf{a}\cdot(\mathbf{B}^*\cdot\mathbf{b})\\&\quad+\mathbf{a}\times\mathbf{b}\cdot(\mathbf{B}^*\cdot\mathbf{c})\\&=-\mathbf{c}\cdot\mathbf{b}\times(\mathbf{B}^*\cdot\mathbf{a})+\mathbf{c}\cdot\mathbf{a}\times(\mathbf{B}^*\cdot\mathbf{b})\\&\quad+\mathbf{c}\cdot\mathbf{B}\cdot(\mathbf{a}\times\mathbf{b}),\end{aligned}$$

因 $\mathbf{c}$ 为任意，故

$$\mathbf{B}\cdot(\mathbf{a}\times\mathbf{b})=\mathrm{I}\mathbf{a}\times\mathbf{b}-\mathbf{a}\times(\mathbf{B}^*\cdot\mathbf{b})+\mathbf{b}\times(\mathbf{B}^*\cdot\mathbf{a}). \tag{5.16}$$

设正交仿射量 $\mathbf{R}$ 的重向由单位向量 $\mathbf{r}$ 代表，则可写

$$\mathbf{R}\cdot\mathbf{r}=R\mathbf{r},\quad \text{即}\quad \mathbf{r}=R\mathbf{R}\cdot\mathbf{r}, \tag{5.17}$$

其中 R 是 $\mathbf{R}$ 的特征方程的一个根，等于 $+1$ 或 -1，$R=1/R$. 以 $\mathbf{R}^*$ 左乘(5.17)第二式又得

$$\mathbf{R}^*\cdot\mathbf{r}=R\mathbf{R}^*\cdot\mathbf{R}\cdot\mathbf{r}=R\mathbf{r}. \tag{5.18}$$

利用上式，对任意向量 $\mathbf{u}$ 有

$$\mathbf{r}\cdot\mathbf{R}\cdot\mathbf{u}=\mathbf{u}\cdot\mathbf{R}^*\cdot\mathbf{r}=R\mathbf{u}\cdot\mathbf{r}.$$

由此可以看出，若 $\mathbf{u}$ 垂直于 $\mathbf{r}$，则其映象 $\mathbf{R}\cdot\mathbf{u}$ 亦必垂直于 $\mathbf{r}$. 今后取 $\mathbf{u}$ 为垂直于 $\mathbf{r}$ 的单位向量. 这时得

$$(\mathbf{r}\times\mathbf{u})\cdot[\mathbf{r}\times(\mathbf{R}\cdot\mathbf{u})]=\begin{vmatrix}\mathbf{r}\cdot\mathbf{r} & \mathbf{r}\cdot\mathbf{R}\cdot\mathbf{u}\\ \mathbf{u}\cdot\mathbf{r} & \mathbf{u}\cdot\mathbf{R}\cdot\mathbf{u}\end{vmatrix}=\mathbf{u}\cdot\mathbf{R}\cdot\mathbf{u}. \tag{5.19}$$

但另一方面，将 (5.17) 第二式代入上式左边，又考虑到 (2.6)，(5.11)，(5.16)和(5.19)式，得

$$\begin{aligned}(\mathbf{r}\times\mathbf{u})\cdot[\mathbf{r}\times(\mathbf{R}\cdot\mathbf{u})]&=R(\mathbf{r}\times\mathbf{u})\cdot[(\mathbf{R}\cdot\mathbf{r})\times(\mathbf{R}\cdot\mathbf{u})]\\
&=\mathrm{III}R(\mathbf{r}\times\mathbf{u})\cdot\overset{-1}{\mathbf{R}^*}\cdot(\mathbf{r}\times\mathbf{u})=\mathrm{III}R(\mathbf{r}\times\mathbf{u})\cdot\mathbf{R}\cdot(\mathbf{r}\times\mathbf{u})\\
&=\mathrm{III}R(\mathbf{r}\times\mathbf{u})\cdot[\mathrm{I}\mathbf{r}\times\mathbf{u}-\mathbf{r}\times(\mathbf{R}^*\cdot\mathbf{u})+\mathbf{u}\times(\mathbf{R}^*\cdot\mathbf{r})]\\
&=\mathrm{III}R(\mathbf{r}\times\mathbf{u})\cdot[\mathrm{I}\mathbf{r}\times\mathbf{u}-\mathbf{r}\times(\mathbf{R}^*\cdot\mathbf{u})-R\mathbf{r}\times\mathbf{u}]\\
&=\mathrm{III}R(\mathbf{r}\times\mathbf{u})\cdot[(\mathrm{I}-R)\mathbf{r}\times\mathbf{u}-\mathbf{r}\times(\mathbf{R}^*\cdot\mathbf{u})]\\
&=\mathrm{III}R\{(\mathrm{I}-R)-(\mathbf{r}\times\mathbf{u})\cdot[\mathbf{r}\times(\mathbf{R}^*\cdot\mathbf{u})]\}\\
&=\mathrm{III}R(\mathrm{I}-R-\mathbf{u}\cdot\mathbf{R}^*\cdot\mathbf{u})=\mathrm{III}R(\mathrm{I}-R-\mathbf{u}\cdot\mathbf{R}\cdot\mathbf{u}).\end{aligned}$$

将上两式比较，得

$$\frac{\mathrm{III}R(\mathrm{I}-R)}{1+\mathrm{III}R}=\mathbf{u}\cdot\mathbf{R}\cdot\mathbf{u}=\cos\vartheta. \tag{5.20}$$

可见，$\mathbf{u}$ 和 $\mathbf{R}\cdot\mathbf{u}$ 的夹角 ϑ 与 $\mathbf{u}$ 无关(图 2). 另取一个也垂直于 $\mathbf{r}$ 的单位向量 $\mathbf{w}$，则根据正交仿射量不改变向量夹角的性质及连续性，我们有

$$\mathbf{u}\times\mathbf{w}=(\mathbf{R}\cdot\mathbf{u})\times(\mathbf{R}\cdot\mathbf{w}). \tag{5.21}$$

根据第三主不变量的定义 (2.1)，取 $\mathbf{u}$，$\mathbf{w}$，$\mathbf{r}$ 作为 $\mathbf{a}$，$\mathbf{b}$，$\mathbf{c}$，利用(5.17)和(5.21)式，得

$$\mathrm{III} = \frac{(\mathbf{R}\cdot\mathbf{u})\times(\mathbf{R}\cdot\mathbf{w})\cdot(\mathbf{R}\cdot\mathbf{r})}{[\mathbf{uwr}]} = R.$$

于是(5.20)式变成

$$\cos\vartheta = \frac{\mathrm{I}-\mathrm{III}}{2}. \qquad (5.22)$$

既然所有垂直于 $\mathbf{r}$ 的向量 $\mathbf{u}$ 的映象也垂直于 $\mathbf{r}$，则可这样取 $\mathbf{r}$ 的方向并想像 $\mathbf{R}\cdot\mathbf{u}$ 是将 $\mathbf{u}$ 按右手法则绕 $\mathbf{r}$ 转过 ϑ 角的结果(图 2)．于是

$$\mathbf{u}\times(\mathbf{R}\cdot\mathbf{u}) = \sin\vartheta\mathbf{r}, \qquad (5.23)$$

$$\mathbf{R}\cdot\mathbf{u} = \cos\vartheta\mathbf{u} + \sin\vartheta\mathbf{r}\times\mathbf{u}. \qquad (5.24)$$

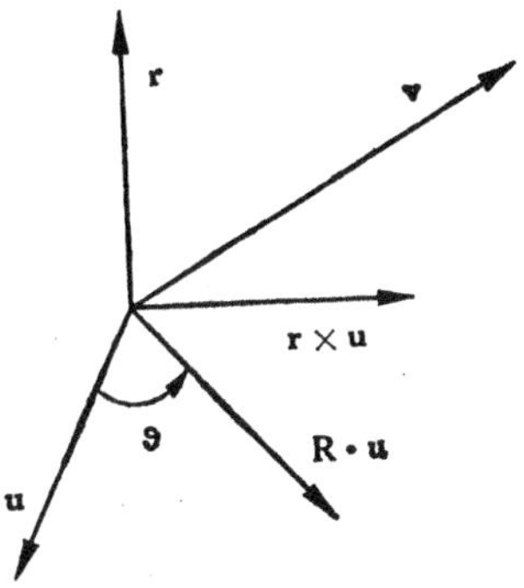

图 2

对于空间任意向量 $\mathbf{v}$，它可分解为平行于和垂直于 $\mathbf{r}$ 的两个分量:

$$\mathbf{v} = \mathbf{v}\cdot\mathbf{rr} + (\mathbf{v} - \mathbf{v}\cdot\mathbf{rr}).$$

根据仿射量的线性性质，$\mathbf{R}\cdot\mathbf{v}$ 是 $\mathbf{R}$ 分别作用于上式右边两向量结果之和,前者保持原向或反向（取决于 III 的符号），后者绕 $\mathbf{r}$ 转过 ϑ 角．后一分量虽然不一定是单位向量，但对它仍可用（5.24）式,于是 $\mathbf{v}$ 的映象写成公式就是

$$\begin{aligned}\mathbf{R}\cdot\mathbf{v} &= \mathbf{v}\cdot\mathbf{r}\mathbf{R}\cdot\mathbf{r} + \mathbf{R}\cdot(\mathbf{v}-\mathbf{v}\cdot\mathbf{rr}) \\ &= \mathrm{III}\mathbf{rr}\cdot\mathbf{v} + \cos\vartheta(\mathbf{v}-\mathbf{v}\cdot\mathbf{rr}) \\ &\quad + \sin\vartheta(\mathbf{r}\times\mathbf{v} - \mathbf{v}\cdot\mathbf{rr}\times\mathbf{r}) \\ &= [\cos\vartheta + (\mathrm{III}-\cos\vartheta)\mathbf{rr}\cdot + \sin\vartheta\mathbf{r}\times]\mathbf{v}. \qquad (5.25)\end{aligned}$$

这就是所要求的**典则公式**．$\mathbf{R}$ 的分量公式为

$$\begin{aligned}R_{ij} &= \cos\vartheta g_{ij} + (\mathrm{III}-\cos\vartheta)r_i r_j + \sin\vartheta\epsilon_{isj}r^s \qquad (5.26) \\ &= \mathrm{III}g_{ij} + (\mathrm{III}-\cos\vartheta)(r_i r_j - g_{ij}) + \sin\vartheta\epsilon_{isj}r^s. \qquad (5.27)\end{aligned}$$

假如引入 $\mathbf{r}$ 的反偶

$$\mathbf{L} = -\boldsymbol{\epsilon}\cdot\mathbf{r}, \quad L^{ij} = \epsilon^{isj}r_s, \qquad (5.28)$$

并考虑到

$$|\mathbf{r}| = 1,$$

$$r_i r_j - g_{ij} = (g_{ip}g_{qj} - g_{ij}g_{qp})r^p r^q$$

$$= \varepsilon_{iqs}\varepsilon_{pj}{}^{s}_{\cdot} r^q r^p = L_{is}L^{s}_{\cdot j},$$

则 $\mathbf{R}$ 又可表示为

$$\left.\begin{aligned} \mathbf{R} &= \mathrm{III}\mathbf{I} + \sin\vartheta\mathbf{L} + (\mathrm{III} - \cos\vartheta)\mathbf{L}^2, \\ R^{i}_{\cdot j} &= \mathrm{III}\delta^i_j + \sin\vartheta L^{i}_{\cdot j} + (\mathrm{III} - \cos\vartheta)L^{i}_{\cdot s}L^{s}_{\cdot j}. \end{aligned}\right\} \quad (5.29)$$

总结起来，$\mathbf{R}$ 使整个空间绕 $\mathbf{r}$ 转过 ϑ 角或转过 ϑ 角加上对于垂直 $\mathbf{r}$ 的平面的反射. $\mathrm{III} = 1$ 代表纯转动，$\mathrm{III} = -1$ 代表转动加反射. 转角 ϑ 由(5.22)式给出，取 $0 \leqslant \vartheta \leqslant \pi$. 通过解齐次方程组 $(\mathbf{R} - \mathrm{III}\mathbf{I}) \cdot \mathbf{r} = 0$ 及条件 $|\mathbf{r}| = 1$ 可求得两个方向相反的单位向量. 与(5.23)式匹配的就是转轴 $\mathbf{r}$.

下面看几种特殊情形：

1) $\mathrm{III} = 1$，$\vartheta = 0$：$\mathbf{R} = \mathbf{I}$；

2) $\mathrm{III} = 1$，$\vartheta = \pi$：$\mathbf{R} = -\mathbf{I} + 2\mathbf{rr}$，这时 $\mathbf{v}$ 和 $\mathbf{R} \cdot \mathbf{v}$ 以 $\mathbf{r}$ 轴为对称，即整个空间绕 $\mathbf{r}$ 转过 π（图 3）；

3) $\mathrm{III} = -1$，$\vartheta = 0$：$\mathbf{R} = \mathbf{I} - 2\mathbf{rr}$，这是对垂直于 $\mathbf{r}$ 的平面的反射(图 4).

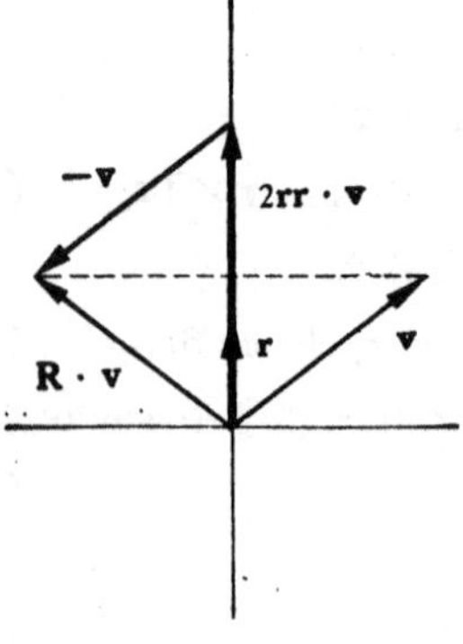

图 3

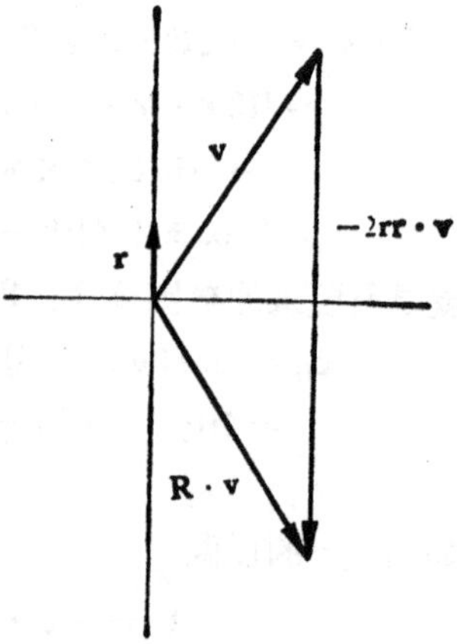

图 4

§6. 对称仿射量的重向和仿射量的主向

(1) 对称仿射量 S 的重向

从§ 3 知，**S** 必有一个重向，令它为单位向量 **i** 所代表：

$$\mathbf{S}\cdot\mathbf{i} = \underset{1}{S}\mathbf{i}, \tag{6.1}$$

其中 $\underset{1}{S}$ 是特征方程

$$S^3 - \mathrm{I}S^2 + \mathrm{II}S - \mathrm{III} = 0 \tag{6.2}$$

的一个实根．若 **S** 退化，$\mathrm{III} = 0$，就取 $\underset{1}{S} = 0$，这时重向 **i** 也是零向．取垂直于 **i** 的任一非零向量 **u**，则有

$$\mathbf{i}\cdot\mathbf{S}\cdot\mathbf{u} = \mathbf{u}\cdot\mathbf{S}\cdot\mathbf{i} = \underset{1}{S}\mathbf{u}\cdot\mathbf{i} = 0. \tag{6.3}$$

这说明，**u** 的映象必垂直于 **i**．今再取单位向量 $\mathbf{j}'$，$\mathbf{k}'$，使 **i**，$\mathbf{j}'$，$\mathbf{k}'$ 构成正交系，根据(6.3)性质，必有

$$\mathbf{S}\cdot\mathbf{j}' = a\mathbf{j}' + c\mathbf{k}',$$

$$\mathbf{S}\cdot\mathbf{k}' = d\mathbf{j}' + b\mathbf{k}'.$$

由 $\mathbf{j}'\cdot\mathbf{S}\cdot\mathbf{k}' = \mathbf{k}'\cdot\mathbf{S}\cdot\mathbf{j}'$ 得 $d = c$，于是

$$\left.\begin{aligned}\mathbf{S}\cdot\mathbf{j}' &= a\mathbf{j}' + c\mathbf{k}',\\ \mathbf{S}\cdot\mathbf{k}' &= c\mathbf{j}' + b\mathbf{k}'.\end{aligned}\right\} \tag{6.4}$$

若 $c = 0$，则 $\mathbf{j}' = \mathbf{j}$ 和 $\mathbf{k}' = \mathbf{k}$ 也是 **S** 的重向，$a = \underset{2}{S}$，$b = \underset{3}{S}$ 也是方程(6.2)的根——实根(不排除 a，b 取零值的可能性，出现重根 $a = b \neq \underset{1}{S}$，$a = b = \underset{1}{S}$ 或其中之一等于 $\underset{1}{S}$ 也是可能的)．现在来找 $c \neq 0$ 时垂直于 **i** 的重向，设为

$$\mathbf{u} = x\mathbf{j}' + y\mathbf{k}'. \tag{6.5}$$

既然 $c \neq 0$，则 $\mathbf{j}'$ 和 $\mathbf{k}'$ 均非重向，x 及 y 均不为零．**u** 的映象为

$$\mathbf{S}\cdot\mathbf{u} = x\mathbf{S}\cdot\mathbf{j}' + y\mathbf{S}\cdot\mathbf{k}' = (ax + cy)\mathbf{j}' + (cx + by)\mathbf{k}'. \tag{6.6}$$

u 是重向的充分必要条件是

$$\frac{ax + cy}{x} = \frac{cx + by}{y}, \tag{6.7}$$

即

$$\left(\frac{x}{y}\right)^2-\frac{a-b}{c}\left(\frac{x}{y}\right)-1=0, \tag{6.8}$$

其根为

$$\frac{x}{y}=\frac{a-b}{2c}\pm\sqrt{\left(\frac{a-b}{2c}\right)^2+1}. \tag{6.9}$$

对应于这两个不同的根 $\frac{x_2}{y_2}$, $\frac{x_3}{y_3}$ 的方向 $\mathbf{u}_2$, $\mathbf{u}_3$（取为单位向量）就是重向:

$$\mathbf{j}\equiv\mathbf{u}_2=x_2\mathbf{j}'+y_2\mathbf{k}', \tag{6.10}$$

$$\mathbf{k}\equiv\mathbf{u}_3=x_3\mathbf{j}'+y_3\mathbf{k}'. \tag{6.11}$$

这时,由(6.6)式,得特征方程的两个不同的实根 $\underset{2}{S}=\frac{x_2}{y_2}c+b$ 和 $\underset{3}{S}=\frac{x_3}{y_3}c+b$. 从(6.8)知 $\frac{x_2}{y_2}\cdot\frac{x_3}{y_3}=-1$, 即

$$\mathbf{j}\cdot\mathbf{k}=0.$$

总的结论是: $\mathbf{S}$ 必有三个互相垂直的重向, 其对应的特征值 $\underset{1}{S}$, $\underset{2}{S}$, $\underset{3}{S}$ 均为实数. 它们就是特征方程(6.2)的根的全部(若 $\underset{1}{S}$, $\underset{2}{S}$, $\underset{3}{S}$ 中有相等者, 那就是重根). 假若除 $\mathbf{i}$, $\mathbf{j}$, $\mathbf{k}$ 外, $\mathbf{S}$ 还有重向 $\mathbf{u}=\alpha\mathbf{i}+\beta\mathbf{j}+\gamma\mathbf{k}$,对应的特征值为 S, 则

$$S\mathbf{u}=\mathbf{S}\cdot\mathbf{u}=\alpha\mathbf{S}\cdot\mathbf{i}+\beta\mathbf{S}\cdot\mathbf{j}+\gamma\mathbf{S}\cdot\mathbf{k},$$

即

$$\alpha S\mathbf{i}+\beta S\mathbf{j}+\gamma S\mathbf{k}=\alpha\underset{1}{S}\mathbf{i}+\beta\underset{2}{S}\mathbf{j}+\gamma\underset{3}{S}\mathbf{k}.$$

故 S 不可能取不同于 $\underset{1}{S}$, $\underset{2}{S}$, $\underset{3}{S}$ 的其他值.

(2) 仿射量的主向

定理 对于任意仿射量 $\mathbf{B}$, 存在三个称为**主向**的互相垂直的方向 $\mathbf{i}$, $\mathbf{j}$, $\mathbf{k}$, 其映象 $\mathbf{B}\cdot\mathbf{i}$, $\mathbf{B}\cdot\mathbf{j}$, $\mathbf{B}\cdot\mathbf{k}$ 亦互相垂直.

为了证明,先考虑仿射量 $\mathbf{B}^*\cdot\mathbf{B}$ 的重向. 由于 $(\mathbf{B}^*\cdot\mathbf{B})^*=\mathbf{B}^*\cdot\mathbf{B}^{**}=\mathbf{B}^*\cdot\mathbf{B}$, $\mathbf{B}^*\cdot\mathbf{B}$ 作为对称仿射量有三个互相垂直的

重向,设为 **i**, **j**, **k**:

$$\mathbf{B}^* \cdot \mathbf{B} \cdot \mathbf{i} = \underset{1}{b}\mathbf{i}, \quad \mathbf{B}^* \cdot \mathbf{B} \cdot \mathbf{j} = \underset{2}{b}\mathbf{j}, \quad \mathbf{B}^* \cdot \mathbf{B} \cdot \mathbf{k} = \underset{3}{b}\mathbf{k}.$$

马上可以肯定, **i**, **j**, **k** 也就是 **B** 的主向,因

$$(\mathbf{B} \cdot \mathbf{i}) \cdot (\mathbf{B} \cdot \mathbf{j}) = \mathbf{i} \cdot (\mathbf{B}^* \cdot \mathbf{B}) \cdot \mathbf{j} = \underset{2}{b}\mathbf{i} \cdot \mathbf{j} = 0.$$

对称仿射量 **S** 的重向同时是主向,因此 $\underset{1}{S}$, $\underset{2}{S}$, $\underset{3}{S}$ 也称为 **S** 的**主值**. 为了求 **S** 的主值的具体表达式,将特征方程(6.2)换元

$$S = x + \frac{\mathrm{I}}{3}, \tag{6.12}$$

得

$$x^3 + px + q = 0, \tag{6.13}$$

其中

$$p = \mathrm{II} - \frac{\mathrm{I}^2}{3}, \tag{6.14}$$

$$q = \frac{1}{3}\mathrm{I}\,\mathrm{II} - \frac{2}{27}\mathrm{I}^3 - \mathrm{III} = -\left|S^i_{\cdot j} - \frac{\mathrm{I}}{3}\delta^i_j\right|. \tag{6.15}$$

既然已知方程(6.13)的三个根都是实根,则其判别式

$$\Delta = \left(\frac{q}{2}\right)^2 + \left(\frac{p}{3}\right)^3 \leqslant 0,$$

于是可令

$$e^2 = -p = \frac{\mathrm{I}^2}{3} - \mathrm{II}, \tag{6.16}$$

这时

$$\Delta = \left(\frac{q}{2}\right)^2 - \left(\frac{e^2}{3}\right)^3. \tag{6.17}$$

根据 Cardano 公式,可得方程(6.13)的三个根:

$$\underset{1}{x} = \frac{2e}{\sqrt{3}} \sin\left(\varphi + \frac{2\pi}{3}\right),$$

$$\underset{2}{x} = \frac{2e}{\sqrt{3}} \sin\varphi,$$

$$x_3 = \frac{2e}{\sqrt{3}} \sin\left(\varphi - \frac{2\pi}{3}\right),$$

其中

$$\varphi = \frac{1}{3} \arcsin \frac{3\sqrt{3}\, q}{2e^3}, \quad -\frac{\pi}{6} \leqslant \varphi \leqslant \frac{\pi}{6}. \tag{6.18}$$

最后代回(6.12)式得

$$\left.\begin{aligned} S_1 &= \frac{2e}{\sqrt{3}} \sin\left(\varphi + \frac{2\pi}{3}\right) + \frac{1}{3}\mathrm{I}, \\ S_2 &= \frac{2e}{\sqrt{3}} \sin\varphi + \frac{1}{3}\mathrm{I}, \\ S_3 &= \frac{2e}{\sqrt{3}} \sin\left(\varphi - \frac{2\pi}{3}\right) + \frac{1}{3}\mathrm{I}. \end{aligned}\right\} \tag{6.19}$$

根据(6.18)式的 φ 的变化范围，可知 $S_1 \geqslant S_2 \geqslant S_3$.

若把主向的单位向量 $\mathbf{i}$, $\mathbf{j}$, $\mathbf{k}$ 作为协变基 $\mathbf{g}_i$，这时 $\mathbf{g}_i \overset{*}{=} \mathbf{g}^i$，$g_{ij} \overset{*}{=} g^{ij} \overset{*}{=} \delta_j^i$（这里的 * 表示该等号仅在这种特定的坐标系里才成立），而 $\mathbf{S}$ 则可写成

$$\mathbf{S} = S_{11}\mathbf{ii} + S_{12}\mathbf{ij} + S_{13}\mathbf{ik} + S_{21}\mathbf{ji} + S_{22}\mathbf{jj} + S_{23}\mathbf{jk} + S_{31}\mathbf{ki} + S_{32}\mathbf{kj} + S_{33}\mathbf{kk}.$$

于是

$$S_1\mathbf{i} = \mathbf{S}\cdot\mathbf{i} = S_{11}\mathbf{i} + S_{21}\mathbf{j} + S_{31}\mathbf{k},$$
$$S_2\mathbf{j} = \mathbf{S}\cdot\mathbf{j} = S_{12}\mathbf{i} + S_{22}\mathbf{j} + S_{32}\mathbf{k},$$
$$S_3\mathbf{k} = \mathbf{S}\cdot\mathbf{k} = S_{13}\mathbf{i} + S_{23}\mathbf{j} + S_{33}\mathbf{k}$$

比较左右两边，可知 $S_{ij} = 0$ 当 $i \neq j$. 最后得

$$\mathbf{S} = S_1\mathbf{ii} + S_2\mathbf{jj} + S_3\mathbf{kk}. \tag{6.20}$$

正则对称仿射量的主值均不等于零，而正定对称仿射量的主值均大于零．在正定对称仿射量作用下，整个空间沿主方向被均匀地拉长为等于主值的倍数，故有时叫**纯变形仿射量**．可以看出，一般地有

$$\mathbf{S}^n = \underset{1}{S^n}\mathbf{ii} + \underset{2}{S^n}\mathbf{jj} + \underset{3}{S^n}\mathbf{kk}. \qquad (6.21)$$

从这里可以进行推广来定义 **S** 的**张量函数**：若 $f(S)$ 在实域里有意义，则

$$\mathbf{f}(\mathbf{S}) \overset{df}{=} f(\underset{1}{S})\mathbf{ii} + f(\underset{2}{S})\mathbf{jj} + f(\underset{3}{S})\mathbf{kk}. \qquad (6.22)$$

例如，对非负主值的对称仿射量就可以开方：

$$\mathbf{S}^{\frac{1}{n}} \overset{df}{=} \underset{1}{S}^{\frac{1}{n}}\mathbf{ii} + \underset{2}{S}^{\frac{1}{n}}\mathbf{jj} + \underset{3}{S}^{\frac{1}{n}}\mathbf{kk}, \qquad (6.23)$$

约定 $\underset{i}{S}^{\frac{1}{n}}$ 取非负实根．而对正定的，还可以求对数：

$$\ln\mathbf{S} \overset{df}{=} \ln\underset{1}{S}\mathbf{ii} + \ln\underset{2}{S}\mathbf{jj} + \ln\underset{3}{S}\mathbf{kk}. \qquad (6.24)$$

上述仅是所谓各向同性张量函数的特殊情形，对于一般张量函数，将在第三章论及．

§7. 仿射量的分解

(1) 加法分解

任何仿射量可唯一地分解为对称和反称部分之和：

$$\mathbf{B} = \frac{1}{2}(\mathbf{B} + \mathbf{B}^*) + \frac{1}{2}(\mathbf{B} - \mathbf{B}^*) \equiv \mathbf{S} + \mathbf{A}, \qquad (7.1)$$

$$B_{ij} = B_{(ij)} + B_{[ij]}. \qquad (7.2)$$

设另有一分解 $\tilde{\mathbf{S}} + \tilde{\mathbf{A}}$，则和(7.1)式比较，得

$$\mathbf{S} - \tilde{\mathbf{S}} = \tilde{\mathbf{A}} - \mathbf{A}.$$

只有零仿射量才具有既是对称，又是反对称的性质． 故 $\tilde{\mathbf{S}} = \mathbf{S}$，$\tilde{\mathbf{A}} = \mathbf{A}$，从而得证加法分解的唯一性．

(2) 乘法分解（极分解）

定理 任何正则仿射量可唯一地分解为正定对称仿射量和正交仿射量或是正交仿射量和正定对称仿射量的点积（分别称为左，右分解）：

$$\mathbf{B}=\overset{l}{\mathbf{S}}\cdot\mathbf{R}=\mathbf{R}\cdot\overset{r}{\mathbf{S}}. \tag{7.3}$$

证明　从§ 2 知，$\mathbf{B}^*$ 和 $\mathbf{B}$ 同时正则，则对任何非零向量 $\mathbf{u}$ 有

$$\mathbf{B}\cdot\mathbf{u}\neq 0,\quad \mathbf{B}^*\cdot\mathbf{u}\neq 0,$$

$$(\mathbf{B}^*\cdot\mathbf{u})^2=\mathbf{u}\cdot(\mathbf{B}\cdot\mathbf{B}^*)\cdot\mathbf{u}>0,$$

$$(\mathbf{B}\cdot\mathbf{u})^2=\mathbf{u}\cdot(\mathbf{B}^*\cdot\mathbf{B})\cdot\mathbf{u}>0.$$

又因 $(\mathbf{B}\cdot\mathbf{B}^*)^*=\mathbf{B}\cdot\mathbf{B}^*$ 和 $(\mathbf{B}^*\cdot\mathbf{B})^*=\mathbf{B}^*\cdot\mathbf{B}$，故 $\mathbf{B}\cdot\mathbf{B}^*$ 及 $\mathbf{B}^*\cdot\mathbf{B}$ 均为正定对称仿射量．根据(6.23)式，可求其平方根：

$$\overset{l}{\mathbf{S}}\overset{df}{=}(\mathbf{B}\cdot\mathbf{B}^*)^{\frac{1}{2}}, \tag{7.4}$$

$$\overset{r}{\mathbf{S}}\overset{df}{=}(\mathbf{B}^*\cdot\mathbf{B})^{\frac{1}{2}}, \tag{7.5}$$

它们亦均为正定对称．由(7.3)第一式得

$$\mathbf{R}=\overset{l}{\mathbf{S}}{}^{-1}\cdot\mathbf{B}. \tag{7.6}$$

$\mathbf{R}$ 的正交性可从

$$\begin{aligned}\mathbf{R}\cdot\mathbf{R}^*&=(\overset{l}{\mathbf{S}}{}^{-1}\cdot\mathbf{B})\cdot(\overset{l}{\mathbf{S}}{}^{-1}\cdot\mathbf{B})^*=\overset{l}{\mathbf{S}}{}^{-1}\cdot\mathbf{B}\cdot\mathbf{B}^*\cdot\overset{l}{\mathbf{S}}{}^{-1}\\&=\overset{l}{\mathbf{S}}{}^{-1}\cdot\overset{l}{\mathbf{S}}{}^{2}\cdot\overset{l}{\mathbf{S}}{}^{-1}=\mathbf{I}\end{aligned}$$

看出．再设另有一左分解：

$$\overset{l}{\tilde{\mathbf{S}}}\cdot\tilde{\mathbf{R}}=\mathbf{B}=\overset{l}{\mathbf{S}}\cdot\mathbf{R}, \tag{7.7}$$

则

$$\mathbf{R}=\overset{l}{\mathbf{S}}{}^{-1}\cdot\overset{l}{\tilde{\mathbf{S}}}\cdot\tilde{\mathbf{R}}. \tag{7.8}$$

取共轭

$$\overset{-1}{\mathbf{R}}=\mathbf{R}^*=(\overset{l}{\mathbf{S}}{}^{-1}\cdot\overset{l}{\tilde{\mathbf{S}}}\cdot\tilde{\mathbf{R}})^*=\tilde{\mathbf{R}}^*\cdot\overset{l}{\tilde{\mathbf{S}}}\cdot\overset{l}{\mathbf{S}}{}^{-1},$$

再求逆仿射量[1]

$$\mathbf{R}=(\tilde{\mathbf{R}}^*\cdot\overset{l}{\tilde{\mathbf{S}}}\cdot\overset{l}{\mathbf{S}}{}^{-1})^{-1}=\overset{l}{\mathbf{S}}\cdot\overset{l}{\tilde{\mathbf{S}}}{}^{-1}\cdot\tilde{\mathbf{R}}. \tag{7.9}$$

---

1) 两正则仿射量的点积 $\mathbf{B}\cdot\mathbf{D}$ 仍为正则，存在 $(\mathbf{B}\cdot\mathbf{D})^{-1}$

$$\mathbf{B}\cdot\mathbf{D}\cdot(\mathbf{B}\cdot\mathbf{D})^{-1}=\mathbf{I},$$

依次点乘以 $\overset{-1}{\mathbf{B}}$，$\overset{-1}{\mathbf{D}}$ 得 $(\mathbf{B}\cdot\mathbf{D})^{-1}=\overset{-1}{\mathbf{D}}\cdot\overset{-1}{\mathbf{B}}$．

和(7.8)式相比较,得

$$(\overset{l}{\mathbf{S}}^{-1}\cdot\overset{l}{\tilde{\mathbf{S}}}-\overset{l}{\mathbf{S}}\cdot\overset{l}{\tilde{\mathbf{S}}}{}^{-1})\cdot\tilde{\mathbf{R}}=0,$$

两边点乘以 $\tilde{\mathbf{R}}^*$, 得 $\overset{l}{\mathbf{S}}^{-1}\cdot\overset{l}{\tilde{\mathbf{S}}}=\overset{l}{\mathbf{S}}\cdot\overset{l}{\tilde{\mathbf{S}}}{}^{-1}$, 即 $\overset{l}{\tilde{\mathbf{S}}}{}^2=\overset{l}{\mathbf{S}}{}^2$. 因此 $\overset{l}{\tilde{\mathbf{S}}}=\overset{l}{\mathbf{S}}$. 代回(7.8)式,又得 $\tilde{\mathbf{R}}=\mathbf{R}$. 这样就证明了左分解的唯一性. 同法可证右分解的存在与唯一.

暂设左右分解中的正交仿射量不同:

$$\mathbf{B}=\mathbf{R}'\cdot\overset{r}{\mathbf{S}}=\overset{l}{\mathbf{S}}\cdot\mathbf{R}=\mathbf{R}\cdot(\overset{-1}{\mathbf{R}}\cdot\overset{l}{\mathbf{S}}\cdot\mathbf{R}).$$

由于右边括弧内所代表的仿射量

$$(\overset{-1}{\mathbf{R}}\cdot\overset{l}{\mathbf{S}}\cdot\mathbf{R})^*=\mathbf{R}^*\cdot\overset{l}{\mathbf{S}}{}^*\cdot\overset{-1}{\mathbf{R}}{}^*=\overset{-1}{\mathbf{R}}\cdot\overset{l}{\mathbf{S}}\cdot\mathbf{R}$$

是对称的, 而它左边点乘的是正交仿射量 $\mathbf{R}$, 则根据分解的唯一性,这就是右分解,于是

$$\overset{r}{\mathbf{S}}=\overset{-1}{\mathbf{R}}\cdot\overset{l}{\mathbf{S}}\cdot\mathbf{R},\quad \mathbf{R}'=\mathbf{R}.$$

(7.3)式证毕.

第三章　张 量 函 数

§ 1. 各向同性张量函数

张量函数是指自变量是张量,函数值可以是标量,也可以是张量的函数. 例如

$$\varphi=\varphi(\mathbf{B}),\quad \mathbf{C}=\mathbf{f}(\mathbf{B}) \tag{1.1}$$

分别是一个自变量 $\mathbf{B}$ 的标量值和张量值的张量函数. 在给定的坐标系里,如果自变量 $\mathbf{B}$ 是一个仿射量,则张量函数就成为 $\mathbf{B}$ 的9个分量(或6个独立分量,若 $\mathbf{B}$ 为对称)的函数:

$$\varphi=\varphi(B_{pq}),\quad C_{ij}=f_{ij}(B_{pq}). \tag{1.2}$$

一般说来, 这些分量函数的形式在不同坐标系里是不同的. 如果对所有的单位正交基,分量函数的形式是相同的,这时我们就有所

谓各向同性张量函数. 也可以等价地定义: 张量函数(1.1)是各向同性的(当 $\mathbf{B}$ 是仿射量时), 如果对所有正交仿射量 $\mathbf{Q}$, 下述关系成立:

$$\varphi(\mathbf{B}) = \varphi(\mathbf{Q}\cdot\mathbf{B}\cdot\mathbf{Q}^*),\quad \mathbf{Q}\cdot\mathbf{f}(\mathbf{B})\cdot\mathbf{Q}^* = \mathbf{f}(\mathbf{Q}\cdot\mathbf{B}\cdot\mathbf{Q}^*). \tag{1.3}$$

各向同性张量函数的两种定义的等价性是显然的. 理由如下: 因为如果正交仿射量 $\mathbf{Q}$, 作为一个算子, 将单位正交基 $\mathbf{e}_{i'}$ 变换到 $\mathbf{e}_i$: $\mathbf{e}_i = \mathbf{Q}\cdot\mathbf{e}_{i'}(i = i')$, 则 $\mathbf{e}_{i'} = \mathbf{Q}^*\cdot\mathbf{e}_i$, 同时对任何向量 $\mathbf{u}$ 有

$$\mathbf{u}\cdot\mathbf{e}_{i'} = \mathbf{u}\cdot\mathbf{Q}^*\cdot\mathbf{e}_i = \mathbf{e}_i\cdot\mathbf{Q}\cdot\mathbf{u} = (\mathbf{Q}\cdot\mathbf{u})\cdot\mathbf{e}_i.$$

也就是说, $\mathbf{u}$ 在坐标系 $\{\mathbf{e}_{i'}\}$ 的分量相同于 $\mathbf{Q}\cdot\mathbf{u}$ 在坐标系 $\{\mathbf{e}_i\}$ 的分量. 设 $\mathbf{v} = \mathbf{B}\cdot\mathbf{u}$, 则 $\mathbf{Q}\cdot\mathbf{v} = \mathbf{Q}\cdot\mathbf{B}\cdot\mathbf{Q}^*\cdot\mathbf{Q}\cdot\mathbf{u}$, 也就是说 $\mathbf{B}$ 在 $\{\mathbf{e}_{i'}\}$ 的分量相同于 $\mathbf{Q}\cdot\mathbf{B}\cdot\mathbf{Q}^*$ 在 $\{\mathbf{e}_i\}$ 的分量.

如果关系式(1.3)只对完全正交变换群 $\mathscr{O}$ 的一个子群 $\mathscr{G}$ 中的 $\mathbf{Q}$ 成立, 则 φ 或 $\mathbf{f}$ 就称为对于 $\mathscr{G}$ 是各向同性的. 最简单的张量函数是线性函数(关于自变量是可加的和齐次的):

$$\varphi = \varphi(\mathbf{B}) = \mathrm{tr}\,(\mathbf{L}\cdot\mathbf{B}) = L^{rs}B_{sr}, \tag{1.4}$$

$$\mathbf{C} = \mathbf{E}:\mathbf{B},\quad C_{ij} = E_{ijrs}B^{rs}. \tag{1.5}$$

在古典弹性论中应变能密度是应变张量(对称仿射量)的正定二次型:

$$W(\boldsymbol{\varepsilon}) = \frac{1}{2}\boldsymbol{\varepsilon}:\mathbf{E}:\boldsymbol{\varepsilon} = \frac{1}{2}E_{ijkl}\varepsilon^{ij}\varepsilon^{kl}, \tag{1.6}$$

这里弹性张量 $\mathbf{E}$ 满足

$$E_{ijkl} = E_{jikl} = E_{klij}, \tag{1.7}$$

因此独立的分量只有 21 个. 一般来说, 这些分量在不同坐标系里是不同的. 对于各向同性体, $W(\boldsymbol{\varepsilon})$ 是各向同性张量函数. 让我们来找出 $\mathbf{E}$ 使(1.6)式成为各向同性张量函数的具体形式. 为此本节下面完全采用笛氏坐标系, 这时协变与逆变的区别消失, 指标全部写成下标, 求和约定对下标仍然有效. 由正交基 $\mathbf{e}_i$ 到 $\mathbf{e}_{i'}$ 的变换系数(属正交变换)为

$$A_{i'i} = \mathbf{e}_{i'}\cdot\mathbf{e}_i = \mathbf{e}_i\cdot\mathbf{e}_{i'} = A_{ii'},$$

各向同性张量函数第一定义要求对所有正交基 $\mathbf{e}_{i'}$ 均有

$$\delta_{i'i}\delta_{j'j}\delta_{k'k}\delta_{l'l}E_{ijkl} = A_{i'i}A_{j'j}A_{k'k}A_{l'l}E_{ijkl}. \tag{1.8}$$

设正交基 $\mathbf{e}_{i'}$ 随参量 $t \geqslant 0$ 连续变化，$t = 0$ 时和 $\mathbf{e}_i$ 重合，于是

$$A_{i'i} = A_{i'i}(t), \quad A_{i'i}(0) = \delta_{i'i}. \tag{1.9}$$

将正交变换关系式 $A_{i'r}A_{j'r} = \delta_{i'j'}$ 对 t 微商，得

$$\frac{dA_{i'r}}{dt}A_{j'r} + A_{i'r}\frac{dA_{j'r}}{dt} = 0.$$

引入符号

$$\omega_{i'j'} = \frac{dA_{i'r}}{dt}A_{j'r}, \tag{1.10}$$

则上式变为 $\omega_{i'j'} + \omega_{j'i'} = 0$，就是说 $\omega_{i'j'}$ 是反对称的. 将 (1.8) 式对 t 微商，得

$$\left(\frac{dA_{i'i}}{dt}A_{j'j}A_{k'k}A_{l'l} + A_{i'i}\frac{dA_{j'j}}{dt}A_{k'k}A_{l'l} + A_{i'i}A_{j'j}\frac{dA_{k'k}}{dt}A_{l'l} + A_{i'i}A_{j'j}A_{k'k}\frac{dA_{l'l}}{dt}\right)E_{ijkl} = 0.$$

考虑到

$$\frac{dA_{i'i}}{dt} = \frac{dA_{i's}}{dt}\delta_{si} = \frac{dA_{i's}}{dt}A_{r's}A_{r'i} = \omega_{i'r'}A_{r'i},$$

上式又可写成

$$(\omega_{i'r'}A_{r'i}A_{j'j}A_{k'k}A_{l'l} + \omega_{j'r'}A_{i'i}A_{r'j}A_{k'k}A_{l'l} + \omega_{k'r'}A_{i'i}A_{j'j}A_{r'k}A_{l'l} + \omega_{l'r'}A_{i'i}A_{j'j}A_{k'k}A_{r'l})E_{ijkl} = 0,$$

即

$$\omega_{i'r'}E_{r'j'k'l'} + \omega_{j'r'}E_{i'r'k'l'} + \omega_{k'r'}E_{i'j'r'l'} + \omega_{l'r'}E_{i'j'k'r'} = 0.$$

上式对任何时刻 t 成立，当 $t = 0$ 有

$$E_{rjkl}\omega_{ri} + E_{irkl}\omega_{rj} + E_{ijrl}\omega_{rk} + E_{ijkr}\omega_{rl} = 0.$$

利用 ω_{ri} 的反对称性，引入其对偶：$e_{rip}\xi_p = \omega_{ri}$，得

$$(E_{rjkl}e_{rip} + E_{irkl}e_{rjp} + E_{ijrl}e_{rkp} + E_{ijkr}e_{rlp})\xi_p = 0.$$

坐标系可以任何方式随 t 变化，也就是 $A_{i'i}(t)$ 以及 ω_{ij} 和 ξ_p 可以是任意的. 故上式成立的充要条件是

$$E_{rjkl}e_{rip} + E_{irkl}e_{rjp} + E_{ijrl}e_{rkp} + E_{ijkr}e_{rlp} = 0.$$

乘以 ϵ_{sip}，上式又给出

$$3E_{ijkl} + E_{jkli} + E_{ljki} = E_{rrkl}\delta_{ij} + E_{rjrl}\delta_{ik} + E_{rjkr}\delta_{il}. \quad (1.11)$$

在(1.11)式中两次轮换下标 $j \to k \to l \to j$，又得

$$3E_{iklj} + E_{klji} + E_{jkli} = E_{rrlj}\delta_{ik} + E_{rkrj}\delta_{il} + E_{rklr}\delta_{ij},$$

$$3E_{iljk} + E_{ljki} + E_{klji} = E_{rrjk}\delta_{il} + E_{rlrk}\delta_{ij} + E_{rljr}\delta_{ik}.$$

将前三式相加，得

$$5(E_{ijkl} + E_{iklj} + E_{iljk}) = E_{rrkl}\delta_{ij} + E_{rrlj}\delta_{ik} + E_{rrjk}\delta_{il} + 2(E_{krrl}\delta_{ij} + E_{lrrj}\delta_{ik} + E_{jrrk}\delta_{il}). \quad (1.12)$$

用 5 乘(1.11)式减去(1.12)式得

$$10E_{ijkl} = 4E_{rrkl}\delta_{ij} + 3E_{lrrj}\delta_{ik} + 3E_{jrrk}\delta_{il} - 2E_{krrl}\delta_{ij} - E_{rrlj}\delta_{ik} - E_{rrjk}\delta_{il}. \quad (1.13)$$

可见，E_{ijkl} 可通过其缩并的二阶张量的分量表示．为了进一步求得这些缩并分量的表示式，在(1.11)式中进行 $k = l = s$ 及 $j = k = s$ 的缩并，分别得

$$E_{ijss} = \frac{1}{3}\delta_{ij}E_{rrss}, \quad (1.14)$$

$$E_{issj} = \frac{1}{3}\delta_{ij}E_{rssr}. \quad (1.15)$$

将(1.14)和(1.15)式代回(1.13)式，最终得

$$E_{ijkl} = \mu(\delta_{ik}\delta_{jl} + \delta_{il}\delta_{jk}) + \lambda\delta_{ij}\delta_{kl}, \quad (1.16)$$

其中两个标量

$$\mu = \frac{1}{30}(3E_{rssr} - E_{rrss}), \quad \lambda = \frac{1}{15}(2E_{rrss} - E_{rssr}). \quad (1.17)$$

(1.16) 式就是各向同性线性弹性力学弹性张量的一般表达式，μ 和 λ 就是熟知的两个独立的弹性常数 (Lamé 常数)．在各向同性张量函数理论里，争论多年的独立的弹性常数的个数问题得到了显然的回答．在任意仿射坐标系里，需将(1.16)式中的 Kronecker 符号换为度量张量．

最后，谈一下更一般的仿射量函数．明显，仿射量 **B** 的多项式

$$\mathbf{C} = a_0\mathbf{I} + a_1\mathbf{B} + a_2\mathbf{B}^2 + \cdots + a_n\mathbf{B}^n \quad (1.18)$$

是各向同性仿射量函数(容易从第二定义验证). 如果在(1.18)式中，进一步令 $n\to\infty$，只要 $\mathbf{C}$ 的各分量级数收敛，则讨论仿射量级数是有意义的. 这种级数显然也是各向同性仿射量函数. 这样，从一般的解析函数出发，就可构造各向同性仿射量函数. 例如，从 $e^z=1+\dfrac{z}{1!}+\dfrac{z^2}{2!}+\cdots$ 可以构造对任意有限分量 $\mathbf{B}$ 均收敛的级数

$$\mathbf{C}=e^{\mathbf{B}}=\mathbf{I}+\frac{\mathbf{B}}{1!}+\frac{\mathbf{B}^2}{2!}+\cdots. \tag{1.19}$$

如果自变量是对称仿射量，则从解析函数所构造的各向同性仿射量函数和第二章§6所定义的张量函数是等价的.

§2. 张量函数的梯度

考虑自变量为仿射量 $\mathbf{B}$ 的标量函数 $f(\mathbf{B})$. 在给定坐标系里，f 是 $\mathbf{B}$ 的 9 个分量 $B^{i}_{\cdot j}$ 的函数（设有连续偏导数）. $\mathbf{B}$ 的增量 $d\mathbf{B}$ 和 f 的微分 df 仍然分别是仿射量和标量. 在任何坐标系里均有

$$\begin{aligned} df &= \frac{\partial f}{\partial B^{i}_{\cdot j}}dB^{i}_{\cdot j}=\frac{\partial f}{\partial B^{i}_{\cdot j}}\delta^i_r\delta^s_j dB^{r}_{\cdot s}=\frac{\partial f}{\partial B^{i}_{\cdot j}}\mathbf{g}^i\cdot\mathbf{g}_r\mathbf{g}_j\cdot\mathbf{g}^s dB^{r}_{\cdot s}\\ &=\left(\frac{\partial f}{\partial B^{i}_{\cdot j}}\mathbf{g}^i\mathbf{g}_j\right):(dB^{r}_{\cdot s}\mathbf{g}_r\mathbf{g}^s)\equiv\frac{df}{d\mathbf{B}}:d\mathbf{B}. \end{aligned} \tag{2.1}$$

根据商法则，$\dfrac{df}{d\mathbf{B}}$ 必然也是仿射量，称为 f 的**梯度**，也称为 $\mathbf{B}$ 关于 f 的**伴随仿射量**. 梯度的张量性也可以直接从变换公式看出

$$\begin{aligned} \frac{\partial f}{\partial B^{i'}_{\cdot j'}} &= \frac{\partial f}{\partial B^{i}_{\cdot j}}\frac{\partial B^{i}_{\cdot j}}{\partial B^{i'}_{\cdot j'}}=\frac{\partial f}{\partial B^{i}_{\cdot j}}\frac{\partial(A^{i}_{r'}A^{s'}_{j}B^{r'}_{\cdot s'})}{\partial B^{i'}_{\cdot j'}}\\ &=\frac{\partial f}{\partial B^{i}_{\cdot j}}A^{i}_{r'}A^{s'}_{j}\delta^{r'}_{i'}\delta^{j'}_{s'}=A^{i}_{i'}A^{j'}_{j}\frac{\partial f}{\partial B^{i}_{\cdot j}}. \end{aligned} \tag{2.2}$$

当 $\mathbf{B}$ 是对称仿射量时，f 是 $\mathbf{B}$ 的 6 个独立分量的函数. 在求 f 的梯度之前，需在 f 里用 $\dfrac{1}{2}(B_{ij}+B_{ji})$ 代替 B_{ij}，使 f 扩充成为 $\mathbf{B}$ 的 9 个分量的函数，求得这 9 个偏导数后再回到 $\mathbf{B}$ 的 6 个独

立分量．对称仿射量 $\mathbf{B}$ 关于 f 的伴随仿射量 $df/d\mathbf{B}$ 也是对称的，例如

$$f(\mathbf{B}) = (B_{12})^2 = \frac{1}{4}(B_{12} + B_{21})^2,$$

$$\frac{\partial f}{\partial B_{12}} = \frac{1}{2}(B_{12} + B_{21}) = B_{12}, \quad \frac{\partial f}{\partial B_{21}} = B_{12}.$$

从张量函数的观点，任意仿射量 $\mathbf{B}$ 的三个主不变量 I, II, III 也是张量函数．利用第二章的(3.7),(3.8) 和 (3.9) 各式可求得它们的梯度：

$$\left.\begin{aligned} &\frac{d\mathrm{I}}{d\mathbf{B}} = \mathbf{I}, \quad \frac{d\mathrm{II}}{d\mathbf{B}} = \mathrm{I}\mathbf{I} - \mathbf{B}^*, \\ &\frac{d\mathrm{III}}{d\mathbf{B}} = \mathrm{II}\mathbf{I} - \mathrm{I}\mathbf{B}^* + \mathbf{B}^{*2} = \mathrm{III}\overset{-1}{\mathbf{B}^*}. \end{aligned}\right\} \tag{2.3}$$

§3. 表 示 定 理

在这一节里我们只讨论对称仿射量的各向同性标量值函数．根据(1.3)的第一式，对任意正交仿射量 $\mathbf{Q}$，下述关系成立：

$$\varphi(\mathbf{B}) = \varphi(\mathbf{Q}\cdot\mathbf{B}\cdot\mathbf{Q}^*). \tag{3.1}$$

如果令

$$\mathbf{C} = \mathbf{Q}\cdot\mathbf{B}\cdot\mathbf{Q}^*, \tag{3.2}$$

则(3.1)式要求

$$\varphi(\mathbf{B}) = \varphi(\mathbf{C}) \tag{3.3}$$

对所有满足(3.2)的 $\mathbf{C}$ 成立．$\mathbf{C}$ 是不同于 $\mathbf{B}$ 的仿射量，但代入(3.3)式后却给出同一函数值．显然，这里 $\mathbf{B}$ 和 $\mathbf{C}$ 是通过它们间的共同的东西在起作用．根据第二章的 (3.7)，(3.8)和(3.9)式以及 $\mathbf{Q}$ 的正交性，容易验证，$\mathbf{B}$ 和 $\mathbf{C}$ 具有相同的主不变量．反之，如果两仿射量 $\mathbf{B}$ 和 $\mathbf{C}$ 有相同的主不变量，则它们的特征方程以及作为特征方程的根——主值也是相同的，记为 $\underset{i}{\lambda}$．设单位正交基 $\mathbf{e}_i$ 与 $\mathbf{B}$ 的主向重合：$\mathbf{B}\cdot\mathbf{e}_i = \underset{i}{\lambda}\mathbf{e}_i$，而单位正交基 $\mathbf{f}_i$ 与 $\mathbf{C}$ 的主向重合：

$\mathbf{C}\cdot\mathbf{f}_i=\underset{i}{\lambda}\mathbf{f}_i$，则存在唯一的正交仿射量 $\mathbf{Q}$，使 $\mathbf{Q}\cdot\mathbf{e}_i=\mathbf{f}_i$．于是

$$\mathbf{Q}\cdot\mathbf{B}\cdot\mathbf{e}_i=\underset{i}{\lambda}\mathbf{Q}\cdot\mathbf{e}_i=\underset{i}{\lambda}\mathbf{f}_i=\mathbf{C}\cdot\mathbf{f}_i=\mathbf{C}\cdot\mathbf{Q}\cdot\mathbf{e}_i, \quad (3.4)$$

从而 $\mathbf{B}$ 和 $\mathbf{C}$ 满足(3.2)式．因此，主不变量相同是满足(3.2)式的充要条件． 于是，就得下述**表示定理**： 对称仿射量的标量函数 $\varphi(\mathbf{B})$ 是各向同性的，当且仅当它可表示为 $\mathbf{B}$ 的三个主不变量的函数．

自变量为多个向量的标量函数也有特殊意义．下面我们叙述一种特殊情形． 设有自变量为三非共面向量 $\mathbf{v}_1$，$\mathbf{v}_2$，$\mathbf{v}_3$ 的标量函数 $\varphi(\mathbf{v}_1, \mathbf{v}_2, \mathbf{v}_3)$．类似于§1，$\varphi(\mathbf{v}_1, \mathbf{v}_2, \mathbf{v}_3)$ 为各向同性的，如果对任意正交仿射量 $\mathbf{Q}$，下述关系成立：

$$\varphi(\mathbf{v}_1, \mathbf{v}_2, \mathbf{v}_3)=\varphi(\mathbf{Q}\cdot\mathbf{v}_1, \mathbf{Q}\cdot\mathbf{v}_2, \mathbf{Q}\cdot\mathbf{v}_3). \quad (3.5)$$

若令

$$\mathbf{u}_i=\mathbf{Q}\cdot\mathbf{v}_i, \quad (3.6)$$

则(3.5)式要求对所有满足关系(3.6)的向量组 $\mathbf{u}_i$ 成立：

$$\varphi(\mathbf{v}_1, \mathbf{v}_2, \mathbf{v}_3)=\varphi(\mathbf{u}_1, \mathbf{u}_2, \mathbf{u}_3). \quad (3.7)$$

向量组 $\mathbf{u}_i$ 是不同于 $\mathbf{v}_i$ 的，但代入(3.7)式却给出同一函数值．下面证明联系这两向量组的共同点是

$$\mathbf{v}_i\cdot\mathbf{v}_j=\mathbf{u}_i\cdot\mathbf{u}_j \quad (i, j=1, 2, 3). \quad (3.8)$$

证法和上面的表示定理是类似的．由(3.6)式直接可得关系(3.8)．反之，因 $\mathbf{v}_i$ 非共面，可取作协变基 $\mathbf{g}_i\equiv\mathbf{v}_i$，其共基 $\mathbf{g}^i$ 显然也非共面．由

$$\mathbf{u}_i=\mathbf{u}_r\delta_i^r=(\mathbf{u}_r\mathbf{g}^r)\cdot\mathbf{v}_i, \quad (3.9)$$

根据第二章，$\mathbf{u}_r\mathbf{g}^r$ 确定一个仿射量，记为 $\mathbf{Q}'$．将(3.9)式代入(3.8)式，又得

$$\mathbf{v}_i\cdot\mathbf{v}_j=(\mathbf{Q}'\cdot\mathbf{v}_i)\cdot(\mathbf{Q}'\cdot\mathbf{v}_j).$$

$\mathbf{Q}'$ 不改变向量点积，故是正交仿射量． 因此，向量组点积相同(3.8)是满足关系(3.6)的充要条件．于是，得 **Cauchy 基本表示定理**：自变量为三非共面向量 $\mathbf{v}_i$ 的标量函数 $\varphi(\mathbf{v}_1, \mathbf{v}_2, \mathbf{v}_3)$ 是各向同性的，当且仅当它可表示为这些向量的点积 $\mathbf{v}_i\cdot\mathbf{v}_j(i, j=1,$

2, 3) 的函数.

第四章　曲线坐标系

§1. 曲线坐标系与局部基向量

在斜角坐标系 $\{x^i\}$ 里，空间任意点 p 的向径是 $\mathbf{p}=x^i\mathbf{g}_i$. 具体问题往往要求采用更复杂的坐标系.

设在空间某三维连通区域 $\mathscr{D}$ 里给定了仿射坐标的三个连续可微[1)],单值函数:

$$x^{i'}=x^{i'}(x^i), \tag{1.1}$$

并设它们是可逆的,即在整个 $x^{i'}$ 的变化范围里存在反函数:

$$x^i=x^i(x^{i'}), \tag{1.2}$$

并且也是连续可微,单值函数. 若函数 (1.1) 不是线性函数，则称 $\{x^{i'}\}$ 为区域 $\mathscr{D}$ 中的**曲线坐标系**. 这样，在整个区域内正和逆两种变换的 Jacobi 行列式不为零; 根据连续性，它们在区域内不可能变号,故我们总可以这样编排指标 i' 的次序,使

$$\left|\frac{\partial x^{i'}}{\partial x^i}\right|>0. \tag{1.3}$$

考虑到

$$1=|\delta^{i'}_{j'}|=\left|\frac{\partial x^{i'}}{\partial x^r}\frac{\partial x^r}{\partial x^{j'}}\right|=\left|\frac{\partial x^{i'}}{\partial x^i}\right|\cdot\left|\frac{\partial x^j}{\partial x^{j'}}\right|,$$

又有

$$\left|\frac{\partial x^i}{\partial x^{i'}}\right|>0. \tag{1.4}$$

仍然满足上述要求,从曲线坐标系 $\{x^{i'}\}$ 又可以转至另一个曲线坐标系 $\{x^{i''}\}$. 所有满足这些要求的变换所确定的坐标系叫**许**

---

1) “连续可微” 表示具有一直到某 N 阶的连续偏导数. 今后不具体每次声明 N 等于几，而直接令所写出某阶数导数事实本身来表明，我们预先假定了这些导数的存在和连续.

可坐标系．今后只考虑许可坐标系．

采用坐标系 $\{x^{i'}\}$ 时，区域内任意点 p 就可用坐标 $x^{i'}$ 来确定，其向径为 $\mathbf{p}(x^{i'})$．固定一个坐标，例如 $x^{1'}$，而令其他两坐标 $x^{2'}$，$x^{3'}$ 取所有可能值，则向径箭头在区域内划出的轨迹 $x^{1'}=\text{const}$．称为 $x^{1'}$ 坐标曲面．两坐标曲面的交线称为坐标曲线．三坐标曲面的交点（单值性的要求保证了交点只有一个）就定出 p 点在空间的位置．

在斜角坐标系里，空间任意向量（张量）都可以在协变基 $\mathbf{g}_i$ 上分解．对这种做法可进行两种不同的解释：

（1）空间里只有一个固定在原点的协变基 $\mathbf{g}_i$，先将向量（张量）平行移至原点，然后在这协变基上分解．

（2）在定义区域内每点都有一个等于 $\mathbf{g}_i$ 的协变基（所谓**局部协变基**），向量（张量）在本作用点的局部协变基上就地分解．

在曲线坐标系里怎么办呢？第一种只用一个协变基的做法显然使曲线坐标的引入成为无的放矢．若用第二种做法，那么怎样来确定每一点的局部协变基呢？这里任意性很大，暂先讲一种较常用的做法．

取切于坐标曲线的向量：

$$\mathbf{g}_{i'} \overset{df}{=} \frac{\partial \mathbf{p}}{\partial x^{i'}} = \frac{\partial}{\partial x^{i'}}(x^i \mathbf{g}_i) = \frac{\partial x^i}{\partial x^{i'}} \mathbf{g}_i \tag{1.5}$$

为局部协变基，坐标系 $\{x^{i'}\}$ 本身完全确定基向量的方向和长度．它们是随点而变化的，由于函数（1.2）的性质，$\mathbf{g}_{i'}$ 也是连续可微的．又根据仿射坐标系协变基向量 $\mathbf{g}_i$ 的非共面性和(1.3)式得

$$[\mathbf{g}_{1'}\mathbf{g}_{2'}\mathbf{g}_{3'}] = \left|\frac{\partial x^i}{\partial x^{i'}}\right| [\mathbf{g}_1\mathbf{g}_2\mathbf{g}_3] > 0. \tag{1.6}$$

$\mathbf{g}_{i'}$ 的非共面性说明这种做法的合理性．而从曲线坐标系 $\{x^{i'}\}$ 转至另一个曲线坐标系 $\{x^{i''}\}$时，局部协变基也按规律(1.5)变换：

$$\mathbf{g}_{i''} = \frac{\partial \mathbf{p}}{\partial x^{i''}} = \frac{\partial \mathbf{p}}{\partial x^{i'}} \frac{\partial x^{i'}}{\partial x^{i''}} = \frac{\partial x^{i'}}{\partial x^{i''}} \mathbf{g}_{i'}. \tag{1.7}$$

因此，在空间的某具体点，互构成逆矩阵的 $\left\|\frac{\partial x^i}{\partial x^{i'}}\right\|$，$\left\|\frac{\partial x^{i'}}{\partial x^i}\right\|$ 的元素

就起着变换系数的作用，也记为

$$A^{i}_{i'} \equiv \frac{\partial x^{i}}{\partial x^{i'}}, \quad A^{i'}_{i} \equiv \frac{\partial x^{i'}}{\partial x^{i}}. \tag{1.8}$$

和仿射系不同，这些变换系数已经是点的函数了.

作用在 p 点的向量或张量，就在本点的局部标架分解（为了书写简便，今后曲线坐标的指标不再带撇，而把仿射坐标作为特殊情形看待）. 例如

$$\mathbf{v} = v^{i}(p)\mathbf{g}_{i}(p).$$

它的分量的变换采用变换系数 $A^{i}_{i'}(p)$，$A^{i'}_{i}(p)$. 若不致引起误会，今后将省去符号(p). 这样，当我们只考虑作用在同一点 p 的各种张量时，可以不加改变地应用前三章的全部叙述.

当然，向量(张量)也可移至区域内其他任意点 q 来考察，这时有

$$\mathbf{v} = v^{i}(q)\mathbf{g}_{i}(q).$$

一般说来，$\mathbf{g}_{i}(p) \neq \mathbf{g}_{i}(q)$，故 $v^{i}(p) \neq v^{i}(q)$. 可以看出，在曲线坐标系里，张量分量的概念密切和具体点相联系. 例如，我们可以写

$$\mathbf{u} + \mathbf{v} = u^{i}(p)\mathbf{g}_{i}(p) + v^{i}(q)\mathbf{g}_{i}(q),$$

但 $u^{i}(p) + v^{i}(q)$ 的写法却是毫无意义的.

§2. 张量场与绝对微商

若在空间某区域内每点定义有同型的张量：

$$\boldsymbol{\varphi} = \varphi^{i\cdots j}{}_{k\cdots l}\sqrt{g}^{\,-W}\mathbf{g}_{i}\cdots\mathbf{g}_{j}\mathbf{g}^{k}\cdots\mathbf{g}^{l}, \tag{2.1}$$

则有所谓**张量场**. 一般说来，张量场中被考察的张量随位置(和时间)而变化. 对固定时刻，研究张量场因位置而变化的情况使我们从张量代数的领域进入张量分析的领域上来. 这里出现作用在向径分别为 $\mathbf{p}(x^{i})$ 和 $\mathbf{p}(x^{i} + dx^{i})$ 的两个邻点的同型张量的比较问题. 为此，下面先作一些准备性的考虑.

向径的微分是向量，从它的表达式

$$d\mathbf{p}=\frac{\partial\mathbf{p}}{\partial x^i}dx^i=dx^i\mathbf{g}_i, \tag{2.2}$$

可以看出，dx^i 就是这个向量在 p 点局部协变基上的分量. 直接从变换规律:

$$dx^{i'}=\frac{\partial x^{i'}}{\partial x^i}dx^i=A_i^{i'}dx^i \tag{2.3}$$

也可看出，它是一阶张量的逆变分量（坐标采用上标正是这个道理）.既然这样,就可以用度量张量来降低指标而得 $d\mathbf{p}$ 的协变分量

$$d\mathbf{p}=dx_i\mathbf{g}^i. \tag{2.4}$$

应注意，dx_i 与坐标 x^i 并不存在直接的微分关系.

为今后需要，将协变基 $\mathbf{g}_i$ 关于坐标的变化率在基向量上分解（按方便我们将用“∂_i”或“$,i$”代替 $\partial/\partial x^i$）:

$$\partial_i\mathbf{g}_j=\mathbf{p}_{,ji}=\Gamma_{ij}^r\mathbf{g}_r=\Gamma_{ijr}\mathbf{g}^r. \tag{2.5}$$

显然

$$\Gamma_{ij}^k=g^{kr}\Gamma_{ijr},\qquad \Gamma_{ijk}=g_{kr}\Gamma_{ij}^r, \tag{2.6}$$

$$\Gamma_{ij}^k=\partial_i\mathbf{g}_j\cdot\mathbf{g}^k,\quad \Gamma_{ijk}=\partial_i\mathbf{g}_j\cdot\mathbf{g}_k, \tag{2.7}$$

而由

$$0=\partial_i\delta_j^k=\partial_i(\mathbf{g}_j\cdot\mathbf{g}^k)=\partial_i\mathbf{g}_j\cdot\mathbf{g}^k+\partial_i\mathbf{g}^k\cdot\mathbf{g}_j$$

得

$$\partial_i\mathbf{g}^k\cdot\mathbf{g}_j=-\Gamma_{ij}^k,\quad \partial_i\mathbf{g}^j=-\Gamma_{ir}^j\mathbf{g}^r. \tag{2.8}$$

分解系数 Γ_{ijk}，Γ_{ij}^k 关于指标 i，j 为对称，分别称为第一，二类 **Christoffel 符号**. 在斜角坐标系，它们恒等于零. Christoffel 符号指标的写法只是源于传统，同时也便于应用求和约定和升降指标的可能性［见(2.6)式］. 但这并不就说明它们是张量. 为了弄清这些符号的性质,让我们来考察其变换规律:

$$\begin{aligned}\Gamma_{i'j'}^{k'}&=\partial_{i'}\mathbf{g}_{j'}\cdot\mathbf{g}^{k'}=A_{i'}^i\partial_i(A_{j'}^j\mathbf{g}_j)\cdot A_k^{k'}\mathbf{g}^k\\&=A_{i'}^iA_{j'}^jA_k^{k'}\partial_i\mathbf{g}_j\cdot\mathbf{g}^k+\partial_{i'}A_{j'}^jA_k^{k'}\mathbf{g}_j\cdot\mathbf{g}^k\\&=A_{i'}^iA_{j'}^jA_k^{k'}\Gamma_{ij}^k+\partial_{i'}A_{j'}^rA_r^{k'}.\end{aligned} \tag{2.9}$$

这不是张量变换规律，Christoffel 符号不是张量.

除了(2.7)式,还有更方便的第一类 Christoffel 符号表达式.从

$$g_{ij,k} = \partial_k(\mathbf{g}_i \cdot \mathbf{g}_j) = \partial_k\mathbf{g}_i \cdot \mathbf{g}_j + \partial_k\mathbf{g}_j \cdot \mathbf{g}_i = \Gamma_{kij} + \Gamma_{kji}$$

以及经指标轮换而得的

$$g_{jk,i} = \Gamma_{ijk} + \Gamma_{ikj},$$
$$g_{ki,j} = \Gamma_{jki} + \Gamma_{jik},$$

进行后两式相加并减去第一式得

$$\Gamma_{ijk} = \frac{1}{2}(g_{jk,i} + g_{ki,j} - g_{ij,k}). \tag{2.10}$$

再有

$$\begin{aligned}\partial_i\sqrt{g} &= [\partial_i\mathbf{g}_1\mathbf{g}_2\mathbf{g}_3] + [\mathbf{g}_1\partial_i\mathbf{g}_2\mathbf{g}_3] + [\mathbf{g}_1\mathbf{g}_2\partial_i\mathbf{g}_3] \\ &= \Gamma^r_{i1}[\mathbf{g}_r\mathbf{g}_2\mathbf{g}_3] + \Gamma^r_{i2}[\mathbf{g}_1\mathbf{g}_r\mathbf{g}_3] + \Gamma^r_{i3}[\mathbf{g}_1\mathbf{g}_2\mathbf{g}_r] \\ &= \Gamma^r_{ir}[\mathbf{g}_1\mathbf{g}_2\mathbf{g}_3] = \Gamma^r_{ir}\sqrt{g}.\end{aligned} \tag{2.11}$$

现在就可以来考察张量场 (2.1) 从 $\mathbf{p}(x^i)$ 点至任意邻点 $\mathbf{p}(x^i + dx^i)$ 的变化了. 推广标量函数微分的概念，我们称和 $\boldsymbol{\varphi}$ 同型的下述张量为 $\boldsymbol{\varphi}$ 的绝对微分:

$$d\boldsymbol{\varphi} = \boldsymbol{\varphi}_{,r}dx^r = dx^s\delta^r_s\partial_r\boldsymbol{\varphi} = (dx^s\mathbf{g}_s)\cdot(\mathbf{g}^r\partial_r\boldsymbol{\varphi}). \tag{2.12}$$

引进 **Hamilton 算子**:

$$\boldsymbol{\nabla} \overset{\text{df}}{=} \mathbf{g}^r\partial_r, \tag{2.13}$$

(2.12)又可写成

$$d\boldsymbol{\varphi} = d\mathbf{p}\cdot\boldsymbol{\nabla}\boldsymbol{\varphi}. \tag{2.14}$$

由于 $d\mathbf{p}$ 是与 $\boldsymbol{\varphi}$ 无关的任意向量——一阶张量，根据商法则可知，$\boldsymbol{\nabla}\boldsymbol{\varphi}$ 必然是比 $d\boldsymbol{\varphi}$ (也就是比 $\boldsymbol{\varphi}$) 高一阶的张量 (权量不变). $\boldsymbol{\nabla}$ 使原张量场升高一阶. $\boldsymbol{\nabla}\boldsymbol{\varphi}$ 构成新的张量场(在它有定义的区域里)，称为 $\boldsymbol{\varphi}$ 的**绝对微商**或 $\boldsymbol{\varphi}$ 的**梯度**. 绝对微商的并矢形式为:

$$\begin{aligned}\boldsymbol{\nabla}\boldsymbol{\varphi} &= \mathbf{g}^r\partial_r(\varphi^{i\cdots j}{}_{k\cdots l}\sqrt{g}^{-W}\mathbf{g}_i\cdots\mathbf{g}_j\mathbf{g}^k\cdots\mathbf{g}^l) \\ &= \mathbf{g}^r[\partial_r\varphi^{i\cdots j}{}_{k\cdots l}\sqrt{g}^{-W}\mathbf{g}_i\cdots\mathbf{g}_j\mathbf{g}^k\cdots\mathbf{g}^l \\ &\quad + \varphi^{i\cdots j}{}_{k\cdots l}\partial_r(\sqrt{g}^{-W})\mathbf{g}_i\cdots\mathbf{g}_j\mathbf{g}^k\cdots\mathbf{g}^l \\ &\quad + \varphi^{i\cdots j}{}_{k\cdots l}\sqrt{g}^{-W}(\partial_r\mathbf{g}_i\cdots\mathbf{g}_j\mathbf{g}^k\cdots\mathbf{g}^l + \cdots \\ &\quad + \mathbf{g}_i\cdots\mathbf{g}_j\mathbf{g}^k\cdots\partial_r\mathbf{g}^l)]\end{aligned}$$

$$= (\partial_r \varphi^{i\cdot\cdot j}{}_{k\cdot\cdot l} + \Gamma^i_{rs}\varphi^{s\cdot\cdot j}{}_{k\cdot\cdot l} + \cdot\cdot + \Gamma^j_{rs}\varphi^{i\cdot\cdot s}{}_{k\cdot\cdot l}$$
$$- \Gamma^s_{rk}\varphi^{i\cdot\cdot j}{}_{s\cdot\cdot l} - \cdot\cdot - \Gamma^s_{rl}\varphi^{i\cdot\cdot j}{}_{k\cdot\cdot s} - W\Gamma^s_{rs}\varphi^{i\cdot\cdot j}{}_{k\cdot\cdot l})$$
$$\times \sqrt{g}^{-W}\mathbf{g}^r\mathbf{g}_i\cdot\cdot\mathbf{g}_j\mathbf{g}^k\cdot\cdot\mathbf{g}^l. \tag{2.15}$$

又引进符号:

$$\nabla_r\varphi^{i\cdot\cdot j}{}_{k\cdot\cdot l} = \partial_r\varphi^{i\cdot\cdot j}{}_{k\cdot\cdot l} + \Gamma^i_{rs}\varphi^{s\cdot\cdot j}{}_{k\cdot\cdot l} + \cdot\cdot + \Gamma^j_{rs}\varphi^{i\cdot\cdot s}{}_{k\cdot\cdot l}$$
$$-\Gamma^s_{rk}\varphi^{i\cdot\cdot j}{}_{s\cdot\cdot l} - \cdot\cdot - \Gamma^s_{rl}\varphi^{i\cdot\cdot j}{}_{k\cdot\cdot s} - W\Gamma^s_{rs}\varphi^{i\cdot\cdot j}{}_{k\cdot\cdot l}, \tag{2.16}$$

它就是 $\boldsymbol{\nabla\varphi}$ 的分量，常称为**协变微商**．它的每一项均不按张量规律变换，但合起来却是张量的分量．这也可直接求得其变换规律而证明之．协变微商的指标既然是张量指标，就可以用度量张量将之升高而得“**逆变微商**”

$$\nabla^r\varphi^{i\cdot\cdot j}{}_{k\cdot\cdot l} = g^{rs}\nabla_s\varphi^{i\cdot\cdot j}{}_{k\cdot\cdot l}.$$

在斜角坐标系里，Christoffel 符号恒为零，协变微商直接由偏导数表达．就是说，只有在斜角坐标系里偏导数才按张量规律变换．我们经常利用这个性质，在斜角坐标系（特别是直角坐标系）推导公式（因这样有时会较方便），然后把偏导数换成协变微商直接写出曲线坐标系里的张量公式．

于是，(2.15)式就可写成

$$\boldsymbol{\nabla\varphi} = \nabla_r\varphi^{i\cdot\cdot j}{}_{k\cdot\cdot l}\sqrt{g}^{-W}\mathbf{g}^r\mathbf{g}_i\cdot\cdot\mathbf{g}_j\mathbf{g}^k\cdot\cdot\mathbf{g}^l, \tag{2.17}$$

而 Hamilton 算子又可写为 $\boldsymbol{\nabla} = \mathbf{g}^r\partial_r = \mathbf{g}^r\nabla_r$，不过这时要记住，$\nabla_i$ 对基向量和 g 不起作用，且 $\nabla_i \neq \partial_i$．

现在来看几种简单情形:

标量场 $f(x^i)$ 是零阶张量场，在(2.16)式中包含 Christoffel 符号的那些项不出现而有

$$\nabla_i f = \partial_i f, \quad \boldsymbol{\nabla} f = \mathbf{g}^i\partial_i f.$$

这也可直接推出来

$$df = f_{,r}dx^r = (dx^r\mathbf{g}_r)\cdot(\mathbf{g}^s\partial_s f) = d\mathbf{p}\cdot\boldsymbol{\nabla} f. \tag{2.18}$$

对于向量场 $\mathbf{v} = v^r\mathbf{g}_r = v_r\mathbf{g}^r$ 则有

$$\nabla_i v^j = \partial_i v^j + \Gamma^j_{ir}v^r, \tag{2.19}$$

$$\nabla_i v_j = \partial_i v_j - \Gamma^r_{ij}v_r. \tag{2.20}$$

下面将看到,这两公式实质上是一样的.

单位仿射量场 $\mathbf{I}=g_{ik}\mathbf{g}^i\mathbf{g}^k=\delta^i_k\mathbf{g}_i\mathbf{g}^k=g^{ik}\mathbf{g}_i\mathbf{g}_k$ 是一个均匀场,故 $d\mathbf{I}=0$ 和 $\nabla\mathbf{I}=0$, 从而有

$$\nabla_i g_{jk}=0,\quad \nabla_i\delta^j_k=0,\quad \nabla_i g^{jk}=0, \tag{2.21}$$

这就是 **Ricci 引理**. 它也可直接用(2.16)式证明:

$$\nabla_i g_{jk}=\partial_i g_{jk}-\Gamma^r_{ij}g_{rk}-\Gamma^r_{ik}g_{jr}=\Gamma_{ijk}+\Gamma_{ikj}-\Gamma_{ijk}-\Gamma_{ikj}=0,$$

$$\nabla_i\delta^j_k=\partial_i\delta^j_k+\Gamma^j_{ir}\delta^r_k-\Gamma^r_{ik}\delta^j_r=0+\Gamma^j_{ik}-\Gamma^j_{ik}=0.$$

因此, 对于 ∇_i, 度量张量有如常数, 可以移进或移出协变微商号内或外. 这样 (2.19) 和 (2.20) 两式的等价性就很明显了 $\nabla_i v^j=\nabla_i(g^{jr}v_r)=g^{jr}\nabla_i v_r$.

又看 Eddington 张量场:

$$\begin{aligned}\nabla\boldsymbol{\epsilon}&=\nabla_r\epsilon^{ijk}\mathbf{g}^r\mathbf{g}_i\mathbf{g}_j\mathbf{g}_k=\mathbf{g}^r\partial_r(\epsilon^{ijk}\mathbf{g}_i\mathbf{g}_j\mathbf{g}_k)\\&=\mathbf{g}^r\{([\partial_r\mathbf{g}^i\mathbf{g}^j\mathbf{g}^k]+[\mathbf{g}^i\partial_r\mathbf{g}^j\mathbf{g}^k]+[\mathbf{g}^i\mathbf{g}^j\partial_r\mathbf{g}^k])\mathbf{g}_i\mathbf{g}_j\mathbf{g}_k\\&\qquad+[\mathbf{g}^i\mathbf{g}^j\mathbf{g}^k](\partial_r\mathbf{g}_i\mathbf{g}_j\mathbf{g}_k+\mathbf{g}_i\partial_r\mathbf{g}_j\mathbf{g}_k+\mathbf{g}_i\mathbf{g}_j\partial_r\mathbf{g}_k)\}\\&=\mathbf{g}^r\{(-\Gamma^i_{rs}[\mathbf{g}^s\mathbf{g}^j\mathbf{g}^k]-\Gamma^j_{rs}[\mathbf{g}^i\mathbf{g}^s\mathbf{g}^k]-\Gamma^k_{rs}[\mathbf{g}^i\mathbf{g}^j\mathbf{g}^k])\mathbf{g}_i\mathbf{g}_j\mathbf{g}_k\\&\qquad+[\mathbf{g}^i\mathbf{g}^j\mathbf{g}^k](\Gamma^s_{ri}\mathbf{g}_s\mathbf{g}_j\mathbf{g}_k+\Gamma^s_{rj}\mathbf{g}_i\mathbf{g}_s\mathbf{g}_k+\Gamma^s_{rk}\mathbf{g}_i\mathbf{g}_j\mathbf{g}_s)\}=0,\end{aligned}$$

故

$$\nabla_r\epsilon^{ijk}=0,\quad \nabla_r\epsilon_{ijk}=0. \tag{2.22}$$

不难证明,协变微分法遵循普通微分法的一般法则:

(1) 对被微商的张量是线性齐次的 (α, β 是常数):

$$\nabla_i(\alpha\xi^{jk}{}_{pq}+\beta\eta^{jk}{}_{pq})=\alpha\nabla_i\xi^{jk}{}_{pq}+\beta\nabla_i\eta^{jk}{}_{pq}, \tag{2.23}$$

(2) Leibniz 法则:

$$\begin{aligned}\nabla_i(\varphi^{jk}\psi_p)&=\partial_i(\varphi^{jk}\psi_p)+\Gamma^j_{ir}\varphi^{rk}\psi_p+\Gamma^k_{ir}\varphi^{jr}\psi_p-\Gamma^r_{ip}\varphi^{jk}\psi_r\\&=\nabla_i\varphi^{jk}\psi_p+\varphi^{jk}\nabla_i\psi_p.\end{aligned} \tag{2.24}$$

若将上式右边对指标 k, p 进行缩并,得

$$\nabla_i\varphi^{jr}\psi_r+\varphi^{jr}\nabla_i\psi_r,$$

这和先进行缩并,然后作协变微商的结果相同:

$$\begin{aligned}\nabla_i(\varphi^{jr}\psi_r)&=\partial_i(\varphi^{jr}\psi_r)+\Gamma^j_{is}\varphi^{sr}\psi_r=\partial_i\varphi^{jr}\psi_r+\varphi^{jr}\partial_i\psi_r\\&\qquad+\Gamma^j_{is}\varphi^{sr}\psi_r+\Gamma^r_{is}\varphi^{js}\psi_r-\Gamma^r_{is}\varphi^{js}\psi_r\\&=(\partial_i\varphi^{jr}+\Gamma^j_{is}\varphi^{sr}+\Gamma^r_{is}\varphi^{js})\psi_r+\varphi^{jr}(\partial_i\psi_r-\Gamma^s_{ir}\psi_s)\\&=\nabla_i\varphi^{jr}\psi_r+\varphi^{jr}\nabla_i\psi_r,\end{aligned}$$

因此指标的缩并和协变微商的先后次序是无关重要的.

上面全部讨论都基于 Hamilton 算子从左边作用于 $\boldsymbol{\varphi}$ 的情形. 但(2.12)式也可写成

$$d\boldsymbol{\varphi}=(\boldsymbol{\varphi}_{,r}\mathbf{g}^r)\cdot(dx^s\mathbf{g}_s)=(\boldsymbol{\varphi}\boldsymbol{\nabla})\cdot d\mathbf{p}. \tag{2.25}$$

这时从右边作用于 $\boldsymbol{\varphi}$ 的 Hamilton 算子应理解为

$$\boldsymbol{\nabla}=(\quad)_{,r}\mathbf{g}^r. \tag{2.26}$$

再引进含义相同的符号:

$$(\quad)_{;i}=\nabla_i(\quad), \tag{2.27}$$

则

$$\varphi^{i\cdots j}{}_{k\cdots l;r}=\nabla_r\varphi^{i\cdots j}{}_{k\cdots l}. \tag{2.28}$$

假如称 $\boldsymbol{\nabla\varphi}$ 为左梯度的话,则 $\boldsymbol{\varphi}$ 的右梯度就是

$$\boldsymbol{\varphi\nabla}=\varphi^{i\cdots j}{}_{k\cdots l;r}\sqrt{g}^{-W}\mathbf{g}_i\cdots\mathbf{g}_j\mathbf{g}^k\cdots\mathbf{g}^l\mathbf{g}^r. \tag{2.29}$$

应注意的是,虽然等式(2.28)成立,但

$$\boldsymbol{\varphi\nabla}\neq\boldsymbol{\nabla\varphi}, \tag{2.30}$$

除非 $\boldsymbol{\varphi}$ 是标量场 f: $\boldsymbol{\nabla}f=f\boldsymbol{\nabla}$. 对于向量场 $\mathbf{v}$ 我们有

$$\boldsymbol{\nabla}\mathbf{v}=\nabla_i v_j\mathbf{g}^i\mathbf{g}^j=v_{j;i}\mathbf{g}^i\mathbf{g}^j=(v_{i;j})^*\mathbf{g}^i\mathbf{g}^j=(\mathbf{v}\boldsymbol{\nabla})^*. \tag{2.31}$$

§3. 不变性微分算子和积分定理

将向量分析中常出现的四种不变性微分算子 (梯度,散度,旋度和 Laplace 算子)推广至任意张量场 $\boldsymbol{\varphi}=\varphi^{ij}{}_{kl}\sqrt{g}^{-W}\mathbf{g}_i\mathbf{g}_j\mathbf{g}^k\mathbf{g}^l$(以四阶张量密度为例并不失一般性)得:

$$\operatorname{grad}\boldsymbol{\varphi}\overset{df}{=}\boldsymbol{\nabla\varphi}=\nabla_r\varphi^{ij}{}_{kl}\sqrt{g}^{-W}\mathbf{g}^r\mathbf{g}_i\mathbf{g}_j\mathbf{g}^k\mathbf{g}^l, \tag{3.1}$$

$$\operatorname{div}\boldsymbol{\varphi}\overset{df}{=}\boldsymbol{\nabla}\cdot\boldsymbol{\varphi}=\nabla_r\varphi^{rj}{}_{kl}\sqrt{g}^{-W}\mathbf{g}_j\mathbf{g}^k\mathbf{g}^l, \tag{3.2}$$

$$\begin{aligned}\operatorname{rot}\boldsymbol{\varphi}&\overset{df}{=}\boldsymbol{\nabla}\times\boldsymbol{\varphi}=\mathbf{g}^r\times\partial_r(\varphi_{ij}{}^{kl}\sqrt{g}^{-W}\mathbf{g}^i\mathbf{g}^j\mathbf{g}_k\mathbf{g}_l)\\&=\varepsilon^{sri}\nabla_r\varphi_{ij}{}^{kl}\sqrt{g}^{-W}\mathbf{g}_s\mathbf{g}^j\mathbf{g}_k\mathbf{g}_l,\end{aligned} \tag{3.3}$$

$$\nabla^2\boldsymbol{\varphi}\overset{df}{=}\operatorname{div}\ \operatorname{grad}\boldsymbol{\varphi}=\boldsymbol{\nabla}\cdot\boldsymbol{\nabla\varphi}=\nabla^r\nabla_r\varphi^{ij}{}_{kl}\sqrt{g}^{-W}\mathbf{g}_i\mathbf{g}_j\mathbf{g}^k\mathbf{g}^l. \tag{3.4}$$

推导各种积分定理的出发点是 J. A. Schouten 对 n 维直线坐

标系所证明的著名公式（证明请查阅原著 *Tensor Analysis for Physicists*, 1954, 第 74 页)：

$$\int_{f_{q+1}} df^{ri\cdots j}\partial_r \text{-}\circ \varphi^{k\cdots l} = \oint_{f_q} df^{i\cdots j}\text{-}\circ\varphi^{k\cdots l}, \qquad (3.5)$$

其中 $df^{ri\cdots j}$ 和 $df^{i\cdots j}$ 分别是 $q+1$ 维和 q 维的 **Grassmann 容积元素**，f_{q+1} 是左边积分的积分区域，f_q 是其边界．边界外法向及构成 $df^{i\cdots j}$ 的各线元素应和构成 $df^{ri\cdots j}$ 的各线元素具有相同定向，“-○”代表 $\boldsymbol{\varphi}$ 和容积元素间的任意代数运算．在三维欧氏空间里 q 可取值 2 或 1，这时由 (3.5) 式分别得：由体积分变为面积分的 **Green 变换**和由面积分变为线积分的 **Kelvin 变换**．这时 **Grassmann** 容积元素表达为

$$df^{ijk} = 3!\underset{1}{d}x^{[i}\underset{2}{d}x^{j}\underset{3}{d}x^{k]}, \quad \overset{\text{III}}{d\mathbf{f}} = df^{ijk}\mathbf{g}_i\mathbf{g}_j\mathbf{g}_k, \qquad (3.6)$$

$$df^{jk} = 2!\underset{4}{d}x^{[j}\underset{5}{d}x^{k]}, \quad \overset{\text{II}}{d\mathbf{f}} = df^{jk}\mathbf{g}_j\mathbf{g}_k, \qquad (3.7)$$

$$df^{k} = 1!\underset{6}{d}x^{k}, \quad \overset{\text{I}}{d\mathbf{f}} = df^{k}\mathbf{g}_k. \qquad (3.8)$$

这里例如有 $\underset{4}{d}\mathbf{p} = \underset{4}{d}x^r\mathbf{g}_r$，微分号下的数字是为了区别不同的向径微分．容积元素均为反称张量，我们试取(3.6)和(3.7)式的对偶

$$dv = \frac{1}{3!}\boldsymbol{\epsilon}\vdots\overset{\text{III}}{d\mathbf{f}} = \frac{1}{3!}\epsilon_{ijk}df^{ijk} = \epsilon_{ijk}\underset{1}{d}x^i\underset{2}{d}x^j\underset{3}{d}x^k$$

$$= [\underset{1}{d}\mathbf{p}\underset{2}{d}\mathbf{p}\underset{3}{d}\mathbf{p}], \qquad (3.9)$$

$$d\mathbf{a} = \frac{1}{2!}\boldsymbol{\epsilon}:\overset{\text{II}}{d\mathbf{f}} = \frac{1}{2!}\epsilon_{irs}\mathbf{g}^i\mathbf{g}^r\mathbf{g}^s:df^{jk}\mathbf{g}_j\mathbf{g}_k$$

$$= \epsilon_{ijk}\underset{4}{d}x^j\underset{5}{d}x^k\mathbf{g}^i = \underset{4}{d}\mathbf{p}\times\underset{5}{d}\mathbf{p}, \qquad (3.10)$$

这正是我们普通所用的体积元素和面积元素的定义（这些元素都是有向的）．从 dv 和 $d\mathbf{a}$ 出发，求其对偶，又可得 Grassmann 容积元素：

$$\overset{\text{III}}{d\mathbf{f}} = \frac{1}{0!}\boldsymbol{\epsilon}dv, \quad \overset{\text{II}}{d\mathbf{f}} = \frac{1}{1!}\boldsymbol{\epsilon}\cdot d\mathbf{a}.$$

当 $q=2$ 时，Schouten 公式(3.5)变为

$$\int_{f_3} df^{jkr}\partial_r \multimap \varphi^{p\cdots q} = \oint_{f_2} df^{jk} \multimap \varphi^{p\cdots q}.$$

在直线坐标系里，基向量不变．上式两边可写成并矢形式，然后将基向量引入积分号内，得

$$\int_{f_3} (\mathbf{g}_j\mathbf{g}_k\mathbf{g}_r df^{jkr}) \cdot (\mathbf{g}^s\partial_s) \multimap (\mathbf{g}_p\cdots\mathbf{g}_q\varphi^{p\cdots q})$$

$$= \oint_{f_2} (\mathbf{g}_j\mathbf{g}_k df^{jk}) \multimap (\mathbf{g}_p\cdots\mathbf{g}_q\varphi^{p\cdots q}),$$

即

$$\int_{f_3} d\overset{\text{III}}{\mathbf{f}} \cdot \boldsymbol{\nabla} \multimap \boldsymbol{\varphi} = \oint_{f_2} d\overset{\text{II}}{\mathbf{f}} \multimap \boldsymbol{\varphi}. \tag{3.11}$$

仍然在直线坐标系里，两边从左并乘以 $\frac{1}{2!}\boldsymbol{\epsilon}$，引入积分号内再进行双点积，依次得

$$\int_{f_3} \frac{1}{2!}\boldsymbol{\epsilon}:d\overset{\text{III}}{\mathbf{f}} \cdot \boldsymbol{\nabla} \multimap \boldsymbol{\varphi} = \oint_{f_2} \frac{1}{2!}\boldsymbol{\epsilon}:d\overset{\text{II}}{\mathbf{f}} \multimap \boldsymbol{\varphi},$$

$$\int_v \frac{1}{2!} dv\boldsymbol{\epsilon}:\boldsymbol{\epsilon} \cdot \boldsymbol{\nabla} \multimap \boldsymbol{\varphi} = \oint_a d\mathbf{a} \multimap \boldsymbol{\varphi},$$

$$\int_v dv\mathbf{I} \cdot \boldsymbol{\nabla} \multimap \boldsymbol{\varphi} = \oint_a d\mathbf{a} \multimap \boldsymbol{\varphi},$$

$$\int_v dv\boldsymbol{\nabla} \multimap \boldsymbol{\varphi} = \oint_a d\mathbf{a} \multimap \boldsymbol{\varphi}. \tag{3.12}$$

(3.12)就是 Green 变换的不变性普遍公式，对任何曲线坐标系都适用．当 $\multimap$ 分别为并乘，点乘和叉乘时，Green 变换就分别具有如下形式：

$$\int_v dv\,\mathrm{grad}\,\boldsymbol{\varphi} = \oint_a d\mathbf{a}\boldsymbol{\varphi}, \tag{3.13}$$

$$\int_v dv\,\mathrm{div}\,\boldsymbol{\varphi} = \oint_a d\mathbf{a} \cdot \boldsymbol{\varphi}, \tag{3.14}$$

$$\int_v dv\,\mathrm{rot}\,\boldsymbol{\varphi} = \oint_a d\mathbf{a} \times \boldsymbol{\varphi}. \tag{3.15}$$

取 $\boldsymbol{\varphi}$ 为向量，(3.14) 式就是熟知的散度定理．所有这些公式的分量形式，只有在直线坐标下才有意义．

当 $q=1$ 时,(3.5)式变为

$$-\int_{f_2} df^{kr}\partial_r \text{-}\circ \varphi^{p\cdots q} = \oint_{f_1} df^k \text{-}\circ \varphi^{p\cdots q}.$$

用类似的方法得

$$-\int_{f_2} d\overset{\text{II}}{\mathbf{f}} \cdot \nabla \text{-}\circ \boldsymbol{\varphi} = \oint_{f_1} d\mathbf{f} \text{-}\circ \boldsymbol{\varphi},$$

$$-\int_a (\boldsymbol{\epsilon} \cdot d\mathbf{a}) \cdot \nabla \text{-}\circ \boldsymbol{\varphi} = \oint_f d\mathbf{f} \text{-}\circ \boldsymbol{\varphi},$$

$$\int_a d\mathbf{a} \times \nabla \text{-}\circ \boldsymbol{\varphi} = \oint_{f_1} d\mathbf{f} \text{-}\circ \boldsymbol{\varphi}. \tag{3.16}$$

公式(3.16)就是 Kelvin 变换的不变性普遍形式. 当-○为点乘时,有

$$\int_a d\mathbf{a} \cdot \nabla \times \boldsymbol{\varphi} = \int_a d\mathbf{a} \cdot \mathrm{rot}\boldsymbol{\varphi} = \oint_f d\mathbf{f} \cdot \boldsymbol{\varphi}, \tag{3.17}$$

而当 $\boldsymbol{\varphi}$ 为向量时,它就是 **Stokes 公式**.

§ 4. Riemann-Christoffel 张量(曲率张量)

既然任何张量的绝对微商仍然是张量，则可对它再进行绝对微商而得二阶绝对微商. 二阶绝对微商的分量称为二阶协变微商. 在满足连续性条件下，偏微商的次序是可以交换的. 那么协变微商的次序是否也可以交换呢? 今以向量场 $\mathbf{v} = v_i \mathbf{g}^i$ 为例说明这个问题. 它的二阶协变微商的具体表达式是

$$v_{i;jk} = (v_{i;j})_{,k} - \Gamma^r_{ki} v_{r;j} - \Gamma^r_{kj} v_{i;r} = v_{i,jk} - \Gamma^r_{kj} v_{i,r} - \Gamma^r_{ki} v_{r,j} - \Gamma^r_{ji} v_{r,k} - v_s(\Gamma^s_{ji,k} - \Gamma^r_{ki}\Gamma^s_{jr} - \Gamma^r_{kj}\Gamma^s_{ri}). \tag{4.1}$$

让我们来考察三阶张量:

$$\begin{aligned} 2v_{i;[jk]}\mathbf{g}^i\mathbf{g}^j\mathbf{g}^k &= (v_{i;jk} - v_{i;kj})\mathbf{g}^i\mathbf{g}^j\mathbf{g}^k \\ &= (v_s\mathbf{g}^s) \cdot (\Gamma^l_{ik,j} - \Gamma^l_{ij,k} + \Gamma^r_{ik}\Gamma^l_{rj} - \Gamma^r_{ij}\Gamma^l_{rk})\mathbf{g}_l\mathbf{g}^i\mathbf{g}^j\mathbf{g}^k \\ &= \mathbf{v} \cdot \mathbf{R} \end{aligned} \tag{4.2}$$

或

$$2v_{i;[jk]} = v_r R^r{}_{\cdot ijk}, \tag{4.3}$$

其中[1)]

$$\mathbf{R} = R^{l}_{\cdot ijk}\mathbf{g}_l\mathbf{g}^i\mathbf{g}^j\mathbf{g}^k$$

$$\overset{df}{=} (\Gamma^l_{ik,j} - \Gamma^l_{ij,k} + \Gamma^r_{ik}\Gamma^l_{rj} - \Gamma^r_{ij}\Gamma^l_{rk})\mathbf{g}_l\mathbf{g}^i\mathbf{g}^j\mathbf{g}^k. \tag{4.4}$$

基于 $\mathbf{v}$ 为任意向量，根据商法则，$\mathbf{R}$ 为四阶张量．从(4.4)表达式可看出，它的分量只与度量张量有关(因 Christoffel 符号只由度量张量表达)． 另一方面，在仿射坐标系里 $v_{i;jk} \overset{*}{=} v_{i,jk}$，而 $v_{i,jk} = v_{i,kj}$，因此 $v_{i;[jk]} \overset{*}{=} 0$，故有 $R^{l}_{\cdot ijk} \overset{*}{=} 0$，$\mathbf{R}$ 既然是张量，则在其他非直线坐标系里也应为零，从而 $v_{i;[jk]} = 0$．这就是说，在三维欧氏空间里协变微商的次序是可以交换的．

到目前为止的全部讨论的范围是三维欧氏空间，在那里：(1)直线坐标系是容许的；(2)向量的点积(或者说度量张量 g_{ij})有定义．假如放弃第一点而保留第二点，即 g_{ij} 仍有定义，就得所谓 **Riemann 空间**． 基于这个 g_{ij} 的**曲率张量** $\mathbf{R}$ (经常叫 **Riemann-Christoffel 张量**)就不一定为零了． 拿二维空间来说会更形象些．平面是容许直线坐标系的，因而是欧氏空间，也叫平坦空间．在不容许直线坐标系的二维空间里，例如球面，$\mathbf{R}$ 在整个区域内不会恒为零． 曲面的高斯曲率正是通过 $\mathbf{R}$ 来表达的． 我们说这空间是弯曲的．这些已属本书范围之外的话只是为了说明并不是一切度量空间的曲率张量均为零．

将 $R^{l}_{\cdot ijk}$ 的第一指标降下，得

$$R_{ijkl} = g_{ir}R^{r}_{\cdot jkl}. \tag{4.5}$$

考虑到

$$\begin{aligned} g_{ir}\Gamma^r_{jl,k} &= (g_{ir}\Gamma^r_{jl})_{,k} - \Gamma^r_{jl}g_{ir,k} \\ &= \Gamma_{jli,k} - \Gamma^r_{jl}(\Gamma_{ikr} + \Gamma_{rki}) \end{aligned}$$

和

$$g_{ir}\Gamma^r_{jk,l} = \Gamma_{jki,l} - \Gamma^r_{jk}(\Gamma_{ilr} + \Gamma_{rli}),$$

(4.5)式可写为

---

1) 这里引入了和正交仿射量相同的符号．在今后讨论中它们不会同时出现，不致引起混乱．

$$
\begin{aligned}
R_{ijkl} &= \Gamma_{jli,k} - \Gamma_{jki,l} + \Gamma^r_{jk}\Gamma_{ilr} - \Gamma^r_{jl}\Gamma_{ikr} \\
&= \frac{1}{2}(g_{il,jk} + g_{jk,il} - g_{ik,jl} - g_{jl,ik}) \\
&\quad + g^{rs}(\Gamma_{ilr}\Gamma_{jks} - \Gamma_{ikr}\Gamma_{jls}).
\end{aligned} \tag{4.6}
$$

由此可以看出曲率张量的性质:

$$
R_{ijkl} = -R_{jikl} = -R_{ijlk} = R_{klij}. \tag{4.7}
$$

利用对 i, j 及 k, l 的反称性质,引入 $\mathbf{R}$ 的对偶:

$$
\mathbf{S} = S^{ij}\mathbf{g}_i\mathbf{g}_j = \frac{1}{2\cdot 2!}\boldsymbol{\epsilon}:\mathbf{R}:\boldsymbol{\epsilon} = \frac{1}{4}\epsilon^{ipq}R_{pqrs}\epsilon^{rsj}\mathbf{g}_i\mathbf{g}_j. \tag{4.8}
$$

从

$$
\begin{aligned}
\boldsymbol{\epsilon}\cdot\mathbf{S}\cdot\boldsymbol{\epsilon} &= \epsilon_{pqi}S^{ij}\epsilon_{jrs}\mathbf{g}^p\mathbf{g}^q\mathbf{g}^r\mathbf{g}^s \\
&= \frac{1}{4}\epsilon_{pqi}\epsilon^{imn}R_{mnkl}\epsilon^{klj}\epsilon_{jrs}\mathbf{g}^p\mathbf{g}^q\mathbf{g}^r\mathbf{g}^s \\
&= \frac{1}{4}\delta^{mn}_{pq}R_{mnkl}\delta^{kl}_{rs}\mathbf{g}^p\mathbf{g}^q\mathbf{g}^r\mathbf{g}^s \\
&= R_{pqrs}\mathbf{g}^p\mathbf{g}^q\mathbf{g}^r\mathbf{g}^s = \mathbf{R}
\end{aligned} \tag{4.9}
$$

和(4.8)式就证实了 $\mathbf{S}$ 和 $\mathbf{R}$ 的等价性. 再利用(4.7)式中的对称性又有

$$
\begin{aligned}
S^{ji} &= \epsilon^{jpq}R_{pqrs}\epsilon^{rsi} = \epsilon^{jrs}R_{rspq}\epsilon^{pqi} \\
&= \epsilon^{rsj}R_{pqrs}\epsilon^{ipq} = \epsilon^{ipq}R_{pqrs}\epsilon^{rsj} = S^{ij}.
\end{aligned} \tag{4.10}
$$

可见, $\mathbf{S}$ 是对称仿射量,有 6 个独立分量,从而与其等价的 $\mathbf{R}$ 也只有 6 个独立分量.

不难证明,对任意仿射量 $\mathbf{B}$ 有

$$
2B_{ij;[kl]} = B_{rj}R^r_{\cdot ikl} + B_{ir}R^r_{\cdot jkl}, \tag{4.11}
$$

$$
2B^{ij}_{\ \ ;[kl]} = -B^{rj}R^i_{\cdot rkl} - B^{ir}R^j_{\cdot rkl}; \tag{4.12}
$$

以及著名的 **Bianchi 恒等式**:

$$
R^p_{\cdot qij;k} + R^p_{\cdot qjk;i} + R^p_{\cdot qki;j} = 0, \tag{4.13}
$$

$$
R_{pqij;k} + R_{pqjk;i} + R_{pqki;j} = 0. \tag{4.14}
$$

将(4.14)式中的指标 i, j 进行置换

$$
-R_{pqji;k} - R_{pqki;i} - R_{pqik;j} = 0,
$$

并和(4.14)式相加,得

$$R_{pq[ij;k]}=0. \tag{4.15}$$

取其对偶又得

$$\epsilon^{mpq}R_{pq[ij;k]}\epsilon^{ijk}=0. \tag{4.16}$$

这是一个向量方程，说明，在代数上有 6 个独立分量的 **R** 另外还满足 3 个微分关系式(4.16).

第五章　非完整系与两点张量场

§1. 非完整系与物理分量

第四章所定义的局部协变基向量 $\mathbf{g}_i=\dfrac{\partial \mathbf{p}}{\partial x^i}$ 为坐标系 $\{x^i\}$ 本身所完全确定. 变换系数就是新旧坐标的偏导数，这是方便的一面. 但在一般的曲线坐标系里,并非所有坐标都具有长度量纲,例如圆柱坐标系 $\{x^1=r,\ x^2=\vartheta,\ x^3=z\}$ 中的 ϑ，因此相对应的协变基向量就不是无量纲的单位向量. 具有一定物理意义的向量(或张量) 在这样的协变基上的各分量并不都具有物理量纲,从而给直接的物理解释带来不便. 例如从直观上立刻可以判断，均匀受压圆柱的应力状态是均匀的，但在极坐标系里刻划此应力状态的应力张量分量却是半径的函数. 因此，特别是当我们要解决具体问题时，采用其他更方便于进行物理解释的局部协变基将会是有意义的. 我们下面从更一般的角度来讨论局部标架的问题.

给定坐标系 $\{x^i\}$ 就可以按定义找到相对应的协变基 $\mathbf{g}_i=\dfrac{\partial \mathbf{p}}{\partial x^i}$，称之为**完整标架**(或**完整系**). 现在提出相反的问题：如果在空间某区域内每点给出三个非共面向量

$$\mathbf{g}_{(i)}=A^i_{(i)}\mathbf{g}_i,\quad (A^i_{(i)}\text{ 足够次可微}), \tag{1.1}$$

问是否能找到这样一个坐标系 $\{x^{(i)}\}$，使其协变基向量 $\dfrac{\partial \mathbf{p}}{\partial x^{(i)}}$ 恰好就是 $\mathbf{g}_{(i)}$. 问题的答案一般说来是否定的. 设空间原有一个坐标

系 $\{x^i\}$，则给定 $\mathbf{g}_{(i)}$ 就意味着给定 9 个 x^i 的函数 $A^i_{(i)}$. 因 $\mathbf{g}_{(i)}$ 非共面，可以从关系式

$$A^{(i)}_i A^i_{(j)} = \delta^{(i)}_{(j)} \quad 或 \quad A^i_{(i)} A^{(i)}_j = \delta^i_j, \tag{1.2}$$

找得 $\|A^i_{(i)}\|$ 的逆矩阵 $\|A^{(i)}_i\|$. 假如 $\mathbf{g}_{(i)} = \dfrac{\partial \mathbf{p}}{\partial x^{(i)}}$，则必有

$$A^{(i)}_i = \frac{\partial x^{(i)}}{\partial x^i}. \tag{1.3}$$

在单连通区域里，若满足

$$A^{(i)}_{i,j} = A^{(i)}_{j,i}, \tag{1.4}$$

则(1.3)方程可积，存在和 $\mathbf{g}_{(i)}$ 相对应的坐标系 $\{x^{(i)}\}$. 这时 $\mathbf{g}_{(i)}$ 就是一般的完整系. 否则就称为**非完整系**，指标加以圆括弧以区别于完整系.

标架的非完整性并不妨碍它成为局部协变基向量 $\mathbf{g}_{(i)}=A^i_{(i)}\mathbf{g}_i$，其对应的逆变基和度量张量等为: $\mathbf{g}^{(i)}=A^{(i)}_i\mathbf{g}^i$, $g_{(i)(j)}$, $g^{(i)(j)}$, $g_{()}=|g_{(i)(j)}|$. 任何在完整标架 $\mathbf{g}_i$ 有定义的张量分量，均可以 $A^i_{(i)}$, $A^{(i)}_i$ 为变换系数变换至非完整标架:

$$\varphi^{(i)\cdot\cdot(j)}{}_{(k)\cdot\cdot(l)} = |A^p_{(p)}|^W A^{(i)}_i \cdot\cdot A^{(j)}_j A^k_{(k)} \cdot\cdot A^l_{(l)} \varphi^{i\cdot\cdot j}{}_{k\cdot\cdot l} \tag{1.5}$$

或

$$\begin{aligned}\boldsymbol{\varphi} &= \varphi^{(i)\cdot\cdot(j)}{}_{(k)\cdot\cdot(l)} \sqrt{g_{()}}^{-W} \mathbf{g}_{(i)} \cdot\cdot \mathbf{g}_{(j)} \mathbf{g}^{(k)} \cdot\cdot \mathbf{g}^{(l)} \\ &= \varphi^{i\cdot\cdot j}{}_{k\cdot\cdot l} \sqrt{g}^{-W} \mathbf{g}_i \cdot\cdot \mathbf{g}_j \mathbf{g}^k \cdot\cdot \mathbf{g}^l.\end{aligned} \tag{1.6}$$

$\varphi^{(i)\cdot\cdot(j)}{}_{(k)\cdot\cdot(l)}$ 称为 $\boldsymbol{\varphi}$ 的非完整分量. 张量的绝对微商仍然是张量，在完整系有定义，当然也可以通过变换而获得其非完整分量.

既然不存在坐标系 $\{x^{(i)}\}$，自然谈不上对 $x^{(i)}$ 求偏导数. 但为了和完整系相对应，我们仍可以从

$$\mathbf{g}_{(i)} = A^i_{(i)}\mathbf{g}_i = A^i_{(i)}\partial_i \mathbf{p} \tag{1.7}$$

形式地写

$$\partial_{(i)}\mathbf{p} = A^i_{(i)}\partial_i \mathbf{p}. \tag{1.8}$$

这就引进了和偏导数相类似的运算

$$\partial_{(i)} \overset{df}{=} A^i_{(i)}\partial_i. \tag{1.9}$$

标量场 f 的梯度的非完整分量就可写为

$$A^i_{(i)}\partial_i f = \partial_{(i)} f \quad 或 \quad f_{,(i)}。 \tag{1.10}$$

又再引进

$$\partial_{(i)}\mathbf{g}_{(j)} = \Gamma^{(k)}_{(i)(j)}\mathbf{g}_{(k)}, \tag{1.11}$$

则

$$\partial_{(i)}\mathbf{g}^{(j)} = -\Gamma^{(j)}_{(i)(k)}\mathbf{g}^{(k)}, \tag{1.12}$$

$$\Gamma^{(k)}_{(i)(j)} = \partial_{(i)}\mathbf{g}_{(j)} \cdot \mathbf{g}^{(k)} = -\partial_{(i)}\mathbf{g}^{(k)} \cdot \mathbf{g}_{(j)}, \tag{1.13}$$

$$\Gamma_{(i)(j)(k)} = \partial_{(i)}\mathbf{g}_{(j)} \cdot \mathbf{g}_{(k)}, \tag{1.14}$$

$$\partial_{(i)}\sqrt{g_{()}} = \Gamma^{(s)}_{(i)(s)}\sqrt{g_{()}}. \tag{1.15}$$

但由于[1)]

$$\begin{aligned}
\partial_{(j)}\partial_{(i)} &= A^j_{(j)}\partial_j(A^i_{(i)}\partial_i) = A^j_{(j)}A^i_{(i)}\partial_j\partial_i + A^j_{(j)}\partial_j A^i_{(i)}\partial_i \\
&= A^j_{(j)}A^i_{(i)}\partial_j\partial_i - \partial_j A^{(k)}_k A^j_{(j)}A^k_{(i)}\partial_{(k)}, \\
\partial_{(i)}\partial_{(j)} &= A^i_{(i)}A^j_{(j)}\partial_i\partial_j - \partial_j A^{(k)}_k A^j_{(i)}A^k_{(j)}\partial_{(k)} \\
&= A^j_{(j)}A^i_{(i)}\partial_j\partial_i - \partial_k A^{(k)}_j A^j_{(j)}A^k_{(i)}\partial_{(k)}, \\
\partial_{(j)}\partial_{(i)} - \partial_{(i)}\partial_{(j)} &= (\partial_k A^{(k)}_j - \partial_j A^{(k)}_k)A^j_{(j)}A^k_{(i)}\partial_{(k)},
\end{aligned}$$

对非完整系来说

$$\partial_k A^{(k)}_j - \partial_j A^{(k)}_k \neq 0.$$

运算(1.9)的次序已不可交换，所以非完整系的 Christoffel 符号已不再具有对称性：

$$\Gamma^{(k)}_{(i)(j)} = \partial_{(i)}\partial_{(j)}\mathbf{p} \cdot \mathbf{g}^{(k)} \neq \partial_{(j)}\partial_{(i)}\mathbf{p} \cdot \mathbf{g}^{(k)} = \Gamma^{(k)}_{(j)(i)}. \tag{1.16}$$

现在就可推导绝对微商的非完整分量了.

$$\begin{aligned}
\boldsymbol{\nabla\varphi} &= \mathbf{g}^r\partial_r\boldsymbol{\varphi} = \mathbf{g}^r\delta^s_r\partial_s\boldsymbol{\varphi} = \mathbf{g}^r A^{(r)}_r A^s_{(r)}\partial_s\boldsymbol{\varphi} = \mathbf{g}^{(r)}\partial_{(r)}\boldsymbol{\varphi} \\
&= \nabla_{(r)}\varphi^{(i)\cdots(j)}{}_{(k)\cdots(l)}\sqrt{g_{()}}^{-W}\mathbf{g}^{(r)}\mathbf{g}_{(i)}\cdots\mathbf{g}_{(j)}\mathbf{g}^{(k)}\cdots\mathbf{g}^{(l)},
\end{aligned} \tag{1.17}$$

其中绝对微商的非完整分量：

$$\begin{aligned}
\nabla_{(r)}\varphi^{(i)\cdots(j)}{}_{(k)\cdots(l)} &= \partial_{(r)}\varphi^{(i)\cdots(j)}{}_{(k)\cdots(l)} + \Gamma^{(i)}_{(r)(s)}\varphi^{(s)\cdots(j)}{}_{(k)\cdots(l)} + \cdots \\
&\quad - \Gamma^{(s)}_{(r)(k)}\varphi^{(i)\cdots(j)}{}_{(s)\cdots(l)} - \cdots - W\Gamma^{(s)}_{(r)(s)}\varphi^{(i)\cdots(j)}{}_{(k)\cdots(l)}.
\end{aligned} \tag{1.18}$$

这样，我们就完全具备了在非完整系里进行张量的代数运算

---

1) 这里考虑到

$$\begin{aligned}
&\partial_j(A^i_{(k)}A^{(k)}_k) = \partial_j\delta^i_k = 0, \\
&\partial_j A^i_{(k)}A^{(k)}_k A^k_{(i)} = -A^i_{(k)}\partial_j A^{(k)}_k A^k_{(i)}, \\
&\partial_j A^i_{(i)} = -\partial_j A^{(k)}_k A^i_{(k)}A^k_{(i)}.
\end{aligned}$$

和分析的工具了．非完整系概念的引进主要是为了张量在每具体坐标系里能取得具有物理量纲的分量——即物理分量．假如取切于坐标曲线的无量纲单位向量 $\mathbf{g}_i/|\mathbf{g}_i| = \mathbf{g}_i/\sqrt{g_{ii}}$（不求和）作为非完整系局部协变基向量 $\mathbf{g}_{(i)}$，那么，它也和完整系一样，完全由本坐标系所确定，而这时张量 $\boldsymbol{\varphi}$ 的非完整逆变分量 $\varphi^{(i)\cdots(l)}$ 就是我们所需要的物理分量了． 但非完整协变分量就不一定是物理分量，因为逆变基不一定由单位向量组成．

§2. 正交系与物理标架

数学物理最常采用正交曲线坐标系，在那里

$$g^{ij} = g_{ij} = 0 \quad (i \neq j) \quad 和 \quad g^{ii} = \frac{1}{g_{ii}}, \tag{2.1}$$

$$\left.\begin{aligned}
&\Gamma_{ijk} = 0 && (i, j, k \neq), \\
&\Gamma_{iij} = -\frac{1}{2} g_{ii,j} && (i \neq j), \\
&\Gamma_{iji} = \Gamma_{jii} = \frac{1}{2} g_{ii,j}, \\
&\Gamma^k_{ij} = 0 && (i, j, k \neq), \\
&\Gamma^j_{ii} = -\frac{1}{2g_{jj}} g_{ii,j} && (i \neq j), \\
&\Gamma^i_{ij} = \Gamma^i_{ji} = \frac{1}{2g_{ii}} g_{ii,j} = \partial_j \ln \sqrt{g_{ii}} && (对\ i\ 不求和).
\end{aligned}\right\} \tag{2.2}$$

若取切于坐标曲线的无量纲单位向量作为非完整协变基向量

$$\mathbf{g}_{(i)} = A^i_{(i)} \mathbf{g}_i = \frac{1}{\sqrt{g_{ii}}} \mathbf{g}_i = \sqrt{g^{ii}}\, \mathbf{g}_i, \tag{2.3}$$

则变换系数只有

$$A^1_{(1)} = \sqrt{g^{11}}, \quad A^2_{(2)} = \sqrt{g^{22}}, \quad A^3_{(3)} = \sqrt{g^{33}}, \tag{2.4}$$

$$A^{(1)}_1 = \sqrt{g_{11}}, \quad A^{(2)}_2 = \sqrt{g_{22}}, \quad A^{(3)}_3 = \sqrt{g_{33}} \tag{2.5}$$

不为零（注意：$\sqrt{g_{ii}} = H_i$ 就是熟知的 Lamé 系数）．于是

$$\mathbf{g}^{(i)} = A^{(i)}_i \mathbf{g}^i = \sqrt{g_{ii}}\, g^{ii} \mathbf{g}_i = \sqrt{g^{ii}}\, \mathbf{g}_i = \mathbf{g}_{(i)}. \tag{2.6}$$

逆变基和协变基重合，而且都是单位向量，记为

$$\mathbf{g}^{\langle i\rangle} \equiv \mathbf{g}_{(i)} = \mathbf{g}^{(i)}, \tag{2.7}$$

并有

$$g^{\langle ij\rangle} \equiv g_{(i)(j)} = g^{(i)(j)} = \mathbf{g}^{\langle i\rangle} \cdot \mathbf{g}^{\langle j\rangle} = \delta^i_j, \tag{2.8}$$

$$g\langle\ \rangle = |g^{\langle ij\rangle}| = 1. \tag{2.9}$$

这时的局部标架就是笛氏直角标架，张量的非完整逆变分量和协变分量的差别以及权的问题消失，并且都等于物理分量而可不加区别地记为

$$\begin{aligned}\varphi^{\langle i\cdots j\rangle} &= |A^p_{(p)}|^W A^i_{(i)}\cdots A^j_{(j)}\varphi_{i\cdots j} = \sqrt{g}^{-W}\sqrt{g^{ii}\cdots g^{jj}}\,\varphi_{i\cdots j}\\ &= |A^p_{(p)}|^W A^{(i)}_i\cdots A^{(j)}_j\varphi^{i\cdots j} = \sqrt{g}^{-W}\sqrt{g_{ii}\cdots g_{jj}}\,\varphi^{i\cdots j},\end{aligned} \tag{2.10}$$

$$\boldsymbol{\varphi} = \varphi^{\langle i\cdots j\rangle}\mathbf{g}^{\langle i\rangle}\cdots\mathbf{g}^{\langle j\rangle}. \tag{2.11}$$

对〈　〉符号内的中线指标，重复一次且仅一次时仍然采用求和约定．这种正交单位标架称为**物理标架**．仍然采用类似于(1.8)式的形式偏导数

$$\partial^{\langle i\rangle} = A^i_{(i)}\partial_i = \sqrt{g^{ii}}\,\partial_i \tag{2.12}$$

和 Christoffel 符号

$$\Gamma^{\langle ijk\rangle} = \partial^{\langle i\rangle}\mathbf{g}^{\langle j\rangle} \cdot \mathbf{g}^{\langle k\rangle} = -\partial^{\langle i\rangle}\mathbf{g}^{\langle k\rangle} \cdot \mathbf{g}^{\langle j\rangle} = -\Gamma^{\langle ikj\rangle}. \tag{2.13}$$

一方面由于在非完整系里 $\partial^{\langle i\rangle}\partial^{\langle j\rangle} \neq \partial^{\langle j\rangle}\partial^{\langle i\rangle}$，Christoffel 符号(现在只有一类了!) $\Gamma^{\langle ijk\rangle}$ 继续失去对 i，j 的对称性以外，同时由于(2.13)式又增加了对 j，k 的反称性．

$$\begin{aligned}\Gamma^{\langle ijk\rangle} &= \partial^{\langle i\rangle}\mathbf{g}^{\langle j\rangle} \cdot \mathbf{g}^{\langle k\rangle} = \sqrt{g^{ii}}\,\partial_i(\sqrt{g^{jj}}\,\mathbf{g}_j) \cdot \sqrt{g^{kk}}\,\mathbf{g}_k\\ &= \sqrt{g^{ii}g^{jj}g^{kk}}\,\Gamma_{ijk} + \sqrt{g^{ii}g^{kk}}\,g_{jk}\partial_i\sqrt{g^{jj}}.\end{aligned} \tag{2.14}$$

根据(2.1)和(2.2)式

$$\Gamma^{\langle ijk\rangle} = 0 \quad (i, j, k \neq), \tag{2.15}$$

利用对后两指标的反称性又得

$$\Gamma^{\langle kkk\rangle} = 0, \quad \Gamma^{\langle ikk\rangle} = 0 \quad (\text{对 } k \text{ 不求和}), \tag{2.16}$$

余下不为零的 Christoffel 符号只有

$$\Gamma^{\langle kik\rangle} = \frac{1}{2}\sqrt{g^{ii}}\,g^{kk}\partial_i g_{kk} = \partial^{\langle i\rangle}\ln\sqrt{g_{kk}}, \tag{2.17}$$

$$\Gamma_{\langle kki\rangle} = -\frac{1}{2}\sqrt{g^{ii}}\, g^{kk}\partial_i g_{kk} = -\partial_{\langle i\rangle}\ln\sqrt{g_{kk}}. \qquad (2.18)$$

两者差一符号是与反称性一致的(上两式中对 k 均不求和).

现在求绝对微商的表达式:

$$\begin{aligned}\nabla\boldsymbol{\varphi} &= \mathbf{g}^i\partial_i\boldsymbol{\varphi} = \mathbf{g}^{\langle i\rangle}\partial_{\langle i\rangle}\boldsymbol{\varphi} = \mathbf{g}^{\langle i\rangle}\{\partial_{\langle i\rangle}\varphi_{\langle j\cdots k\rangle}\mathbf{g}^{\langle j\rangle}\cdots\mathbf{g}^{\langle k\rangle} \\ &\quad + \varphi_{\langle j\cdots k\rangle}\partial_{\langle i\rangle}\mathbf{g}^{\langle j\rangle}\cdots\mathbf{g}^{\langle k\rangle} + \cdots + \varphi_{\langle j\cdots k\rangle}\mathbf{g}^{\langle j\rangle}\cdots\partial_{\langle i\rangle}\mathbf{g}^{\langle k\rangle}\} \\ &= \nabla_{\langle i\rangle}\varphi_{\langle j\cdots k\rangle}\mathbf{g}^{\langle i\rangle}\mathbf{g}^{\langle j\rangle}\cdots\mathbf{g}^{\langle k\rangle},\end{aligned}$$

$$\nabla_{\langle i\rangle}\varphi_{\langle j\cdots k\rangle} = \partial_{\langle i\rangle}\varphi_{\langle j\cdots k\rangle} + \Gamma_{\langle iri\rangle}\varphi_{\langle r\cdots k\rangle} + \cdots + \Gamma_{\langle irk\rangle}\varphi_{\langle j\cdots r\rangle}. \qquad (2.19)$$

在正交系的物理标架里出现的全是物理分量，所有方程具有和在完整系的张量形式完全相同的形式,只是指标移中而已.

在应用上常常由直角坐标系 $\{x^{i'}\}$ 直接转至正交坐标系 $\{x^i\}$ 的物理标架,这时张量分量的变换公式是

$$\begin{aligned}\varphi_{\langle i\cdots j\rangle} &= \sqrt{g}^{-W}\sqrt{g^{ii}\cdots g^{jj}}\ \varphi_{i\cdots j} = \sqrt{g}^{-W}\sqrt{g^{ii}\cdots g^{jj}}\ A_i^{i'}\cdots A_j^{j'}\varphi_{i'\cdots j'} \\ &= \sqrt{g}^{-W}(\sqrt{g^{ii}}\,A_i^{i'})\cdots(\sqrt{g^{jj}}A_j^{j'})\varphi_{i'\cdots j'}. \qquad (2.20)\end{aligned}$$

从

$$\mathbf{g}^{\langle i\rangle} = \sqrt{g^{ii}}\,\mathbf{g}_i = (\sqrt{g^{ii}}\,A_i^{i'})\mathbf{g}_{i'},$$

得

$$\mathbf{g}^{\langle i\rangle}\cdot\mathbf{g}_{i'} = \sqrt{g^{ii}}\,A_i^{i'}. \qquad (2.21)$$

可以看出,变换公式 (2.20) 中的变换系数正是我们所熟知的物理标架基向量在直角坐标系里的方向余弦 $\cos(\mathbf{g}^{\langle i\rangle}, \mathbf{g}_{i'})$:

$\cos(\mathbf{g}\langle i\rangle, \mathbf{g}_{i'})$	$\mathbf{g}_{1'}$	$\mathbf{g}_{2'}$	$\mathbf{g}_{3'}$
$\mathbf{g}\langle 1\rangle$	$\sqrt{g^{11}}\,A_1^{1'}$	$\sqrt{g^{11}}\,A_1^{2'}$	$\sqrt{g^{11}}\,A_1^{3'}$
$\mathbf{g}\langle 2\rangle$	$\sqrt{g^{22}}\,A_2^{1'}$	$\sqrt{g^{22}}\,A_2^{2'}$	$\sqrt{g^{33}}\,A_2^{3'}$
$\mathbf{g}\langle 3\rangle$	$\sqrt{g^{33}}\,A_3^{1'}$	$\sqrt{g^{33}}\,A_3^{2'}$	$\sqrt{g^{33}}\,A_3^{3'}$

举圆柱坐标系为例,这时有

$$\left.\begin{aligned}&\{x^i\} = \{x^1 = r,\quad x^2 = \vartheta,\quad x^3 = z\}, \\ &\sqrt{g^{11}} = \sqrt{g^{33}} = 1,\quad \sqrt{g^{22}} = \frac{1}{r},\end{aligned}\right\} \qquad (2.22)$$

$$\{x^{i'}\}=\{x^{1'}=x,\quad x^{2'}=y,\quad x^{3'}=z\}. \tag{2.23}$$

变换关系 $x^{i'}=x^{i'}(x^i)$ 为

$$x=r\cos\vartheta,\quad y=r\sin\vartheta,\quad z=z. \tag{2.24}$$

变换系数(2.21)就是

$\cos(\mathbf{g}\langle i\rangle,\mathbf{g}_{i'})$	x	y	z
r	$\cos\vartheta$	$\sin\vartheta$	0
ϑ	$-\sin\vartheta$	$\cos\vartheta$	0
z	0	0	1

这样的变换系数是众所周知的，例如在线性弹性力学里应力张量的变换公式. 学了完整系的张量运算后，对这种变换系数的合理性可能发生过疑问，因为它们并不直接是新旧坐标的偏导数. 现在根据非完整系物理标架的观点，这种表面上的矛盾完全得到解决.

现在举两个张量表达式的具体例子以说明正交非完整系物理标架理论的应用. 仍取圆柱坐标系：

$$\partial_{\langle 1\rangle}=\sqrt{g^{11}}\,\partial_1=\frac{\partial}{\partial r},\quad \partial_{\langle 2\rangle}=\sqrt{g^{22}}\,\partial_2=\frac{1}{r}\frac{\partial}{\partial\vartheta},$$

$$\partial_{\langle 3\rangle}=\sqrt{g^{33}}\,\partial_3=\frac{\partial}{\partial z},$$

不为零的 Christoffel 符号只有

$$\Gamma_{\langle 212\rangle}=-\Gamma_{\langle 221\rangle}=\partial_{\langle 1\rangle}\ln\sqrt{g_{22}}=\frac{\partial}{\partial r}\ln r=\frac{1}{r}.$$

取向量场 $\mathbf{v}:v^{\langle 1\rangle}\equiv v_r,\ v^{\langle 2\rangle}\equiv v_\vartheta,\ v^{\langle 3\rangle}\equiv v_z$，则其散度为

$$\begin{aligned}\operatorname{div}\mathbf{v}&=\nabla_{\langle r\rangle}v^{\langle r\rangle}=\partial_{\langle r\rangle}v^{\langle r\rangle}+\Gamma_{\langle rsr\rangle}v^{\langle s\rangle}\\&=\partial_{\langle 1\rangle}v^{\langle 1\rangle}+\partial_{\langle 2\rangle}v^{\langle 2\rangle}+\partial_{\langle 3\rangle}v^{\langle 3\rangle}+\Gamma_{\langle 212\rangle}v^{\langle 1\rangle}\\&=\frac{\partial v_r}{\partial r}+\frac{1}{r}\frac{\partial v_\vartheta}{\partial\vartheta}+\frac{\partial v_z}{\partial z}+\frac{v_r}{r}.\end{aligned}$$

又取应力张量 $\sigma^{\langle ij\rangle}:\sigma^{\langle 11\rangle}\equiv\sigma_{rr},\ \sigma^{\langle 21\rangle}\equiv\sigma_{\vartheta r},\ \sigma^{\langle 22\rangle}\equiv\sigma_{\vartheta\vartheta},\ \sigma^{\langle 31\rangle}\equiv\sigma_{zr},\cdots$，则其平衡方程

$$\nabla_{\langle r\rangle}\sigma_{\langle rl\rangle} = \partial_{\langle r\rangle}\sigma_{\langle rl\rangle} + \Gamma_{\langle rsr\rangle}\sigma_{\langle sl\rangle} + \Gamma_{\langle rsl\rangle}\sigma_{\langle rs\rangle} = 0$$

的第一方程为

$$\partial_{\langle 1\rangle}\sigma_{\langle 11\rangle} + \partial_{\langle 2\rangle}\sigma_{\langle 21\rangle} + \partial_{\langle 3\rangle}\sigma_{\langle 31\rangle} + \Gamma_{\langle 212\rangle}\sigma_{\langle 11\rangle} + \Gamma_{\langle 221\rangle}\sigma_{\langle 22\rangle} = 0,$$

即

$$\frac{\partial\sigma_{rr}}{\partial r} + \frac{1}{r}\frac{\partial\sigma_{\vartheta r}}{\partial\vartheta} + \frac{\partial\sigma_{zr}}{\partial z} + \frac{\sigma_{rr} - \sigma_{\vartheta\vartheta}}{r} = 0.$$

§3. 两点张量场

(1) 考虑三维欧氏空间的两个区域 $\mathscr{R}$ 和 $\mathscr{r}$，分别采用两个曲线坐标系 $\{X^A\}$ 和 $\{x^i\}$. 为区别起见，用于 $\mathscr{R}$ 的 $\{X^A\}$ 系的基向量和度量张量等均以大写字母和大写指标表示：$\mathbf{G}_A$，$\mathbf{G}^B$，G_{AB}，G^{AB}，$G = |G_{AB}|$ 等. 今后，由于两点张量的引进，张量的绝对记法的正上方均加"⟨"或"⟩"符号以示区别，"⟨" 表示 $\mathscr{R}$ 的张量，而"⟩"则表示 $\mathscr{r}$ 的张量. "⟨"或"⟩"的个数与该张量的阶数相同. 对任意阶张量则笼统地加以"⟨·⟨"或"⟩·⟩". 对即将论及的两点张量则按其并矢属于 $\mathscr{R}$ 或 $\mathscr{r}$ 的次序而加以相对应的上述符号，例如 $\overset{\rangle\langle}{\mathbf{B}} = B_{iA}\mathbf{g}^i\mathbf{G}^A$，$\overset{\langle\rangle}{\mathbf{S}} = S_{Ai}\mathbf{G}^A\mathbf{g}^i$. 任意两点张量记为 $\overset{\langle\cdot\rangle}{\boldsymbol{\varphi}}$. $\mathscr{R}$ 和 $\mathscr{r}$ 区域点的向径分别记为 $\mathbf{P}(X^A)$ 和 $\mathbf{p}(x^i)$. 设在 $\mathscr{R}$ 和 $\mathscr{r}$ 分别定义有两个张量场：

$$\overset{\langle\cdot\langle}{\boldsymbol{\xi}}(\mathbf{P}) = \xi^{A\cdot\cdot B}{}_{C\cdot\cdot D}\sqrt{G}^{-W}\,\mathbf{G}_A\cdot\cdot\mathbf{G}_B\mathbf{G}^C\cdot\cdot\mathbf{G}^D, \tag{3.1}$$

$$\overset{\rangle\cdot\rangle}{\boldsymbol{\eta}}(\mathbf{p}) = \eta^{i\cdot\cdot j}{}_{k\cdot\cdot l}\sqrt{g}^{-w}\,\mathbf{g}_i\cdot\cdot\mathbf{g}_j\mathbf{g}^k\cdot\cdot\mathbf{g}^l. \tag{3.2}$$

若将这两张量场并乘，则得一新型的张量场：

$$\begin{aligned}\overset{\langle\cdot\rangle}{\boldsymbol{\zeta}}(\mathbf{P},\mathbf{p}) &= \overset{\langle\cdot\langle}{\boldsymbol{\xi}}\ \overset{\rangle\cdot\rangle}{\boldsymbol{\eta}}\\ &= \xi^{A\cdot\cdot B}{}_{C\cdot\cdot D}\eta^{i\cdot\cdot j}{}_{k\cdot\cdot l}\sqrt{G}^{-W}\sqrt{g}^{-w}\mathbf{G}_A\cdot\cdot\mathbf{G}_B\mathbf{G}^C\cdot\cdot\mathbf{G}^D\mathbf{g}_i\cdot\cdot\mathbf{g}_j\mathbf{g}^k\cdot\cdot\mathbf{g}^l.\end{aligned} \tag{3.3}$$

它定义在两区域 $\mathscr{R}$ 和 $\mathscr{r}$ 的笛氏乘积 $\mathscr{R}\times\mathscr{r}$ 上，对应于每一对 $(\mathbf{P},\mathbf{p})$ 都有 $\overset{\langle\cdot\rangle}{\boldsymbol{\zeta}}$ 的值. 更一般些，假如

$$\overset{\langle\cdot\rangle}{\boldsymbol{\varphi}}(\mathbf{P},\mathbf{p})=\varphi^{AB}{}_{CD}{}^{ij}{}_{kl}\sqrt{G}^{-W}\sqrt{g}^{-w}\mathbf{G}_A\mathbf{G}_B\mathbf{G}^C\mathbf{G}^D\mathbf{g}_i\mathbf{g}_j\mathbf{g}^k\mathbf{g}^l \tag{3.4}$$

对任意坐标系 $\{X^A\}$ 和 $\{x^i\}$ 都成立，则称 $\overset{\langle\cdot\rangle}{\boldsymbol{\varphi}}(\mathbf{P},\mathbf{p})$ 为两点张量场. 它的分量是按下述规律变换的:

$$\varphi^{A'B'}{}_{C'D'}{}^{i'j'}{}_{k'l'}=|A^P_{P'}|^W|A^i_{i'}|^w A^{A'}_A A^{B'}_B A^C_{C'}A^D_{D'}A^{i'}_i A^{j'}_j A^k_{k'}A^l_{l'}\varphi^{AB}{}_{CD}{}^{ij}{}_{kl}, \tag{3.5}$$

其中 $A^{A'}_A\equiv\dfrac{\partial X^{A'}}{\partial X^A}$, $A^B_{B'}\equiv\dfrac{\partial X^B}{\partial X^{B'}}$. 两点张量的各种代数运算和一点张量相同；至于张量分析，由于 $\mathbf{P}$ 和 $\mathbf{p}$ 可以无关地单独变化，就产生偏绝对微商的概念. 对于 $\mathbf{P}$ 和 $\mathbf{p}$ 的微分:

$$d\mathbf{P}=dX^A\mathbf{G}_A,\quad d\mathbf{p}=dx^i\mathbf{g}_i, \tag{3.6}$$

$\overset{\langle\cdot\rangle}{\boldsymbol{\varphi}}$ 的绝对微分为

$$\begin{aligned}
d\overset{\langle\cdot\rangle}{\boldsymbol{\varphi}}&=\overset{\langle\cdot\rangle}{\boldsymbol{\varphi}}_{,M}dX^M+\overset{\langle\cdot\rangle}{\boldsymbol{\varphi}}_{,r}dx^r\\
&=(dX^M\mathbf{G}_M)\cdot(\mathbf{G}^N\partial_N\overset{\langle\cdot\rangle}{\boldsymbol{\varphi}})+(dx^r\mathbf{g}_r)\cdot(\mathbf{g}^s\partial_s\overset{\langle\cdot\rangle}{\boldsymbol{\varphi}})\\
&=d\mathbf{P}\cdot\overset{\langle\langle\cdot\rangle}{\boldsymbol{\nabla\varphi}}+d\mathbf{p}\cdot\overset{\rangle\langle\cdot\rangle}{\boldsymbol{\nabla\varphi}}
\end{aligned}$$

或

$$\begin{aligned}
d\overset{\langle\cdot}{\boldsymbol{\varphi}}&=(\overset{\langle\cdot\rangle}{\boldsymbol{\varphi}}_{,N}\mathbf{G}^N)\cdot(dX^M\mathbf{G}_M)+(\overset{\langle\cdot\rangle}{\boldsymbol{\varphi}}_{,s}\mathbf{g}^s)\cdot(dx^r\mathbf{g}_r)\\
&=(\overset{\langle\cdot\rangle\langle}{\boldsymbol{\varphi\nabla}})\cdot d\mathbf{P}+(\overset{\langle\cdot\rangle\rangle}{\boldsymbol{\varphi\nabla}})\cdot d\mathbf{p}.
\end{aligned} \tag{3.7}$$

这里 $\overset{\langle\langle\cdot\rangle}{\boldsymbol{\nabla\varphi}}$, $\overset{\rangle\langle\cdot\rangle}{\boldsymbol{\nabla\varphi}}$ 和 $\overset{\langle\cdot\rangle\langle}{\boldsymbol{\varphi\nabla}}$, $\overset{\langle\cdot\rangle\rangle}{\boldsymbol{\varphi\nabla}}$ 就是 $\overset{\langle\cdot\rangle}{\boldsymbol{\varphi}}$的偏绝对微商，其分量——偏协变微商——的表达式可如下求得:

$$\begin{aligned}
\overset{\langle\langle\cdot\rangle}{\boldsymbol{\nabla\varphi}}&=\mathbf{G}^M\partial_M(\varphi^{AB}{}_{CD}{}^{ij}{}_{kl}\sqrt{G}^{-W}\sqrt{g}^{-w}\mathbf{G}_A\mathbf{G}_B\mathbf{G}^C\mathbf{G}^D\mathbf{g}_i\mathbf{g}_j\mathbf{g}^k\mathbf{g}^l)\\
&=(\partial_M\varphi^{AB}{}_{CD}{}^{ij}{}_{kl}+\Gamma^A_{MN}\varphi^{NB}{}_{CD}{}^{ij}{}_{kl}+\cdot-\Gamma^N_{MC}\varphi^{AB}{}_{ND}{}^{ij}{}_{kl}-\cdot\\
&\quad-W\Gamma^N_{MN}\varphi^{AB}{}_{CD}{}^{ij}{}_{kl})\sqrt{G}^{-W}\sqrt{g}^{-w}\mathbf{G}^M\mathbf{G}_A\mathbf{G}_B\mathbf{G}^C\mathbf{G}^D\mathbf{g}_i\mathbf{g}_j\mathbf{g}^k\mathbf{g}^l\\
&=\nabla_M\varphi^{AB}{}_{CD}{}^{ij}{}_{kl}\sqrt{G}^{-W}\sqrt{g}^{-w}\mathbf{G}^M\mathbf{G}_A\mathbf{G}_B\mathbf{G}^C\mathbf{G}^D\mathbf{g}_i\mathbf{g}_j\mathbf{g}^k\mathbf{g}^l,
\end{aligned} \tag{3.8}$$

$$\begin{aligned}
\overset{\rangle\langle\cdot\rangle}{\boldsymbol{\nabla\varphi}}&=\mathbf{g}^r\partial_r\overset{\langle\cdot\rangle}{\boldsymbol{\varphi}}\\
&=(\partial_r\varphi^{AB}{}_{CD}{}^{ij}{}_{kl}+\Gamma^i_{rs}\varphi^{AB}{}_{CD}{}^{sj}{}_{kl}+\cdot-\Gamma^s_{rk}\varphi^{AB}{}_{CD}{}^{ij}{}_{sl}-\cdot
\end{aligned}$$

$$- \omega\Gamma^s_{rs}\varphi^{AB}{}_{CD}{}^{ij}{}_{kl})\sqrt{G}^{-W}\sqrt{g}^{-w}\mathbf{g}^r\mathbf{G}_A\mathbf{G}_B\mathbf{G}^C\mathbf{G}^D\mathbf{g}_i\mathbf{g}_j\mathbf{g}^k\mathbf{g}^l$$

$$= \nabla_r\varphi^{AB}{}_{CD}{}^{ij}{}_{kl}\sqrt{G}^{-W}\sqrt{g}^{-w}\mathbf{g}^r\mathbf{G}_A\mathbf{G}_B\mathbf{G}^C\mathbf{G}^D\mathbf{g}_i\mathbf{g}_j\mathbf{g}^k\mathbf{g}^l, \tag{3.9}$$

$$\boldsymbol{\varphi}\overset{\langle\cdot\rangle\langle}{\boldsymbol{\nabla}} = \varphi^{AB}{}_{CD}{}^{ij}{}_{kl;M}\sqrt{G}^{-W}\sqrt{g}^{-w}\mathbf{G}_A\mathbf{G}_B\mathbf{G}^C\mathbf{G}^D\mathbf{g}_i\mathbf{g}_j\mathbf{g}^k\mathbf{g}^l\mathbf{G}^M, \tag{3.10}$$

$$\boldsymbol{\varphi}\overset{\langle\cdot\rangle,\rangle}{\boldsymbol{\nabla}} = \varphi^{AB}{}_{CD}{}^{ij}{}_{kl;r}\sqrt{G}^{-W}\sqrt{g}^{-w}\mathbf{G}_A\mathbf{G}_B\mathbf{G}^C\mathbf{G}^D\mathbf{g}_i\mathbf{g}_j\mathbf{g}^k\mathbf{g}^l\mathbf{g}^r, \tag{3.11}$$

其中

$$(\quad)_{;M} = \nabla_M(\quad),\quad (\quad)_{;r} = \nabla_r(\quad). \tag{3.12}$$

(2) 上面讨论的,是 **P** 和 **p** 可以无关地独立变化的情形. 今考虑 **P** 和 **p** 间存在着一一对应连续可微的关系:

$$\mathbf{P} = \mathbf{P}(\mathbf{p}),\quad \mathbf{p} = \mathbf{p}(\mathbf{P}), \tag{3.13}$$

即

$$X^A = X^A(x^i),\quad x^i = x^i(X^A). \tag{3.14}$$

这时

$$d\mathbf{P} = dx^r\partial_r\mathbf{P} = (dx^r\mathbf{g}_r)\cdot(\mathbf{g}^s\partial_s\mathbf{P}) = d\mathbf{p}\cdot\overset{\rangle}{\boldsymbol{\nabla}}\mathbf{P}$$
$$= (\mathbf{P}_{,s}\mathbf{g}^s)\cdot(dx^r\mathbf{g}_r) = (\mathbf{P}\overset{\rangle}{\boldsymbol{\nabla}})\cdot d\mathbf{p}, \tag{3.15}$$

$$d\mathbf{p} = dX^M\partial_M\mathbf{p} = (dX^M\mathbf{G}_M)\cdot(\mathbf{G}^N\partial_N\mathbf{p}) = d\mathbf{P}\cdot\overset{\langle}{\boldsymbol{\nabla}}\mathbf{p}$$
$$= (\mathbf{p}_{,N}\mathbf{G}^N)\cdot(dX^M\mathbf{G}_M) = (\mathbf{p}\overset{\langle}{\boldsymbol{\nabla}})\cdot d\mathbf{P}, \tag{3.16}$$

其中

$$\left.\begin{aligned}
\overset{\rangle}{\boldsymbol{\nabla}}\mathbf{P} &= \mathbf{g}^i\partial_i\mathbf{P} = \mathbf{g}^i\mathbf{P}_{,A}\partial_iX^A = \partial_iX^A\mathbf{g}^i\mathbf{G}_A,\\
\mathbf{P}\overset{\rangle}{\boldsymbol{\nabla}} &= \mathbf{P}_{,i}\mathbf{g}^i = \mathbf{P}_{,A}X^A_{;i}\mathbf{g}^i = X^A_{;i}\mathbf{G}_A\mathbf{g}^i,\\
\overset{\langle}{\boldsymbol{\nabla}}\mathbf{p} &= \mathbf{G}^A\partial_A\mathbf{p} = \mathbf{G}^A\mathbf{p}_{,i}\partial_Ax^i = \partial_Ax^i\mathbf{G}^A\mathbf{g}_i,\\
\mathbf{p}\overset{\langle}{\boldsymbol{\nabla}} &= \mathbf{p}_{,A}\mathbf{G}^A = \mathbf{p}_{,i}x^i_{;A}\mathbf{G}^A = x^i_{;A}\mathbf{g}_i\mathbf{G}^A,
\end{aligned}\right\} \tag{3.17}$$

$$\left.\begin{aligned}
X^A_{;i} &\equiv X^A_{,i} \equiv \partial_iX^A \equiv \frac{\partial X^A}{\partial x^i},\\
x^i_{;A} &\equiv x^i_{,A} \equiv \partial_Ax^i \equiv \frac{\partial x^i}{\partial X^A}.
\end{aligned}\right\} \tag{3.18}$$

可以看出，$\overset{\rangle}{\nabla}\mathbf{P}$，$\overset{\langle}{\nabla}\mathbf{p}$ 和 $\mathbf{P}\overset{\rangle}{\nabla}$，$\mathbf{p}\overset{\langle}{\nabla}$ 都是两点张量场．从(3.14)式所得的它们的分量变换规律

$$X^{A'}_{;i'} = \frac{\partial X^{A'}}{\partial X^{A}}\frac{\partial X^{A}}{\partial x^{i}}\frac{\partial x^{i}}{\partial x^{i'}} = A^{A'}_{A}A^{i}_{i'}X^{A}_{;i},$$

$$x^{i'}_{;A'} = \frac{\partial x^{i'}}{\partial x^{i}}\frac{\partial x^{i}}{\partial X^{A}}\frac{\partial X^{A}}{\partial X^{A'}} = A^{i'}_{i}A^{A}_{A'}x^{i}_{;A}$$

也充分说明这一点．

在(3.13)式的关系下，我们可以在 $\mathscr{R}$ 或 $\mathscr{r}$ 考察两点张量场，于是相应地有

$$\overset{\langle\cdot\rangle}{\boldsymbol{\varphi}}(\mathbf{P},\mathbf{p}(\mathbf{P})) \quad 或 \quad \overset{\langle\cdot\rangle}{\boldsymbol{\varphi}}(\mathbf{P}(\mathbf{p}),\mathbf{p}),$$

而绝对微分也相应地为：

$$\begin{aligned}
d\overset{\langle\cdot\rangle}{\boldsymbol{\varphi}} &= \overset{\langle\cdot\rangle}{\boldsymbol{\varphi}}_{,M}dX^{M} + \overset{\langle\cdot\rangle}{\boldsymbol{\varphi}}_{,r}x^{r}_{;M}dX^{M} \\
&= (dX^{M}\mathbf{G}_{M})\cdot(\mathbf{G}^{N}\partial_{N}\overset{\langle\cdot\rangle}{\boldsymbol{\varphi}} + \mathbf{G}^{N}\partial_{N}x^{r}\mathbf{g}_{r}\cdot\mathbf{g}^{s}\partial_{s}\overset{\langle\cdot\rangle}{\boldsymbol{\varphi}}) \\
&= d\mathbf{P}\cdot(\overset{\langle}{\nabla}\overset{\langle\cdot\rangle}{\boldsymbol{\varphi}} + (\overset{\langle}{\nabla}\mathbf{p})\cdot(\overset{\rangle}{\nabla}\overset{\langle\cdot\rangle}{\boldsymbol{\varphi}})) \equiv d\mathbf{P}\cdot\overset{\langle}{\square}\overset{\langle\cdot\rangle}{\boldsymbol{\varphi}} \\
&= (\overset{\langle\cdot\rangle}{\varphi}_{,N}\mathbf{G}^{N} + \overset{\langle\cdot\rangle}{\boldsymbol{\varphi}}_{,s}\mathbf{g}^{s}\cdot\mathbf{g}_{r}x^{r}_{;N}\mathbf{G}^{N})\cdot(dX^{M}\mathbf{G}_{M}) \\
&= (\overset{\langle\cdot\rangle}{\boldsymbol{\varphi}}\overset{\langle}{\nabla} + (\overset{\langle\cdot\rangle}{\boldsymbol{\varphi}}\overset{\rangle}{\nabla})\cdot(\mathbf{p}\overset{\langle}{\nabla}))\cdot d\mathbf{P} \equiv (\overset{\langle\cdot\rangle}{\boldsymbol{\varphi}}\overset{\langle}{\square})\cdot d\mathbf{P},
\end{aligned} \tag{3.19}$$

$$\begin{aligned}
d\overset{\langle\cdot\rangle}{\boldsymbol{\varphi}} &= \overset{\langle\cdot\rangle}{\boldsymbol{\varphi}}_{,M}X^{M}_{;r}dx^{r} + \overset{\langle\cdot\rangle}{\boldsymbol{\varphi}}_{,r}dx^{r} \\
&= (dx^{r}\mathbf{g}_{r})\cdot(\mathbf{g}^{s}\partial_{s}X^{M}\mathbf{G}_{M}\cdot\mathbf{G}^{N}\partial_{N}\overset{\langle\cdot\rangle}{\boldsymbol{\varphi}} + \mathbf{g}^{s}\partial_{s}\overset{\langle\cdot\rangle}{\boldsymbol{\varphi}}) \\
&= d\mathbf{p}\cdot((\overset{\rangle}{\nabla}\mathbf{P})\cdot(\overset{\langle}{\nabla}\overset{\langle\cdot\rangle}{\boldsymbol{\varphi}}) + \overset{\rangle}{\nabla}\overset{\langle\cdot\rangle}{\boldsymbol{\varphi}}) \equiv d\mathbf{p}\cdot\overset{\rangle}{\square}\overset{\langle\cdot\rangle}{\boldsymbol{\varphi}} \\
&= (\overset{\langle\cdot\rangle}{\boldsymbol{\varphi}}_{,N}\mathbf{G}^{N}\cdot\mathbf{G}_{M}X^{M}_{;s}\mathbf{g}^{s} + \overset{\langle\cdot\rangle}{\boldsymbol{\varphi}}_{,s}\mathbf{g}^{s})\cdot(dx^{r}\mathbf{g}_{r}) \\
&= ((\overset{\langle\cdot\rangle}{\boldsymbol{\varphi}}\overset{\langle}{\nabla})\cdot(\mathbf{P}\overset{\rangle}{\nabla}) + \overset{\langle\cdot\rangle}{\boldsymbol{\varphi}}\overset{\rangle}{\nabla})\cdot d\mathbf{p} \equiv (\overset{\langle\cdot\rangle}{\boldsymbol{\varphi}}\overset{\rangle}{\square})\cdot d\mathbf{p}.
\end{aligned} \tag{3.20}$$

$\overset{\langle}{\square}\overset{\langle\cdot\rangle}{\boldsymbol{\varphi}}$，$\overset{\rangle}{\square}\overset{\langle\cdot\rangle}{\boldsymbol{\varphi}}$ 和 $\overset{\langle\cdot\rangle}{\boldsymbol{\varphi}}\overset{\langle}{\square}$，$\overset{\langle\cdot\rangle}{\boldsymbol{\varphi}}\overset{\rangle}{\square}$ 称为 $\overset{\langle\cdot\rangle}{\boldsymbol{\varphi}}$ 的全绝对微商，其分量也就相应地称为全协变微商，分别记为 $\square_{M}\varphi^{AB}{}_{CD}{}^{ij}{}_{kl}$，$\square_{r}\varphi^{AB}{}_{CD}{}^{ij}{}_{kl}$ 和 $\varphi^{AB}{}_{CD}{}^{ij}{}_{kl:M}$，$\varphi^{AB}{}_{CD}{}^{ij}{}_{kl:r}$，其中

$$\begin{aligned}
\square_{M}\varphi^{AB}{}_{CD}{}^{ij}{}_{kl} &= \varphi^{AB}{}_{CD}{}^{ij}{}_{kl:M} \\
&= \varphi^{AB}{}_{CD}{}^{ij}{}_{kl;M} + \varphi^{AB}{}_{CD}{}^{ij}{}_{kl;r}x^{r}_{;M},
\end{aligned} \tag{3.21}$$

$$\square_r \varphi^{AB}{}_{CD}{}^{ij}{}_{kl} = \varphi^{AB}{}_{CD}{}^{ij}{}_{kl;r}$$
$$= \varphi^{AB}{}_{CD}{}^{ij}{}_{kl;M} X^M_{;r} + \varphi^{AB}{}_{CD}{}^{ij}{}_{kl;r}. \tag{3.22}$$

由于

$$x^i_{;M} X^M_{;j} = \delta^i_j, \quad X^A_{;r} x^r_{;B} = \delta^A_B, \tag{3.23}$$

又可得

$$\varphi^{\cdots}_{\cdots;M} X^M_{;i} = \varphi^{\cdots}_{\cdots;M} X^M_{;i} + \varphi^{\cdots}_{\cdots;i} = \varphi^{\cdots}_{\cdots;i}, \tag{3.24}$$

$$\varphi^{\cdots}_{\cdots;r} x^r_{;A} = \varphi^{\cdots}_{\cdots;A} + \varphi^{\cdots}_{\cdots;r} x^r_{;A} = \varphi^{\cdots}_{\cdots;A}. \tag{3.25}$$

（3）根据几何量在欧氏空间可以自由平行移动的性质，向量(张量)可以在 $\mathscr{R}$ 的某点 **P** 考察,也可以平行移动到 $\mathscr{r}$ 内相对应点 **p**(在(3.13)式的关系下)考察，反之亦然．为了将这种平行移动形式化,我们引进两个两点仿射量场——称之为**转移张量**:

$$\left.\begin{aligned}
\overset{\rangle\langle}{\mathbf{I}} &= g_{iA}\mathbf{g}^i\mathbf{G}^A = g^i{}_A\mathbf{g}_i\mathbf{G}^A = g_i{}^A\mathbf{g}^i\mathbf{G}_A = g^{iA}\mathbf{g}_i\mathbf{G}_A, \\
\overset{\langle\rangle}{\mathbf{I}} &= g_{Ai}\mathbf{G}^A\mathbf{g}^i = g^A{}_i\mathbf{G}_A\mathbf{g}^i = g_A{}^i\mathbf{G}^A\mathbf{g}_i = g^{Ai}\mathbf{G}_A\mathbf{g}_i。
\end{aligned}\right\} \tag{3.26}$$

转移张量的功能是: $\overset{\rangle\langle}{\mathbf{I}}$ 使作用于 $\mathscr{R}$ 某点 **P** 的向量 $\overset{\langle}{\mathbf{v}}$ 平行移动到 $\mathscr{r}$ 相对应的 **p** 而成为 $\overset{\rangle}{\mathbf{v}}$; $\overset{\langle\rangle}{\mathbf{I}}$ 使作用于 **p** 的向量 $\overset{\rangle}{\mathbf{v}}$ 平行移动至 $\mathscr{R}$ 相对应的 **P** 而成为 $\overset{\langle}{\mathbf{v}}$,即

$$\overset{\rangle\langle}{\mathbf{I}} \cdot \overset{\langle}{\mathbf{v}} = \overset{\rangle}{\mathbf{v}}, \quad \overset{\langle\rangle}{\mathbf{I}} \cdot \overset{\rangle}{\mathbf{v}} = \overset{\langle}{\mathbf{v}}. \tag{3.27}$$

$\overset{\langle}{\mathbf{v}}$ 和 $\overset{\rangle}{\mathbf{v}}$ 是同一个向量,只是考察点（或者说作用点）不同而已．自然,转移张量应满足:

$$\overset{\langle\rangle}{\mathbf{I}} \cdot \overset{\rangle\langle}{\mathbf{I}} = \overset{\langle\langle}{\mathbf{I}}, \quad \overset{\rangle\langle}{\mathbf{I}} \cdot \overset{\langle\rangle}{\mathbf{I}} = \overset{\rangle\rangle}{\mathbf{I}},$$

即

$$g^A{}_i g^i{}_B = \delta^A_B, \quad g^i{}_A g^A{}_j = \delta^i_j. \tag{3.28}$$

这里 $\overset{\langle\langle}{\mathbf{I}}$ 和 $\overset{\rangle\rangle}{\mathbf{I}}$ 分别是 $\mathscr{R}$ 和 $\mathscr{r}$ 的单位仿射量．为了求转移张量分量的具体表达式,我们将之作用于基向量

$$\left.\begin{aligned}
\overset{\rangle\langle}{\mathbf{I}} \cdot \mathbf{G}_A &= g_{iB}\mathbf{g}^i\mathbf{G}^B \cdot \mathbf{G}_A = g_{iA}\mathbf{g}^i = g^i{}_A\mathbf{g}_i, \\
\overset{\rangle\langle}{\mathbf{I}} \cdot \mathbf{G}^A &= g_i{}^B\mathbf{g}^i\mathbf{G}_B \cdot \mathbf{G}^A = g_i{}^A\mathbf{g}^i = g^{iA}\mathbf{g}_i,
\end{aligned}\right| \tag{3.29}$$

$$\left.\begin{aligned}\overset{\langle\rangle}{\mathbf{I}}\cdot\mathbf{g}_i &= g_{Aj}\mathbf{G}^A\mathbf{g}^j\cdot\mathbf{g}_i = g_{Ai}\mathbf{G}^A = g^A{}_i\mathbf{G}_A,\\ \overset{\langle\rangle}{\mathbf{I}}\cdot\mathbf{g}^i &= g_A{}^j\mathbf{G}^A\mathbf{g}_j\cdot\mathbf{g}^i = g_A{}^i\mathbf{G}^A = g^{Ai}\mathbf{G}_A.\end{aligned}\right\}$$

另一方面,我们将平移至 $\mathbf{p}$ 点的 $\overset{\rangle\langle}{\mathbf{I}}\cdot\mathbf{G}_A$ 和 $\overset{\rangle\langle}{\mathbf{I}}\cdot\mathbf{G}^A$ 在 $\mathbf{p}$ 的局部基 $\mathbf{g}_i$,而 $\overset{\langle\rangle}{\mathbf{I}}\cdot\mathbf{g}_i$ 和 $\overset{\langle\rangle}{\mathbf{I}}\cdot\mathbf{g}^i$ 在 $\mathbf{P}$ 的局部基 $\mathbf{G}_A$ 分解,又得:

$$\overset{\rangle\langle}{\mathbf{I}}\cdot\mathbf{G}_A = (\mathbf{g}_i\cdot\mathbf{G}_A)\mathbf{g}^i = (\mathbf{g}^i\cdot\mathbf{G}_A)\mathbf{g}_i,$$

$$\overset{\rangle\langle}{\mathbf{I}}\cdot\mathbf{G}^A = (\mathbf{g}_i\cdot\mathbf{G}^A)\mathbf{g}^i = (\mathbf{g}^i\cdot\mathbf{G}^A)\mathbf{g}_i,$$

$$\overset{\langle\rangle}{\mathbf{I}}\cdot\mathbf{g}_i = (\mathbf{G}_A\cdot\mathbf{g}_i)\mathbf{G}^A = (\mathbf{G}^A\cdot\mathbf{g}_i)\mathbf{G}_A,$$

$$\overset{\langle\rangle}{\mathbf{I}}\cdot\mathbf{g}^i = (\mathbf{G}_A\cdot\mathbf{g}^i)\mathbf{G}^A = (\mathbf{G}^A\cdot\mathbf{g}^i)\mathbf{G}_A.$$

比较上两组结果,就得各分量表达式:

$$\left.\begin{aligned}g_{iA} &= \mathbf{g}_i\cdot\mathbf{G}_A = \mathbf{G}_A\cdot\mathbf{g}_i = g_{Ai},\\ g^{iA} &= \mathbf{g}^i\cdot\mathbf{G}^A = \mathbf{G}^A\cdot\mathbf{g}^i = g^{Ai},\\ g_i{}^A &= \mathbf{g}_i\cdot\mathbf{G}^A = \mathbf{G}^A\cdot\mathbf{g}_i = g^A{}_i \equiv g_i^A,\\ g^i{}_A &= \mathbf{g}^i\cdot\mathbf{G}_A = \mathbf{G}_A\cdot\mathbf{g}^i = g_A{}^i \equiv g_A^i.\end{aligned}\right\} \tag{3.30}$$

后两种混合分量可以不加区别地用相同符号 g_i^A 和 g_A^i 表示.

条件(3.28)的满足是显然的,因为只要考虑到 $(\mathbf{G}_A\cdot\mathbf{g}^i)\mathbf{g}_i = \mathbf{G}_A$ 和 $(\mathbf{g}_i\cdot\mathbf{G}^A)\mathbf{G}_A = \mathbf{g}_i$,将(3.30)式代入就可证明. 取(3.28)式的行列式得

$$|g_A^i|\cdot|g_j^B| = 1. \tag{3.31}$$

也有

$$\begin{aligned}\sqrt{G} &= [\mathbf{G}_1\mathbf{G}_2\mathbf{G}_3] = [\overset{\rangle\langle}{\mathbf{I}}\cdot\mathbf{G}_1\overset{\rangle\langle}{\mathbf{I}}\cdot\mathbf{G}_2\overset{\rangle\langle}{\mathbf{I}}\cdot\mathbf{G}_3]\\ &= g_1^i g_2^j g_3^k[\mathbf{g}_i\mathbf{g}_j\mathbf{g}_k] = |g_A^i|[\mathbf{g}_1\mathbf{g}_2\mathbf{g}_3] = |g_A^i|\sqrt{g},\end{aligned}$$

$$\sqrt{g} = |g_i^A|\sqrt{G}. \tag{3.32}$$

现在来看向量 $\overset{\langle}{\mathbf{v}}$ 平移前后分量的关系:

$$\overset{\langle}{\mathbf{v}} = v^A\mathbf{G}_A = \overset{\langle\rangle}{\mathbf{I}}\cdot\overset{\rangle}{\mathbf{v}} = (g_i^A\mathbf{G}_A\mathbf{g}^i)\cdot(v^j\mathbf{g}_j) = g_i^A v^i\mathbf{G}_A,$$

$$\overset{\rangle}{\mathbf{v}} = v^i\mathbf{g}_i = \overset{\rangle\langle}{\mathbf{I}}\cdot\overset{\langle}{\mathbf{v}} = (g_A^i\mathbf{g}_i\mathbf{G}^A)\cdot(v^B\mathbf{G}_B) = g_A^i v^A\mathbf{g}_i,$$

即

$$\left.\begin{aligned} v^A = g_i^A v^i, \quad v_A = g_A^i v_i, \\ v^i = g_A^i v^A, \quad v_i = g_i^A v_A. \end{aligned}\right\} \tag{3.33}$$

这就是向量移动法则的分量形式. 对于张量,同样可以用转移张量进行部分或全部移动. 一点张量部分移动后便成为两点张量. 例如,对于仿射量 $\overset{\langle\langle}{\mathbf{B}} = B_{AB}\mathbf{G}^A\mathbf{G}^B$, 我们有

$$\begin{aligned} \overset{\rangle\langle}{\mathbf{B}} &= B_{iB}\mathbf{g}^i\mathbf{G}^B = \overset{\rangle\langle}{\mathbf{I}} \cdot \overset{\langle\langle}{\mathbf{B}} = (g_i^M \mathbf{g}^i \mathbf{G}_M) \cdot (B_{AB}\mathbf{G}^A\mathbf{G}^B) \\ &= g_i^M B_{MB}\mathbf{g}^i\mathbf{G}^B, \end{aligned}$$

$$\overset{\langle\rangle}{\mathbf{B}} = B_{Ai}\mathbf{G}^A\mathbf{g}^i = \overset{\langle\langle}{\mathbf{B}} \cdot \overset{\langle\rangle}{\mathbf{I}} = B_{AM}g_i^M\mathbf{G}^A\mathbf{g}^i,$$

$$\overset{\rangle\rangle}{\mathbf{B}} = B_{ij}\mathbf{g}^i\mathbf{g}^j = \overset{\rangle\langle}{\mathbf{I}} \cdot \overset{\langle\langle}{\mathbf{B}} \cdot \overset{\langle\rangle}{\mathbf{I}} = g_i^M g_j^N B_{MN}\mathbf{g}^i\mathbf{g}^j,$$

即

$$B_{iA} = g_i^M B_{MA}, \quad B_{Ai} = g_i^M B_{AM}, \quad B_{ij} = g_i^M g_j^N B_{MN}.$$

同理亦有

$$\left.\begin{aligned} &\overset{\langle\rangle}{\mathbf{B}} = \overset{\langle\rangle}{\mathbf{I}} \cdot \overset{\rangle\rangle}{\mathbf{B}}, && B_{Ai} = g_A^r B_{ri}, \\ &\overset{\rangle\langle}{\mathbf{B}} = \overset{\rangle\rangle}{\mathbf{B}} \cdot \overset{\rangle\langle}{\mathbf{I}}, && B_{iA} = g_A^r B_{ir}, \\ &\overset{\langle\langle}{\mathbf{B}} = \overset{\langle\rangle}{\mathbf{I}} \cdot \overset{\rangle\rangle}{\mathbf{B}} \cdot \overset{\rangle\langle}{\mathbf{I}}, && B_{AB} = g_A^r g_B^s B_{rs}. \end{aligned}\right\} \tag{3.34}$$

更高阶的张量,例如

$$\overset{\langle\cdot\langle}{\boldsymbol{\varphi}} = \varphi^{AB}{}_{CD}\sqrt{G}^{-W}\mathbf{G}_A\mathbf{G}_B\mathbf{G}^C\mathbf{G}^D,$$

全部移动后为

$$\begin{aligned} \overset{\rangle\cdot\rangle}{\boldsymbol{\varphi}} &= \varphi^{AB}{}_{CD}\sqrt{[\overset{\rangle\langle}{\mathbf{I}} \cdot \mathbf{G}_1\overset{\rangle\langle}{\mathbf{I}} \cdot \mathbf{G}_2\overset{\rangle\langle}{\mathbf{I}} \cdot \mathbf{G}_3]}^{-W}\,\overset{\rangle\langle}{\mathbf{I}} \cdot \mathbf{G}_A\overset{\rangle\langle}{\mathbf{I}} \cdot \mathbf{G}_B\overset{\rangle\langle}{\mathbf{I}} \cdot \mathbf{G}^C\overset{\rangle\langle}{\mathbf{I}} \cdot \mathbf{G}^D \\ &= |g_P^M|^W g_A^i g_B^j g_k^C g_l^D \varphi^{AB}{}_{CD}\sqrt{g}^{-W}\mathbf{g}_i\mathbf{g}_j\mathbf{g}^k\mathbf{g}^l \\ &= \varphi^{ij}{}_{kl}\sqrt{g}^{-W}\mathbf{g}_i\mathbf{g}_j\mathbf{g}^k\mathbf{g}^l, \end{aligned}$$

即

$$\left.\begin{aligned} \overset{\rangle\cdot\rangle}{\boldsymbol{\varphi}} &= \left(|g_P^M|\sqrt{\frac{G}{g}}\right)^W \overset{\rangle\langle}{\mathbf{I}}\,\overset{\rangle\langle}{\mathbf{I}}\;\overset{\rangle\langle}{\mathbf{I}}\,\overset{\rangle\langle}{\mathbf{I}} \vdots \overset{\langle\cdot\langle}{\boldsymbol{\varphi}}, \\ \overset{\langle\cdot\langle}{\boldsymbol{\varphi}} &= \left(|g_M^P|\sqrt{\frac{g}{G}}\right)^W \overset{\langle\rangle}{\mathbf{I}}\,\overset{\langle\rangle}{\mathbf{I}}\,\overset{\langle\rangle}{\mathbf{I}}\,\overset{\langle\rangle}{\mathbf{I}} \vdots \overset{\rangle\cdot\rangle}{\boldsymbol{\varphi}}, \end{aligned}\right\} \tag{3.35}$$

$$
\left.\begin{aligned}
\varphi^{ij}{}_{kl} &= |g_p^M|^W g_A^i g_B^j g_k^C g_l^D \varphi^{AB}{}_{CD}, \\
\varphi^{AB}{}_{CD} &= |g_M^p|^W g_i^A g_j^B g_C^k g_D^l \varphi^{ij}{}_{kl}.
\end{aligned}\right\}
$$

这就是张量密度的一般的移动法则的抽象形式和分量形式，借助于它就可将任意张量平行移动至任意坐标系的任何点去考察．读者注意，移动法则(3.35)与第一章的张量变换法则(3.11)具有相似的形式．

最后，我们给出几个关于转移张量的公式：

$$
\left.\begin{aligned}
& g^i_{A;j} = g^i_{A,j} + \Gamma^i_{jr} g^r_A = \mathbf{g}^i_{,j} \cdot \mathbf{G}_A + \Gamma^i_{jr} g^r_A \\
& \qquad = -\Gamma^i_{jr} \mathbf{g}^r \cdot \mathbf{G}_A + \Gamma^i_{jr} g^r_A = 0, \\
& g^i_{A;B} = \mathbf{g}^i \cdot \mathbf{G}_{A,B} - \Gamma^M_{BA} g^i_M = \mathbf{g}^i \cdot \mathbf{G}_M \Gamma^M_{BA} - \Gamma^M_{BA} g^i_M = 0, \\
& g^A_{i;j} = 0, \qquad g^A_{i;B} = 0, \\
& \overset{\langle\rangle\,\rangle}{\mathbf{I}} \boldsymbol{\nabla} = \overset{\langle\rangle\,\langle}{\mathbf{I}} \boldsymbol{\nabla} = \overset{\rangle\langle\,\rangle}{\mathbf{I}} \boldsymbol{\nabla} = \overset{\rangle\langle\,\langle}{\mathbf{I}} \boldsymbol{\nabla} = 0, \\
& g^i_{A:B} = g^i_{A;B} + g^i_{A;r} x^r_{;B} = 0, \\
& g^i_{A:j} = 0, \quad g^A_{i:B} = 0, \quad g^A_{i:j} = 0, \\
& \overset{\langle\rangle\,\rangle}{\mathbf{I}} \boldsymbol{\square} = \overset{\langle\rangle\,\langle}{\mathbf{I}} \boldsymbol{\square} = \overset{\rangle\langle\,\rangle}{\mathbf{I}} \boldsymbol{\square} = \overset{\rangle\langle\,\langle}{\mathbf{I}} \boldsymbol{\square} = 0.
\end{aligned}\right\} \quad (3.36)
$$

因此，转移张量对于偏和全绝对微商有如常数，可以移出或移进绝对微商号外或内．

第二部分　有限变形理论

有了第一部分的数学准备，我们可以进入本书的主题了.

第一章　变形几何学

本章的目的在于研究连续体变形的几何性质. 这是一个与物体性质及引起变形的原因完全无关的纯粹几何问题. 它要确定变形所引起物体各部分在空间位置和方位的变化以及各邻近点相互距离的变化.

§1. 运动与变形

连续体运动的概念可以用三维欧氏空间本身连续变换的数学概念来代表. 这个变换的参数是时间 t. 为了描述这个变换，我们采用两个无关的，但为任意的固定曲线坐标系：$\{X^A\}$ 和 $\{x^i\}$.

在时刻 t_0，物体 $\mathscr{B}$ 各点连续充满空间区域 $\mathscr{R}$，$\mathscr{R}$ 由容积 $\mathscr{V}$ 和其表面 $\mathscr{A}$ 构成. 这时处在向径为 $\mathbf{P}$ 的位置的物体典型点（也就是任意点而不是具体点）参考于系 $\{X^A\}$ 而具有坐标 X^A.

在运动过程中，典型点在时刻 t 移动至向径为(见图 5)

$$\mathbf{p}=\mathbf{P}+\mathbf{u} \tag{1.1}$$

的位置上，$\mathbf{u}$ 就是该点的位移向量. $\mathbf{u}$ 可以根据需要理解为 $\overset{\langle}{\mathbf{u}}$ 或 $\overset{\rangle}{\mathbf{u}}$. 这时典型点在 $\{x^i\}$ 系具有坐标 x^i；整个物体则充满区域 $\mathscr{r}(t)=\mathscr{v}(t)+\mathscr{a}(t)$，$\mathscr{v}$ 和 $\mathscr{a}$ 的意义类似于 $\mathscr{V}$ 和 $\mathscr{A}$. 我们有时说，物体的构型（Configuration）$\mathscr{R}$ 和构型 $\mathscr{r}(t)$. 由构型 $\mathscr{R}$ 至构型 $\mathscr{r}(t)$ 的变化，或者说，物体典型点的全部由 $\mathbf{P}\in\mathscr{R}$ 至 $\mathbf{p}\in\mathscr{r}(t)$ 的变换，

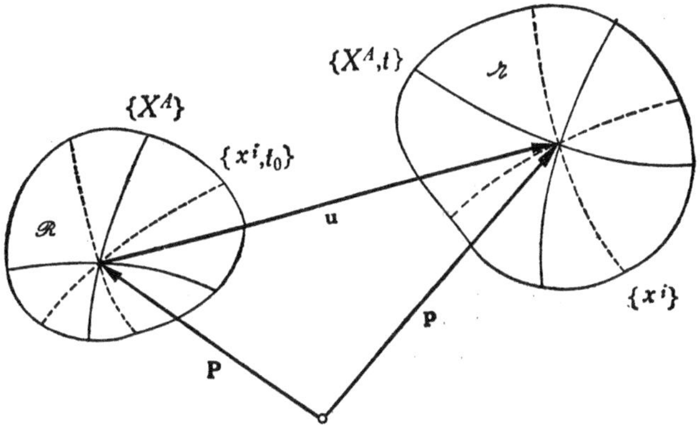

图 5

构成物体的运动．如果只考虑某固定时刻 t 就有所谓“变形”．本章从§2 起，只讨论变形．

今后只考虑叫做**许可运动**的运动：

$$\mathbf{p}=\mathbf{p}(\mathbf{P},t) \quad \text{或} \quad x^i=x^i(X^A,t), \tag{1.2}$$

即，对每时刻 t，运动(1.2)为连续可微，单值函数，且具有也是连续可微，单值的逆变换：

$$\mathbf{P}=\mathbf{P}(\mathbf{p},t) \quad \text{或} \quad X^A=X^A(x^i,t). \tag{1.3}$$

这称为**连续性公理**．这样的结果，在整个区域 $\mathscr{R}$ 内，函数(1.2)的 Jacobi 行列式就不能为零．不失一般性，今后假定

$$0<|x^i_{;A}|<\infty \quad (\text{从而}\ 0<|X^A_{;i}|<\infty). \tag{1.4}$$

连续性公理包含了物质的**不消失性**和**不可渗透性**两原理，这将在以后得到具体解释．

运动过程中，物体典型点在 t_0 时的坐标 X^A 是不变的，称为 **Lagrange** 或**物质坐标**，我们常常直接就说物体典型点 X^A 或 $\mathbf{P}$；典型点的位置 x^i 随时间而变化，称为 **Euler** 或**空间坐标**．相应地 $\{X^A\}$ 和 $\{x^i\}$ 也就称为 **Lagrange**（**物质**）和 **Euler**（**空间**）**坐标系**．可以看出，第一部分引进的两点张量场的概念正是为了描述运动的目的．

§2. 坐 标 系

采用第一部分引进的符号，$\mathscr{R}$ 和 $\mathscr{r}$ 中相对应的物质微小向量及其长度平方分别是

$$d\mathbf{P} = \mathbf{P}_{,A}dX^A = \mathbf{G}_A dX^A, \quad dS^2 = d\mathbf{P}^2 = G_{AB}dX^A dX^B; \tag{2.1}$$

$$d\mathbf{p} = \mathbf{p}_{,i}dx^i = \mathbf{g}_i dx^i, \qquad ds^2 = d\mathbf{p}^2 = g_{ij}dx^i dx^j. \tag{2.2}$$

位移向量 $\mathbf{u}$ 可以在 $\{X^A\}$，也可以在 $\{x^i\}$ 考察：

$$\left.\begin{aligned} \overset{\langle}{\mathbf{u}} &= u^A\mathbf{G}_A = \overset{\langle\rangle}{\mathbf{I}} \cdot \overset{\rangle}{\mathbf{u}} = g^A_r u^r \mathbf{G}_A, \\ \overset{\rangle}{\mathbf{u}} &= u^i\mathbf{g}_i = \overset{\rangle\langle}{\mathbf{I}} \cdot \overset{\langle}{\mathbf{u}} = g^i_M u^M \mathbf{g}_i. \end{aligned}\right\} \tag{2.3}$$

我们约定，$\overset{\langle}{\mathbf{u}}$ 总看作是 $\mathbf{P}$ 的函数，而 $\overset{\rangle}{\mathbf{u}}$ 则看作为 $\mathbf{p}$ 的函数。

现在让我们再考虑两个叫做**随体坐标系**的辅助性坐标系 $\{X^A, t\}$ 和 $\{x^i, t_0\}$。设想，在 t_0 时，坐标系 $\{X^A\}$ 被嵌在物体内而随它一起运动。在 t 时，随体系各坐标线留在空间的痕迹就是 $\{X^A, t\}$。而 $\{x^i, t_0\}$ 是这样的随体系，它在 t_0 时随物体一起，当运动到时刻 t 时恰好和 $\{x^i\}$ 系重合。物体典型点在 $\{x^i, t_0\}$ 系具有坐标 x^i，而在 $\{X^A, t\}$ 系则有坐标 X^A。在固定时刻 t，我们可以把 $\{x^i, t_0\}$ 当作物质坐标系使用，而 $\{X^A, t\}$ 为空间系。在这样的理解下，定义于 $\{X^A\}$ 或 $\{x^i\}$ 的任何几何量均可通过系数 $x^i_{;A}$ 和 $X^A_{;i}$ 变换至 $\{x^i, t_0\}$ 或 $\{X^A, t\}$。反之亦然。通过这样的变换或直接从定义出发，我们可得 $\{x^i, t_0\}$ 和 $\{X^A, t\}$ 的协变基向量

$$\mathbf{c}_i = \mathbf{P}_{,i} = \mathbf{P}_{,M}X^M_{;i} = \mathbf{G}_M X^M_{;i}, \tag{2.4}$$

$$\mathbf{C}_A = \mathbf{p}_{,A} = \mathbf{p}_{,r}x^r_{;A} = \mathbf{g}_r x^r_{;A}. \tag{2.5}$$

由于假定(1.4)，这两组向量均属非共面。于是有随体坐标系的协变度量张量

$$c_{ij} = \mathbf{c}_i \cdot \mathbf{c}_j = \mathbf{G}_M\mathbf{G}_N X^M_{;i}X^N_{;j} = G_{MN}X^M_{;i}X^N_{;j}, \tag{2.6}$$

$$C_{AB} = \mathbf{C}_A \cdot \mathbf{C}_B = \mathbf{g}_r\mathbf{g}_s x^r_{;A}x^s_{;B} = g_{rs}x^r_{;A}x^s_{;B} \tag{2.7}$$

和逆变度量张量

$$\overset{-1}{c}{}^{ij} = G^{MN} x^i_{;M} x^j_{;N},\tag{2.8}$$

$$\overset{-1}{C}{}^{AB} = g^{rs} X^A_{;r} X^B_{;s}.\tag{2.9}$$

当然,作为协变和逆变度量张量,它们满足

$$c_{ir}\overset{-1}{c}{}^{rj} = \delta^j_i,\tag{2.10}$$

$$C_{AM}\overset{-1}{C}{}^{MB} = \delta^B_A.\tag{2.11}$$

这里例外地采用了符号 $\overset{-1}{c}{}^{ij}$, $\overset{-1}{C}{}^{AB}$, 而不如 $g_{ir}g^{rj} = \delta^j_i$ 等直接用 c^{ij}, C^{AB}, 是为了保留后者作别用.

$\mathscr{R}$ 和 $\bullet$ 中相应的物质微小向量及其长度平方分别在 $\{x^i, t_0\}$ 和 $\{X^A, t\}$ 里具有如下表达式:

$$d\mathbf{P} = \mathbf{c}_i dx^i, \qquad dS^2 = c_{ij} dx^i dx^j,\tag{2.12}$$

$$d\mathbf{p} = \mathbf{C}_A dX^A, \qquad ds^2 = C_{AB} dX^A dX^B.\tag{2.13}$$

c_{ij}, $\overset{-1}{c}{}^{ij}$ 和 C_{AB}, $\overset{-1}{C}{}^{AB}$ 分别是 $\{x^i, t_0\}$ 和 $\{X^A, t\}$ 的度量张量, 因而是对称正定的. 基于这些坐标系的随体性质, 它们也分别是空间坐标系 $\{x^i\}$ 和物质坐标系 $\{X^A\}$ 的张量. 当然, 已不是该坐标系的度量张量, 但正定性质仍然不变. 随体系的引入只是为了定义 c_{ij}, $\overset{-1}{c}{}^{ij}$, C_{AB}, $\overset{-1}{C}{}^{AB}$, 并且有助于对这些量的性质的理解. 但我们一旦有了这些量,随体系就不再需用了 (§9 除外). 为了避免混乱, 我们约定,本节以后仍然只采用 $\{X^A\}$ 和 $\{x^i\}$, 而 C_{AB}, c_{ij} 等就看作是这些坐标系里的张量分量, 从而可以用度量张量 G_{AB}, g_{ij} 等来升降指标. 例如

$$C_{MN} G^{MA} G^{NB} = C^{AB} \neq \overset{-1}{C}{}^{AB}.$$

这也正是采用 $\overset{-1}{C}{}^{AB}$ 符号以别于 C^{AB} 的原因.

到目前为止,向量 $\mathbf{P}$, $\mathbf{p}$ 都是在 $\overset{\langle}{\mathbf{P}}$ 和 $\overset{\rangle}{\mathbf{p}}$ 意义下被使用的. 今后有必要移动它们, 移动后就按规定记为 $\overset{\rangle}{\mathbf{P}}$ 和 $\overset{\langle}{\mathbf{p}}$.

考虑到(2.6)到(2.9)式以及

$$\left.\begin{aligned} \overset{\rangle}{\nabla}\mathbf{P} &= \partial_i X^A \mathbf{g}^i \mathbf{G}_A, \quad \mathbf{P}\overset{\rangle}{\nabla} = X^A_{;i}\mathbf{G}_A\mathbf{g}^i, \\ \overset{\langle}{\nabla}\mathbf{p} &= \partial_A x^i \mathbf{G}^A \mathbf{g}_i, \quad \mathbf{p}\overset{\langle}{\nabla} = x^i_{;A}\mathbf{g}_i\mathbf{G}^A, \end{aligned}\right\} \tag{2.14}$$

得 C_{AB}, c_{ij}, $\overset{-1}{C}{}^{AB}$, $\overset{-1}{c}{}^{ij}$ 的并矢形式:

$$\overset{\langle\langle}{\mathbf{C}} = C_{AB}\mathbf{G}^A\mathbf{G}^B = g_{rs}x^r_{;A}x^s_{;B}\mathbf{G}^A\mathbf{G}^B = (\partial_A x^r \mathbf{G}^A \mathbf{g}_r)\cdot(x^s_{;B}\mathbf{g}_s\mathbf{G}^B)$$

$$= (\overset{\langle}{\nabla}\mathbf{p})\cdot(\mathbf{p}\overset{\langle}{\nabla}) = (\overset{\langle\langle}{\nabla\mathbf{p}})\cdot(\overset{\langle\langle}{\mathbf{p}\nabla}),$$

$$\overset{\rangle\rangle}{\mathbf{c}} = c_{ij}\mathbf{g}^i\mathbf{g}^j = G_{MN}X^M_{;i}X^N_{;j}\mathbf{g}^i\mathbf{g}^j = (\partial_i X^M \mathbf{g}^i \mathbf{G}_M)\cdot(X^N_{;j}\mathbf{G}_N\mathbf{g}^j)$$

$$= (\overset{\rangle}{\nabla}\mathbf{P})\cdot(\mathbf{P}\overset{\rangle}{\nabla}) = (\overset{\rangle\rangle}{\nabla\mathbf{P}})\cdot(\overset{\rangle\rangle}{\mathbf{P}\nabla}),$$

$$\overset{-1}{\overset{\langle\langle}{\mathbf{C}}} = \overset{-1}{C}{}^{AB}\mathbf{G}_A\mathbf{G}_B = g^{rs}X^A_{;r}X^B_{;s}\mathbf{G}_A\mathbf{G}_B = (X^A_{;r}\mathbf{G}_A\mathbf{g}^r)\cdot(\partial_s X^B \mathbf{g}^s \mathbf{G}_B)$$

$$= (\mathbf{P}\overset{\rangle}{\nabla})\cdot(\overset{\rangle}{\nabla}\mathbf{P}),$$

$$\overset{-1}{\overset{\rangle\rangle}{\mathbf{c}}} = \overset{-1}{c}{}^{ij}\mathbf{g}_i\mathbf{g}_j = G^{MN}x^i_{;M}x^j_{;N}\mathbf{g}_i\mathbf{g}_j = (x^i_{;M}\mathbf{g}_i\mathbf{G}^M)\cdot(\partial_N x^j \mathbf{G}^N \mathbf{g}_j)$$

$$= (\mathbf{p}\overset{\langle}{\nabla})\cdot(\overset{\langle}{\nabla}\mathbf{p}). \tag{2.15}$$

这些张量的第三主不变量为

$$\left.\begin{aligned} \det\overset{\langle\langle}{\mathbf{C}} &= |C^A_{\cdot B}| = |G^{AC}g_{rs}x^r_{;C}x^s_{;B}| = \mathscr{J}^2, \\ \det\overset{-1}{\overset{\langle\langle}{\mathbf{C}}} &= |\overset{-1}{C}{}^A_{\cdot B}| = |g^{rs}X^A_{;r}X^C_{;s}G_{CB}| = \mathscr{j}^2, \\ \det\overset{\rangle\rangle}{\mathbf{c}} &= |c^i_{\cdot j}| = |g^{ir}G_{MN}X^M_{;r}X^N_{;j}| = \mathscr{j}^2, \\ \det\overset{-1}{\overset{\rangle\rangle}{\mathbf{c}}} &= |\overset{-1}{c}{}^i_{\cdot j}| = |G^{MN}x^i_{;M}x^r_{;N}g_{rj}| = \mathscr{J}^2, \end{aligned}\right\} \tag{2.16}$$

其中

$$\mathscr{J} \overset{\mathrm{df}}{=} \sqrt{\frac{g}{G}}\,|x^i_{;A}|, \quad \mathscr{j} \overset{\mathrm{df}}{=} \mathscr{J}^{-1} = \sqrt{\frac{G}{g}}\,|X^A_{;i}|. \tag{2.17}$$

由假定(1.4),我们有

$$0 < \mathscr{J} < \infty. \tag{2.18}$$

§3. 变形梯度和线、面、体元素的变换

由于运动(1.2)或(1.3)，在 $\mathscr{R}$ 中的点、线、面分别变为 $\mathscr{r}$ 中的点、线、面，反过来也是这样．令过 $\mathbf{P}$ 点和 $\mathbf{p}$ 点有两条相对应的曲线 $\mathscr{S}$ 和 $\mathscr{s}$．考察出发于 $\mathbf{P}$ 点切于 $\mathscr{S}$ 的物质微小向量 $d\mathbf{P}$ 以及与它相对应的 $d\mathbf{p}$，今后称之为**物质线质**．它们间的关系是

$$\left.\begin{aligned} d\mathbf{p} &= dx^i\mathbf{g}_i = (x^i_{;M}\mathbf{g}_i\mathbf{G}^M)\cdot(dX^N\mathbf{G}_N) = (\mathbf{p}\overset{(}{\nabla})\cdot d\mathbf{P} \\ &= \overset{)(}{\mathbf{D}}\cdot d\mathbf{P}, \\ d\mathbf{P} &= dX^A\mathbf{G}_A = (X^A_{;i}\mathbf{G}_A\mathbf{g}^i)\cdot(dx^j\mathbf{g}_j) = (\mathbf{P}\overset{)}{\nabla})\cdot d\mathbf{p} \\ &= \overset{-1}{\overset{()}{\mathbf{D}}}\cdot d\mathbf{p}, \end{aligned}\right\} \tag{3.1}$$

其中

$$\overset{)(}{\mathbf{D}} \overset{df}{=} \mathbf{p}\overset{(}{\nabla}, \quad \overset{-1}{\overset{()}{\mathbf{D}}} \overset{df}{=} \mathbf{P}\overset{)}{\nabla}. \tag{3.2}$$

$\overset{)(}{\mathbf{D}}$ 使作用于 $\mathbf{P}$ 的每一个向量有一个作用于 $\mathbf{p}$ 的向量与之对应．下面将看到，在 $\overset{)(}{\mathbf{D}}$ 作用下，三个非共面向量的映象也是非共面的，因而 $\overset{)(}{\mathbf{D}}$ 是一个正则的两点仿射量(在连续性公理 (1.4)下)，并且也有：

$$\alpha d\mathbf{p} = \overset{)(}{\mathbf{D}}\cdot(\alpha d\mathbf{P}). \tag{3.3}$$

从

$$\left.\begin{aligned} \overset{)(}{\mathbf{D}}\cdot\overset{-1}{\overset{()}{\mathbf{D}}} &= (x^i_{;A}\mathbf{g}_i\mathbf{G}^A)\cdot(X^B_{;j}\mathbf{G}_B\mathbf{g}^j) = \delta^i_j\mathbf{g}_i\mathbf{g}^j = \overset{))}{\mathbf{I}}, \\ \overset{-1}{\overset{()}{\mathbf{D}}}\cdot\overset{)(}{\mathbf{D}} &= (X^A_{;j}\mathbf{G}_A\mathbf{g}^j)\cdot(x^i_{;B}\mathbf{g}_i\mathbf{G}^B) = \delta^A_B\mathbf{G}_A\mathbf{G}^B = \overset{((}{\mathbf{I}}, \end{aligned}\right\} \tag{3.4}$$

可以看到，两点仿射量 $\overset{-1}{\overset{()}{\mathbf{D}}}$ 就是 $\overset{)(}{\mathbf{D}}$ 的逆．$\overset{)(}{\mathbf{D}}$ 和 $\overset{-1}{\overset{()}{\mathbf{D}}}$ 的**芯字母**分别是 x 和 X．根据

$$
\begin{aligned}
\overset{\rangle}{\mathbf{u}} \cdot \overset{\rangle\langle}{\mathbf{D}} \cdot \overset{\langle}{\mathbf{v}} &= (u_j \mathbf{g}^j) \cdot (x^i_{;A} \mathbf{g}_i \mathbf{G}^A) \cdot (v^B \mathbf{G}_B) = u_i x^i_{;A} v^A \\
&= v^A \partial_A x^i u_i = (v^B \mathbf{G}_B) \cdot (\partial_A x^i \mathbf{G}^A \mathbf{g}_i) \cdot (u_j \mathbf{g}^j) \\
&= \overset{\langle}{\mathbf{v}} \cdot \overset{\langle\rangle}{\mathbf{D}}{}^* \cdot \overset{\rangle}{\mathbf{u}},
\end{aligned}
$$

我们可以得到 $\overset{\rangle\langle}{\mathbf{D}}$ 的共轭仿射量

$$
\overset{\langle\rangle}{\mathbf{D}}{}^* = \overset{\langle}{\nabla} \mathbf{p}, \tag{3.5}
$$

同理有

$$
\overset{-1}{\overset{\rangle\langle}{\mathbf{D}}}{}^* = \overset{\rangle}{\nabla} \mathbf{P}. \tag{3.6}
$$

两点仿射量 $\overset{\rangle\langle}{\mathbf{D}}$, $\overset{-1}{\overset{\langle\rangle}{\mathbf{D}}}$ 等还可以和转移张量作用而得一点或两点仿射量．下面系统列出备用：

$$
\left.
\begin{aligned}
\overset{\rangle\langle}{\mathbf{D}} &= \mathbf{p} \overset{\langle}{\nabla} = x^i_{;A} \mathbf{g}_i \mathbf{G}^A, \\
\overset{\langle\langle}{\mathbf{D}} &= \overset{\langle\rangle}{\mathbf{I}} \cdot \overset{\rangle\langle}{\mathbf{D}} = g^A_r x^r_{;B} \mathbf{G}_A \mathbf{G}^B, \\
\overset{\rangle\rangle}{\mathbf{D}} &= \overset{\rangle\langle}{\mathbf{D}} \cdot \overset{\langle\rangle}{\mathbf{I}} = x^i_{;M} g^M_j \mathbf{g}_i \mathbf{g}^j, \\
\overset{\langle\rangle}{\mathbf{D}} &= \overset{\langle\rangle}{\mathbf{I}} \cdot \overset{\rangle\langle}{\mathbf{D}} \cdot \overset{\langle\rangle}{\mathbf{I}} = g^A_r x^r_{;M} g^M_i \mathbf{G}_A \mathbf{g}^i,
\end{aligned}
\right\} \tag{3.7}
$$

$$
\left.
\begin{aligned}
\overset{\langle\rangle}{\mathbf{D}}{}^* &= \overset{\langle}{\nabla} \mathbf{p} = x^i_{;A} \mathbf{G}^A \mathbf{g}_i, \\
\overset{\rangle\rangle}{\mathbf{D}}{}^* &= \overset{\rangle\langle}{\mathbf{I}} \cdot \overset{\langle\rangle}{\mathbf{D}}{}^* = x^i_{;M} g^M_j \mathbf{g}^j \mathbf{g}_i, \\
\overset{\langle\langle}{\mathbf{D}}{}^* &= \overset{\langle\rangle}{\mathbf{D}}{}^* \cdot \overset{\rangle\langle}{\mathbf{I}} = g^B_r x^r_{;A} \mathbf{G}^A \mathbf{G}_B, \\
\overset{\rangle\langle}{\mathbf{D}}{}^* &= \overset{\rangle\langle}{\mathbf{I}} \cdot \overset{\langle\rangle}{\mathbf{D}}{}^* \cdot \overset{\rangle\langle}{\mathbf{I}} = g^B_r x^r_{;M} g^M_i \mathbf{g}^i \mathbf{G}_B,
\end{aligned}
\right\} \tag{3.8}
$$

$$
\left.
\begin{aligned}
\overset{-1}{\overset{\langle\rangle}{\mathbf{D}}} &= \mathbf{P} \overset{\rangle}{\nabla} = X^A_{;i} \mathbf{G}_A \mathbf{g}^i, \\
\overset{-1}{\overset{\rangle\rangle}{\mathbf{D}}} &= \overset{\rangle\langle}{\mathbf{I}} \cdot \overset{-1}{\overset{\langle\rangle}{\mathbf{D}}} = g^i_M X^M_{;j} \mathbf{g}_i \mathbf{g}^j, \\
\overset{-1}{\overset{\langle\langle}{\mathbf{D}}} &= \overset{-1}{\overset{\langle\rangle}{\mathbf{D}}} \cdot \overset{\rangle\langle}{\mathbf{I}} = X^A_{;r} g^r_B \mathbf{G}_A \mathbf{G}^B, \\
\overset{-1}{\overset{\rangle\langle}{\mathbf{D}}} &= \overset{\rangle\langle}{\mathbf{I}} \cdot \overset{-1}{\overset{\langle\rangle}{\mathbf{D}}} \cdot \overset{\rangle\langle}{\mathbf{I}} = g^i_M X^M_{;r} g^r_A \mathbf{g}_i \mathbf{G}^A,
\end{aligned}
\right\} \tag{3.9}
$$

$$
\left.\begin{aligned}
\overset{-1}{\overset{\rangle\langle}{\mathbf{D}}}{}^{*} &= \overset{\rangle}{\nabla}\mathbf{P} = X^{A}_{;i}\mathbf{g}^{i}\mathbf{G}_{A},\\
\overset{-1}{\overset{\langle\langle}{\mathbf{D}}}{}^{*} &= \overset{\langle\rangle}{\mathbf{I}}\cdot\overset{-1}{\overset{\rangle\langle}{\mathbf{D}}}{}^{*} = X^{B}_{;r}g^{r}_{A}\mathbf{G}^{A}\mathbf{G}_{B},\\
\overset{-1}{\overset{\rangle\rangle}{\mathbf{D}}}{}^{*} &= \overset{-1}{\overset{\rangle\langle}{\mathbf{D}}}{}^{*}\cdot\overset{\langle\rangle}{\mathbf{I}} = g^{i}_{M}X^{M}_{;i}\mathbf{g}^{i}\mathbf{g}_{j},\\
\overset{-1}{\overset{\langle\rangle}{\mathbf{D}}}{}^{*} &= \overset{\langle\rangle}{\mathbf{I}}\cdot\overset{-1}{\overset{\rangle\langle}{\mathbf{D}}}{}^{*}\cdot\overset{\langle\rangle}{\mathbf{I}} = g^{i}_{M}X^{M}_{;r}g^{r}_{A}\mathbf{G}^{A}\mathbf{g}_{i}.
\end{aligned}\right\}\qquad(3.10)
$$

前一节引进的一点仿射量可以根据(2.15)式用 $\overset{\rangle\langle}{\mathbf{D}}$ 和 $\overset{-1}{\overset{\langle\rangle}{\mathbf{D}}}$ 表示出来：

$$
\left.\begin{aligned}
\overset{\langle\langle}{\mathbf{C}} &= \overset{\langle\rangle}{\mathbf{D}}{}^{*}\cdot\overset{\rangle\langle}{\mathbf{D}} = \overset{\langle\langle}{\mathbf{D}}{}^{*}\cdot\overset{\langle\langle}{\mathbf{D}},\\
\overset{-1}{\overset{\langle\langle}{\mathbf{C}}} &= \overset{-1}{\overset{\langle\rangle}{\mathbf{D}}}\cdot\overset{-1}{\overset{\rangle\langle}{\mathbf{D}}}{}^{*} = \overset{-1}{\overset{\langle\langle}{\mathbf{D}}}\cdot\overset{-1}{\overset{\langle\langle}{\mathbf{D}}}{}^{*},\\
\overset{\rangle\rangle}{\mathbf{c}} &= \overset{-1}{\overset{\rangle\langle}{\mathbf{D}}}{}^{*}\cdot\overset{-1}{\overset{\langle\rangle}{\mathbf{D}}} = \overset{-1}{\overset{\rangle\rangle}{\mathbf{D}}}{}^{*}\cdot\overset{-1}{\overset{\rangle\rangle}{\mathbf{D}}},\\
\overset{-1}{\overset{\rangle\rangle}{\mathbf{c}}} &= \overset{\rangle\langle}{\mathbf{D}}\cdot\overset{\langle\rangle}{\mathbf{D}}{}^{*} = \overset{\rangle\rangle}{\mathbf{D}}\cdot\overset{\rangle\rangle}{\mathbf{D}}{}^{*}.
\end{aligned}\right\}\qquad(3.11)
$$

两点仿射量 $\overset{\rangle\langle}{\mathbf{D}}$ 和 $\overset{-1}{\overset{\langle\rangle}{\mathbf{D}}}$ 称为**变形梯度**，是分析变形局部性质的基本量，因为它们完全确定变形前后任何物质线素，面素和体素的相互关系．公式(3.1)就是线素的变换关系．

对于体素 $dV=[\underset{1}{d\mathbf{P}}\underset{2}{d\mathbf{P}}\underset{3}{d\mathbf{P}}]$ 说来，它变形后为 $dv=[\underset{1}{d\mathbf{p}}\underset{2}{d\mathbf{p}}\underset{3}{d\mathbf{p}}]$．今看它们的变换关系．由于构成 dv 的三向量移至 $\mathbf{P}$ 点后所得的三向量混合积不变，故有

$$
\begin{aligned}
dv &= (\overset{\langle\rangle}{\mathbf{I}}\cdot\underset{1}{d\mathbf{p}})\times(\overset{\langle\rangle}{\mathbf{I}}\cdot\underset{2}{d\mathbf{p}})\cdot(\overset{\langle\rangle}{\mathbf{I}}\cdot\underset{3}{d\mathbf{p}})\\
&= \frac{(\overset{\langle\langle}{\mathbf{D}}\cdot\underset{1}{d\mathbf{P}})\times(\overset{\langle\langle}{\mathbf{D}}\cdot\underset{2}{d\mathbf{P}})\cdot(\overset{\langle\langle}{\mathbf{D}}\cdot\underset{3}{d\mathbf{P}})}{\underset{1}{d\mathbf{P}}\times\underset{2}{d\mathbf{P}}\cdot\underset{3}{d\mathbf{P}}}dV = \mathrm{III}(\overset{\langle\langle}{\mathbf{D}})dV\\
&= |g^{A}_{r}x^{r}_{;B}|dV = |g^{A}_{i}|\cdot|x^{i}_{;B}|dV\\
&= \sqrt{\frac{g}{G}}\,|x^{i}_{;B}|dV = \mathscr{J}dV.
\end{aligned}\qquad(3.12)
$$

同理有

$$
dV = (\overset{)(}{\mathbf{I}} \cdot \underset{1}{d}\mathbf{P}) \times (\overset{)(}{\mathbf{I}} \cdot \underset{2}{d}\mathbf{P}) \cdot (\overset{)(}{\mathbf{I}} \cdot \underset{3}{d}\mathbf{P})
$$

$$
= \frac{(\overset{-1}{\overset{))}{\mathbf{D}}} \cdot \underset{1}{d}\mathbf{p}) \times (\overset{-1}{\overset{))}{\mathbf{D}}} \cdot \underset{2}{d}\mathbf{p}) \cdot (\overset{-1}{\overset{))}{\mathbf{D}}} \cdot \underset{3}{d}\mathbf{p})}{\underset{1}{d}\mathbf{p} \times \underset{2}{d}\mathbf{p} \cdot \underset{3}{d}\mathbf{p}} dv = \mathrm{III}(\overset{-1}{\overset{))}{\mathbf{D}}})dv
$$

$$
= |g^i_M X^M_{;i}|\, dv = \sqrt{\frac{G}{g}}\, |X^A_{;i}|\, dv = \mathscr{J} dv. \tag{3.13}
$$

可以看出，由于连续性公理 $\mathscr{J} > 0$，任意三物质向量 $\underset{1}{d}\mathbf{P}$，$\underset{2}{d}\mathbf{P}$，$\underset{3}{d}\mathbf{P}$ 的定向在变形过程中保持不变，这也就是物质的不可渗透性；而 $dV \neq 0 \Longleftrightarrow dv \neq 0$ 就是物质的不消失性，它也说明变形梯度的正则性.

现看面元素 $d\overset{(}{\mathbf{A}} = \underset{4}{d}\mathbf{P} \times \underset{5}{d}\mathbf{P}$ 的变换关系. 它变形后成为 $d\overset{)}{\mathbf{a}} = \underset{4}{d}\mathbf{p} \times \underset{5}{d}\mathbf{p}$. 我们可以先将 $\underset{4}{d}\mathbf{p}$，$\underset{5}{d}\mathbf{p}$ 一起平移至 $\mathbf{P}$ 点，取向量积 $d\overset{(}{\mathbf{a}} = \underset{4}{d}\overset{(}{\mathbf{p}} \times \underset{5}{d}\overset{(}{\mathbf{p}}$ 后再移回 $\mathbf{p}$ 点，结果不变，即有

$$
d\overset{)}{\mathbf{a}} = \overset{)(}{\mathbf{I}} \cdot d\overset{(}{\mathbf{a}} = \overset{)(}{\mathbf{I}} \cdot (\underset{4}{d}\overset{(}{\mathbf{p}} \times \underset{5}{d}\overset{(}{\mathbf{p}}) = \overset{)(}{\mathbf{I}} \cdot [(\overset{((}{\mathbf{D}} \cdot \underset{4}{d}\mathbf{P}) \times (\overset{((}{\mathbf{D}} \cdot \underset{5}{d}\mathbf{P})].
$$

方括弧内各几何量均作用于 $\mathbf{P}$ 点，可以应用第一部分第二章的(2.6)公式，于是

$$
d\overset{)}{\mathbf{a}} = \mathrm{III}(\overset{((}{\mathbf{D}})\overset{)(}{\mathbf{I}} \cdot \overset{-1}{\overset{((}{\mathbf{D}}}{}^* \cdot (\underset{4}{d}\mathbf{P} \times \underset{5}{d}\mathbf{P}) = \mathscr{J} \overset{-1}{\overset{)(}{\mathbf{D}}}{}^* \cdot d\overset{(}{\mathbf{A}}. \tag{3.14}
$$

同理有

$$
d\overset{(}{\mathbf{A}} = \overset{()}{\mathbf{I}} \cdot d\overset{)}{\mathbf{A}} = \overset{()}{\mathbf{I}} \cdot (\underset{4}{d}\overset{)}{\mathbf{P}} \times \underset{5}{d}\overset{)}{\mathbf{P}}) = \overset{()}{\mathbf{I}} \cdot [(\overset{-1}{\overset{))}{\mathbf{D}}} \cdot \underset{4}{d}\mathbf{p}) \times (\overset{-1}{\overset{))}{\mathbf{D}}} \cdot \underset{5}{d}\mathbf{p})]
$$

$$
= \mathrm{III}(\overset{-1}{\overset{))}{\mathbf{D}}})\overset{()}{\mathbf{I}} \cdot \overset{))}{\mathbf{D}}{}^* \cdot d\overset{)}{\mathbf{a}} = \mathscr{j} \overset{()}{\mathbf{D}}{}^* \cdot d\overset{)}{\mathbf{a}}. \tag{3.15}
$$

写成分量形式则有

$$
da_i = \mathscr{J} X^B_{;i} dA_B, \quad dA_B = \mathscr{j} x^i_{;B} da_i. \tag{3.16}
$$

下面证明一个与变形梯度有关的公式. 在第一部份第四章的

(3.14)式中取 $\overset{\rangle\cdot\rangle}{\boldsymbol{\varphi}}$ 为单位仿射量，则因 $\mathrm{div}\,\overset{\rangle\rangle}{\mathbf{I}}=0$ 而得到对物体内任一部份(在构型 $\mathscr{v}$) 均成立的积分公式

$$0=\int_{\mathscr{v}} dv\,\mathrm{div}\,\overset{\rangle\rangle}{\mathbf{I}}=\oint_a d\overset{\rangle}{\mathbf{a}}\cdot\overset{\rangle\rangle}{\mathbf{I}}=\oint_a d\overset{\rangle}{\mathbf{a}}.$$

将(3.14)式代入上式，得

$$0=\oint_{\mathscr{A}}\mathscr{J}\overset{-1}{\overset{\rangle\langle}{\mathbf{D}}}{}^{*}\cdot d\overset{\langle}{\mathbf{A}}.$$

$\mathscr{J}\overset{-1}{\overset{\rangle\langle}{\mathbf{D}}}{}^{*}\cdot d\overset{\langle}{\mathbf{A}}$ 是作用在 $\mathbf{p}$ 点的向量，可以移至相对应的 $\mathbf{P}$ 点进行积分，于是

$$0=\oint_{\mathscr{A}}\mathscr{J}\overset{-1}{\overset{\langle\langle}{\mathbf{D}}}{}^{*}\cdot d\overset{\langle}{\mathbf{A}}=\oint_{\mathscr{A}}d\overset{\langle}{\mathbf{A}}\cdot(\mathscr{J}\overset{-1}{\overset{\langle\langle}{\mathbf{D}}})=\int_{\mathscr{V}}dV\,\overset{\langle}{\Box}\cdot(\mathscr{J}\overset{-1}{\overset{\langle\langle}{\mathbf{D}}}).\tag{3.17}$$

最后的体积分对任意有限体积均为零，根据连续性，故在每一点 $\mathbf{P}$ 必有

$$\overset{\langle}{\Box}\cdot(\mathscr{J}\overset{-1}{\overset{\langle\langle}{\mathbf{D}}})=0.\tag{3.18}$$

同理可由 $\oint_{\mathscr{A}}d\overset{\langle}{\mathbf{A}}=0$ 得

$$\overset{\rangle}{\Box}\cdot(\mathscr{j}\overset{\rangle\rangle}{\mathbf{D}})=0.\tag{3.19}$$

由于变形梯度是两点张量场，故用了全绝对微商．根据第一部第五章(3.36)式及最后结论，将转移张量作用于上两式，并将之移至微商号内，得

$$\overset{\langle}{\Box}\cdot(\mathscr{J}\overset{-1}{\overset{\langle\rangle}{\mathbf{D}}})=0,\quad \overset{\rangle}{\Box}\cdot(\mathscr{j}\overset{\rangle\langle}{\mathbf{D}})=0,\tag{3.20}$$

其分量形式就是

$$(\mathscr{J}X^{A}_{;i})_{:A}=0,\quad (\mathscr{j}x^{i}_{;A})_{:i}=0,\tag{3.21}$$

这就是著名的 **Euler-Neumann 恒等式．**

§ 4. 长度比、面积比、容积比、剪切与 Green-Cauchy 应变张量

(1) 变形梯度 $\overset{)(}{\mathbf{D}}$ 完全确定 $\mathbf{P}$ 点任意物质线素 $d\mathbf{P}$ 变形后在空间的形态(包括长度和方向):

$$d\mathbf{p} = \overset{)(}{\mathbf{D}} \cdot d\mathbf{P}. \tag{4.1}$$

在变形体力学里，最重要的是要知道每线素在变形中长度(度量)的变化，即邻点间距离的改变. **长度比**的概念就是描述这种变化的.

令在 $d\mathbf{P}$ 方向的单位向量为 $\mathbf{N} = \dfrac{d\mathbf{P}}{|d\mathbf{P}|}$. 由

$$ds^2 = d\mathbf{p}^2 = (\overset{)(}{\mathbf{D}} \cdot d\mathbf{P})^2 = d\mathbf{P} \cdot \overset{()}{\mathbf{D}}{}^* \cdot \overset{)(}{\mathbf{D}} \cdot d\mathbf{P} = d\mathbf{P} \cdot \overset{((}{\mathbf{C}} \cdot d\mathbf{P},$$

其中考虑到公式(3.11)，在 $\mathbf{N}$ 方向线素的长度比为

$$\lambda_{\mathbf{N}} \overset{df}{=} \frac{|d\mathbf{p}|}{|d\mathbf{P}|} = \frac{\sqrt{ds^2}}{|d\mathbf{P}|} = \sqrt{\frac{d\mathbf{P}}{|d\mathbf{P}|} \cdot \overset{((}{\mathbf{C}} \cdot \frac{d\mathbf{P}}{|d\mathbf{P}|}}$$

$$= \sqrt{\mathbf{N} \cdot \overset{((}{\mathbf{C}} \cdot \mathbf{N}} = \sqrt{C_{MN}N^M N^N} = |\overset{((}{\mathbf{C}}{}^{\frac{1}{2}} \cdot \mathbf{N}|. \tag{4.2}$$

如果取在 • 的单位向量 $\mathbf{n} = \dfrac{d\mathbf{p}}{|d\mathbf{p}|}$, 则又可得

$$\lambda_{\mathbf{n}} \overset{df}{=} \frac{|d\mathbf{p}|}{|d\mathbf{P}|} = \frac{1}{\sqrt{\dfrac{d\mathbf{p}}{|d\mathbf{p}|} \cdot \overset{))}{\mathbf{c}} \cdot \dfrac{d\mathbf{p}}{|d\mathbf{p}|}}} = \frac{1}{\sqrt{\mathbf{n} \cdot \overset{))}{\mathbf{c}} \cdot \mathbf{n}}}$$

$$= \frac{1}{\sqrt{c_{rs}n^r n^s}} = \frac{1}{\left|\overset{))}{\mathbf{c}}{}^{\frac{1}{2}} \cdot \mathbf{n}\right|}. \tag{4.3}$$

可见，决定长度比的并不是变形梯度本身. 知道由变形梯度派生

出来的 $\overset{\ll}{\mathbf{C}}$，就可求得在构型 $\mathscr{R}$ 的任何方向 $\mathbf{N}$ 的长度比，而知道 $\overset{\gg}{\mathbf{c}}$ 就可求得在构型 $\mathscr{r}$ 的任何方向 $\mathbf{n}$ 的长度比．从§2知，$\overset{\ll}{\mathbf{C}}$ 是 $\mathscr{R}$ 的而 $\overset{\gg}{\mathbf{c}}$ 是 $\mathscr{r}$ 的一点正定对称仿射量，分别叫作 **Green** 和 **Cauchy 应变张量**，因为所有方向的长度比的整体构成该点的应变状态，而 $\overset{\ll}{\mathbf{C}}$ 或 $\overset{\gg}{\mathbf{c}}$ 正足以刻划应变状态．$\overset{\ll}{\mathbf{C}}$ 和 $\overset{\gg}{\mathbf{c}}$ 在 $\mathbf{N}$ 和 $\mathbf{n}$ 的法分量分别就是这些方向长度比的平方及平方的倒数．常常也采用**伸长率**，它定义为

$$\Delta_{\mathbf{N}} \overset{\text{df}}{=} \frac{|d\mathbf{p}| - |d\mathbf{P}|}{|d\mathbf{P}|} = \lambda_{\mathbf{N}} - 1, \quad \Delta_{\mathbf{n}} \overset{\text{df}}{=} \lambda_{\mathbf{n}} - 1. \tag{4.4}$$

如果在 $\mathbf{P}$ 点（或 $\mathbf{p}$ 点）任何方向 $\mathbf{N}$（或 $\mathbf{n}$）线素的长度保持不变：

$$\lambda_{\mathbf{N}} = 1 \quad (\Delta_{\mathbf{N}} = 0) \quad 或 \quad \lambda_{\mathbf{n}} = 1 \quad (\Delta_{\mathbf{n}} = 0),$$

则说，物体在 $\mathbf{P}$ 点（或 $\mathbf{p}$ 点）的变形为刚性．反映在应变张量上，刚性变形的充要条件是

$$\overset{\ll}{\mathbf{C}} = \overset{\ll}{\mathbf{I}} \quad 或 \quad \overset{\gg}{\mathbf{c}} = \overset{\gg}{\mathbf{I}}. \tag{4.5}$$

（2）考虑到（3.12），（3.13）和（2.16）各式，很明显，Green-Cauchy 应变张量完全确定**容积比**．

（3）下面证明**面积比**和**剪切**也由 Green-Cauchy 张量完全确定．为此，取在 $\mathscr{R}$ 的面积元的单位法向量为 $\mathbf{N} = \dfrac{d\overset{\langle}{\mathbf{A}}}{|d\overset{\langle}{\mathbf{A}}|}$，则面积比为：

$$\begin{aligned}\sigma_{\mathbf{N}} &\overset{\text{df}}{=} \frac{|d\overset{\rangle}{\mathbf{a}}|}{|d\overset{\langle}{\mathbf{A}}|} = \frac{\sqrt{d\overset{\langle}{\mathbf{a}} \cdot d\overset{\langle}{\mathbf{a}}}}{|d\overset{\langle}{\mathbf{A}}|} = \frac{\sqrt{(\mathscr{J}\overset{-1}{\overset{\ll}{\mathbf{D}}}{}^* \cdot d\overset{\langle}{\mathbf{A}}) \cdot (\mathscr{J}\overset{-1}{\overset{\ll}{\mathbf{D}}}{}^* \cdot d\overset{\langle}{\mathbf{A}})}}{|d\overset{\langle}{\mathbf{A}}|} \\ &= \mathscr{J}\sqrt{(\overset{-1}{\overset{\ll}{\mathbf{D}}}{}^* \cdot \mathbf{N}) \cdot (\overset{-1}{\overset{\ll}{\mathbf{D}}}{}^* \cdot \mathbf{N})} = \mathscr{J}\sqrt{\mathbf{N} \cdot \overset{-1}{\overset{\ll}{\mathbf{D}}} \cdot \overset{-1}{\overset{\ll}{\mathbf{D}}}{}^* \cdot \mathbf{N}} \\ &= \mathscr{J}\sqrt{\mathbf{N} \cdot \overset{-1}{\overset{\ll}{\mathbf{C}}} \cdot \mathbf{N}} = \mathscr{J}\sqrt{\overset{-1}{C}{}^{MN} N_M N_N} = \mathscr{J}\left|\overset{-\frac{1}{2}}{\overset{\ll}{\mathbf{C}}} \cdot \mathbf{N}\right|,\end{aligned} \tag{4.6}$$

又若取$\mathbf{n}=\dfrac{d\overset{\rangle}{\mathbf{a}}}{|d\overset{\rangle}{\mathbf{a}}|}$,则

$$\sigma_{\mathbf{n}}\overset{df}{=}\frac{|d\overset{\rangle}{\mathbf{a}}|}{|d\overset{\langle}{\mathbf{A}}|}=\frac{|d\overset{\rangle}{\mathbf{a}}|}{\sqrt{d\overset{\rangle}{\mathbf{A}}\cdot d\overset{\rangle}{\mathbf{A}}}}=\frac{1}{j\sqrt{(\overset{\gg}{\mathbf{D}}{}^{*}\cdot\mathbf{n})\cdot(\overset{\gg}{\mathbf{D}}{}^{*}\cdot\mathbf{n})}}$$

$$=\frac{1}{j\sqrt{\mathbf{n}\cdot\overset{\gg}{\mathbf{D}}\cdot\overset{\gg}{\mathbf{D}}{}^{*}\cdot\mathbf{n}}}=\frac{1}{j\sqrt{\mathbf{n}\cdot\overset{\gg}{\mathbf{c}}{}^{-1}\cdot\mathbf{n}}}$$

$$=\frac{1}{j\sqrt{\overset{-1}{c}{}^{rs}n_r n_s}}=\frac{1}{j\left|\overset{\gg}{\mathbf{c}}{}^{-\frac{1}{2}}\cdot\mathbf{n}\right|}. \tag{4.7}$$

最后来看剪切．设在构型$\mathscr{R}$两单位向量$\underset{1}{\mathbf{N}}=\dfrac{d\underset{1}{\mathbf{P}}}{|d\underset{1}{\mathbf{P}}|}$，$\underset{2}{\mathbf{N}}=\dfrac{d\underset{2}{\mathbf{P}}}{|d\underset{2}{\mathbf{P}}|}$的夹角为$\Theta$，变形后夹角为$\vartheta$． 定义$\gamma=\Theta-\vartheta$为这两方向的剪切，则

$$\cos\vartheta=\cos(\Theta-\gamma)=\frac{d\underset{1}{\mathbf{p}}\cdot d\underset{2}{\mathbf{p}}}{|d\underset{1}{\mathbf{p}}|\cdot|d\underset{2}{\mathbf{p}}|}=\frac{(\overset{\ll}{\mathbf{D}}\cdot d\underset{1}{\mathbf{P}})\cdot(\overset{\ll}{\mathbf{D}}\cdot d\underset{2}{\mathbf{P}})}{\lambda_{\underset{1}{\mathbf{N}}}\lambda_{\underset{2}{\mathbf{N}}}|d\underset{1}{\mathbf{P}}|\cdot|d\underset{2}{\mathbf{P}}|}$$

$$=\frac{1}{\lambda_{\underset{1}{\mathbf{N}}}\lambda_{\underset{2}{\mathbf{N}}}}\underset{1}{\mathbf{N}}\cdot\overset{\ll}{\mathbf{D}}{}^{*}\cdot\overset{\ll}{\mathbf{D}}\cdot\underset{2}{\mathbf{N}}=\frac{1}{\lambda_{\underset{1}{\mathbf{N}}}\lambda_{\underset{2}{\mathbf{N}}}}\underset{1}{\mathbf{N}}\cdot\overset{\ll}{\mathbf{C}}\cdot\underset{2}{\mathbf{N}}$$

$$=\frac{1}{\lambda_{\underset{1}{\mathbf{N}}}\lambda_{\underset{2}{\mathbf{N}}}}C_{MN}\underset{1}{N}{}^{M}\underset{2}{N}{}^{N}. \tag{4.8}$$

若$\underset{1}{\mathbf{N}}=\underset{2}{\mathbf{N}}$，上式退化为长度比公式(4.2)．如果$\Theta=\dfrac{\pi}{2}$,上式又可写为

$$\sin\gamma=\frac{1}{\lambda_{\underset{1}{\mathbf{N}}}\lambda_{\underset{2}{\mathbf{N}}}}\underset{1}{\mathbf{N}}\cdot\overset{\ll}{\mathbf{C}}\cdot\underset{2}{\mathbf{N}}. \tag{4.9}$$

于是，$\overset{\ll}{\mathbf{C}}$在$\underset{1}{\mathbf{N}}$，$\underset{2}{\mathbf{N}}$的剪分量确定这两方向的剪切． 在构型$\mathscr{r}$也可

进行类似的讨论.

§5. 主长度比和 Green-Cauchy 应变张量的主向

代表物体典型点应变状态的是 Green-Cauchy 应变张量. 一般说来，各个方向物质线素的长度变化是不同的. 很自然要问，那个方向伸长度最大或最小. 这就是长度比 $\lambda_{\mathbf{N}}$ 的极值问题. 从(4.2)式可知，它等价于在

$$G_{MN}N^M N^N - 1 = 0 \tag{5.1}$$

条件下，

$$C_{MN}N^M N^N \tag{5.2}$$

的条件极值问题. 长度比的极值叫**主长度比**. 我们要找出主长度比及其对应的方向. 为此，引进 Lagrange 乘子 C，得取极值的必要条件

$$\frac{\partial}{\partial N^A}[C_{MN}N^M N^N - C(G_{MN}N^M N^N - 1)] = 0,$$

即

$$(C^A_{\cdot M} - C\delta^A_M)N^M = 0. \tag{5.3}$$

这是含三个未知量 N^A 的齐次线性代数方程组，它有非零解的条件——系数行列式为零——就是 $\overset{\text{\tiny ((}}{\mathbf{C}}$ 的特征方程. 方程组 (5.3) 的抽象形式为

$$(\overset{\text{\tiny ((}}{\mathbf{C}} - C\overset{\text{\tiny ((}}{\mathbf{I}}) \cdot \mathbf{N} = 0, \tag{5.4}$$

就是说，在 $\overset{\text{\tiny ((}}{\mathbf{C}}$ 的重向(亦为主向，因 $\overset{\text{\tiny ((}}{\mathbf{C}}$ 为对称)，长度比取极值. 只要算出 $\overset{\text{\tiny ((}}{\mathbf{C}}$ 的三个主不变量，亦即应变不变量:

$$\mathrm{I}(\overset{\text{\tiny ((}}{\mathbf{C}}) = \frac{1}{1!}\delta^K_L C^L_{\cdot K} = C^K_{\cdot K}, \tag{5.5}$$

$$\mathrm{II}(\overset{\text{\tiny ((}}{\mathbf{C}}) = \frac{1}{2!}\delta^{KM}_{LN} C^L_{\cdot K} C^N_{\cdot M}, \tag{5.6}$$

$$\mathrm{III}(\overset{\ll}{\mathbf{C}})=\frac{1}{3!}\,\delta^{KMP}_{LNQ}C^{L}_{\cdot K}C^{N}_{\cdot M}C^{Q}_{\cdot P}=|C^{A}_{\cdot B}|, \tag{5.7}$$

就可根据第一部分第二章的(6.19)公式求得 $\overset{\ll}{\mathbf{C}}$ 的三个主值 $\underset{1}{C}\geqslant\underset{2}{C}\geqslant\underset{3}{C}$. 因 $\overset{\ll}{\mathbf{C}}$ 为正定，故主值均大于零. 所对应的三个相互正交的重向 $\underset{1}{\mathbf{N}}$, $\underset{2}{\mathbf{N}}$, $\underset{3}{\mathbf{N}}$ 就是 Green 应变张量的主向——称为**应变的空间主向**. 代回(4.2)式就得三个主长度比:

$$\lambda_{\underset{\Gamma}{\mathbf{N}}}=\sqrt{\underset{\Gamma}{\mathbf{N}}\cdot\overset{\ll}{\mathbf{C}}\cdot\underset{\Gamma}{\mathbf{N}}}=\sqrt{\underset{\Gamma}{C}\underset{\Gamma}{\mathbf{N}}\cdot\underset{\Gamma}{\mathbf{N}}}=\sqrt{\underset{\Gamma}{C}} \tag{5.8}$$

(Γ 取值 1, 2, 3).

根据第一部分第二章的(6.23)式,我们有

$$\overset{\ll}{\mathbf{C}}^{\frac{1}{2}}\cdot\underset{\Gamma}{\mathbf{N}}=\lambda_{\underset{\Gamma}{\mathbf{N}}}\underset{\Gamma}{\mathbf{N}}. \tag{5.9}$$

用同样步骤考虑 $c_{rs}n^{r}n^{s}$, 可得 Cauchy 应变张量 $\overset{\gg}{\mathbf{c}}$ 的三个主值 $\underset{1}{c}\geqslant\underset{2}{c}\geqslant\underset{3}{c}$ 和相对应的主向 $\underset{1}{\mathbf{n}}$, $\underset{2}{\mathbf{n}}$, $\underset{3}{\mathbf{n}}$——称为**应变的物质主向**. 主长度比表达为

$$\lambda_{\underset{\Gamma}{\mathbf{n}}}=\frac{1}{\sqrt{\underset{\Gamma}{\mathbf{n}}\cdot\overset{\gg}{\mathbf{c}}\cdot\underset{\Gamma}{\mathbf{n}}}}=\frac{1}{\sqrt{\underset{\Gamma}{c}\underset{\Gamma}{\mathbf{n}}\cdot\underset{\Gamma}{\mathbf{n}}}}=\frac{1}{\sqrt{\underset{\Gamma}{c}}}, \tag{5.10}$$

也有

$$\overset{\gg}{\mathbf{c}}^{-\frac{1}{2}}\cdot\underset{\Gamma}{\mathbf{n}}=\lambda_{\underset{\Gamma}{\mathbf{n}}}\underset{\Gamma}{\mathbf{n}}. \tag{5.11}$$

这两组主向和主值的关系如何,将在 §7 进行论述. 暂且先进一步研究 Green-Cauchy 应变张量的一个几何性质.

§6. 应 变 椭 球

为了讨论应变椭球问题，我们将 (2.1) 和 (2.12) 式，(2.2) 和 (2.13)式分别合并写出

$$dS^2 = G_{AB}dX^A dX^B = c_{ij}dx^i dx^j, \tag{6.1}$$

$$ds^2 = g_{ij}dx^i dx^j = C_{AB}dX^A dX^B. \tag{6.2}$$

考虑在构型 $\mathscr{R}$ 所有离 **P** 点距离为 $dS = K$ 的各点，它们构成以 **P** 为心的圆球. 若取 **P** 点为原点的局部斜角坐标系 $\{dX^A\}$，则这圆球的方程就是

$$G_{AB}dX^A dX^B = K^2, \tag{6.3}$$

由(6.1)的后一等式又得

$$c_{ij}dx^i dx^j = K^2. \tag{6.4}$$

这里 dx^i 就是圆球上 dX^A 点变形后在 **p** 点的局部斜角坐标系 $\{dx^i\}$ 的坐标. 由于 c_{ij} 是正定二次型的系数，故(6.4)式就是椭球的方程. 就是说，以 **P** 点为心的局部圆球总是变形为以 **p** 为心的椭球，叫作**应变物质椭球**.

同理，从

$$g_{ij}dx^i dx^j = k^2 \tag{6.5}$$

得

$$C_{AB}dX^A dX^B = k^2. \tag{6.6}$$

后者是在构型 $\mathscr{R}$ 以 **P** 的心的椭球，叫作**应变空间椭球**，即：变形后处在以 **p** 为心的圆球面(6.5)上各点，变形前处在椭球面 (6.6) 上.

在圆球面(6.3)上取任意两点，使所对应的物质线素 $\underset{1}{d\mathbf{P}}$ 和 $\underset{2}{d\mathbf{P}}$ 互相垂直:

$$G_{MN}\underset{1}{dX^M}\underset{2}{dX^N} = 0,$$

即

$$0 = G_{MN}X^M_{;r}X^N_{;s}\underset{1}{dx^r}\underset{2}{dx^s} = c_{rs}\underset{1}{dx^r}\underset{2}{dx^s}. \tag{6.7}$$

而从(6.4)式得到的

$$(c_{rs}dx^r)\delta(dx^s) = 0$$

说明，$c_{rs}\underset{1}{dx^r}$ 是在 $\underset{1}{dx^i}$ 点垂直于椭球面(6.4)的梯度向量. (6.7) 式说明，它又垂直于 $\underset{2}{dx^i}$(图 6). 总起来就得到 **Cauchy 定理**: **P** 点

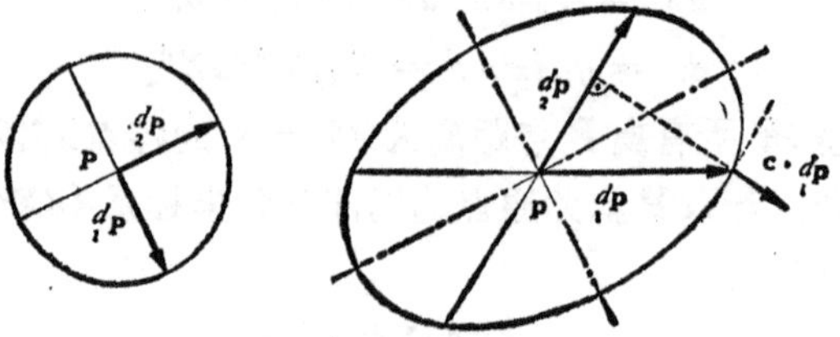

图 6

局部小圆球的任意两个互相垂直的直径变形为 $\mathbf{p}$ 点应变物质椭球的共轭直径.

因此，在 $\mathbf{P}$ 点总有三个互相垂直的方向，变形后仍然互相垂直. 这三个变形后仍然互相垂直的方向就是物质应变椭球的主轴，也就是 $\overset{\gg}{\mathbf{c}}$ 的主向，称为**应变物质主向.**

对于空间椭球也有类似的情形：$\mathbf{P}$ 点空间椭球任意两共轭直径变形为 $\mathbf{p}$ 点圆球的互相垂直的直径. 空间椭球的三个主轴，也是 $\overset{\ll}{\mathbf{C}}$ 的主向，变形后在 $\mathbf{p}$ 点仍然互相垂直，称为**应变空间主向.** $\mathbf{P}$ 点的应变空间主向和 $\mathbf{p}$ 点的应变物质主向的关系又如何呢？下一节将彻底解决这个问题.

§7. 变形基本定理

在这一节里我们将对变形机制作一个透彻的分析. 为此，我们先设法将变形梯度化成为一点仿射量，然后应用仿射量的乘法左右分解定理. 从物质线素的正变换公式(3.1)可得到

$$d\mathbf{p} = \overset{)(}{\mathbf{D}} \cdot d\mathbf{P} \tag{7.1}$$

$$= \overset{)(}{\mathbf{I}} \cdot \overset{\ll}{\mathbf{D}} \cdot d\mathbf{P} \tag{7.2}$$

$$= \overset{\gg}{\mathbf{D}} \cdot \overset{)(}{\mathbf{I}} \cdot d\mathbf{P}. \tag{7.3}$$

先对 (7.2) 式中的 $\overset{\ll}{\mathbf{D}}$ 应用第一部分第二章§7 的正则仿射量的左、右极分解定理：

$$\overset{\ll}{\mathbf{D}} = (\overset{\ll}{\mathbf{D}} \cdot \overset{\ll}{\mathbf{D}}^*)^{\frac{1}{2}} \cdot \overset{\ll}{\mathbf{R}} = \overset{-\frac{1}{2}}{\overset{\ll}{\mathbf{c}}} \cdot \overset{\ll}{\mathbf{R}} \tag{7.4}$$

$$= \overset{\ll}{\mathbf{R}} \cdot (\overset{\ll}{\mathbf{D}}^* \cdot \overset{\ll}{\mathbf{D}})^{\frac{1}{2}} = \overset{\ll}{\mathbf{R}} \cdot \overset{\frac{1}{2}}{\overset{\ll}{\mathbf{C}}}. \tag{7.5}$$

再利用转移张量将(7.4)和(7.5)两结果平移至构型 r，又得(7.3)式中的 $\overset{\gg}{\mathbf{D}}$ 的极分解式：

$$\overset{\gg}{\mathbf{D}} = \overset{-\frac{1}{2}}{\overset{\gg}{\mathbf{c}}} \cdot \overset{\gg}{\mathbf{R}} \tag{7.6}$$

$$= \overset{\gg}{\mathbf{R}} \cdot \overset{\frac{1}{2}}{\overset{\gg}{\mathbf{C}}}. \tag{7.7}$$

根据正定对称仿射量开方的定义可知 $\mathrm{III}(\overset{\frac{1}{2}}{\overset{\ll}{\mathbf{C}}}) = \sqrt{\mathrm{III}(\overset{\ll}{\mathbf{C}})}$. 又根据(2.16)和(3.12)式，由

$$\mathrm{III}(\overset{\ll}{\mathbf{D}}) = \mathrm{III}(\overset{\ll}{\mathbf{R}} \cdot \overset{\frac{1}{2}}{\overset{\ll}{\mathbf{C}}}) \doteq \mathrm{III}(\overset{\ll}{\mathbf{R}}) \cdot \mathrm{III}(\overset{\frac{1}{2}}{\overset{\ll}{\mathbf{C}}})$$

得

$$\mathrm{III}(\overset{\ll}{\mathbf{R}}) = \mathrm{III}(\overset{\ll}{\mathbf{D}}) / \mathrm{III}(\overset{\frac{1}{2}}{\overset{\ll}{\mathbf{C}}}) = 1.$$

可知，正交仿射量 $\overset{\ll}{\mathbf{R}}$ 所代表的是纯转动. 于是物质线素的正变换公式最后可写成

$$d\mathbf{p} = \overset{><}{\mathbf{I}} \cdot \overset{\ll}{\mathbf{R}} \cdot \overset{\frac{1}{2}}{\overset{\ll}{\mathbf{C}}} \cdot d\mathbf{P} = \overset{\gg}{\mathbf{R}} \cdot \overset{><}{\mathbf{I}} \cdot \overset{\frac{1}{2}}{\overset{\ll}{\mathbf{C}}} \cdot d\mathbf{P} = \overset{\gg}{\mathbf{R}} \cdot \overset{\frac{1}{2}}{\overset{\gg}{\mathbf{C}}} \cdot \overset{><}{\mathbf{I}} \cdot d\mathbf{P} \tag{7.8}$$

$$= \overset{><}{\mathbf{I}} \cdot \overset{-\frac{1}{2}}{\overset{\ll}{\mathbf{c}}} \cdot \overset{\ll}{\mathbf{R}} \cdot d\mathbf{P} = \overset{-\frac{1}{2}}{\overset{\gg}{\mathbf{c}}} \cdot \overset{><}{\mathbf{I}} \cdot \overset{\ll}{\mathbf{R}} \cdot d\mathbf{P} = \overset{-\frac{1}{2}}{\overset{\gg}{\mathbf{c}}} \cdot \overset{\gg}{\mathbf{R}} \cdot \overset{><}{\mathbf{I}} \cdot d\mathbf{P}. \tag{7.9}$$

上述公式的文字表达就是**变形基本定理**：物体在任何点的变形由平移，刚性转动和纯变形复合组成. 三个组成部分复合的次序可以是任意的. 公式(7.8)和(7.9)包括了所有 3！种可能复合. 代表平移和刚性转动的转移张量和正交仿射量在每一种复合中是相

同的，而代表纯变形的正定对称仿射量却取决于相对于转动而言的复合次序：对于转动在后的情形，纯变形由 Green 应变仿射量的平方根代表；如果转动在先，则由逆 Cauchy 应变仿射量的平方根代表．我们说它们代表纯变形，因为由(5.9)和(5.10)式，在它们的作用下整个空间沿它们的主向被拉长为等于相应主长度比的倍数．但除了在分析变形机制以外，它们是不被乐于采用的，因为要求得它们，得首先计算 Green-Cauchy 张量的主值和主向，而这一计算步骤是较麻烦的． 在解决具体问题时一般都直接采用 Green-Cauchy 应变张量本身．

同样步骤，对物质线素的逆变换有

$$d\mathbf{P} = \overset{-1}{\overset{\langle\rangle}{\mathbf{D}}} \cdot d\mathbf{p} \tag{7.10}$$

$$= \overset{\langle\rangle}{\mathbf{I}} \cdot \overset{-1}{\overset{\gg}{\mathbf{D}}} \cdot d\mathbf{p} \tag{7.11}$$

$$= \overset{-1}{\overset{\ll}{\mathbf{D}}} \cdot \overset{\langle\rangle}{\mathbf{I}} \cdot d\mathbf{p}, \tag{7.12}$$

$$\overset{-1}{\overset{\gg}{\mathbf{D}}} = \left(\overset{-1}{\overset{\gg}{\mathbf{D}}} \cdot \overset{-1}{\overset{\gg}{\mathbf{D}}}{}^{*}\right)^{\frac{1}{2}} \cdot \overset{\sim}{\overset{\gg}{\mathbf{R}}} = \overset{-\frac{1}{2}}{\overset{\gg}{\mathbf{C}}} \cdot \overset{\sim}{\overset{\gg}{\mathbf{R}}} \tag{7.13}$$

$$= \overset{\sim}{\overset{\gg}{\mathbf{R}}} \cdot \left(\overset{-1}{\overset{\gg}{\mathbf{D}}}{}^{*} \cdot \overset{-1}{\overset{\gg}{\mathbf{D}}}\right)^{\frac{1}{2}} = \overset{\sim}{\overset{\gg}{\mathbf{R}}} \cdot \overset{\frac{1}{2}}{\overset{\gg}{\mathbf{c}}}, \tag{7.14}$$

$$\overset{-1}{\overset{\ll}{\mathbf{D}}} = \overset{-\frac{1}{2}}{\overset{\ll}{\mathbf{C}}} \cdot \overset{\sim}{\overset{\ll}{\mathbf{R}}} \tag{7.15}$$

$$= \overset{\sim}{\overset{\ll}{\mathbf{R}}} \cdot \overset{\frac{1}{2}}{\overset{\ll}{\mathbf{c}}}. \tag{7.16}$$

以(7.4)和(7.14)式代入(3.4)的第二式，得

$$\overset{\ll}{\mathbf{I}} = \overset{-1}{\overset{\ll}{\mathbf{D}}} \cdot \overset{\ll}{\mathbf{D}} = \overset{\sim}{\overset{\ll}{\mathbf{R}}} \cdot \overset{\frac{1}{2}}{\overset{\ll}{\mathbf{c}}} \cdot \overset{-\frac{1}{2}}{\overset{\ll}{\mathbf{c}}} \cdot \overset{\ll}{\mathbf{R}} = \overset{\sim}{\overset{\ll}{\mathbf{R}}} \cdot \overset{\ll}{\mathbf{R}}.$$

由此可知

$$\overset{\sim}{\overset{\ll}{\mathbf{R}}} = \overset{-1}{\overset{\ll}{\mathbf{R}}}. \tag{7.17}$$

于是，物质线素的逆变换公式最后可写成

$$
\begin{aligned}
d\mathbf{P} &= \overset{-\frac{1}{2}}{\overset{\ll}{\mathbf{C}}} \cdot \overset{-1}{\overset{\ll}{\mathbf{R}}} \cdot \overset{\langle\rangle}{\mathbf{I}} \cdot d\mathbf{p} = \overset{-\frac{1}{2}}{\overset{\ll}{\mathbf{C}}} \cdot \overset{\langle\rangle}{\mathbf{I}} \cdot \overset{-1}{\overset{\gg}{\mathbf{R}}} \cdot d\mathbf{p} \\
&= \overset{\langle\rangle}{\mathbf{I}} \cdot \overset{-\frac{1}{2}}{\overset{\gg}{\mathbf{C}}} \cdot \overset{-1}{\overset{\gg}{\mathbf{R}}} \cdot d\mathbf{p} \qquad (7.18) \\
&= \overset{-1}{\overset{\ll}{\mathbf{R}}} \cdot \overset{\frac{1}{2}}{\overset{\ll}{\mathbf{c}}} \cdot \overset{\langle\rangle}{\mathbf{I}} \cdot d\mathbf{p} = \overset{-1}{\overset{\ll}{\mathbf{R}}} \cdot \overset{\langle\rangle}{\mathbf{I}} \cdot \overset{\frac{1}{2}}{\overset{\gg}{\mathbf{c}}} \cdot d\mathbf{p} = \overset{\langle\rangle}{\mathbf{I}} \cdot \overset{-1}{\overset{\gg}{\mathbf{R}}} \cdot \overset{\frac{1}{2}}{\overset{\gg}{\mathbf{c}}} \cdot d\mathbf{p}.
\end{aligned}
$$

(7.19)

对上述公式进行文字叙述又可得类似于变形基本定理的变形逆过程的物理解释．纯转动仿射量的具体表达式可由

$$
\overset{\ll}{\mathbf{R}} = \overset{\ll}{\mathbf{D}} \cdot \overset{-\frac{1}{2}}{\overset{\ll}{\mathbf{C}}} \quad \text{或} \quad \overset{\gg}{\mathbf{R}} = \overset{\frac{1}{2}}{\overset{\gg}{\mathbf{c}}} \cdot \overset{\gg}{\mathbf{D}} \qquad (7.20)
$$

求得．下面从另一个角度给出它的表达式．

从(7.6)和(7.7)式有

$$
\overset{\rangle\langle}{\mathbf{R}} \cdot \overset{\frac{1}{2}}{\overset{\ll}{\mathbf{C}}} = \overset{-\frac{1}{2}}{\overset{\gg}{\mathbf{c}}} \cdot \overset{\rangle\langle}{\mathbf{R}}.
$$

将这两点仿射量作用于 $\overset{\ll}{\mathbf{C}}$ 的(亦是 $\overset{\frac{1}{2}}{\overset{\ll}{\mathbf{C}}}$ 的) 主向量 $\underset{r}{\mathbf{N}}$，并考虑到(5.9)式，得

$$
\overset{-\frac{1}{2}}{\overset{\gg}{\mathbf{c}}} \cdot (\overset{\rangle\langle}{\mathbf{R}} \cdot \underset{r}{\mathbf{N}}) = \lambda_{\underset{r}{\mathbf{N}}} (\overset{\rangle\langle}{\mathbf{R}} \cdot \underset{r}{\mathbf{N}}).
$$

这说明，三个作用于 $\mathbf{p}$ 点而互相垂直的向量 $\overset{\rangle\langle}{\mathbf{R}} \cdot \underset{r}{\mathbf{N}}$ 都是 $\overset{-\frac{1}{2}}{\overset{\gg}{\mathbf{c}}}$ 的 (也就是 $\overset{\gg}{\mathbf{c}}$ 的)主向量，相对应的主值是 $\lambda_{\underset{r}{\mathbf{N}}}$．若 $\overset{\ll}{\mathbf{C}}$ 的主值都不相等，则各 $\lambda_{\underset{r}{\mathbf{N}}}$ 也不相等，和(5.11)式相比，则必有

$$
\underset{r}{\lambda} \equiv \lambda_{\underset{r}{\mathbf{N}}} = \lambda_{\underset{r}{\mathbf{n}}} = \sqrt{\underset{r}{C}} = \frac{1}{\sqrt{\underset{r}{c}}}, \qquad (7.21)
$$

$$
\underset{r}{\mathbf{n}} = \overset{\rangle\langle}{\mathbf{R}} \cdot \underset{r}{\mathbf{N}}. \qquad (7.22)
$$

$\overset{\ll}{\mathbf{C}}$ 的特征方程有重根时，其主向有无穷多个，则 $\overset{\gg}{\mathbf{c}}$ 亦有无穷多个主向．若我们仍取(7.22)式的关系，则对于 $\overset{\ll}{\mathbf{C}}$ 的每一个主向(主值)，必有一个(且只有一个) $\overset{\gg}{\mathbf{c}}$ 的主向（主值）与之对应．因此，在任何情况下，(7.21)和(7.22)式总是成立的．这样也就最终回答了 § 5 和 § 6 所留下来的问题．Green 应变张量 $\overset{\ll}{\mathbf{C}}$ 的三个主方向，亦即是空间椭球的三个主轴方向，在变形中，转动为 Cauchy 应变张量 $\overset{\gg}{\mathbf{c}}$ 的三个主方向，亦即物质椭球的三个主轴方向，而且短轴变形为长轴，长轴变形为短轴．这个转动由正交仿射量 $\overset{\rangle\langle}{\mathbf{R}}$ 实现．

今取 $\overset{\ll}{\mathbf{C}}$ 的三个单位正交主向量作为 $\mathbf{P}$ 点的局部标架，并改记为 $\mathbf{N}\langle r\rangle$ 以便于对希文中标采用求和约定，而 $\overset{\gg}{\mathbf{c}}$ 的三个对应的单位正交主向量

$$\mathbf{n}\langle r\rangle = \overset{\rangle\langle}{\mathbf{R}} \cdot \mathbf{N}\langle r\rangle \tag{7.23}$$

作为 $\mathbf{p}$ 点的局部标架，则有

$$\mathbf{N}\langle r\rangle = \overset{-1}{\overset{\langle\rangle}{\mathbf{R}}} \cdot \mathbf{n}\langle r\rangle. \tag{7.24}$$

由于 $\mathbf{N}\langle r\rangle$ 为非共面，根据任何仿射量均可用基本形式进行并矢表示的性质，我们可将有限转动仿射量 $\overset{\rangle\langle}{\mathbf{R}}$ 写成

$$\overset{\rangle\langle}{\mathbf{R}} = \overset{\rangle\langle}{\mathbf{I}} \cdot \overset{\ll}{\mathbf{R}} = \overset{\rangle\langle}{\mathbf{I}} \cdot (\overset{\langle}{\mathbf{M}}\langle r\rangle \mathbf{N}\langle r\rangle) = \overset{\rangle}{\mathbf{M}}\langle r\rangle \mathbf{N}\langle r\rangle,$$

其中 $\overset{\rangle}{\mathbf{M}}\langle r\rangle$ 待定．将上式代回(7.23)式，得

$$\mathbf{n}\langle r\rangle = \overset{\rangle}{\mathbf{M}}\langle \phi\rangle \mathbf{N}\langle \phi\rangle \cdot \mathbf{N}\langle r\rangle = \overset{\rangle}{\mathbf{M}}\langle \phi\rangle \delta\langle \phi r\rangle = \overset{\rangle}{\mathbf{M}}\langle r\rangle,$$

于是

$$\overset{\rangle\langle}{\mathbf{R}} = \mathbf{n}\langle r\rangle \mathbf{N}\langle r\rangle. \tag{7.25}$$

同理可得

$$\overset{-1}{\overset{\langle\rangle}{\mathbf{R}}} = \mathbf{N}\langle r\rangle \mathbf{n}\langle r\rangle. \tag{7.26}$$

将上两式代入(7.20)式，并考虑到(5.9)和(5.11)式，又有变形梯度

用应变张量主值和主向的表示式:

$$\overset{\gg\!\ll}{\mathbf{D}} = \overset{-\frac{1}{2}}{\overset{\gg}{\mathbf{c}}} \cdot \overset{\gg\!\ll}{\mathbf{R}} = \overset{-\frac{1}{2}}{\overset{\gg}{\mathbf{c}}} \cdot \mathbf{n}\langle r\rangle \mathbf{N}\langle r\rangle = \underset{r}{\lambda}\mathbf{n}\langle r\rangle\mathbf{N}\langle r\rangle, \tag{7.27}$$

$$\overset{-1}{\overset{\ll\!\gg}{\mathbf{D}}} = \overset{-\frac{1}{2}}{\overset{\ll}{\mathbf{C}}} \cdot \overset{-1}{\overset{\ll\!\gg}{\mathbf{R}}} = \overset{-\frac{1}{2}}{\overset{\ll}{\mathbf{C}}} \cdot \mathbf{N}\langle r\rangle \mathbf{n}\langle r\rangle = \underset{r}{\lambda}^{-1}\mathbf{N}\langle r\rangle\mathbf{n}\langle r\rangle. \tag{7.28}$$

§8. 等价定理,对数应变张量和 Almansi-Hamel 应变张量

前面我们已接触过几种应变张量 $\overset{\ll}{\mathbf{C}}, \overset{\gg}{\mathbf{c}}, \overset{\frac{1}{2}}{\overset{\ll}{\mathbf{C}}}, \overset{-\frac{1}{2}}{\overset{\gg}{\mathbf{c}}}, \cdots$. 文献上还建议过各种各样的应变张量，并曾为这种或那种应变张量的优越性作过不少论证.

如果给出主长度比的值以及我们所感兴趣的线素与应变主轴所成的角度，就能计算出该线素在变形中的长度比. 因此，任何足以确定应变主轴方向和对应的主长度比的张量均可作为应变张量. 这种张量的数目自然是无限的. 应变主轴有两组：在 **P** 点的空间应变主轴 $\underset{r}{\mathbf{N}}$ 和在 **p** 点的物质应变主轴 $\underset{r}{\mathbf{n}}$, 前者由 $\overset{\ll}{\mathbf{C}}$, 后者由 $\overset{\gg}{\mathbf{c}}$ 确定. 根据上面所述和对称仿射量函数的定义可得出**应变张量等价定理**: 任何 $\overset{\ll}{\mathbf{C}}$ 的单值可逆仿射量函数是**空间应变张量**; 而 $\overset{\gg}{\mathbf{c}}$ 的,则是**物质应变张量.**

例如,基于 $\overset{\ll}{\mathbf{C}}$ 和 $\overset{\gg}{\mathbf{c}}$ 的正定性,下面的**对数应变张量**有意义:

$$\overset{\ll}{\mathbf{H}} = \frac{1}{2}\ln\overset{\ll}{\mathbf{C}}, \quad \overset{\gg}{\mathbf{h}} = -\frac{1}{2}\ln\overset{\gg}{\mathbf{c}}. \tag{8.1}$$

对数应变张量有一个特点:刚性变形时它们为零仿射量.又由于它们的主值 $\underset{r}{H} = \underset{r}{h} = \ln\underset{r}{\lambda}$, 我们有

$$\mathrm{I}(\overset{\ll}{\mathbf{H}}) = \mathrm{I}(\overset{\gg}{\mathbf{h}}) = \ln(\underset{1}{\lambda}\underset{2}{\lambda}\underset{3}{\lambda}) = \ln\frac{dv}{dV}. \tag{8.2}$$

但除了一维问题，对数应变张量没有得到更广泛的应用. 在塑性力学中常用于主方向不变的空间问题.

对任意实数 $K \neq 0$,

$$\frac{1}{2K}(\overset{\ll}{\mathbf{C}}{}^{K} - \overset{\ll}{\mathbf{I}}) \quad 和 \quad \frac{1}{2K}(\overset{\gg}{\mathbf{I}} - \overset{\gg}{\mathbf{c}}{}^{K}) \tag{8.3}$$

均可作为应变张量，它们也具有“刚性变形时为零仿射量”的特点. 当 $K = 1$ 时，就得到在有限变形文献经常采用的 **Almansi-Hamel 应变张量**:

$$\overset{\ll}{\mathbf{E}} = \frac{1}{2}(\overset{\ll}{\mathbf{C}} - \overset{\ll}{\mathbf{I}}), \quad \overset{\gg}{\mathbf{e}} = \frac{1}{2}(\overset{\gg}{\mathbf{I}} - \overset{\gg}{\mathbf{c}}) \tag{8.4}$$

或

$$E_{AB} = \frac{1}{2}(C_{AB} - G_{AB}), \quad e_{ij} = \frac{1}{2}(g_{ij} - c_{ij}). \tag{8.5}$$

它们在应用时经常用位移向量 $\mathbf{u}$ 来表达. 为此，从(1.1)和(2.15)式得

$$\begin{aligned}\overset{\ll}{\mathbf{C}} &= (\overset{<}{\nabla}\overset{<}{\mathbf{p}}) \cdot (\overset{<}{\mathbf{p}}\overset{<}{\nabla}) = [\overset{<}{\nabla}(\mathbf{P} + \overset{<}{\mathbf{u}})] \cdot [(\mathbf{P} + \overset{<}{\mathbf{u}})\overset{<}{\nabla}] \\ &= (\overset{\ll}{\mathbf{I}} + \overset{<}{\nabla}\overset{<}{\mathbf{u}}) \cdot (\overset{\ll}{\mathbf{I}} + \overset{<}{\mathbf{u}}\overset{<}{\nabla}) = \overset{\ll}{\mathbf{I}} + \overset{<}{\mathbf{u}}\overset{<}{\nabla} + \overset{<}{\nabla}\overset{<}{\mathbf{u}} \\ &\quad + (\overset{<}{\nabla}\overset{<}{\mathbf{u}}) \cdot (\overset{<}{\mathbf{u}}\overset{<}{\nabla}),\end{aligned} \tag{8.6}$$

$$\begin{aligned}\overset{\gg}{\mathbf{c}} &= (\overset{>}{\nabla}\overset{>}{\mathbf{P}}) \cdot (\overset{>}{\mathbf{P}}\overset{>}{\nabla}) = [\overset{>}{\nabla}(\mathbf{p} - \overset{>}{\mathbf{u}})] \cdot [(\mathbf{p} - \overset{>}{\mathbf{u}})\overset{>}{\nabla}] \\ &= (\overset{\gg}{\mathbf{I}} - \overset{>}{\nabla}\overset{>}{\mathbf{u}}) \cdot (\overset{\gg}{\mathbf{I}} - \overset{>}{\mathbf{u}}\overset{>}{\nabla}) = \overset{\gg}{\mathbf{I}} - \overset{>}{\mathbf{u}}\overset{>}{\nabla} - \overset{\gg}{\nabla\mathbf{u}} \\ &\quad + (\overset{>}{\nabla}\overset{>}{\mathbf{u}}) \cdot (\overset{>}{\mathbf{u}}\overset{>}{\nabla}).\end{aligned} \tag{8.7}$$

代入(8.4)式，得

$$\overset{\ll}{\mathbf{E}} = \frac{1}{2}[\overset{<}{\mathbf{u}}\overset{<}{\nabla} + \overset{<}{\nabla}\overset{<}{\mathbf{u}} + (\overset{<}{\nabla}\overset{<}{\mathbf{u}}) \cdot (\overset{<}{\mathbf{u}}\overset{<}{\nabla})], \tag{8.8}$$

$$\overset{\gg}{\mathbf{e}} = \frac{1}{2}[\overset{>}{\mathbf{u}}\overset{>}{\nabla} + \overset{>}{\nabla}\overset{>}{\mathbf{u}} - (\overset{>}{\nabla}\overset{>}{\mathbf{u}}) \cdot (\overset{>}{\mathbf{u}}\overset{>}{\nabla})]. \tag{8.9}$$

写成分量形式就是

$$E_{AB}=\frac{1}{2}\left(u_{A;B}+u_{B;A}+u^{M}_{;A}u_{M;B}\right), \tag{8.10}$$

$$e_{ij}=\frac{1}{2}\left(u_{i;j}+u_{j;i}-u^{r}_{;i}u_{r;j}\right). \tag{8.11}$$

根据(2.1),(2.2),(2.12)和(2.13)式,容易发现

$$\begin{aligned} ds^2-dS^2 &= d\mathbf{P}\cdot(\overset{\ll}{\mathbf{C}}-\overset{\ll}{\mathbf{I}})\cdot d\mathbf{P}=2d\mathbf{P}\cdot\overset{\ll}{\mathbf{E}}\cdot d\mathbf{P}\\ &= 2E_{MN}dX^{M}dX^{N}, \qquad (8.12)\\ &= d\mathbf{p}\cdot(\overset{\gg}{\mathbf{I}}-\overset{\gg}{\mathbf{c}})\cdot d\mathbf{p}=2d\mathbf{p}\cdot\overset{\gg}{\mathbf{e}}\cdot d\mathbf{p}\\ &= 2e_{rs}dx^{r}dx^{s}. \qquad (8.13)\end{aligned}$$

在讨论近似理以前，今后我们仍然只采用 Green-Cauchy 应变张量.

§9. 相容性条件

在已知构型$\mathscr{R}$的条件下,给出变形: $x^i=x^i(X^A)$, 就可得到构型 $\mathscr{r}$. 反映这两构型度量差异的 Green 或其他应变张量直接就可通过公式

$$C_{AB}=g_{ij}x^{i}_{;A}x^{j}_{;B} \tag{9.1}$$

计算出来. 若反过来，已知构型 $\mathscr{R}$, 并给出自变量为 X^A 的一个任意对称正定的仿射量函数 $F_{KL}(X^A)$, 问: 是否存在这样的构型 $\mathscr{r}$, 其 Green 应变张量就是 F_{KL}. 问题的回答一般是否定的. 因解决这问题等于对下列三个未知量六个方程的偏微分方程组进行积分:

$$g_{ij}x^{i}_{;L}x^{j}_{;K}=F_{LK}(X^A). \tag{9.2}$$

如果 F_{KL} 不满足积分条件,则解不存在.

在§2 中我们知道,物体在 t_0 时从构型 $\mathscr{R}$ 开始运动,随体坐标系也跟着一起运动. 这物体在空间里可采取任何满足连续性公理的存在形式——构型 $\mathscr{r}$. 对应于每一构型 $\mathscr{r}$, 随体坐标系在空间(欧氏) 留下痕迹 $\{X^A, t\}$, 其度量张量就是 C_{KL}. 不管 $\mathscr{r}$ 是怎样一个 (许可) 构型, $\{X^A, t\}$ 总是欧氏空间里的曲线坐标系. 基于

C_{KL} 的 Riemann-Christoffel 张量必然恒为零：

$$R_{IJKL}=\frac{1}{2}(C_{IL,JK}+C_{JK,IL}-C_{IK,JL}-C_{JL,IK})$$

$$+\overset{-1}{C}{}^{RS}(\Gamma_{ILR}\Gamma_{JKS}-\Gamma_{IKR}\Gamma_{JLS})=0, \tag{9.3}$$

其中

$$\Gamma_{IJK}=\frac{1}{2}(C_{JK,I}+C_{KI,J}-C_{IJ,K}). \tag{9.4}$$

如果 F_{KL} 代替 C_{KL} 后，条件 (9.3) 在物体内每点满足，则方程组(9.2)可积．条件(9.3)称为**相容性条件**．

如果已知的是构型 κ，并给出自变量为 x^i 的一个对称正定仿射量函数 $f_{kl}(x^i)$，则存在构型 $\mathscr{R}$ 的充分条件，亦即相容性条件归结为基于 Cauchy 应变张量的曲率张量恒为零：

$$R_{ijkl}=\frac{1}{2}(c_{il,jk}+c_{jk,il}-c_{ik,jl}-c_{jl,ik})$$

$$+\overset{-1}{c}{}^{rs}(\Gamma_{ilr}\Gamma_{jks}-\Gamma_{ikr}\Gamma_{jls})=0, \tag{9.5}$$

其中

$$\Gamma_{ijk}=\frac{1}{2}(c_{jk,i}+c_{ki,j}-c_{ij,k}). \tag{9.6}$$

从第一部分我们知道，曲率张量共有 6 个代数上独立的分量．由于 Bianchi 恒等式，这 6 个分量还满足 3 个附加的微分恒等式(第一部分第四章(4.16)式)．这就使得相容性条件(9.3)只是方程组(9.2)可积的充分条件而不是必要条件．就是说，构型 κ 的存在并不要求给出的 F_{KL} 在构型 $\mathscr{R}$ 的物体内每点都满足条件 (9.3)．有作者证明，只要相容性条件 (9.3) 在物体边界上满足，则在物体内部分相容性条件的满足已包含了其余条件的自然满足．这问题的一般性研究尚在进行中．

随着晶体位错现象的研究，近廿多年来发展了**非协调连续统理论**． 在那里相容性条件并不满足． 运用的数学工具是非 Riemann 几何．这理论的叙述已超出本书的预定范围了．

第二章 运 动 学

物体的运动意味着构型 $\kappa(t)$ 以及各物理量随时间而变化. 研究这些量的时间变化率是本章的内容.

§1. 位移速度,加速度和物质导数

在任何许可运动

$$\mathbf{p}=\mathbf{p}(\mathbf{P},t),\quad x^i=x^i(X^A,t),\tag{1.1}$$

$$\mathbf{P}=\mathbf{P}(\mathbf{p},t),\quad X^A=X^A(x^i,t)\tag{1.2}$$

里,物体各点按规律 (1.1) 改变自己的空间位置. 典型点 $\mathbf{P}$ 的位置向量 $\mathbf{p}$ 的时间改变率定义为它的**位移速度**,或简单地称它为速度:

$$\mathbf{v}\overset{df}{=}\lim_{\Delta t\to 0}\frac{\mathbf{p}(\mathbf{P},t+\Delta t)-\mathbf{p}(\mathbf{P},t)}{\Delta t}=\left(\frac{\partial\mathbf{p}}{\partial t}\right)_{\mathbf{P}}$$

$$=\mathbf{p}_{,i}\left(\frac{\partial x^i}{\partial t}\right)_{\mathbf{P}}=\left(\frac{\partial x^i}{\partial t}\right)_{\mathbf{P}}\mathbf{g}_i.\tag{1.3}$$

它是在构型 $\kappa(t)$ 上,并作用于 $\mathbf{p}(\mathbf{P},t)$ 点的向量 $\mathbf{v}(\mathbf{p},t)$,其逆变分量为

$$v^i=\mathbf{v}\cdot\mathbf{g}^i=\left(\frac{\partial x^i}{\partial t}\right)_{\mathbf{P}}.\tag{1.4}$$

有趣的是,坐标 x^i 本身一般不是向量的分量,但其偏导数却是. 这和 $d\mathbf{p}=dx^i\mathbf{g}_i$ 中的 dx^i 情况类似.

另一方面,对于不同时刻,同一空间位置 $\mathbf{p}$ 先后为不同的物体典型点所占据. 物体典型点在位置 $\mathbf{p}$ 的"换班"速度由向量

$$\mathbf{V}\equiv\left(\frac{\partial\mathbf{P}}{\partial t}\right)_{\mathbf{p}}=\mathbf{P}_{,A}\left(\frac{\partial X^A}{\partial t}\right)_{\mathbf{p}}=\left(\frac{\partial X^A}{\partial t}\right)_{\mathbf{p}}\mathbf{G}_A=V^A\mathbf{G}_A\tag{1.5}$$

刻划,它作用于构型 $\mathscr{R}$ 的 $\mathbf{P}$ 点上.

上面的运算 $(\partial/\partial t)_{\mathbf{P}}$ 和 $(\partial/\partial t)_{\mathbf{p}}$ 分别表示保持 $\mathbf{P}(X^A)$ 或 $\mathbf{p}(x^i)$ 不变的时间偏导数. 我们今后将采用或是 **Lagrange 变量**

$(\mathbf{P}, t)$——**物质描述法**，或是 **Euler 变量** $(\mathbf{p}, t)$——**空间描述法**. 出现混合变量 $(\mathbf{P}, \mathbf{p}, t)$ 时，我们总是先将(1.1)或(1.2)关系式代入而化成上述两种描述法之一，然后才进行对时间求相应的偏导数. 因此，所引进的运算的含义是明确的. 显然，这两种运算满足 Leibniz 法则. 在改换变量时，这两种运算有如下的转换关系：

$$\left(\frac{\partial}{\partial t}\right)_{\mathbf{P}} = \left(\frac{\partial}{\partial t}\right)_{\mathbf{p}} + \left(\frac{\partial x^r}{\partial t}\right)_{\mathbf{P}} \frac{\partial}{\partial x^r} = \left(\frac{\partial}{\partial t}\right)_{\mathbf{p}} + v^r \partial_r, \quad (1.6)$$

$$\left(\frac{\partial}{\partial t}\right)_{\mathbf{p}} = \left(\frac{\partial}{\partial t}\right)_{\mathbf{P}} + \left(\frac{\partial X^M}{\partial t}\right)_{\mathbf{p}} \frac{\partial}{\partial X^M} = \left(\frac{\partial}{\partial t}\right)_{\mathbf{P}} + V^M \partial_M. \quad (1.7)$$

作为求其他物理量时间变化率的准备，我们先算出固定坐标系 $\{X^A\}$ 和 $\{x^i\}$ 的基向量，转移张量等在运动(1.1)下的各种时间偏导数：

$$\left.\begin{aligned}
&\left(\frac{\partial \mathbf{G}_A}{\partial t}\right)_{\mathbf{P}} = \left(\frac{\partial \mathbf{G}^A}{\partial t}\right)_{\mathbf{P}} = \left(\frac{\partial \sqrt{G}}{\partial t}\right)_{\mathbf{P}} = 0\\
&\left(\frac{\partial \mathbf{g}_i}{\partial t}\right)_{\mathbf{p}} = \left(\frac{\partial \mathbf{g}^i}{\partial t}\right)_{\mathbf{p}} = \left(\frac{\partial \sqrt{g}}{\partial t}\right)_{\mathbf{p}} = 0,
\end{aligned}\right\}, \quad (1.8)$$

$$\left.\begin{aligned}
&\left(\frac{\partial \mathbf{G}_A}{\partial t}\right)_{\mathbf{p}} = \left(\frac{\partial \mathbf{G}_A}{\partial t}\right)_{\mathbf{P}} + V^M \partial_M \mathbf{G}_A = V^M \Gamma^N_{MA} \mathbf{G}_N\\
&\left(\frac{\partial \mathbf{G}^A}{\partial t}\right)_{\mathbf{p}} = \left(\frac{\partial \mathbf{G}^A}{\partial t}\right)_{\mathbf{P}} + V^M \partial_M \mathbf{G}^A = -V^M \Gamma^A_{MN} \mathbf{G}^N\\
&\left(\frac{\partial G_{AB}}{\partial t}\right)_{\mathbf{p}} = V^M (\Gamma_{MAB} + \Gamma_{MBA})\\
&\left(\frac{\partial \sqrt{G}}{\partial t}\right)_{\mathbf{p}} = \left(\frac{\partial [\mathbf{G}_1 \mathbf{G}_2 \mathbf{G}_3]}{\partial t}\right)_{\mathbf{p}} = V^M \Gamma^N_{MN} \sqrt{G}
\end{aligned}\right\}, \quad (1.9)$$

$$\left.\begin{aligned}
&\left(\frac{\partial \mathbf{g}_i}{\partial t}\right)_{\mathbf{P}} = \left(\frac{\partial \mathbf{g}_i}{\partial t}\right)_{\mathbf{p}} + v^r \partial_r \mathbf{g}_i = v^r \Gamma^s_{ri} \mathbf{g}_s\\
&\left(\frac{\partial \mathbf{g}^i}{\partial t}\right)_{\mathbf{P}} = \left(\frac{\partial \mathbf{g}^i}{\partial t}\right)_{\mathbf{p}} + v^r \partial_r \mathbf{g}^i = -v^r \Gamma^i_{rs} \mathbf{g}^s\\
&\left(\frac{\partial g_{ij}}{\partial t}\right)_{\mathbf{P}} = v^r (\Gamma_{rij} + \Gamma_{rji})\\
&\left(\frac{\partial \sqrt{g}}{\partial t}\right)_{\mathbf{P}} = \left(\frac{\partial [\mathbf{g}_1 \mathbf{g}_2 \mathbf{g}_3]}{\partial t}\right)_{\mathbf{P}} = v^r \Gamma^s_{rs} \sqrt{g}
\end{aligned}\right\}, \quad (1.10)$$

$$
\left.
\begin{aligned}
\left(\frac{\partial g^i_A}{\partial t}\right)_{\mathbf{p}} &= \mathbf{g}^i \cdot \left(\frac{\partial \mathbf{G}_A}{\partial t}\right)_{\mathbf{p}} = V^M \Gamma^N_{MA} g^i_N \\
\left(\frac{\partial g^A_i}{\partial t}\right)_{\mathbf{p}} &= \left(\frac{\partial \mathbf{G}^A}{\partial t}\right)_{\mathbf{p}} \cdot \mathbf{g}_i = -V^M \Gamma^A_{MN} g^N_i \\
\left(\frac{\partial |g^i_A|}{\partial t}\right)_{\mathbf{p}} &= \frac{1}{\sqrt{g}} \left(\frac{\partial \sqrt{G}}{\partial t}\right)_{\mathbf{p}} = V^M \Gamma^N_{MN} |g^i_A| \\
\left(\frac{\partial |g^A_i|}{\partial t}\right)_{\mathbf{p}} &= \sqrt{g} \left(\frac{\partial}{\partial t} \frac{1}{\sqrt{G}}\right)_{\mathbf{p}} = -V^M \Gamma^N_{MN} |g^A_i|
\end{aligned}
\right\}, \quad (1.11)
$$

$$
\left.
\begin{aligned}
\left(\frac{\partial g^A_i}{\partial t}\right)_{\mathbf{P}} &= \mathbf{G}^A \cdot \left(\frac{\partial \mathbf{g}_i}{\partial t}\right)_{\mathbf{P}} = v^r \Gamma^s_{ri} g^A_s \\
\left(\frac{\partial g^i_A}{\partial t}\right)_{\mathbf{P}} &= \left(\frac{\partial \mathbf{g}^i}{\partial t}\right)_{\mathbf{P}} \cdot \mathbf{G}_A = -v^r \Gamma^i_{rs} g^s_A \\
\left(\frac{\partial |g^A_i|}{\partial t}\right)_{\mathbf{P}} &= \frac{1}{\sqrt{G}} \left(\frac{\partial \sqrt{g}}{\partial t}\right)_{\mathbf{P}} = v^r \Gamma^s_{rs} |g^A_i| \\
\left(\frac{\partial |g^i_A|}{\partial t}\right)_{\mathbf{P}} &= \sqrt{G} \left(\frac{\partial}{\partial t} \frac{1}{\sqrt{g}}\right)_{\mathbf{P}} = -v^r \Gamma^s_{rs} |g^i_A|
\end{aligned}
\right\}. \quad (1.12)
$$

单位仿射量，Eddington 张量和转移张量的局部导数和物质导数均为零:

$$
\left.
\begin{aligned}
&\left(\frac{\partial \overset{\ll}{\mathbf{I}}}{\partial t}\right)_{\mathbf{P}} = \left(\frac{\partial \overset{\ll}{\mathbf{I}}}{\partial t}\right)_{\mathbf{p}} = \left(\frac{\partial \overset{\gg}{\mathbf{I}}}{\partial t}\right)_{\mathbf{P}} = \left(\frac{\partial \overset{\gg}{\mathbf{I}}}{\partial t}\right)_{\mathbf{p}} = 0 \\
&\left(\frac{\partial \overset{\lll}{\boldsymbol{\epsilon}}}{\partial t}\right)_{\mathbf{P}} = \left(\frac{\partial \overset{\lll}{\boldsymbol{\epsilon}}}{\partial t}\right)_{\mathbf{p}} = \left(\frac{\partial \overset{\ggg}{\boldsymbol{\epsilon}}}{\partial t}\right)_{\mathbf{P}} = \left(\frac{\partial \overset{\ggg}{\boldsymbol{\epsilon}}}{\partial t}\right)_{\mathbf{p}} =, 0 \\
&\left(\frac{\partial \overset{\gg\!\ll}{\mathbf{I}}}{\partial t}\right)_{\mathbf{P}} = \left(\frac{\partial \overset{\gg\!\ll}{\mathbf{I}}}{\partial t}\right)_{\mathbf{p}} = \left(\frac{\partial \overset{\ll\!\gg}{\mathbf{I}}}{\partial t}\right)_{\mathbf{P}} = \left(\frac{\partial \overset{\ll\!\gg}{\mathbf{I}}}{\partial t}\right)_{\mathbf{p}} = 0 \\
&\left[\frac{\partial}{\partial t}\left(|g^A_i| \sqrt{\frac{G}{g}}\right)\right]_{\mathbf{P}} = \left[\frac{\partial}{\partial t}\left(|g^A_i| \sqrt{\frac{G}{g}}\right)\right]_{\mathbf{p}} \\
&\qquad = \left[\frac{\partial}{\partial t}\left(|g^i_A| \sqrt{\frac{g}{G}}\right)\right]_{\mathbf{P}} = \left[\frac{\partial}{\partial t}\left(|g^i_A| \sqrt{\frac{g}{G}}\right)\right]_{\mathbf{p}} = 0
\end{aligned}
\right\}. \quad (1.13)
$$

证明甚易，仅举二例说明:

$$\left(\frac{\partial \overset{)(}{\mathbf{I}}}{\partial t}\right)_{\mathbf{P}}=\left(\frac{\partial(g_{A}^{i}\mathbf{g}_{i}\mathbf{G}^{A})}{\partial t}\right)_{\mathbf{P}}=\left(\frac{\partial g_{A}^{i}}{\partial t}\right)_{\mathbf{P}}\mathbf{g}_{i}\mathbf{G}^{A}+g_{A}^{i}\left(\frac{\partial \mathbf{g}_{i}}{\partial t}\right)_{\mathbf{P}}\mathbf{G}^{A}$$
$$=-v^{r}\Gamma_{rs}^{i}g_{A}^{s}\mathbf{g}_{i}\mathbf{G}^{A}+g_{A}^{i}v^{r}\Gamma_{ri}^{s}\mathbf{g}_{s}\mathbf{G}^{A}=0,$$

$$\left(\frac{\partial \overset{(((}{\boldsymbol{\epsilon}}}{\partial t}\right)_{\mathbf{P}}=\left\{\left[\left(\frac{\partial \mathbf{G}_{A}}{\partial t}\right)_{\mathbf{P}}\mathbf{G}_{B}\mathbf{G}_{C}\right]+\cdots+\cdots\right\}\mathbf{G}^{A}\mathbf{G}^{B}\mathbf{G}^{C}$$
$$+[\mathbf{G}_{A}\mathbf{G}_{B}\mathbf{G}_{C}]\left\{\left(\frac{\partial \mathbf{G}^{A}}{\partial t}\right)_{\mathbf{P}}\mathbf{G}^{B}\mathbf{G}^{C}+\cdots+\cdots\right\}$$
$$=V^{M}\Gamma_{MA}^{N}[\mathbf{G}_{N}\mathbf{G}_{B}\mathbf{G}_{C}]\mathbf{G}^{A}\mathbf{G}^{B}\mathbf{G}^{C}$$
$$-V^{M}\Gamma_{MN}^{A}[\mathbf{G}_{A}\mathbf{G}_{B}\mathbf{G}_{C}]\mathbf{G}^{N}\mathbf{G}^{B}\mathbf{G}^{C}$$
$$+\cdots-\cdots+\cdots-\cdots=0.$$

现设有随时间而变化的任意两点张量场 $\overset{(\cdot)}{\boldsymbol{\varphi}}$. 在分别采用空间描述法和物质描述法下，它对时间的偏导数 $(\partial\overset{(\cdot)}{\boldsymbol{\varphi}}/\partial t)_{\mathbf{p}}$ 和 $(\partial\overset{(\cdot)}{\boldsymbol{\varphi}}/\partial t)_{\mathbf{P}}$ 具有完全不同的物理含义，分别叫做张量 $\overset{(\cdot)}{\boldsymbol{\varphi}}$ 的**局部导数**和**物质导数**. 以后将会看到，它们仍然是和 $\overset{(\cdot)}{\boldsymbol{\varphi}}$ 同型的张量. $\overset{(\cdot)}{\boldsymbol{\varphi}}$ 的局部导数是它对空间固定点 $\mathbf{p}$ 的时间变化率，而物质导数则是对既定物体典型点 $\mathbf{P}$ 的时间变化率. 更形象地说，局部导数是站在 $\mathbf{p}$ 点不动的观察者，而物质导数则是和典型点 $\mathbf{P}$ 一起移动的观察者所感受到的 $\overset{(\cdot)}{\boldsymbol{\varphi}}$ 变化率.

在研究连续介质力学中，物质导数的概念是很重要的和最经常出现的. 因此，下面我们将着重研究物质导数的计算. 先以加速度为例说明方法.

物体典型点 $\mathbf{P}$ 的速度是一个作用在 $\mathbf{p}(\mathbf{P}, t)$ 的向量 $\mathbf{v}(\mathbf{p}, t)$. 按定义. 该点速度的时间变化率，也就是 $\mathbf{v}(\mathbf{p}, t)$ 的物质导数，是 $\mathbf{P}$ 点的加速度 $\mathbf{a}(\mathbf{p}, t)$. 加速度也是作用在 $\mathbf{p}(\mathbf{P}, t)$ 点上的向量. 对速度在不同构型采用不同的描述法可得求加速度的不同方法. 当然，结果是一样的. 求任意张量场的物质导数也有类似情况.

(1) 在 $\varkappa(t)$ 用空间描述法 $\mathbf{v}(\mathbf{p}, t)$:

$$\mathbf{a}=\left(\frac{\partial \mathbf{v}}{\partial t}\right)_{\mathbf{P}}=\left(\frac{\partial \mathbf{v}}{\partial t}\right)_{\mathbf{p}}+v^r\partial_r\mathbf{v}=\left(\frac{\partial \mathbf{v}}{\partial t}\right)_{\mathbf{p}}+\mathbf{v}\cdot\overset{\rangle}{\nabla}\mathbf{v}, \tag{1.14}$$

$$a^i=\left(\frac{\partial v^i}{\partial t}\right)_{\mathbf{p}}+v^r\nabla_r v^i. \tag{1.15}$$

(2) 在 $\boldsymbol{\varkappa}(t)$ 用物质描述法 $\mathbf{v}(\mathbf{P},t)$:

$$\mathbf{a}=\left(\frac{\partial[v^i(\mathbf{P},\ t)\mathbf{g}_i]}{\partial t}\right)_{\mathbf{P}}=\left(\frac{\partial v^i}{\partial t}\right)_{\mathbf{P}}\mathbf{g}_i+v^i\left(\frac{\partial \mathbf{g}_i}{\partial t}\right)_{\mathbf{P}}$$

$$=\left[\left(\frac{\partial v^i}{\partial t}\right)_{\mathbf{P}}+v^r v^s\Gamma^i_{rs}\right]\mathbf{g}_i \tag{1.16}$$

$$=\left[\left(\frac{\partial v^i}{\partial t}\right)_{\mathbf{p}}+v^r\partial_r v^i+v^r v^s\Gamma^i_{rs}\right]\mathbf{g}_i$$

$$=\left[\left(\frac{\partial v^i}{\partial t}\right)_{\mathbf{p}}+v^r v^i_{;r}\right]\mathbf{g}_i. \tag{1.17}$$

正如所预料,结果是相同的.

(3) 在 $\mathscr{R}$ 用物质描述法 $\overset{\langle}{\mathbf{v}}(\mathbf{P},\ t)$:

$$\overset{\langle}{\mathbf{a}}=\left(\frac{\partial v^A(\mathbf{P},\ t)}{\partial t}\right)_{\mathbf{P}}\mathbf{G}_A=\left[\left(\frac{\partial v^i}{\partial t}\right)_{\mathbf{P}}g^A_i+v^i\left(\frac{\partial g^A_i}{\partial t}\right)_{\mathbf{P}}\right]\mathbf{G}_A$$

$$=\left[\left(\frac{\partial v^i}{\partial t}\right)_{\mathbf{P}}+v^r v^s\Gamma^i_{rs}\right]g^A_i\mathbf{G}_A=\overset{\langle\rangle}{\mathbf{I}}\cdot\mathbf{a}(\mathbf{P},t). \tag{1.18}$$

(4) 在 $\mathscr{R}$ 用空间描述法 $\overset{\langle}{\mathbf{v}}(\mathbf{p},t)$:

$$\overset{\langle}{\mathbf{a}}=\left(\frac{\partial v^A(\mathbf{p},\ t)}{\partial t}\right)_{\mathbf{P}}\mathbf{G}_A=\left[\left(\frac{\partial v^i}{\partial t}\right)_{\mathbf{P}}+v^r v^s\Gamma^i_{rs}\right]g^A_i\mathbf{G}_A$$

$$=\left[\left(\frac{\partial v^i}{\partial t}\right)_{\mathbf{p}}+v^r\nabla_r v^i\right]g^A_i\mathbf{G}_A=\overset{\langle\rangle}{\mathbf{I}}\cdot\mathbf{a}(\mathbf{p},t). \tag{1.19}$$

现考虑任意两点张量(局限于四阶无损于一般性):

$$\overset{\langle\cdot\rangle}{\boldsymbol{\varphi}}=\varphi^{A\cdot i}_{\cdot B\cdot j}\sqrt{G}^{-W}\sqrt{g}^{-w}\mathbf{G}_A\mathbf{G}^B\mathbf{g}_i\mathbf{g}^j. \tag{1.20}$$

采用物质描述法和空间描述法分别得 $\overset{\langle\cdot\rangle}{\boldsymbol{\varphi}}$ 的物质导数

$$\left(\frac{\partial\overset{\langle\cdot\rangle}{\boldsymbol{\varphi}}}{\partial t}\right)_{\mathbf{P}}=\left[\left(\frac{\partial\varphi^{A\cdot i}_{\cdot B\cdot j}}{\partial t}\right)_{\mathbf{P}}+v^r(\Gamma^i_{rs}\varphi^{A\cdot s}_{\cdot B\cdot j}-\Gamma^s_{rj}\varphi^{A\cdot i}_{\cdot B\cdot s}\right.$$

$$\left.-w\Gamma^s_{rs}\varphi^{A\cdot i}_{\cdot B\cdot j})\right]\sqrt{G}^{-W}\sqrt{g}^{-w}\mathbf{G}_A\mathbf{G}^B\mathbf{g}_i\mathbf{g}^j, \tag{1.21}$$

$$\left(\frac{\partial \overset{(\cdot)}{\boldsymbol{\varphi}}}{\partial t}\right)_{\mathbf{P}}=\left[\left(\frac{\partial \varphi^{A\cdot i}_{\cdot B\cdot j}}{\partial t}\right)_{\mathbf{p}}+\varphi^{A\cdot i}_{\cdot B\cdot j;r}v^r\right]\sqrt{G}^{-W}\sqrt{g}^{-w}\mathbf{G}_A\mathbf{G}^B\mathbf{g}_i\mathbf{g}^j. \tag{1.22}$$

从求加速度的各种途径可以看到，求物质导数与移动的次序是可以交换的．该结论对任意两点张量场也是对的，这是由(1.13)式及第一部份第五章(3.35)式所保证了的．

通过例子

$$\left(\frac{\partial \varphi^{A'\cdot i'}_{\cdot B'\cdot j'}}{\partial t}\right)_{\mathbf{P}}$$
$$=A^{A'}_{A}(\mathbf{P})A^{B}_{B'}(\mathbf{P})\left(\frac{\partial\left(A^{i'}_{i}(\mathbf{p}(\mathbf{P},t))A^{j}_{j'}(\mathbf{p}(\mathbf{P},t))\varphi^{A\cdot i}_{\cdot B\cdot j}\right)}{\partial t}\right)_{\mathbf{P}}$$
$$\neq A^{A'}_{A}(\mathbf{P})A^{B}_{B'}(\mathbf{P})A^{i'}_{i}(\mathbf{p}(\mathbf{P},t))A^{j}_{j'}(\mathbf{p}(\mathbf{P},t))\left(\frac{\partial \varphi^{A\cdot i}_{\cdot B\cdot j}}{\partial t}\right)_{\mathbf{P}}$$

可以知道，$\left(\frac{\partial \varphi^{A\cdot i}_{\cdot B\cdot j}}{\partial t}\right)_{\mathbf{P}}$ 和 $\left(\frac{\partial \varphi^{A\cdot i}_{\cdot B\cdot j}}{\partial t}\right)_{\mathbf{p}}$ 都不是张量的分量，而 $\left(\frac{\partial \varphi^{A\cdot C}_{\cdot B\cdot D}}{\partial t}\right)_{\mathbf{P}}$ 和 $\left(\frac{\partial \varphi^{i\cdot k}_{\cdot j\cdot l}}{\partial t}\right)_{\mathbf{p}}$ 却都是张量的分量．由此值得引起我们的注意，和 $\frac{\partial}{\partial X^A}$ 及 $\frac{\partial}{\partial x^i}$ 相类似，$\left(\frac{\partial}{\partial t}\right)_{\mathbf{P}}$ 和 $\left(\frac{\partial}{\partial t}\right)_{\mathbf{p}}$ 只是一般的微商运算，并没有统一的张量性．它们可以作用于作为一个整体的张量，或其每一个分量，甚至也可作用于非张量的量，其结果可能是也可能不是张量．但作用于张量的整体 $\overset{(\cdot)}{\boldsymbol{\varphi}}$，它们却是一种张量运算，因其结果仍是张量．今引入较简便的符号代表常用的张量物质导数运算，例如(1.21)和(1.22)结果就可表为

$$\dot{\overset{(\cdot)}{\boldsymbol{\varphi}}}=\dot{\varphi}^{A\cdot i}_{\cdot B\cdot j}\sqrt{G}^{-W}\sqrt{g}^{-w}\mathbf{G}_A\mathbf{G}^B\mathbf{g}_i\mathbf{g}^j. \tag{1.23}$$

对一个张量整体而言

$$\dot{\overline{(\quad)}}=\left(\frac{\partial}{\partial t}\right)_{\mathbf{P}}, \tag{1.24}$$

如

$$\dot{\overset{(\cdot)}{\boldsymbol{\varphi}}}=\left(\frac{\partial \overset{(\cdot)}{\boldsymbol{\varphi}}}{\partial t}\right)_{\mathbf{P}},\quad \mathbf{a}=\dot{\mathbf{v}}. \tag{1.25}$$

但作用于分量时却没有(1.24)式的意义而表达为

$$\overset{\cdot}{\overline{(\quad)}} = \left(\frac{\partial}{\partial t}\right)_{\mathbf{P}} + v^r \nabla_r \tag{1.26}$$

$$= \left(\frac{\partial}{\partial t}\right)_{\mathbf{P}} + v^r(\nabla_r - \partial_r). \tag{1.27}$$

对任意随时间变化的仿射量 $\overset{\rangle\langle}{\mathbf{B}}$ 或 $\overset{\rangle\rangle}{\mathbf{B}}$ 及 $\mathbf{a}$, $\mathbf{b}$, 应用 Leibniz 法则求 $\overset{\rangle}{\mathbf{a}} \cdot \overset{\rangle\langle}{\mathbf{B}} \cdot \overset{\langle}{\mathbf{b}} = \overset{\langle}{\mathbf{b}} \cdot \overset{\langle\rangle}{\mathbf{B}}{}^* \cdot \overset{\rangle}{\mathbf{a}}$ 或 $\overset{\rangle}{\mathbf{a}} \cdot \overset{\rangle\rangle}{\mathbf{B}} \cdot \overset{\rangle}{\mathbf{b}} = \overset{\rangle}{\mathbf{b}} \cdot \overset{\rangle\rangle}{\mathbf{B}}{}^* \cdot \overset{\rangle}{\mathbf{a}}$ 的物质导数就可证明 $\overset{\cdot}{\overline{\overset{\langle\rangle}{\mathbf{B}}{}^*}} = \left(\overset{\cdot}{\overset{\langle\rangle}{\mathbf{B}}}\right)^*$ 和 $\overset{\cdot}{\overline{\overset{\rangle\rangle}{\mathbf{B}}{}^*}} = \left(\overset{\cdot}{\overset{\rangle\rangle}{\mathbf{B}}}\right)^*$, 故可以笼统地写 $\overset{\cdot}{\overset{\langle\rangle}{\mathbf{B}}}{}^*$, $\overset{\cdot}{\overset{\rangle\rangle}{\mathbf{B}}}{}^*$ 等. 圆点下一横表示其作用所及的范围.

对于一点张量场 $\overset{\rangle\cdot\rangle}{\boldsymbol{\varphi}}(\mathbf{p}, t)$ 我们有

$$\overset{\cdot}{\overset{\rangle\cdot\rangle}{\boldsymbol{\varphi}}} = \left(\frac{\partial \overset{\rangle\cdot\rangle}{\boldsymbol{\varphi}}}{\partial t}\right)_{\mathbf{p}} + v^r \partial_r \overset{\rangle\cdot\rangle}{\boldsymbol{\varphi}} = \left(\frac{\partial \overset{\rangle\cdot\rangle}{\boldsymbol{\varphi}}}{\partial t}\right)_{\mathbf{p}} + \mathbf{v} \cdot \nabla \overset{\rangle\cdot\rangle}{\boldsymbol{\varphi}}. \tag{1.28}$$

§2. 速度梯度,变形梯度及线、面、体素的物质导数

物体各点位移速度构成向量场 $\mathbf{v}(\mathbf{p}, t)$. 速度在 $\mathbf{p}$ 点的微分

$$d\mathbf{v} = \mathbf{v}_{,i} dx^i = (\mathbf{v}_{,i}\mathbf{g}^i) \cdot (dx^j \mathbf{g}_j) = (\overset{\rangle}{\mathbf{v}\boldsymbol{\nabla}}) \cdot d\mathbf{p} = \overset{\rangle\rangle}{\mathbf{L}} \cdot d\mathbf{p} \tag{2.1}$$

反映点 $\mathbf{P} + d\mathbf{P}$ 对点 $\mathbf{P}$ 在时刻 t 的相对速度.

$$\overset{\rangle\rangle}{\mathbf{L}} \overset{df}{=} \overset{\rangle}{\mathbf{v}\boldsymbol{\nabla}} = v^i_{;j}\mathbf{g}_i\mathbf{g}^j \tag{2.2}$$

称为**速度梯度**.

运动着的物体相对于初始构型 $\mathscr{R}$ 的变形随时间而变化. 这种变化的速度反映在刻划变形的变形梯度 $\overset{\rangle\langle}{\mathbf{D}}$ 上就是它的物质导数. 求变形梯度的物质导数从定义出发较为简便:

$$\overset{\cdot}{\overset{\rangle\langle}{\mathbf{D}}} \overset{df}{=} \lim_{\Delta t \to 0} \frac{\mathbf{p}(\mathbf{P}, t + \Delta t)_{,M} - \mathbf{p}(\mathbf{P}, t)_{,M}}{\Delta t} \mathbf{G}^M = \mathbf{v}_{,M}\mathbf{G}^M$$

$$= (v_{,r}\mathbf{g}^r) \cdot (x^s_{;M}\mathbf{g}_s\mathbf{G}^M) = (\overset{\rangle}{\mathbf{v}\boldsymbol{\nabla}}) \cdot \overset{\rangle\langle}{\mathbf{D}} = \overset{\rangle\rangle}{\mathbf{L}} \cdot \overset{\rangle\langle}{\mathbf{D}}. \tag{2.3}$$

从

$$0=\dot{\overset{\gg}{\mathbf{I}}}=\overset{\bullet}{\overline{\overset{><}{\mathbf{D}}\cdot\overset{-1}{\overset{<>}{\mathbf{D}}}}}=\dot{\overset{><}{\mathbf{D}}}\cdot\overset{-1}{\overset{<>}{\mathbf{D}}}+\overset{><}{\mathbf{D}}\cdot\overset{\bullet}{\overline{\overset{-1}{\overset{<>}{\mathbf{D}}}}}$$

又得

$$\begin{aligned}\overset{\bullet}{\overline{\overset{-1}{\overset{<>}{\mathbf{D}}}}}&=-\overset{-1}{\overset{<>}{\mathbf{D}}}\cdot\dot{\overset{><}{\mathbf{D}}}\cdot\overset{-1}{\overset{<>}{\mathbf{D}}}=-\overset{-1}{\overset{<>}{\mathbf{D}}}\cdot\overset{\gg}{\mathbf{L}}\cdot\overset{><}{\mathbf{D}}\cdot\overset{-1}{\overset{<>}{\mathbf{D}}}=-\overset{-1}{\overset{<>}{\mathbf{D}}}\cdot\overset{\gg}{\mathbf{L}}\\&=-X^A_{;r}v^r_{;i}\mathbf{G}_A\mathbf{g}^i.\end{aligned}\qquad(2.4)$$

现在来看各物质元素的物质导数．首先有

$$\overset{\bullet}{\overline{d\mathbf{P}}}=\overset{\bullet}{\overline{d\overset{<}{\mathbf{A}}}}=\overset{\bullet}{\overline{dV}}=0.\qquad(2.5)$$

这在物理上也是明显的，因不管物体怎样运动，构型 $\mathscr{R}$ 的各物质元素作为历史事实是不变的．其次

$$\left.\begin{aligned}\overset{\bullet}{\overline{d\mathbf{p}}}&=\overset{\bullet}{\overline{\overset{><}{\mathbf{D}}\cdot d\mathbf{P}}}=\dot{\overset{><}{\mathbf{D}}}\cdot d\mathbf{P}=\overset{\gg}{\mathbf{L}}\cdot\overset{><}{\mathbf{D}}\cdot d\mathbf{P}\\&=\overset{\gg}{\mathbf{L}}\cdot d\mathbf{p}=d\mathbf{v}=d\dot{\mathbf{p}}\\\overset{\bullet}{\overline{dx^i}}&=v^i_{;r}x^r_{;M}dX^M=v^i_{;r}dx^r=dv^i=d\dot{x}^i\end{aligned}\right\};\qquad(2.6)$$

$$\begin{aligned}\overset{\bullet}{\overline{dv}}&=\overset{\bullet}{\overline{\mathscr{J}dV}}=\dot{\mathscr{J}}dV=\overset{\bullet}{\overline{[\underset{1}{d\mathbf{p}}\underset{2}{d\mathbf{p}}\underset{3}{d\mathbf{p}}]}}\\&=\frac{(\overset{\gg}{\mathbf{L}}\cdot\underset{1}{d\mathbf{p}})\times\underset{2}{d\mathbf{p}}\cdot\underset{3}{d\mathbf{p}}+\underset{1}{d\mathbf{p}}\times(\overset{\gg}{\mathbf{L}}\cdot\underset{2}{d\mathbf{p}})\cdot\underset{3}{d\mathbf{p}}+\underset{1}{d\mathbf{p}}\times\underset{2}{d\mathbf{p}}\cdot(\overset{\gg}{\mathbf{L}}\cdot\underset{3}{d\mathbf{p}})}{[\underset{1}{d\mathbf{p}}\underset{2}{d\mathbf{p}}\underset{3}{d\mathbf{p}}]}dv\\&=\mathrm{I}(\overset{\gg}{\mathbf{L}})dv=v^r_{;r}dv=\mathrm{div}\mathbf{v}dv;\end{aligned}\qquad(2.7)$$

$$\dot{\mathscr{J}}=\mathrm{I}(\overset{\gg}{\mathbf{L}})\frac{dv}{dV}=\mathrm{I}(\overset{\gg}{\mathbf{L}})\mathscr{J}=\mathrm{I}(\overset{\gg}{\mathbf{L}})\mathrm{III}(\overset{\ll}{\mathbf{D}})=\mathscr{J}\,\mathrm{div}\,\mathbf{v};\qquad(2.8)$$

$$\begin{aligned}\overset{\bullet}{\overline{d\overset{>}{\mathbf{a}}}}&=\overset{\bullet}{\overline{\mathscr{J}\overset{-1}{\overset{><}{\mathbf{D}}}{}^*\cdot d\overset{<}{\mathbf{A}}}}=\dot{\mathscr{J}}\overset{-1}{\overset{><}{\mathbf{D}}}{}^*\cdot d\overset{<}{\mathbf{A}}+\mathscr{J}\overset{\bullet}{\overline{\overset{-1}{\overset{><}{\mathbf{D}}}{}^*}}\cdot d\overset{<}{\mathbf{A}}\\&=\mathscr{J}(\mathrm{I}(\overset{\gg}{\mathbf{L}})\overset{-1}{\overset{><}{\mathbf{D}}}{}^*-\overset{\gg}{\mathbf{L}}{}^*\ \overset{-1}{\overset{><}{\mathbf{D}}}{}^*)\cdot d\overset{<}{\mathbf{A}}\end{aligned}$$

$$
= (\mathrm{I}(\overset{\rangle\rangle}{\mathbf{L}})\overset{\rangle\rangle}{\mathbf{I}} - \overset{\rangle\rangle}{\mathbf{L}}{}^*) \cdot (\mathscr{J}\overset{-1}{\overset{\rangle\langle}{\mathbf{D}}}{}^*) \cdot d\overset{\langle}{\mathbf{A}} = (\mathrm{I}(\overset{\rangle\rangle}{\mathbf{L}})\overset{\rangle\rangle}{\mathbf{I}} - \overset{\rangle\rangle}{\mathbf{L}}{}^*) \cdot d\overset{\rangle}{\mathbf{a}}
$$

$$
= (v^s_{;s}\delta^r_i - v^r_{;i}) da_r \mathbf{g}^i. \tag{2.9}
$$

将上面各公式并列起来：

$$
\left.
\begin{aligned}
\dot{\overline{d\mathbf{p}}} &= \overset{\rangle\rangle}{\mathbf{L}} \cdot d\mathbf{p} && = \overset{\rangle\rangle}{\mathbf{L}} \cdot \overset{\rangle\langle}{\mathbf{D}} \cdot d\mathbf{P} \\
\dot{\overline{d\overset{\rangle}{\mathbf{a}}}} &= (\mathrm{I}(\overset{\rangle\rangle}{\mathbf{L}})\overset{\rangle\rangle}{\mathbf{I}} - \overset{\rangle\rangle}{\mathbf{L}}{}^*) \cdot d\overset{\rangle}{\mathbf{a}} && = (\mathrm{I}(\overset{\rangle\rangle}{\mathbf{L}})\overset{\rangle\rangle}{\mathbf{I}} - \overset{\rangle\rangle}{\mathbf{L}}{}^*) \\
& && \quad \cdot \mathscr{J}\overset{-1}{\overset{\rangle\langle}{\mathbf{D}}}{}^* \cdot d\overset{\langle}{\mathbf{A}} \\
\dot{\overline{dv}} &= \mathrm{I}(\overset{\rangle\rangle}{\mathbf{L}})dv && = \mathrm{I}(\overset{\rangle\rangle}{\mathbf{L}})\mathrm{III}(\overset{\langle\langle}{\mathbf{D}})dV
\end{aligned}
\right\}. \tag{2.10}
$$

从第一组公式我们发现，速度梯度 $\overset{\rangle\rangle}{\mathbf{L}}$ 是求得构型 $\mathscr{r}(t)$ 的各物质元素的时间变化率的充要因素．这些时间变化率和物质元素本身在构型 $\mathscr{R}$ 的状态无关．也就是说，$\overset{\rangle\rangle}{\mathbf{L}}$ 所反映的是，以构型 $\mathscr{r}(t)$ 为基准，物体离开 $\mathscr{r}(t)$ 的速度．假如我们以初始构型 $\mathscr{R}$ 为基准，而问物体在时刻 t 时离开构型 $\mathscr{R}$ 的速度如何，则除了 $\overset{\rangle\rangle}{\mathbf{L}}$，还得知道变形梯度 $\overset{\rangle\langle}{\mathbf{D}}$．上面三公式的第二组就反映了这一事实．

近代理性力学在研究一般性材料的理论里还出现各种更高阶的物质导数．定义原理是一样的，在这里就不进一步涉及了．

§ 3. 变形率和旋率

在变形分析里，以初始构型 $\mathscr{R}$ 为基准，物体典型点与其各邻点距离的变化构成该点的应变状态．应变状态的体现者是各种应变张量．在研究运动中，这种距离变化的速率是同样重要的．自然要问，这种度量变化的速率的体现者是否就是前文引进的速度梯度抑或是其他的量．本节将解决这个问题．正如定义位移速度那样，定义这种距离变化率是以构型 $\mathscr{r}(t)$ 中典型点与邻点的距离为基准的．为此，我们引入**长度率**的概念．若仍令 $\mathbf{n} = \dfrac{d\mathbf{p}}{|d\mathbf{p}|}$，则

在 $\mathbf{n}$ 方向的长度率就是

$$
d_{\mathbf{n}} \overset{\mathrm{df}}{=} \frac{\dot{\overline{|d\mathbf{p}|}}}{|d\mathbf{p}|} = \frac{\sqrt{\dot{\overline{d\mathbf{p}\cdot d\mathbf{p}}}}}{|d\mathbf{p}|} = \frac{\dot{\overline{d\mathbf{p}}}\cdot d\mathbf{p} + d\mathbf{p}\cdot \dot{\overline{d\mathbf{p}}}}{2|d\mathbf{p}|^2}
$$

$$
= \frac{\overset{\Rightarrow}{\mathbf{L}}\cdot d\mathbf{p}\cdot d\mathbf{p} + d\mathbf{p}\cdot\overset{\Rightarrow}{\mathbf{L}}\cdot d\mathbf{p}}{2|d\mathbf{p}|^2} = \mathbf{n}\cdot\frac{\overset{\Rightarrow}{\mathbf{L}}+\overset{\Rightarrow}{\mathbf{L}}{}^*}{2}\cdot\mathbf{n}
$$

$$
= \mathbf{n}\cdot\overset{\Rightarrow}{\mathbf{d}}\cdot\mathbf{n}. \tag{3.1}
$$

这说明，起决定作用的是速度梯度的对称部分

$$
\overset{\Rightarrow}{\mathbf{d}} \overset{\mathrm{df}}{=} \frac{1}{2}(\overset{\Rightarrow}{\mathbf{L}}+\overset{\Rightarrow}{\mathbf{L}}{}^*) = \frac{1}{2}(v_{i;j}+v_{j;i})\mathbf{g}^i\mathbf{g}^j = d_{ij}\mathbf{g}^i\mathbf{g}^j, \tag{3.2}
$$

称为**变形率**． 在构型 $\varkappa(t)$ 的 $\mathbf{n}$ 方向的长度率就是变形率仿射量在这个方向的法分量．从而，长度率在 $\overset{\Rightarrow}{\mathbf{d}}$ 的主向 $\underset{\gamma}{\mathbf{n}}$ 取极值——主长度率 $d_{\underset{\gamma}{\mathbf{n}}}$——，而且等于 $\overset{\Rightarrow}{\mathbf{d}}$ 的主值 $\underset{\gamma}{d} \equiv d_{\underset{\gamma}{\mathbf{n}}}$:

$$
\overset{\Rightarrow}{\mathbf{d}}\cdot\underset{\gamma}{\mathbf{n}} = \underset{\gamma}{d}\,\underset{\gamma}{\mathbf{n}}. \tag{3.3}
$$

将变形率从速度梯度分离出来的步骤本身，实质上等于对 $\overset{\Rightarrow}{\mathbf{L}}$ 进行加法分解:

$$
\overset{\Rightarrow}{\mathbf{L}} = \overset{\Rightarrow}{\mathbf{d}} + \overset{\Rightarrow}{\mathbf{w}}. \tag{3.4}
$$

这个分解以及 $\overset{\Rightarrow}{\mathbf{L}}$ 的反称部分

$$
\overset{\Rightarrow}{\mathbf{w}} = \frac{1}{2}(\overset{\Rightarrow}{\mathbf{L}}-\overset{\Rightarrow}{\mathbf{L}}{}^*) = \frac{1}{2}(v_{i;j}-v_{j;i})\mathbf{g}^i\mathbf{g}^j = w_{ij}\mathbf{g}^i\mathbf{g}^j \tag{3.5}
$$

的物理意义留在后面解释． 暂且再看**容积率**，**面积率**和**剪切率**的表达式:

$$
\frac{\dot{\overline{dv}}}{dv} = \mathrm{I}(\overset{\Rightarrow}{\mathbf{L}}) = \mathrm{I}(\overset{\Rightarrow}{\mathbf{d}}) + \mathrm{I}(\overset{\Rightarrow}{\mathbf{w}}) = \mathrm{I}(\overset{\Rightarrow}{\mathbf{d}}), \tag{3.6}
$$

$$
\frac{\dot{\overline{|d\vec{\mathbf{a}}|}}}{|d\vec{\mathbf{a}}|} = \frac{\sqrt{\dot{\overline{d\vec{\mathbf{a}}\cdot d\vec{\mathbf{a}}}}}}{|d\vec{\mathbf{a}}|} = \frac{\dot{\overline{d\vec{\mathbf{a}}}}\cdot d\vec{\mathbf{a}} + d\vec{\mathbf{a}}\cdot\dot{\overline{d\vec{\mathbf{a}}}}}{2|d\vec{\mathbf{a}}|^2}
$$

$$
=\frac{(\mathrm{I}(\overset{\rightrightarrows}{\mathbf{L}})\overset{\rightrightarrows}{\mathbf{I}}-\overset{\rightrightarrows}{\mathbf{L}}^{*})\cdot d\vec{\mathbf{a}}\cdot d\vec{\mathbf{a}}+d\vec{\mathbf{a}}\cdot(\mathrm{I}(\overset{\rightrightarrows}{\mathbf{L}})\overset{\rightrightarrows}{\mathbf{I}}-\overset{\rightrightarrows}{\mathbf{L}}^{*})\cdot d\vec{\mathbf{a}}}{2|d\vec{\mathbf{a}}|^{2}}
$$

$$
=\frac{d\vec{\mathbf{a}}\cdot(\mathrm{I}(\overset{\rightrightarrows}{\mathbf{L}})\overset{\rightrightarrows}{\mathbf{I}}-\frac{1}{2}(\overset{\rightrightarrows}{\mathbf{L}}+\overset{\rightrightarrows}{\mathbf{L}}^{*}))\cdot d\vec{\mathbf{a}}}{|d\vec{\mathbf{a}}|^{2}}
$$

$$
=\mathbf{n}\cdot(\mathrm{I}(\overset{\rightrightarrows}{\mathbf{d}})\overset{\rightrightarrows}{\mathbf{I}}-\overset{\rightrightarrows}{\mathbf{d}})\cdot\mathbf{n}=\mathrm{I}(\overset{\rightrightarrows}{\mathbf{d}})-\mathbf{n}\cdot\overset{\rightrightarrows}{\mathbf{d}}\cdot\mathbf{n}
$$

$$
=\mathrm{I}(\overset{\rightrightarrows}{\mathbf{d}})-d_{\mathbf{n}}. \tag{3.7}
$$

$$
\left(这里\ \mathbf{n}=\frac{d\vec{\mathbf{a}}}{|d\vec{\mathbf{a}}|}\right).
$$

为了求剪切率，先求线素 $d\mathbf{p}$ 方向单位向量 $\mathbf{n}=\frac{d\mathbf{p}}{|d\mathbf{p}|}$的物质导数：

$$
\dot{\mathbf{n}}=\dot{\overline{\left(\frac{d\mathbf{p}}{|d\mathbf{p}|}\right)}}=\frac{\dot{\overline{d\mathbf{p}}}}{|d\mathbf{p}|}-\frac{\dot{\overline{|d\mathbf{p}|}}}{|d\mathbf{p}|^{2}}d\mathbf{p}=\overset{\rightrightarrows}{\mathbf{L}}\cdot\mathbf{n}-\mathbf{n}\cdot\mathbf{d}\cdot\mathbf{nn}
$$

$$
=(\overset{\rightrightarrows}{\mathbf{L}}-d_{\mathbf{n}}\overset{\rightrightarrows}{\mathbf{I}})\cdot\mathbf{n}. \tag{3.8}
$$

于是

$$
\begin{aligned}
\dot{\overline{\cos\vartheta}}&=\dot{\overline{\underset{1}{\mathbf{n}}\cdot\underset{2}{\mathbf{n}}}}=\underset{1}{\dot{\mathbf{n}}}\cdot\underset{2}{\mathbf{n}}+\underset{1}{\mathbf{n}}\cdot\underset{2}{\dot{\mathbf{n}}}\\
&=2\underset{1}{\mathbf{n}}\cdot\overset{\rightrightarrows}{\mathbf{d}}\cdot\underset{2}{\mathbf{n}}-(\underset{1}{\mathbf{n}}\cdot\overset{\rightrightarrows}{\mathbf{d}}\cdot\underset{1}{\mathbf{n}}+\underset{2}{\mathbf{n}}\cdot\overset{\rightrightarrows}{\mathbf{d}}\cdot\underset{2}{\mathbf{n}})\underset{1}{\mathbf{n}}\cdot\underset{2}{\mathbf{n}}\\
&=(\underset{1}{\mathbf{n}}-\underset{1}{\mathbf{n}}\cdot\underset{2}{\mathbf{n}}\underset{2}{\mathbf{n}})\cdot\overset{\rightrightarrows}{\mathbf{d}}\cdot\underset{2}{\mathbf{n}}+(\underset{2}{\mathbf{n}}-\underset{2}{\mathbf{n}}\cdot\underset{1}{\mathbf{n}}\underset{1}{\mathbf{n}})\\
&\quad\cdot\overset{\rightrightarrows}{\mathbf{d}}\cdot\underset{1}{\mathbf{n}}.
\end{aligned} \tag{3.9}
$$

另一方面

$$
\dot{\overline{\cos\vartheta}}=-\dot{\overline{(\Theta-\gamma)}}\sin\vartheta=\dot{\gamma}\sin\vartheta,
$$

若 $\underset{1}{\mathbf{n}}\cdot\underset{2}{\mathbf{n}}=0$, 则 $\sin\vartheta=1$, (3.9) 式就简化为

$$\dot{\gamma} = 2\underset{1}{\mathbf{n}} \cdot \overset{\gg}{\mathbf{d}} \cdot \underset{2}{\mathbf{n}}. \tag{3.10}$$

在构型 $\varkappa(t)$，两正交线素夹角减小的速度就是变形率在 $\underset{1}{\mathbf{n}}, \underset{2}{\mathbf{n}}$ 方向剪分量的两倍．(3.6)，(3.7)和(3.9)式表明，容积率，面积率和剪切率也完全由变形率确定．$\overset{\gg}{\mathbf{d}}$ 使整个空间沿 $\overset{\gg}{\mathbf{d}}$ 的主向以主长度率的速度伸长或压缩(因 $\overset{\gg}{\mathbf{d}}$ 的主值可正可负)，因而 $\overset{\gg}{\mathbf{d}}$ 代表纯变形的变化速率．从(3.1)，(3.6)和(3.7)式还可以发现一个有趣的结果：容积率等于面积率和该面元素法向长度率之和．

现在让我们来说明 $\overset{\gg}{\mathbf{L}}$ 的分解及其反称部份的性质．为此，考察两个邻近时刻 t 和 $t+\delta t$ 的构型 $\varkappa(t)$ 和 $\varkappa(t+\delta t)$．典型点 $\mathbf{P}$ 先后处于 $\mathbf{p}(\mathbf{P}, t)$ 和 $\mathbf{p}(\mathbf{P}, t+\delta t)$ 的位置：

$$\mathbf{p}(\mathbf{P}, t+\delta t) = \mathbf{p}(\mathbf{P}, t) + \delta t \mathbf{v}(\mathbf{P}, t).$$

上式的微分给出物质线素 $d\mathbf{P}$ 在这两个邻近时刻的关系：

$$\begin{aligned} d\mathbf{p}(\mathbf{P}, t+\delta t) &= d\mathbf{p}(\mathbf{P}, t) + \delta t d\mathbf{v}(\mathbf{P}, t) \\ &= (\overset{\gg}{\mathbf{I}} + \delta t \overset{\gg}{\mathbf{L}}) \cdot d\mathbf{p}(\mathbf{P}, t) \\ &= (\overset{\gg}{\mathbf{I}} + \delta t \overset{\gg}{\mathbf{w}} + \delta t \overset{\gg}{\mathbf{d}}) \cdot d\mathbf{p}(\mathbf{P}, t). \end{aligned} \tag{3.11}$$

如果考察的这两个邻近时刻充分接近，则反称张量 $\delta t \overset{\gg}{\mathbf{w}}$ 的向量

$$\begin{aligned} -\frac{1}{2}\delta t \overset{\ggg}{\boldsymbol{\epsilon}} : \overset{\gg}{\mathbf{w}} &= \frac{1}{2}\delta t \overset{\ggg}{\boldsymbol{\epsilon}} : \overset{\gg}{\mathbf{w}}^* = \frac{1}{2}\delta t \overset{\ggg}{\boldsymbol{\epsilon}} : \overset{\gg}{\mathbf{L}}^* \\ &= \frac{1}{2}\delta t \overset{\ggg}{\boldsymbol{\epsilon}} : \overset{>}{\boldsymbol{\nabla}}\mathbf{v} = \frac{1}{2}\delta t \overset{>}{\boldsymbol{\nabla}} \times \mathbf{v} = \frac{1}{2}\delta t \operatorname{rot} \mathbf{v} \end{aligned} \tag{3.12}$$

可以看作是小向量． 根据第一部分第二章关于反称张量的论述，$\overset{\gg}{\mathbf{I}} + \delta t \overset{\gg}{\mathbf{w}}$ 是小转动仿射量．它不改变长度地使每一线素 $d\mathbf{p}(\mathbf{P}, t)$ 绕 $\frac{1}{2}\operatorname{rot}\mathbf{v}$ 轴转过一个角度 $\frac{1}{2}\delta t|\operatorname{rot}\mathbf{v}|$． 于是我们就有类似于变形基本定理的情况：任何线素 $d\mathbf{P}$ 从构型 $\varkappa(t)$ 至邻近构型 $\varkappa(t+\delta t)$ 的变形由移动，转动和纯变形复合而成． 各组成部分分别由

$\overset{\gg}{\mathbf{I}}$, $\delta t\overset{\gg}{\mathbf{w}}$ 和 $\delta t\overset{\gg}{\mathbf{d}}$ 代表(见公式(3.11)和图 7). 和变形基本定理区别之处在于复合是加法的. 复合次序也是可以任意的，而且各组成部分不因次序而变化. 应该注意，变形基本定理是精确的，而这里的解释只有当 δt 是小量时才成立.

这样，邻近点 $\mathbf{P}+d\mathbf{P}$ 对点 $\mathbf{P}$ 在时刻 t 的相对速度就分成两部份:

$$d\mathbf{v} = \overset{\gg}{\mathbf{d}} \cdot d\mathbf{p} + \overset{\gg}{\mathbf{w}} \cdot d\mathbf{p}, \tag{3.13}$$

$\overset{\gg}{\mathbf{d}} \cdot d\mathbf{p}$ 代表引起应变变化的部分，而 $\overset{\gg}{\mathbf{w}} \cdot d\mathbf{p}$ 则代表转动部分，故称 $\overset{\gg}{\mathbf{w}}$ 为**旋率仿射量**. 但这和刚体意义下的转动是有区别的，因一般说来，每具体点 $\mathbf{P}+d\mathbf{P}$ 在时刻 t 绕 $\mathbf{P}$ 点转动的角速度向量是不同的. 除了共同部份 $\frac{1}{2}\operatorname{rot}\mathbf{v}$, 变形率 $\overset{\gg}{\mathbf{d}}$ 对本点的转动亦有贡献. 只有 $\overset{\gg}{\mathbf{d}}$ 主向的物质线素的角速度向量才完全是 $\frac{1}{2}\operatorname{rot}\mathbf{v}$, 这可由(3.8)式看出:

$$\underset{\gamma}{\dot{\mathbf{n}}} = (\overset{\gg}{\mathbf{w}} + \overset{\gg}{\mathbf{d}} - \underset{\gamma}{d}\overset{\gg}{\mathbf{I}}) \cdot \underset{\gamma}{\mathbf{n}} = \overset{\gg}{\mathbf{w}} \cdot \underset{\gamma}{\mathbf{n}} = \frac{1}{2}(\operatorname{rot}\mathbf{v}) \times \underset{\gamma}{\mathbf{n}}. \tag{3.14}$$

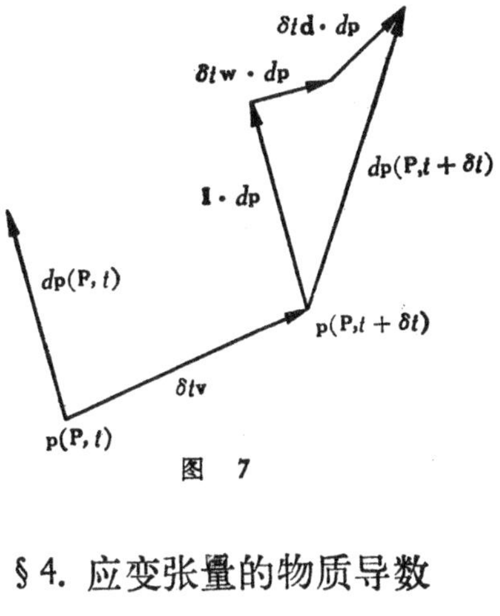

图 7

§4. 应变张量的物质导数

§2 的(2.10)各公式已说明，若以初始构型 $\mathscr{R}$ 为基准，单是速

度梯度 $\overset{\gg}{\mathbf{L}}$ 不足以表达各物质元素的时间变化率．各种应变张量是应变状态(以 $\mathscr{R}$ 为基准)的体现者，它们的物质导数从不同角度反映应变状态的时间变化率．下面我们看到，光是变形率 $\overset{\gg}{\mathbf{d}}$ 也不足以表达这些物质导数．

$$
\begin{aligned}
\dot{\overset{\ll}{\mathbf{C}}} &= \dot{\overline{\overset{\langle\rangle}{\mathbf{D}}{}^* \cdot \overset{\rangle\langle}{\mathbf{D}}}} = \dot{\overset{\langle\rangle}{\mathbf{D}}}{}^* \cdot \overset{\rangle\langle}{\mathbf{D}} + \overset{\langle\rangle}{\mathbf{D}}{}^* \cdot \dot{\overset{\rangle\langle}{\mathbf{D}}} \\
&= \overset{\langle\rangle}{\mathbf{D}}{}^* \cdot \overset{\gg}{\mathbf{L}}{}^* \cdot \overset{\rangle\langle}{\mathbf{D}} + \overset{\langle\rangle}{\mathbf{D}}{}^* \cdot \overset{\gg}{\mathbf{L}} \cdot \overset{\rangle\langle}{\mathbf{D}} = 2\overset{\langle\rangle}{\mathbf{D}}{}^* \cdot \overset{\gg}{\mathbf{d}} \cdot \overset{\rangle\langle}{\mathbf{D}},
\end{aligned} \tag{4.1}
$$

$$
\begin{aligned}
\dot{\overline{\overset{\ll}{\mathbf{C}}{}^{-1}}} &= -\overset{\ll}{\mathbf{C}}{}^{-1} \cdot \dot{\overset{\ll}{\mathbf{C}}} \cdot \overset{\ll}{\mathbf{C}}{}^{-1} = -2\overset{\langle\rangle}{\mathbf{D}}{}^{-1} \cdot \overset{\rangle\langle}{\mathbf{D}}{}^{*-1} \cdot \overset{\langle\rangle}{\mathbf{D}}{}^* \cdot \overset{\gg}{\mathbf{d}} \cdot \overset{\rangle\langle}{\mathbf{D}} \cdot \overset{\langle\rangle}{\mathbf{D}}{}^{-1} \cdot \overset{\rangle\langle}{\mathbf{D}}{}^{*-1} \\
&= -2\overset{\langle\rangle}{\mathbf{D}}{}^{-1} \cdot \overset{\gg}{\mathbf{d}} \cdot \overset{\rangle\langle}{\mathbf{D}}{}^{*-1},
\end{aligned} \tag{4.2}
$$

$$
\begin{aligned}
\dot{\overline{\overset{\gg}{\mathbf{c}}{}^{-1}}} &= \dot{\overline{\overset{\rangle\langle}{\mathbf{D}} \cdot \overset{\langle\rangle}{\mathbf{D}}{}^*}} = \dot{\overset{\rangle\langle}{\mathbf{D}}} \cdot \overset{\langle\rangle}{\mathbf{D}}{}^* + \overset{\rangle\langle}{\mathbf{D}} \cdot \dot{\overset{\langle\rangle}{\mathbf{D}}}{}^* \\
&= \overset{\gg}{\mathbf{L}} \cdot \overset{\rangle\langle}{\mathbf{D}} \cdot \overset{\langle\rangle}{\mathbf{D}}{}^* + \overset{\rangle\langle}{\mathbf{D}} \cdot \overset{\langle\rangle}{\mathbf{D}}{}^* \cdot \overset{\gg}{\mathbf{L}}{}^* = \overset{\gg}{\mathbf{L}} \cdot \overset{\gg}{\mathbf{c}}{}^{-1} + \overset{\gg}{\mathbf{c}}{}^{-1} \cdot \overset{\gg}{\mathbf{L}}{}^*,
\end{aligned} \tag{4.3}
$$

$$
\dot{\overset{\gg}{\mathbf{c}}} = -\overset{\gg}{\mathbf{c}} \cdot \dot{\overline{\overset{\gg}{\mathbf{c}}{}^{-1}}} \cdot \overset{\gg}{\mathbf{c}} = -(\overset{\gg}{\mathbf{c}} \cdot \overset{\gg}{\mathbf{L}} + \overset{\gg}{\mathbf{L}}{}^* \cdot \overset{\gg}{\mathbf{c}}), \tag{4.4}
$$

$$
\dot{\overset{\ll}{\mathbf{E}}} = \frac{1}{2}\dot{\overset{\ll}{\mathbf{C}}} = \overset{\langle\rangle}{\mathbf{D}}{}^* \cdot \overset{\gg}{\mathbf{d}} \cdot \overset{\rangle\langle}{\mathbf{D}}, \tag{4.5}
$$

$$
\begin{aligned}
\dot{\overset{\gg}{\mathbf{e}}} &= -\frac{1}{2}\dot{\overset{\gg}{\mathbf{c}}} = \frac{1}{2}(\overset{\gg}{\mathbf{c}} \cdot \overset{\gg}{\mathbf{L}} + \overset{\gg}{\mathbf{L}}{}^* \cdot \overset{\gg}{\mathbf{c}}) \\
&= \frac{1}{2}[(\overset{\gg}{\mathbf{I}} - 2\overset{\gg}{\mathbf{e}}) \cdot \overset{\gg}{\mathbf{L}} + \overset{\gg}{\mathbf{L}}{}^* \cdot (\overset{\gg}{\mathbf{I}} - 2\overset{\gg}{\mathbf{e}})] \\
&= \overset{\gg}{\mathbf{d}} - (\overset{\gg}{\mathbf{e}} \cdot \overset{\gg}{\mathbf{L}} + \overset{\gg}{\mathbf{L}}{}^* \cdot \overset{\gg}{\mathbf{e}}).
\end{aligned} \tag{4.6}
$$

利用第一章(4.2)，(4.6)式及上述结果可直接求得长度比和面积比的物质导数：

$$\dot{\lambda}_{\mathbf{N}}=\dot{\overline{\sqrt{\mathbf{N}\cdot\overset{\ll}{\mathbf{C}}\cdot\mathbf{N}}}}=\frac{\mathbf{N}\cdot\dot{\overset{\ll}{\mathbf{C}}}\cdot\mathbf{N}}{2\lambda_{\mathbf{N}}}=\frac{(\overset{\gg\ll}{\mathbf{D}}\cdot\mathbf{N})\cdot\overset{\gg}{\mathbf{d}}\cdot(\overset{\gg\ll}{\mathbf{D}}\cdot\mathbf{N})}{\lambda_{\mathbf{N}}},\tag{4.7}$$

$$\dot{\sigma}_{\mathbf{N}}=\dot{\overline{\overline{\mathscr{J}\sqrt{\mathbf{N}\cdot\overset{\ll}{\mathbf{C}}{}^{-1}\cdot\mathbf{N}}}}}=\mathrm{I}(\overset{\gg}{\mathbf{d}})\sigma_{\mathbf{N}}+\frac{\mathscr{J}\mathbf{N}\cdot\dot{\overline{\overset{\ll}{\mathbf{C}}{}^{-1}}}\cdot\mathbf{N}}{2\sqrt{\mathbf{N}\cdot\overset{\ll}{\mathbf{C}}{}^{-1}\cdot\mathbf{N}}}$$

$$=\sigma_{\mathbf{N}}\mathrm{I}(\overset{\gg}{\mathbf{d}})-\frac{(\mathscr{J}\overset{\gg\ll}{\mathbf{D}}{}^{*-1}\cdot\mathbf{N})\cdot\overset{\gg}{\mathbf{d}}\cdot(\mathscr{J}\overset{\gg\ll}{\mathbf{D}}{}^{*-1}\cdot\mathbf{N})}{\sigma_{\mathbf{N}}}.\tag{4.8}$$

上两式中除了$\overset{\gg}{\mathbf{d}}$还出现变形梯度．如果以$\mathbf{n}=\dfrac{d\mathbf{p}}{|d\mathbf{p}|}$对应$\mathbf{N}=\dfrac{d\mathbf{P}}{|d\mathbf{P}|}$，并考虑到$\lambda_{\mathbf{N}}=\dfrac{|d\mathbf{p}|}{|d\mathbf{P}|}=\lambda_{\mathbf{n}}$，则(4.7)变成

$$\dot{\lambda}_{\mathbf{n}}=\lambda_{\mathbf{n}}\mathbf{n}\cdot\overset{\gg}{\mathbf{d}}\cdot\mathbf{n}.\tag{4.9}$$

又如以$\mathbf{n}=\dfrac{d\overset{\rangle}{\mathbf{a}}}{|d\overset{\rangle}{\mathbf{a}}|}$对应$\mathbf{N}=\dfrac{d\overset{\langle}{\mathbf{A}}}{|d\overset{\langle}{\mathbf{A}}|}$，并考虑到$\sigma_{\mathbf{N}}=\dfrac{|d\overset{\rangle}{\mathbf{a}}|}{|d\overset{\langle}{\mathbf{A}}|}=\sigma_{\mathbf{n}}$，则(4.8)又变为

$$\dot{\sigma}_{\mathbf{n}}=\sigma_{\mathbf{n}}(\mathrm{I}(\overset{\gg}{\mathbf{d}})-\mathbf{n}\cdot\overset{\gg}{\mathbf{d}}\cdot\mathbf{n}).\tag{4.10}$$

(4.9)和(4.10)两结果还可更简单地从(3.1)和(3.7)式求得

$$\dot{\lambda}_{\mathbf{n}}=\frac{\dot{\overline{|d\mathbf{p}|}}}{|d\mathbf{P}|}=\frac{|d\mathbf{p}|}{|d\mathbf{P}|}\cdot\frac{\dot{\overline{|d\mathbf{p}|}}}{|d\mathbf{p}|}=\lambda_{\mathbf{n}}d_{\mathbf{n}},\tag{4.11}$$

$$\dot{\sigma}_{\mathbf{n}}=\frac{\dot{\overline{|d\overset{\rangle}{\mathbf{a}}|}}}{|d\overset{\langle}{\mathbf{A}}|}=\frac{|d\overset{\rangle}{\mathbf{a}}|}{|d\overset{\langle}{\mathbf{A}}|}\cdot\frac{\dot{\overline{|d\overset{\rangle}{\mathbf{a}}|}}}{|d\overset{\rangle}{\mathbf{a}}|}=\sigma_{\mathbf{n}}\,(\mathrm{I}(\overset{\gg}{\mathbf{d}})-d_{\mathbf{n}}).\tag{4.12}$$

这又说明，如果以构型$\varkappa(t)$为基准，这些物质导数又可单纯用$\overset{\gg}{\mathbf{d}}$来表达了．从(4.11)和(4.12)式又可得

$$\overline{\ln\lambda_{\mathbf{n}}}^{\cdot}=d_{\mathbf{n}},\quad \overline{\ln\sigma_{\mathbf{n}}}^{\cdot}=\mathrm{I}(\overset{\gg}{\mathbf{d}})-d_{\mathbf{n}}. \tag{4.13}$$

考虑到可以从(2.8)式得到的

$$\overline{\ln\mathscr{J}}^{\cdot}=\mathrm{I}(\overset{\gg}{\mathbf{d}}), \tag{4.14}$$

最后又有

$$\overline{\ln\mathscr{J}}^{\cdot}=\overline{\ln\lambda_{\mathbf{n}}}^{\cdot}+\overline{\ln\sigma_{\mathbf{n}}}^{\cdot}=\overline{\ln(\lambda_{\mathbf{n}}\sigma_{\mathbf{n}})}^{\cdot} \tag{4.15}$$

和

$$\mathscr{J}=\lambda_{\mathbf{n}}\sigma_{\mathbf{n}}. \tag{4.16}$$

这说明，容积比等于面积比乘以该面元素在 $\boldsymbol{\kappa}(t)$ 的法向的长度比。这实质上是 §3 所得到有趣结果的推论。这结果从物理上是容易理解的，但直接从 $\lambda_{\mathbf{n}}$ 和 $\sigma_{\mathbf{n}}$ 的表达式却不容易得到。

最后让我们计算

$$\begin{aligned}\overline{ds^2-dS^2}^{\cdot}&=\overline{d\mathbf{p}}^{\cdot}\cdot d\mathbf{p}+d\mathbf{p}\cdot\overline{d\mathbf{p}}^{\cdot}=2d\mathbf{p}\cdot\overset{\gg}{\mathbf{d}}\cdot d\mathbf{p}=2d_{rs}dx^r dx^s\\&=d\mathbf{P}\cdot\dot{\overset{\ll}{\mathbf{C}}}\cdot d\mathbf{P}=2d\mathbf{P}\cdot\dot{\overset{\ll}{\mathbf{E}}}\cdot d\mathbf{P}\\&=2\dot{E}_{MN}dX^M dX^N.\end{aligned} \tag{4.17}$$

这公式显出 $\overset{\gg}{\mathbf{d}}$ 和 $\dot{\overset{\ll}{\mathbf{E}}}$ 的直接关系。

§5. 输 运 定 理

物体在许可运动(1.1)下，对随时间而变化的两点张量场 $\overset{\langle\cdot\rangle}{\boldsymbol{\varphi}}$，设下面体积分有意义：

$$\int_V \overset{\langle\cdot\rangle}{\boldsymbol{\varphi}}(\mathbf{p},t)dv, \tag{5.1}$$

其中用 V 表示，在任何时刻积分区域均对应于同一物质区域，即构型 $\mathscr{R}$ 的同一空间区域。这积分可称为**物质积分**，今后经常用到。给定物质积分区域，积分 (5.1) 就仅是时间 t 的函数。今试求其时间变化率：

$$\frac{d}{dt}\int_V \overset{\langle\cdot\rangle}{\boldsymbol{\varphi}}(\mathbf{p},t)\,dv = \int_V \dot{\overline{\overset{\langle\cdot\rangle}{\boldsymbol{\varphi}}(\mathbf{P},t)\mathscr{J}(\mathbf{P},t)}}\,dV$$

$$= \int_V \big(\dot{\overset{\langle\cdot\rangle}{\boldsymbol{\varphi}}}\,\mathscr{J} + \overset{\langle\cdot\rangle}{\boldsymbol{\varphi}}\,\dot{\mathscr{J}}\big)\,dV = \int_V \big(\dot{\overset{\langle\cdot\rangle}{\boldsymbol{\varphi}}} + \overset{\langle\cdot\rangle}{\boldsymbol{\varphi}}\,\operatorname{div}\mathbf{v}\big)\,dv. \qquad (5.2)$$

这就是**输运定理**的数学形式. 如果将 $\overset{\langle\cdot\rangle}{\boldsymbol{\varphi}}$ 经过移动化成在构型 $\varkappa(t)$ 的一点张量场,则又有

$$\frac{d}{dt}\int_V \overset{\rangle\cdot\rangle}{\boldsymbol{\varphi}}\,dv = \int_V \big(\dot{\overset{\rangle\cdot\rangle}{\boldsymbol{\varphi}}} + \overset{\rangle\cdot\rangle}{\boldsymbol{\varphi}}\,\operatorname{div}\mathbf{v}\big)\,dv$$

$$= \int_V \left[\left(\frac{\partial \overset{\rangle\cdot\rangle}{\boldsymbol{\varphi}}}{\partial t}\right)_{\mathbf{p}} + \mathbf{v}\cdot\overset{\rangle}{\boldsymbol{\nabla}}\overset{\rangle\cdot\rangle}{\boldsymbol{\varphi}} + (\overset{\rangle}{\boldsymbol{\nabla}}\cdot\mathbf{v})\overset{\rangle\cdot\rangle}{\boldsymbol{\varphi}}\right] dv$$

$$= \int_V \left[\left(\frac{\partial \overset{\rangle\cdot\rangle}{\boldsymbol{\varphi}}}{\partial t}\right)_{\mathbf{p}} + \operatorname{div}\,(\underset{\bullet}{\mathbf{v}\overset{\rangle\cdot\rangle}{\boldsymbol{\varphi}}})\right] dv$$

$$= \int_v \left(\frac{\partial \overset{\rangle\cdot\rangle}{\boldsymbol{\varphi}}}{\partial t}\right)_{\mathbf{p}} dv + \oint_a d\overset{\rangle}{\mathbf{a}}\cdot\mathbf{v}\overset{\rangle\cdot\rangle}{\boldsymbol{\varphi}}, \qquad (5.3)$$

其中 v 是物质区域 V 在时刻 t 所占的空间区域, a 是它的界面. 公式(5.3)的第一项表示在时刻 t, 在固定空间区域 v 内 $\overset{\rangle\cdot\rangle}{\boldsymbol{\varphi}}$ 对固定点 $\mathbf{p}$ 的时间变化率的全部,而第二项则是 $\mathbf{v}\overset{\rangle\cdot\rangle}{\boldsymbol{\varphi}}$ 通过界面 a 的通量, 即由于 v 因时间而变化所导致的 $\overset{\rangle\cdot\rangle}{\boldsymbol{\varphi}}$ 的增减率.

作为例子,举 $\overset{\rangle\cdot\rangle}{\boldsymbol{\varphi}}$ 为物体在各点的质量密度 $\rho(\mathbf{P}, t)$ 的情形. 今后我们排除集中质量的可能性, 而只考虑具有连续分布质量的物体:

$$0 \leqslant \rho < \infty. \qquad (5.4)$$

我们把这要求也包括到连续性公理之内. 那么, $\int_V \rho dv$ 就是在时刻 t 本物质区域内所包含的全部质量. 根据质量守恒定律, 并应用输运定理,有

$$0 = \frac{d}{dt}\int_V \rho dv = \int_V (\dot{\rho} + \rho\,\operatorname{div}\mathbf{v})\,dv. \qquad (5.5)$$

由于物质区域可选为任意，而被积函数连续及有第一章的（2.18）关系，对每点必有

$$\dot{\rho} + \rho \operatorname{div} \mathbf{v} = 0, \tag{5.6}$$

这称为 **Euler 型连续性方程**. 还有与之对应的 **Lagrange 型连续性方程**

$$\rho \mathscr{J} = \rho_0, \tag{5.7}$$

其中 $\rho_0 = \rho(\mathbf{P}, t_0)$，而(5.7)式是从

$$\int_V \rho_0 dV = \int_V \rho dv = \int_V \rho \mathscr{J} dV$$

得出来的.

利用(5.6)式，对下列另一常用的物质积分有

$$\frac{d}{dt}\int_V \overset{(\cdot)}{\boldsymbol{\varphi}} \rho dv = \int_V [\dot{\overset{(\cdot)}{\boldsymbol{\varphi}}} \rho + \overset{(\cdot)}{\boldsymbol{\varphi}}(\dot{\rho} + \rho \operatorname{div} \mathbf{v})] dv = \int_V \dot{\overset{(\cdot)}{\boldsymbol{\varphi}}} \rho dv. \tag{5.8}$$

第三章 动力学分析

§1. 外力与内力，体力与接触力，Cauchy 应力原理

连续介质力学的任务归结起来是要回答这样一个问题：在以力和力矩形式表现的外因作用下本物体的反应如何？ 所谓反应，是指物体的变形和运动，在前两章已经详尽讨论过了. 外因（外载荷）的来源是多种多样的，可以属机械类型，也可以属热、电磁、化学或其他类型. 根据外因来源的性质确定外力和外力矩（统称为外力）是需要专门讨论的. 如果更深一层地去考虑，实际上各种因素是互相耦合的. 例如温度变化引起物体变形，而物体变形又产生热量. 压电和压磁效应，电致和磁致伸缩的现象也是众所周知的. 为了说明简单，以便集中注意力于某些力学基础性问题的分析，本书将直接接受外力作为给定量. 外力可以分布性地作用于物体的内部，也可作用于物体的表面，前者称为**体力（体力偶）**，后者称为**面力（面力偶）**.

除了外力，物体各部分间还相互作用，就有所谓内力，其表现形式有两种．首先，物体每点可以受所有其他各点的作用(如万有引力)．在变形过程中，这种相互作用实际上也在变化．严格地说，也具有耦合性质． 为简单起见，假如这种各点间的距离性相互作用力出现，我们近似地把它归并为作用于各典型点的体力和体力偶．体力和体力偶作用于物体各点，与质量密度成正比． 记每单位质量的体力和体力偶为 $\mathbf{f}(\mathbf{P}, t)$ 和 $\mathbf{l}(\mathbf{P}, t)$，它们是构型 $\mathscr{v}(t)$ 的向量场．我们假定它们是连续函数．设运动着的物体在时刻 t 占有空间区域 $\mathscr{v}$，其边界为 $\mathscr{a}$．作用在它的任意部分 $\mathscr{v}'$ (所对应物质区域为 V') 的体力的合力和对向径始点 O 的合力矩就是

$$\int_{V'} \mathbf{f}\rho dv \quad 和 \quad \int_{V'} (\mathbf{l} + \mathbf{p} \times \mathbf{f})\rho dv. \tag{1.1}$$

另一种内力是**接触力**．物体的任意部分 $\mathscr{v}'$ 和它的其余部分的非距离性相互作用就是通过这两部分的交界面 $\mathscr{a}'$ 的接触力的直接作用． 当然，在 $\mathscr{v}' \to \mathscr{v}$，则 $\mathscr{a}' \to \mathscr{a}$，接触力就趋向于以面力形式出现的外力．关于接触力，Cauchy 提出了使连续介质力学变为场的问题有基础意义的应力原理．当然，这只是一种假设． 设想在构型 $\mathscr{v}(t)$ 在 $\mathscr{a}'$ 上取含典型点 $\mathbf{P}$ 的任意小面积元 $\Delta a'$，则通过 $\Delta a'$ 的，物体其余部分作用于 $\mathscr{v}'$ 部分的接触力可归结为作用于点 $\mathbf{p}(\mathbf{P}, t)$ 的合力 $\Delta\mathbf{t}$ 和合力矩 $\Delta\mathbf{m}$．若令 $\Delta a'$ 始终包含 $\mathbf{p}(\mathbf{P}, t)$ 地趋向于零，**Cauchy 应力原理**说，存在下列分别称为**应力向量**和**偶应力向量**的极限:

$$\mathbf{t_n} \overset{df}{=} \lim_{\Delta a' \to 0} \frac{\Delta \mathbf{t}}{\Delta a'}, \quad \mathbf{m_n} \overset{df}{=} \lim_{\Delta a' \to 0} \frac{\Delta \mathbf{m}}{\Delta a'}. \tag{1.2}$$

这两个极限与 $\Delta a'$ 的形状无关 (这个无关性原来也属假设，后来 Noll 证明了极限存在的假设已包含了这个无关性)．假如过 $\mathbf{P}$ 点取另一面积元 $\Delta a''$ (和 $\Delta a'$ 无共同外法向)，一般说来，我们将会得到另一个极限．就是说，极限(1.2)不仅是典型点 $\mathbf{P}$ 和时间 t 的(连续)函数，而且也是所取过 $\mathbf{P}$ 点面积元的外法向的函数，(1.2)式中下标 $\mathbf{n}$ 正是为了表明这种函数关系．因此确切地说，$\mathbf{t_n}$ 和 $\mathbf{m_n}$

是在构型 $\mathscr{B}(t)$ 在 $\mathbf{P}$ 点外法向为 $\mathbf{n}$ 的截面上的**应力向量密度**和**偶应力向量密度**. 作用在某假想截面 $\mathscr{A}'$ (不一定封闭) 的接触力的合力和对 O 点的合力矩就是

$$\int_{\mathscr{A}'} \mathbf{t}_{\mathbf{n}} da \quad 和 \quad \int_{\mathscr{A}'} (\mathbf{m}_{\mathbf{n}} + \mathbf{p} \times \mathbf{t}_{\mathbf{n}}) da. \tag{1.3}$$

根据作用与反作用原理,我们有

$$\mathbf{t}_{-\mathbf{n}} = -\mathbf{t}_{\mathbf{n}}, \quad \mathbf{m}_{-\mathbf{n}} = -\mathbf{m}_{\mathbf{n}}. \tag{1.4}$$

§2. Cauchy 应力和偶应力张量

典型点所有方向的长度比 $\{\lambda_{\mathbf{N}}\}$ 构成该点的**应变状态**. Green 应变张量 $\overset{\langle\langle}{\mathbf{C}}$ 是应变状态的体现者, 因为对每一方向 $\mathbf{N}$, $\lambda_{\mathbf{N}} = \left|\overset{\langle\langle}{\mathbf{C}}^{\frac{1}{2}} \cdot \mathbf{N}\right|$ 均给出对应的长度比. 接触力表示物体内部相互作用的紧张程度. 典型点所有方向的应力向量 $\{\mathbf{t}_{\mathbf{n}}\}$ 和偶应力向量 $\{\mathbf{m}_{\mathbf{n}}\}$ 构成该点的**应力状态**. 本节将给出应力状态的体现者, 其依据是**动量**和**动量矩守恒律**.

对物体的任何有限部分 $\mathscr{B}'$ (对应于边界面为 A' 的物质区域 V'), 动量和动量矩守恒律均应得到满足, 即物体 V' 部分的动量和动量矩的时间变化率分别等于作用在 V' 的合力和合力矩:

$$\frac{d}{dt} \int_{V'} \mathbf{v} \rho dv = \int_{V'} \mathbf{f} \rho dv + \oint_{A'} \mathbf{t}_{\mathbf{n}} da, \tag{2.1}$$

$$\frac{d}{dt} \int_{V'} \mathbf{p} \times \mathbf{v} \rho dv = \int_{V'} (\mathbf{l} + \mathbf{p} \times \mathbf{f}) \rho dv + \oint_{A'} (\mathbf{m}_{\mathbf{n}} + \mathbf{p} \times \mathbf{t}_{\mathbf{n}}) da. \tag{2.2}$$

应用第二章输运定理的(5.8)式,并考虑到

$$\dot{\overline{\mathbf{p} \times \mathbf{v}}} = \dot{\mathbf{p}} \times \mathbf{v} + \mathbf{p} \times \dot{\mathbf{v}} = \mathbf{v} \times \mathbf{v} + \mathbf{p} \times \mathbf{a} = \mathbf{p} \times \mathbf{a},$$

守恒律(2.1)和(2.2)又可写为

$$\int_{v'} \mathbf{a}\rho dv = \int_{v'} \mathbf{f}\rho dv + \oint_{a'} \mathbf{t_n} da, \tag{2.3}$$

$$\int_{v'} \mathbf{p} \times \mathbf{a}\rho dv = \int_{v'} (\mathbf{l} + \mathbf{p} \times \mathbf{f})\rho dv + \oint_{a'} (\mathbf{m_n} + \mathbf{p} \times \mathbf{t_n}) da. \tag{2.4}$$

今在构型 $\varkappa(t)$ 考虑物体内以 $\mathbf{p}(\mathbf{P}, t)$ 为顶点的任意非退化(体积$\neq 0$) 四面体 $\mathbf{p}ABC$ (见图 8). 底面和侧面的面积各为 Δa 和 Δa^i (这里指标的写法只是单纯为了应用求和约定), 单位外法向量为 $\mathbf{n}$ 和 $\mathbf{n}_i$。令四面体的高度为 h, 则其体积就是

$$\Delta v = \frac{1}{3} h\Delta a. \tag{2.5}$$

在第一章证 Euler-Neumann 恒等式时已用过的关系 $0 = \oint_{a'} d\mathbf{a} = \oint_{a'} \mathbf{n} da$, 对本四面体就是

$$\mathbf{n}\Delta a + \mathbf{n}_i \Delta a^i = 0. \tag{2.6}$$

四面体的非退化性质使 $\mathbf{n}_i$ 构成三个非共面向量, 可取之为 $\mathbf{p}$ 点的局部协变基 $\mathbf{g}_i = \mathbf{n}_i$. 以其逆变基向量点乘(2.6)式, 得

$$\mathbf{g}^i \cdot \mathbf{n}\Delta a + \mathbf{g}^i \cdot \mathbf{g}_j \Delta a^j = 0,$$

$$\Delta a^i = -\Delta a \mathbf{g}^i \cdot \mathbf{n}, \tag{2.7}$$

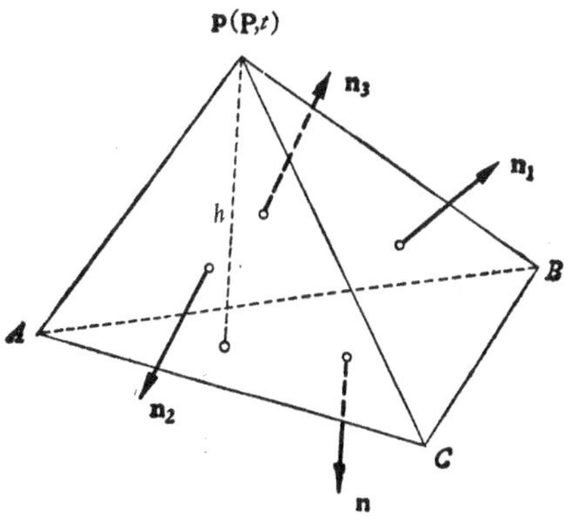

图 8

这公式将侧面面积用底面面积表达出来.

对于这个四面体,利用积分中值定理,动量和动量矩守恒律的(2.3)和(2.4)式就具有形式:

$$(\mathbf{a}\rho)_*\Delta v = (\mathbf{f}\rho)_*\Delta v + (\mathbf{t_n})_*\Delta a + (\mathbf{t}_{\mathbf{n}_i})_*\Delta a^i, \qquad (2.8)$$

$$(\mathbf{p}\times\mathbf{a}\rho)_*\Delta v = [(\mathbf{l}+\mathbf{p}\times\mathbf{f})\rho]_*\Delta v + (\mathbf{m_n}+\mathbf{p}\times\mathbf{t_n})_*\Delta a + (\mathbf{m}_{\mathbf{n}_i}+\mathbf{p}\times\mathbf{t}_{\mathbf{n}_i})_*\Delta a^i, \qquad (2.9)$$

其中($)_*$表示括弧内的量取相应积分区域内某点之值. 将(2.5)和(2.7)式代入上两式,并两边均除以 Δa 得

$$\frac{1}{3}h(\mathbf{a}\rho)_* = \frac{1}{3}h(\mathbf{f}\rho)_* + (\mathbf{t_n})_* - (\mathbf{t}_{\mathbf{n}_i})_*\mathbf{g}^i\cdot\mathbf{n}, \qquad (2.10)$$

$$\frac{1}{3}h(\mathbf{p}\times\mathbf{a}\rho)_* = \frac{1}{3}h[(\mathbf{l}+\mathbf{p}\times\mathbf{f})\rho]_* + (\mathbf{m_n}+\mathbf{p}\times\mathbf{t_n})_* - (\mathbf{m}_{\mathbf{n}_i}+\mathbf{p}\times\mathbf{t}_{\mathbf{n}_i})_*\mathbf{g}^i\cdot\mathbf{n}. \qquad (2.11)$$

保持 $\mathbf{n}$ 方向不变地,令四面体的底面趋向于顶点: $h\to 0$, 则根据连续性,上两式趋向于:

$$\mathbf{t_n} = \mathbf{t}_{\mathbf{n}_i}\mathbf{g}^i\cdot\mathbf{n}, \qquad (2.12)$$

$$\mathbf{m_n} = \mathbf{m}_{\mathbf{n}_i}\mathbf{g}^i\cdot\mathbf{n}. \qquad (2.13)$$

根据第一部分第二章 § 1 关于仿射量并矢表示的基本形式的论述[1],我们有

$$\overset{\gg}{\mathbf{t}} \overset{df}{=} \mathbf{t}_{\mathbf{n}_i}\mathbf{g}^i = t^i_{\cdot j}\mathbf{g}_i\mathbf{g}^j, \qquad (2.14)$$

$$\overset{\gg}{\mathbf{m}} \overset{df}{=} \mathbf{m}_{\mathbf{n}_i}\mathbf{g}^i = m^i_{\cdot j}\mathbf{g}_i\mathbf{g}^j. \qquad (2.15)$$

它们是在构型 $\kappa(t)$ 作用于 $\mathbf{p}(\mathbf{P},\ t)$ 点的一点张量. 于是就得

Cauchy 基本定理: 在物体的每一点 $\mathbf{p}(\mathbf{P},\ t)$, 作用在任意三非共线截面上的应力向量和偶应力向量完全确定所有其他截面上的应力向量和偶应力向量,它们表达为

$$\mathbf{t_n} = \overset{\gg}{\mathbf{t}}\cdot\mathbf{n}, \qquad (2.16)$$

$$\mathbf{m_n} = \overset{\gg}{\mathbf{m}}\cdot\mathbf{n}, \qquad (2.17)$$

---

1) 可证 $\mathbf{t}_{\mathbf{n}_i}$ 按协变基的规律变换. 因若取另外三个非共线截面, 其侧边外法向量为 $\mathbf{n}_{i'}\equiv\mathbf{g}_{i'}$, 则应用(2.12)式得 $\mathbf{t}_{\mathbf{n}_{i'}}=\mathbf{t}_{\mathbf{n}_i}\mathbf{g}^i\cdot\mathbf{g}_{i'}=\mathbf{t}_{\mathbf{n}_i}\mathbf{g}^i\cdot(A^j_{i'}\mathbf{g}_j)=A^i_{i'}\mathbf{t}_{\mathbf{n}_i}$.

或

$$\mathbf{t}_{\mathbf{n}} da = \overset{\rangle\rangle}{\mathbf{t}} \cdot \mathbf{n} da = \overset{\rangle\rangle}{\mathbf{t}} \cdot d\overset{\rangle}{\mathbf{a}}, \tag{2.18}$$

$$\mathbf{m}_{\mathbf{n}} da = \overset{\rangle\rangle}{\mathbf{m}} \cdot \mathbf{n} da = \overset{\rangle\rangle}{\mathbf{m}} \cdot d\overset{\rangle}{\mathbf{a}}. \tag{2.19}$$

过一点的所有假想截面的(偶)应力向量的全体构成本点的应力状态. 应力状态完全由 $\overset{\rangle\rangle}{\mathbf{t}}$ 和 $\overset{\rangle\rangle}{\mathbf{m}}$ 刻划,分别称之为**应力张量**和**偶应力张量**,文献上以 Cauchy 命名. 公式(2.16) 和 (2.17)应用于物体边界面上的任意点,就得到相应的应力边界条件.

我们试求作用在外法向量为 $\mathbf{n}$ 的截面上的应力向量在 $\mathbf{n}$ 方向的投影——**法应力**:

$$t_{\mathbf{nn}} \overset{df}{=} \mathbf{n} \cdot \overset{\rangle\rangle}{\mathbf{t}} \cdot \mathbf{n} = \mathbf{n} \cdot \overset{\rangle\rangle}{\mathbf{t}}^{*} \cdot \mathbf{n} = \mathbf{n} \cdot \frac{\overset{\rangle\rangle}{\mathbf{t}} + \overset{\rangle\rangle}{\mathbf{t}}^{*}}{2} \cdot \mathbf{n}. \tag{2.20}$$

可以看出,法应力是 Cauchy 应力张量对称部分的法分量.

§3. Cauchy 动量和动量矩方程

正如点与点间应变状态受相容性条件制约一样，物体点与点间的应力状态也不能是任意地各自无关的，它们受动量和动量矩守恒律的制约. 现在看这些制约的具体表现. 为此，将第一部分推导出的散度定理

$$\int_{v'} dv \overset{\rangle}{\nabla} \cdot \overset{\rangle\cdot\rangle}{\boldsymbol{\varphi}} = \oint_{a'} d\overset{\rangle}{\mathbf{a}} \cdot \overset{\rangle\cdot\rangle}{\boldsymbol{\varphi}}, \tag{3.1}$$

在 $\overset{\rangle\cdot\rangle}{\boldsymbol{\varphi}}$ 为任意仿射量情况下,应用于下面两个面积分:

$$\oint_{a'} \overset{\rangle\rangle}{\mathbf{B}} \cdot d\overset{\rangle}{\mathbf{a}} = \oint_{a'} d\overset{\rangle}{\mathbf{a}} \cdot \overset{\rangle\rangle}{\mathbf{B}}^{*} = \int_{v'} dv \overset{\rangle}{\nabla} \cdot \overset{\rangle\rangle}{\mathbf{B}}^{*} = \int_{v'} dv \overset{\rangle\rangle}{\mathbf{B}} \cdot \overset{\rangle}{\nabla},$$

(3.2)

$$\oint_{a'} \mathbf{p} \times \overset{\rangle\rangle}{\mathbf{B}} \cdot d\overset{\rangle}{\mathbf{a}} = \oint_{a'} d\overset{\rangle}{\mathbf{a}} \cdot (\mathbf{p} \times \overset{\rangle\rangle}{\mathbf{B}})^{*} = \int_{v'} dv (\mathbf{p} \times \overset{\rangle\rangle}{\mathbf{B}}) \cdot \overset{\rangle}{\nabla}$$

$$= \int_{v'} dv (\overset{\rangle\rangle\rangle}{\boldsymbol{\epsilon}} : \mathbf{p}\overset{\rangle\rangle}{\mathbf{B}}) \cdot \overset{\rangle}{\nabla}$$

$$= \int_{\mathscr{V}'} dv \overset{\rangle\rangle\rangle}{\boldsymbol{\epsilon}} : [\mathbf{p}(\overset{\rangle\rangle}{\mathbf{B}} \cdot \overset{\rangle}{\boldsymbol{\nabla}}) + ((\mathbf{p}\overset{\rangle}{\boldsymbol{\nabla}}) \cdot \overset{\rangle\rangle}{\mathbf{B}}^*)]$$

$$= \int_{\mathscr{V}'} dv [\mathbf{p} \times (\overset{\rangle\rangle}{\mathbf{B}} \cdot \overset{\rangle}{\boldsymbol{\nabla}}) - \overset{\rangle\rangle\rangle}{\boldsymbol{\epsilon}} : \overset{\rangle\rangle}{\mathbf{B}}]. \tag{3.3}$$

将 Cauchy 应力和偶应力张量通过(2.18)和(2.19)式代入方程(2.3)和(2.4),并利用上面两结果得

$$\int_{\mathscr{V}'} (\overset{\rangle\rangle}{\mathbf{t}} \cdot \overset{\rangle}{\boldsymbol{\nabla}} + \rho \mathbf{f} - \rho \mathbf{a}) dv = 0, \tag{3.4}$$

$$\int_{\mathscr{V}'} [\overset{\rangle\rangle}{\mathbf{m}} \cdot \overset{\rangle}{\boldsymbol{\nabla}} + \rho \mathbf{l} - \overset{\rangle\rangle\rangle}{\boldsymbol{\epsilon}} : \overset{\rangle\rangle}{\mathbf{t}} + \mathbf{p} \times (\overset{\rangle\rangle}{\mathbf{t}} \cdot \overset{\rangle}{\boldsymbol{\nabla}} + \rho \mathbf{f} - \rho \mathbf{a})] dv = 0. \tag{3.5}$$

根据在物体内部积分区域 $\mathscr{V}'$ 的任意性和连续性条件,我们得到在物体内每一点都应满足的 **Cauchy 动量和动量矩微分方程**:

$$\overset{\rangle\rangle}{\mathbf{t}} \cdot \overset{\rangle}{\boldsymbol{\nabla}} + \rho \mathbf{f} = \rho \mathbf{a}, \quad t^{ir}{}_{;r} + \rho f^i = \rho a^i, \tag{3.6}$$

$$\overset{\rangle\rangle}{\mathbf{m}} \cdot \overset{\rangle}{\boldsymbol{\nabla}} + \rho \mathbf{l} = \overset{\rangle\rangle\rangle}{\boldsymbol{\epsilon}} : \overset{\rangle\rangle}{\mathbf{t}}, \quad m^{ir}{}_{;r} + \rho l^i = \varepsilon^{irs} t_{rs}. \tag{3.7}$$

从(3.5)式得(3.7)式中,应用到(3.6)式的结果. 方程(3.6)和(3.7)反映了点与点间应力状态所应满足的关系. 如果引入体力偶向量和偶应力张量的对偶

$$\overset{\rangle\rangle}{\mathbf{l}} \overset{df}{=} \frac{1}{2} \overset{\rangle\rangle\rangle}{\boldsymbol{\epsilon}} \cdot \mathbf{l}, \quad \overset{\rangle\rangle\rangle}{\mathbf{m}} \overset{df}{=} \frac{1}{2} \overset{\rangle\rangle\rangle}{\boldsymbol{\epsilon}} \cdot \overset{\rangle\rangle}{\mathbf{m}}, \tag{3.8}$$

并考虑到 $\overset{\rangle\rangle\rangle}{\boldsymbol{\epsilon}} \cdot \overset{\rangle\rangle\rangle}{\boldsymbol{\epsilon}} : \overset{\rangle\rangle}{\mathbf{t}} = \overset{\rangle\rangle}{\mathbf{t}} - \overset{\rangle\rangle}{\mathbf{t}}^*$, (3.7) 式又可写成

$$\overset{\rangle\rangle\rangle}{\mathbf{m}} \cdot \overset{\rangle}{\boldsymbol{\nabla}} + \rho \overset{\rangle\rangle}{\mathbf{l}} = \frac{1}{2} (\overset{\rangle\rangle}{\mathbf{t}} - \overset{\rangle\rangle}{\mathbf{t}}^*), \quad m^{ijr}{}_{;r} + \rho l^{ij} = t^{[ij]}. \tag{3.9}$$

将(3.9)式代入写成

$$\frac{1}{2} (\overset{\rangle\rangle}{\mathbf{t}} + \overset{\rangle\rangle}{\mathbf{t}}^*) \cdot \overset{\rangle}{\boldsymbol{\nabla}} + \frac{1}{2} (\overset{\rangle\rangle}{\mathbf{t}} - \overset{\rangle\rangle}{\mathbf{t}}^*) \cdot \overset{\rangle}{\boldsymbol{\nabla}} + \rho \mathbf{f} = \rho \mathbf{a}$$

形式的(3.6)式,我们得

$$\frac{1}{2} (\overset{\rangle\rangle}{\mathbf{t}} + \overset{\rangle\rangle}{\mathbf{t}}^*) \cdot \overset{\rangle}{\boldsymbol{\nabla}} + \overset{\rangle\rangle\rangle}{\mathbf{m}} : \overset{\rangle}{\boldsymbol{\nabla}} \overset{\rangle}{\boldsymbol{\nabla}} + (\rho \overset{\rangle\rangle}{\mathbf{l}}) \cdot \overset{\rangle}{\boldsymbol{\nabla}} + \rho \mathbf{f} = \rho \mathbf{a}, \tag{3.10}$$

这里只出现 Cauchy 应力张量的对称部分。

近 20 年来，对方程组(3.6)，(3.7)以及与之相联系的本构方程问题，在国际文献上开展了大量的研究，并得到了应用．这个所谓**非对称理论**（源于 Cauchy 应力张量的非对称性）尚在进一步发展中．今后我们仍然只局限于所谓**非极情形**，那里接受

$$\overset{\gg}{\mathbf{l}} = 0, \quad \overset{\ggg}{\mathbf{m}} = 0.$$

当物体不在电磁场内运动，体力偶 $\overset{\gg}{\mathbf{l}}$ 为零是可以理解的．至于 $\overset{\ggg}{\mathbf{m}} = 0$，它是与 $\mathbf{m}_n = 0$ 等价的，只好当作假设来接受．

对于非极情形，动量矩方程(3.9)退化为

$$\overset{\gg}{\mathbf{t}} = \overset{\gg}{\mathbf{t}}^{*}. \tag{3.11}$$

如果把 Cauchy 应力张量局限为对称仿射量，则动量矩方程自然满足，而余下的动量方程就可写为

$$\overset{>}{\boldsymbol{\nabla}} \cdot \overset{\gg}{\mathbf{t}} + \rho\mathbf{f} = \rho\mathbf{a}, \tag{3.12}$$

它在形式上和古典理论的运动方程相同．但应记住，这是列在当前构型 $\varkappa(t)$ 的 Euler 型方程．在古典理论里常常习惯于取由坐标曲面构成的小微体而列其平衡条件，再取当小微体趋向于零时的极限．我们注意到，假如取任意其他形状的小微体，所得平衡方程也将具有相同形式，不过步骤麻烦得多了．

对于对称 Cauchy 应力张量，可以类似于应变张量，计算它的三个主不变量，讨论它的主方向，主应力等．但由于 $\overset{\gg}{\mathbf{t}}$ 不一定是正定的，我们只一般地有“**应力二次曲面**”，而不一定是椭球．此外，还有在塑性力学中用到的**应力偏量**的概念．由于在后文中用不到，在本书中就不涉及了．

§ 4. Piola-Kirchhoff 应力张量，Boussinesq-Kirchhoff 动量方程

Cauchy 动量方程属于 Euler 型．在某些问题，将动量方程写

成 Lagrange 型会更方便．为此，利用第一章(3.12)式及 Lagrange 型连续性方程，并将第一章(3.14)式代入(2.18)式，我们有

$$\mathbf{a}\rho dv = \mathbf{a}\rho_0 dV, \quad \mathbf{f}\rho dv = \mathbf{f}\rho_0 dV, \tag{4.1}$$

$$\overset{\gg}{\mathbf{t}} \cdot d\overset{\rangle}{\mathbf{a}} = (\mathscr{J}\overset{\gg}{\mathbf{t}} \cdot \overset{-1}{\overset{\rangle\langle}{\mathbf{D}}}{}^*) \cdot d\overset{\langle}{\mathbf{A}} \equiv \overset{\rangle\langle}{\boldsymbol{\tau}} \cdot d\overset{\langle}{\mathbf{A}}. \tag{4.2}$$

两点张量

$$\overset{\rangle\langle}{\boldsymbol{\tau}} = \tau^{iA}\mathbf{g}_i\mathbf{G}_A \overset{df}{=} \mathscr{J}\overset{\gg}{\mathbf{t}} \cdot \overset{-1}{\overset{\rangle\langle}{\mathbf{D}}}{}^* = \mathscr{J}t^{ir}X^A_{;r}\mathbf{g}_i\mathbf{G}_A \tag{4.3}$$

是由 Piola 引进的，文献上称为 **Piola 应力张量**．下面我们解释它的物理意义．比较

$$\overset{\rangle\langle}{\boldsymbol{\tau}} \cdot \mathbf{N} = \overset{\gg}{\mathbf{t}} \cdot \mathbf{n}\frac{da}{dA} = \sigma_{\mathbf{n}}\mathbf{t}_{\mathbf{n}} \tag{4.4}$$

和(2.16)式

$$\overset{\gg}{\mathbf{t}} \cdot \mathbf{n} = \mathbf{t}_{\mathbf{n}},$$

可以看出，假如说一点张量 $\overset{\gg}{\mathbf{t}}$ 作用于构型 $\mathscr{r}(t)$ 上的单位向量 $\mathbf{n}$ 给出以 $\mathbf{n}$ 为法向量的单位面元上的接触力 $\mathbf{t}_{\mathbf{n}}$，那么二点张量 $\overset{\rangle\langle}{\boldsymbol{\tau}}$ 作用于初始构型 $\mathscr{R}$ 面元单位法向量 $\mathbf{N}$ 给出以 $\mathbf{n}$ 为法向但面积为 $\sigma_{\mathbf{n}}$ 的相应面元上的接触力．

这样，动量积分方程(2.3)就可写成

$$\int_{V'}\mathbf{a}\rho_0 dV = \int_{V'}\mathbf{f}\rho_0 dV + \oint_{A'}\overset{\rangle\langle}{\boldsymbol{\tau}} \cdot d\overset{\langle}{\mathbf{A}}. \tag{4.5}$$

利用散度定理(3.2)，并记住凡出现两点张量场的地方均应采用全绝对微商，上式的面积分化成体积分：

$$\begin{aligned}\oint_{A'}\overset{\rangle\langle}{\boldsymbol{\tau}} \cdot d\overset{\langle}{\mathbf{A}} &= \oint_{A'}d\overset{\langle}{\mathbf{A}} \cdot \overset{\langle\rangle}{\boldsymbol{\tau}}{}^* = \int_{V'}dV\overset{\langle}{\Box} \cdot \overset{\langle\rangle}{\boldsymbol{\tau}}{}^* \\ &= \int_{V'}dV\overset{\langle}{\Box} \cdot (\mathscr{J}\overset{-1}{\overset{\langle\rangle}{\mathbf{D}}} \cdot \overset{\gg}{\mathbf{t}}) \\ &= \int_{V'}dV\overset{\rangle\langle}{\boldsymbol{\tau}} \cdot \overset{\langle}{\Box} = \int_{V'}dV\,(\mathscr{J}\overset{\gg}{\mathbf{t}} \cdot \overset{-1}{\overset{\rangle\langle}{\mathbf{D}}}{}^*) \cdot \overset{\langle}{\Box}.\end{aligned} \tag{4.6}$$

于是就得 Lagrange 型的动量方程：

$$\overset{\langle}{\square}\cdot\overset{\langle\rangle}{\boldsymbol{\tau}}^{*}+\rho_0\mathbf{f}=\rho_0\mathbf{a}\quad 或\quad \overset{\rangle\langle}{\boldsymbol{\tau}}\cdot\square+\rho_0\mathbf{f}=\rho_0\mathbf{a}, \tag{4.7}$$

$$\tau^{iM}{}_{;M}+\rho_0 f^i=\rho_0 a^i,\quad (\mathscr{J}t^{ir}X^{M}_{;r})_{;M}+\rho_0 f^i=\rho_0 a^i, \tag{4.8}$$

它称为 **Boussinesq 方程.**

也是 Piola，通过关系式

$$\begin{aligned}\overset{\rangle\rangle}{\mathbf{t}}\cdot d\overset{\rangle}{\mathbf{a}}&=\overset{\rangle\langle}{\boldsymbol{\tau}}\cdot d\overset{\langle}{\mathbf{A}}=\mathscr{J}\overset{\rangle\rangle}{\mathbf{t}}\cdot\overset{\overset{-1}{\rangle\langle}}{\mathbf{D}}{}^{*}\cdot d\overset{\langle}{\mathbf{A}}\\&=\overset{\rangle\langle}{\mathbf{D}}\cdot(\mathscr{J}\overset{\overset{-1}{\langle\rangle}}{\mathbf{D}}\cdot\overset{\rangle\rangle}{\mathbf{t}}\cdot\overset{\overset{-1}{\rangle\langle}}{\mathbf{D}}{}^{*})\cdot d\overset{\langle}{\mathbf{A}},\end{aligned} \tag{4.9}$$

引进一点应力张量(文献上较常称为 **Kirchhoff 应力张量**):

$$\begin{aligned}\overset{\langle\langle}{\mathbf{T}}\overset{df}{=}\overset{\overset{-1}{\langle\rangle}}{\mathbf{D}}\cdot\overset{\rangle\langle}{\boldsymbol{\tau}}&=\mathscr{J}\overset{\overset{-1}{\langle\rangle}}{\mathbf{D}}\cdot\overset{\rangle\rangle}{\mathbf{t}}\cdot\overset{\overset{-1}{\rangle\langle}}{\mathbf{D}}{}^{*}=T^{AB}\mathbf{G}_A\mathbf{G}_B\\&=\mathscr{J}X^{A}_{;r}X^{B}_{;s}t^{rs}\mathbf{G}_A\mathbf{G}_B.\end{aligned} \tag{4.10}$$

于是就有

$$\begin{aligned}\overset{\rangle\rangle}{\mathbf{t}}\cdot d\overset{\rangle}{\mathbf{a}}&=\overset{\rangle\langle}{\mathbf{D}}\cdot(\overset{\langle\langle}{\mathbf{T}}\cdot d\overset{\langle}{\mathbf{A}}),\\ \sigma_{\mathbf{n}}\mathbf{t}_{\mathbf{n}}&=\overset{\rangle\langle}{\mathbf{D}}\cdot(\overset{\langle\langle}{\mathbf{T}}\cdot\mathbf{N})\equiv\overset{\rangle\langle}{\mathbf{I}}\cdot\mathbf{T}_{\mathbf{N}}.\end{aligned} \tag{4.11}$$

(4.11)第一式具有和物质线素相同的变换方式. Kirchhoff 仿射量作用于构型 $\mathscr{R}$ 面积元的单位法向量 $\mathbf{N}$, 受变形梯度 $\overset{\rangle\langle}{\mathbf{D}}$ 的变形后，得相对应的构型 $\mathscr{r}(t)$ 的面积为 $\sigma_{\mathbf{n}}$ 的面元上的接触力. 因此，和 Piola 张量一样, $\overset{\langle\langle}{\mathbf{T}}$ 作用于构型 $\mathscr{R}$ 的单位向量,给出的也是 $\sigma_{\mathbf{n}}$ 面积上的接触力;但又和 $\overset{\rangle\rangle}{\mathbf{t}}$ 有相同之处(在非极情形),即它是一点张量,而且也是对称的:

$$\overset{\langle\langle}{\mathbf{T}}{}^{*}=\mathscr{J}\overset{\overset{-1}{\langle\rangle}}{\mathbf{D}}{}^{**}\cdot\overset{\rangle\rangle}{\mathbf{t}}{}^{*}\cdot\overset{\overset{-1}{\rangle\langle}}{\mathbf{D}}{}^{*}=\mathscr{J}\overset{\overset{-1}{\langle\rangle}}{\mathbf{D}}\cdot\overset{\rangle\rangle}{\mathbf{t}}\cdot\overset{\overset{-1}{\rangle\langle}}{\mathbf{D}}{}^{*}=\overset{\langle\langle}{\mathbf{T}}. \tag{4.12}$$

在非极情形,法应力就是 Cauchy 应力张量的法分量. 根据对称仿射量的一般性质,法应力在 $\overset{\rangle\rangle}{\mathbf{t}}$ 的主向 $\underset{\sigma}{\mathbf{n}}$ 取极值,在这三个互相垂直的主向的法应力叫做**主应力**,等于 $\overset{\rangle\rangle}{\mathbf{t}}$ 的主值 $\underset{\sigma}{t}$:

$$\overset{\rangle\rangle}{\mathbf{t}}\cdot\underset{\sigma}{\mathbf{n}}=\underset{\sigma}{t}\,\underset{\sigma}{\mathbf{n}}. \tag{4.13}$$

这样,在构型 $\varkappa(t)$ 就有三组主向了: $\underset{\Gamma}{\mathbf{n}}$——Cauchy 应变张量的主向, $\underset{\gamma}{\mathbf{n}}$——变形率的主向和 $\underset{\sigma}{\mathbf{n}}$——Cauchy 应力张量的主向. 一般来说,它们之间可以没有任何关系.

将(4.12)式改写,并利用变形基本定理,依次得

$$\left.\begin{aligned}
&\overset{\rangle\rangle}{\mathbf{t}} = \mathscr{J}\overset{\rangle\langle}{\mathbf{D}}\cdot\overset{\langle\langle}{\mathbf{T}}\cdot\overset{\langle\rangle}{\mathbf{D}}{}^{*} = \mathscr{J}\overset{\rangle\langle}{\mathbf{R}}\cdot\overset{\frac{1}{2}}{\overset{\langle\langle}{\mathbf{C}}}\cdot\overset{\langle\langle}{\mathbf{T}}\cdot\overset{\frac{1}{2}}{\overset{\langle\langle}{\mathbf{C}}}\cdot\overset{-1}{\overset{\langle\rangle}{\mathbf{R}}},\\
&\mathscr{J}\overset{-1}{\overset{\langle\rangle}{\mathbf{R}}}\cdot\overset{\rangle\rangle}{\mathbf{t}} = \overset{\frac{1}{2}}{\overset{\langle\langle}{\mathbf{C}}}\cdot\overset{\langle\langle}{\mathbf{T}}\cdot\overset{\frac{1}{2}}{\overset{\langle\langle}{\mathbf{C}}}\cdot\overset{-1}{\overset{\langle\rangle}{\mathbf{R}}},\\
&\Big(\overset{\frac{1}{2}}{\overset{\langle\langle}{\mathbf{C}}}\cdot\overset{\langle\langle}{\mathbf{T}}\cdot\overset{\frac{1}{2}}{\overset{\langle\langle}{\mathbf{C}}}\Big)\cdot\overset{-1}{\overset{\langle\rangle}{\mathbf{R}}}\cdot\underset{\sigma}{\mathbf{n}} = \mathscr{J}\overset{-1}{\overset{\langle\rangle}{\mathbf{R}}}\cdot\overset{\rangle\rangle}{\mathbf{t}}\cdot\underset{\sigma}{\mathbf{n}} = \underset{\sigma}{t}\mathscr{J}\overset{-1}{\overset{\langle\rangle}{\mathbf{R}}}\cdot\underset{\sigma}{\mathbf{n}}.
\end{aligned}\right\}\quad(4.14)$$

最后一式说明, $\overset{\frac{1}{2}}{\overset{\langle\langle}{\mathbf{C}}}\cdot\overset{\langle\langle}{\mathbf{T}}\cdot\overset{\frac{1}{2}}{\overset{\langle\langle}{\mathbf{C}}}$ 的主值是 $\underset{\sigma}{t}\mathscr{J}$, 主向是

$$\underset{\sigma}{\mathbf{N}} = \overset{-1}{\overset{\langle\rangle}{\mathbf{R}}}\cdot\underset{\sigma}{\mathbf{n}}. \qquad (4.15)$$

我们从第一章记得,应变空间主向和应变物质主向也有相同关系. 但应变主向和应力主向的关系却取决于材料的性质. 以后可以看到,对各向同性弹性材料, $\underset{\sigma}{\mathbf{n}}$ 和 $\underset{\Gamma}{\mathbf{n}}$ 重合,从而$\overset{\langle\langle}{\mathbf{C}}$和$\overset{\frac{1}{2}}{\overset{\langle\langle}{\mathbf{C}}}\cdot\overset{\langle\langle}{\mathbf{T}}\cdot\overset{\frac{1}{2}}{\overset{\langle\langle}{\mathbf{C}}}$ (也就和 $\overset{\langle\langle}{\mathbf{T}}$) 具有相同的主向.

将

$$\overset{\rangle\langle}{\boldsymbol{\tau}} = \overset{\rangle\langle}{\mathbf{D}}\cdot\overset{\langle\langle}{\mathbf{T}}, \quad \tau^{iA} = x^{i}_{;M}T^{MA} \qquad (4.16)$$

或

$$\overset{\langle\rangle}{\boldsymbol{\tau}}{}^{*} = \overset{\langle\langle}{\mathbf{T}}\cdot\overset{\langle\rangle}{\mathbf{D}}{}^{*}, \quad \tau^{Ai} = T^{AM}x^{i}_{;M} \qquad (4.17)$$

代入方程(4.7)和(4.8)得 **Kirchhoff 动量方程**:

$$\overset{\langle}{\square}\cdot\big(\overset{\langle\langle}{\mathbf{T}}\cdot\overset{\langle\rangle}{\mathbf{D}}{}^{*}\big) + \rho_0\mathbf{f} = \rho_0\mathbf{a}$$

或

$$\big(\overset{\rangle\langle}{\mathbf{D}}\cdot\overset{\langle\langle}{\mathbf{T}}\big)\cdot\overset{\langle}{\square} + \rho_0\mathbf{f} = \rho_0\mathbf{a}, \qquad (4.18)$$

$$(x^{i}_{;N}T^{NM})_{;M} + \rho_0 f^{i} = \rho_0 a^{i}. \qquad (4.19)$$

由于转移张量在绝对微商下有如常数，方程(4.18)又可写为

$$(\overset{\langle\langle}{\mathbf{D}}\cdot\overset{\langle\langle}{\mathbf{T}})\cdot\overset{\langle}{\nabla}+\rho_0\overset{\langle}{\mathbf{f}}=\rho_0\overset{\langle}{\mathbf{a}}. \tag{4.20}$$

再考虑到

$$\overset{\langle\langle}{\mathbf{D}}=\overset{\langle}{\mathbf{p}}\overset{\langle}{\nabla}=(\mathbf{P}+\overset{\langle}{\mathbf{u}})\overset{\langle}{\nabla}=\overset{\langle\langle}{\mathbf{I}}+\overset{\langle}{\mathbf{u}}\overset{\langle}{\nabla},$$

又有

$$[(\overset{\langle\langle}{\mathbf{I}}+\overset{\langle}{\mathbf{u}}\overset{\langle}{\nabla})\cdot\overset{\langle\langle}{\mathbf{T}}]\cdot\overset{\langle}{\nabla}+\rho_0\overset{\langle}{\mathbf{f}}=\rho_0\overset{\langle}{\mathbf{a}}, \tag{4.21}$$

$$[(\delta^A_N+u^A_{;N})T^{NM}]_{;M}+\rho_0 f^A=\rho_0 a^A. \tag{4.22}$$

Boussinesq 方程(4.7)也可通过移动成为

$$\overset{\langle\langle}{\boldsymbol{\tau}}\cdot\overset{\langle}{\nabla}+\rho_0\overset{\langle}{\mathbf{f}}=\rho_0\overset{\langle}{\mathbf{a}}. \tag{4.23}$$

§ 5. Signorini-Новожилов 动量方程

在 § 3 和 § 4 里我们看到，Cauchy-Boussinesq-Kirchhoff 动量方程(3.12)，(4.7) 和 (4.18)的不同之处在于所包含的应力张量和自变量的不同：$\overset{\rangle\rangle}{\mathbf{t}}(\mathbf{p},t)$，$\overset{\rangle\langle}{\boldsymbol{\tau}}(\mathbf{P},t)$ 和 $\overset{\langle\langle}{\mathbf{T}}(\mathbf{P},t)$. 作为动量方程，都必须不可动摇地反映在构型 $\mathscr{r}(t)$ 内每点 $\mathbf{p}$ 的动量守恒条件. 但除此之外，这三个动量方程还有一共同特点——都是构型 $\mathscr{r}(t)$ 的向量方程. 固然，通过转移张量 $\overset{\langle\rangle}{\mathbf{I}}$，Boussinesq-Kirchhoff 方程(4.7)和(4.18)已在 § 4 化成了在 $\mathscr{R}$ 的向量方程(4.23)和(4.20)，但这并不使我们在实质上离开方程的原有形式.

在本节里我们要用另一种途径将动量方程化成在 $\mathscr{R}$ 的向量方程形式. 下面我们从 Kirchhoff 方程(4.18)：

$$(\overset{\rangle\langle}{\mathbf{D}}\cdot\overset{\langle\langle}{\mathbf{T}})\cdot\overset{\langle}{\square}+\rho_0\mathbf{f}=\rho_0\mathbf{a}, \tag{5.1}$$

$$(x_{i;N}T^{NM})_{;M}+\rho_0 f_i=\rho_0 a_i \tag{5.2}$$

出发，采用两点仿射量——变形梯度——来取得在构型 $\mathscr{R}$ 的向量方程形式. 将(5.1)两边从左方点乘以变形梯度的共轭 $\overset{\langle\rangle}{\mathbf{D}}{}^*$，并利用

$$
\begin{aligned}
(\overset{\rangle\langle}{\mathbf{D}}\cdot\overset{\langle\langle}{\mathbf{T}})\cdot\overset{\langle}{\blacksquare} &= (\overset{\rangle\langle}{\mathbf{D}}\cdot\overset{\langle\langle}{\mathbf{T}})_{,M}\cdot\mathbf{G}^M \\
&= \overset{\rangle\langle}{\mathbf{D}}_{,M}\cdot\overset{\langle\langle}{\mathbf{T}}\cdot\mathbf{G}^M+\overset{\rangle\langle}{\mathbf{D}}\cdot\overset{\langle\langle}{\mathbf{T}}_{,M}\cdot\mathbf{G}^M \\
&= (\overset{\rangle\langle}{\mathbf{D}}_{,M}\mathbf{G}^M):\overset{\langle\langle}{\mathbf{T}}+\overset{\rangle\langle}{\mathbf{D}}\cdot(\overset{\langle\langle}{\mathbf{T}}_{,M}\cdot\mathbf{G}^M) \\
&= (\overset{\rangle\langle}{\mathbf{D}}\overset{\langle}{\blacksquare}):\overset{\langle\langle}{\mathbf{T}}+\overset{\rangle\langle}{\mathbf{D}}\cdot(\overset{\langle\langle}{\mathbf{T}}\cdot\overset{\langle}{\boldsymbol{\nabla}})
\end{aligned}
\tag{5.3}
$$

得

$$
\begin{aligned}
&\overset{\langle\rangle}{\mathbf{D}}{}^*\cdot\overset{\rangle\langle}{\mathbf{D}}\cdot(\overset{\langle\langle}{\mathbf{T}}\cdot\overset{\langle}{\boldsymbol{\nabla}})+\overset{\langle\rangle}{\mathbf{D}}{}^*\cdot(\overset{\rangle\langle}{\mathbf{D}}\overset{\langle}{\blacksquare}):\overset{\langle\langle}{\mathbf{T}}+\rho_0\overset{\langle\rangle}{\mathbf{D}}{}^*\cdot\mathbf{f} \\
&\qquad=\rho_0\overset{\langle\rangle}{\mathbf{D}}{}^*\cdot\mathbf{a}.
\end{aligned}
\tag{5.4}
$$

考虑到

$$
\begin{aligned}
\overset{\langle\langle}{\mathbf{C}}\overset{\langle}{\boldsymbol{\nabla}} &= (\overset{\langle\rangle}{\mathbf{D}}{}^*\cdot\overset{\rangle\langle}{\mathbf{D}})\overset{\langle}{\blacksquare}=(x^r_{;A}x_{r;B}\mathbf{G}^A\mathbf{G}^B)_{,M}\mathbf{G}^M \\
&= (x^r_{;AM}x_{r;B}+x^r_{;A}x_{r;BM})\mathbf{G}^A\mathbf{G}^B\mathbf{G}^M
\end{aligned}
$$

和

$$
\begin{aligned}
(\overset{\langle\langle}{\mathbf{C}}\overset{\langle}{\boldsymbol{\nabla}}):\overset{\langle\langle}{\mathbf{T}} &= (x^r_{;AM}x_{r;N}+x^r_{;A}x_{r;MN})T^{MN}\mathbf{G}^A \\
&= \left[\frac{1}{2}(x^r_{;MA}x_{r;N}+x^r_{;NA}x_{r;M})+x^r_{;A}x_{r;MN}\right]T^{MN}\mathbf{G}^A \\
&= \left[\frac{1}{2}\square_A(x^r_{;M}x_{r;N})+x^r_{;A}x_{r;MN}\right]T^{MN}\mathbf{G}^A \\
&= \frac{1}{2}(\overset{\langle}{\boldsymbol{\nabla}}\overset{\langle\langle}{\mathbf{C}}):\overset{\langle\langle}{\mathbf{T}}+\overset{\langle\rangle}{\mathbf{D}}{}^*\cdot(\overset{\rangle\langle}{\mathbf{D}}\overset{\langle}{\blacksquare}):\overset{\langle\langle}{\mathbf{T}},
\end{aligned}
$$

方程(5.4)又可写为

$$
\overset{\langle\langle}{\mathbf{C}}\cdot(\overset{\langle\langle}{\mathbf{T}}\cdot\overset{\langle}{\boldsymbol{\nabla}})+\left(\overset{\langle\langle}{\mathbf{C}}\overset{\langle}{\boldsymbol{\nabla}}-\frac{1}{2}\overset{\langle}{\boldsymbol{\nabla}}\overset{\langle\langle}{\mathbf{C}}\right):\overset{\langle\langle}{\mathbf{T}}+\rho_0\mathbf{f}\cdot\overset{\rangle\langle}{\mathbf{D}}=\rho_0\mathbf{a}\cdot\overset{\rangle\langle}{\mathbf{D}},
\tag{5.5}
$$

$$
C_{AN}T^{NM}{}_{;M}+\left(C_{AN;M}-\frac{1}{2}C_{NM;A}\right)T^{NM}+\rho_0f_rx^r_{;A}=\rho_0a_rx^r_{;A},
\tag{5.6}
$$

或

$$
\begin{aligned}
&(\overset{\langle\langle}{\mathbf{I}}+2\overset{\langle\langle}{\mathbf{E}})\cdot(\overset{\langle\langle}{\mathbf{T}}\cdot\overset{\langle}{\boldsymbol{\nabla}})+(2\overset{\langle\langle}{\mathbf{E}}\overset{\langle}{\boldsymbol{\nabla}}-\overset{\langle}{\boldsymbol{\nabla}}\overset{\langle\langle}{\mathbf{E}}):\overset{\langle\langle}{\mathbf{T}}+\rho_0\mathbf{f}\cdot\overset{\rangle\langle}{\mathbf{D}} \\
&=\rho_0\mathbf{a}\cdot\overset{\rangle\langle}{\mathbf{D}},
\end{aligned}
\tag{5.7}
$$

$$
(G_{AN}+2E_{AN})T^{NM}{}_{;M}+(2E_{AN;M}-E_{NM;A})T^{NM}
$$

$$
+\rho_0 f_r x^r{}_{;A}=\rho_0 a_r x^r{}_{;A}. \tag{5.8}
$$

这就是所要求的方程，叫 **Signorini 动量方程.**

若我们在 Kirchhoff 方程(5.1)的两边左点乘以 $\overset{-1}{\overset{\langle\rangle}{\mathbf{D}}}$, 则有

$$
\overset{-1}{\overset{\langle\rangle}{\mathbf{D}}}\cdot\overset{\rangle\langle}{\mathbf{D}}\cdot(\overset{\langle\langle}{\mathbf{T}}\cdot\overset{\langle}{\nabla})+\overset{-1}{\overset{\langle\rangle}{\mathbf{D}}}\cdot(\overset{\rangle\langle\ \langle}{\mathbf{D}\Box}):\overset{\langle\langle}{\mathbf{T}}+\rho_0\overset{-1}{\overset{\langle\rangle}{\mathbf{D}}}\cdot\mathbf{f}=\rho_0\overset{-1}{\overset{\langle\rangle}{\mathbf{D}}}\cdot\mathbf{a}. \tag{5.9}
$$

记

$$
\mathbf{F}\overset{df}{=}\overset{-1}{\overset{\langle\rangle}{\mathbf{D}}}\cdot\mathbf{f}\quad 和 \quad \mathbf{A}\overset{df}{=}\overset{-1}{\overset{\langle\rangle}{\mathbf{D}}}\cdot\mathbf{a}, \tag{5.10}
$$

并称之为**转换体力**和**转换加速度**，它们和体力及加速度的形式上的关系有如线素 $d\mathbf{P}$ 和 $d\mathbf{p}$ 的关系，其方位和长度都有所改变. 又考虑到

$$
\begin{aligned}
\overset{-1}{\overset{\langle\rangle}{\mathbf{D}}}\cdot(\overset{\rangle\langle\ \langle}{\mathbf{D}\Box}):\overset{\langle\langle}{\mathbf{T}}&=\overset{-1}{\overset{\langle\rangle}{\mathbf{D}}}\cdot\overset{-1}{\overset{\rangle\langle}{\mathbf{D}}}{}^*\cdot\overset{\langle\rangle}{\mathbf{D}}{}^*\cdot(\overset{\rangle\langle\ \langle}{\mathbf{D}\Box}):\overset{\langle\langle}{\mathbf{T}}\\
&=\overset{-1}{\overset{\langle\langle}{\mathbf{C}}}\cdot\left(\overset{\langle\langle}{\mathbf{C}}\overset{\langle}{\nabla}-\frac{1}{2}\overset{\langle}{\nabla}\overset{\langle\langle}{\mathbf{C}}\right):\overset{\langle\langle}{\mathbf{T}},
\end{aligned} \tag{5.11}
$$

方程(5.9)就可写为

$$
\overset{\langle}{\nabla}\cdot\overset{\langle\langle}{\mathbf{T}}+\overset{-1}{\overset{\langle\langle}{\mathbf{C}}}\cdot\left(\overset{\langle\langle}{\mathbf{C}}\overset{\langle}{\nabla}-\frac{1}{2}\overset{\langle}{\nabla}\overset{\langle\langle}{\mathbf{C}}\right):\overset{\langle\langle}{\mathbf{T}}+\rho_0\mathbf{F}=\rho_0\mathbf{A}, \tag{5.12}
$$

$$
T^{AM}{}_{;M}+\overset{-1}{C}{}^{AB}\left(C_{BN;M}-\frac{1}{2}C_{NM;B}\right)T^{NM}+\rho_0 F^A=\rho_0 A^A. \tag{5.13}
$$

这就是 **Новожилов 动量方程.** 所讨论的五种动量方程虽然形式不同，但所反映的却都是微体在 $\varkappa(t)$ 的动量守恒条件.

§6. 应力张量的本构导数

第二章详尽讨论了描述变形速度的变形率 $\overset{\rangle\rangle}{\mathbf{d}}$, 并且计算了各种应变张量的物质导数. $\overset{\rangle\rangle}{\mathbf{d}}$ 的形成是以 $\mathbf{p}$ 的物质导数（即速度 $\mathbf{v}$）为基础的. 典型点 $\mathbf{P}$ 的 $\overset{\rangle\rangle}{\mathbf{d}}=0$（随之其他应变张量的物质导数也

等于零）表示出发于该点的任何物质线素的长度（也就是应变状态)不随时间而变化，反之亦然．因此可以说，物质导数是一个合适于描述应变状态时间变化率的时间微商运算．

物体在运动中应力状态也随时间而变．在应力状态时间变化率问题上，物质导数是否也是合适的运算呢？回答是否定的．拿最有直接物理解释的 Cauchy 应力张量 $\overset{\gg}{\mathbf{t}}(\mathbf{p}, t)$ 来说明之．$\overset{\gg}{\mathbf{t}}$的物质导数 $\dot{\overset{\gg}{\mathbf{t}}} = \dot{t}^{ij}\mathbf{g}_i\mathbf{g}_j = \left[\left(\dfrac{\partial t^{ij}}{\partial t}\right)_{\mathbf{p}} + t^{ij}{}_{;r}v^r\right]\mathbf{g}_i\mathbf{g}_j$ 的定义观察者是随典型点一起移动的．让我们来看一个简单例子：一根在构型 $\varkappa(t)$ 受简单拉伸的杆，拉应力为 $k = \text{const.}$． 取 $\{x^i\} \equiv \{x^1, x^2, x^3\}$ 为直角坐标系． 设想这时杆保持应力状态不变——即始终为 $k = \text{const.}$ 的简单拉伸——而绕 x^3 轴作角速为 $\omega = \text{const.}$ 的刚性转动．另设想和杆一起转动的有直角坐标系 $\{x^{i'}\} \equiv \{x^{1'}, x^{2'}, x^{3'} \equiv x^3\}$（见图 9)． 那么在任何时刻，应力张量在 $\{x^{i'}\}$ 系不为零的分量始终只是 $t_{1'1'} = k$． 变换回 $\{x^i\}$ 系，$\overset{\gg}{\mathbf{t}}$ 有如下不为零的分量：

$$t_{11} = \cos(1, 1')\cos(1, 1')t_{1'1'} = k\cos^2\omega t,$$

$$t_{12} = \cos(1, 1')\cos(2, 1')t_{1'1'} = k\sin\omega t\cos\omega t,$$

$$t_{22} = \cos(2, 1')\cos(2, 1')t_{1'1'} = k\sin^2\omega t.$$

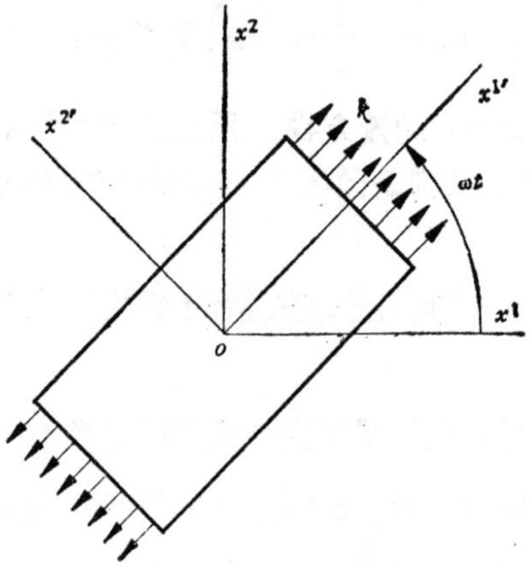

图 9

由此可算出 $\overset{\gg}{\dot{\mathbf{t}}}$ 不恒为零的分量：

$$\dot{t}_{11} = -k\omega \sin 2\omega t,$$
$$\dot{t}_{12} = k\omega \cos 2\omega t,$$
$$\dot{t}_{22} = k\omega \sin 2\omega t.$$

虽然杆的应力状态始终没变，但应力张量的物质导数却不等于零。这一特例就否定了它刻划应力状态时间变化率的能力。

下面我们引入克服这矛盾的**本构导数**的概念。本构导数的定义观察者既随物体典型点一起移动，也随它一起转动。

从第二章 § 3 我们知道，在 Δt 时间内典型点 $\mathbf{P}$ 和其邻域一起从构型 $\mathscr{B}(t)$ 绕 $\frac{1}{2}\,\mathrm{rot}\mathbf{v}$ 转过角度 $\frac{1}{2}\,\Delta t\,|\mathrm{rot}\mathbf{v}|$。小转动仿射量 $\overset{\gg}{\mathbf{I}} + \Delta t\overset{\gg}{\mathbf{w}}$ 使每向量不改变长度地同样转过这一角度。先看向量场 $\mathbf{h}(\mathbf{P}, t)$ 的本构导数。$\mathbf{h}(\mathbf{P}, t)$ 可以说是和点 $\mathbf{P}$ 一起移动的向量，但此外 $\mathbf{h}(\mathbf{P}, t)$ 自己还独立地改变方向和长度。本构导数的定义观察者看不出 $\mathbf{h}$ 方向改变中等于自己转角 $\frac{1}{2}\,\Delta t|\mathrm{rot}\mathbf{v}|$ 的那部分——我们称这是 $\mathbf{h}$ 的被动转动部分。因此这观察者所感觉出的 $\mathbf{h}$ 的时间变化率——$\mathbf{h}$ 的本构导数是把 $\mathbf{h}(\mathbf{P}, t+\Delta t)$ 和 $\overset{\frown}{\mathbf{h}}(\mathbf{P}, t) \overset{\mathrm{df}}{=} (\overset{\gg}{\mathbf{I}} + \Delta t\overset{\gg}{\mathbf{w}})\cdot\mathbf{h}(\mathbf{P}, t)$ 而不是直接和 $\mathbf{h}(\mathbf{P}, t)$ 比较而得出来的（$\overset{\frown}{\mathbf{h}}$ 称为**随转向量**）。这样，向量 $\mathbf{h}$ 的本构导数就定义为：

$$\left.\begin{aligned}
\frac{\mathscr{D}\mathbf{h}}{\mathscr{D}t} &\overset{\mathrm{df}}{=} \lim_{\Delta t\to 0}\frac{\mathbf{h}(\mathbf{P}, t+\Delta t) - (\overset{\gg}{\mathbf{I}} + \Delta t\,\overset{\gg}{\mathbf{w}})\cdot\mathbf{h}(\mathbf{P}, t)}{\Delta t}\\
&= \lim_{\Delta t\to 0}\frac{\mathbf{h}(\mathbf{P}, t+\Delta t) - \mathbf{h}(\mathbf{P}, t)}{\Delta t} - \overset{\gg}{\mathbf{w}}\cdot\mathbf{h}\\
&= \dot{\mathbf{h}} - \overset{\gg}{\mathbf{w}}\cdot\mathbf{h},\\
\frac{\mathscr{D}\mathbf{h}}{\mathscr{D}t} &= \frac{\mathscr{D}h^i}{\mathscr{D}t}\mathbf{g}_i = (\dot{h}^i - w^{i}_{\cdot r}h^r)\mathbf{g}_i.
\end{aligned}\right\}\qquad (6.1)$$

我们称

$$\underset{\blacktriangledown}{\mathscr{R}}\mathbf{h} \overset{df}{=} \overset{\gg}{\mathbf{w}} \cdot \mathbf{h} = (\underset{\blacktriangledown}{\mathscr{R}} h^i)\mathbf{g}_i = (w^i_{\cdot r} h^r)\mathbf{g}_i \tag{6.2}$$

为向量场 $\mathbf{h}$ 关于速度场 $\mathbf{v}$ 的“**旋差**”.

现在来看仿射量场 $\overset{\gg}{\mathbf{B}}(\mathbf{P}, t)$. 它在每时刻使每一向量$\mathbf{h}(\mathbf{P}, t)$有另一向量 $\mathbf{k}(\mathbf{P}, t) = \overset{\gg}{\mathbf{B}} \cdot \mathbf{h}$ 与之对应. 本构导数的定义观察者当然从观察 $\mathbf{k}(\mathbf{P}, t)$ 的时间变化率来得出关于 $\overset{\gg}{\mathbf{B}}$ 的时间变化率的结论. 因此先看向量 $\mathbf{k}$ 的随转向量 $\overset{\frown}{\mathbf{k}}$

$$\begin{aligned}\overset{\frown}{\mathbf{k}} &= (\overset{\gg}{\mathbf{I}} + \Delta t\overset{\gg}{\mathbf{w}}) \cdot \mathbf{k} = (\overset{\gg}{\mathbf{I}} + \Delta t\overset{\gg}{\mathbf{w}}) \cdot \overset{\gg}{\mathbf{B}} \cdot \mathbf{h} \\ &= (\overset{\gg}{\mathbf{I}} + \Delta t\overset{\gg}{\mathbf{w}}) \cdot \overset{\gg}{\mathbf{B}} \cdot (\overset{\gg}{\mathbf{I}} + \Delta t\overset{\gg}{\mathbf{w}})^{-1} \cdot (\overset{\gg}{\mathbf{I}} + \Delta t\overset{\gg}{\mathbf{w}}) \cdot \mathbf{h} \\ &= \overset{\frown}{\overset{\gg}{\mathbf{B}}} \cdot \overset{\frown}{\mathbf{h}},\end{aligned} \tag{6.3}$$

其中**随转仿射量**

$$\overset{\frown}{\overset{\gg}{\mathbf{B}}} \overset{df}{=} (\overset{\gg}{\mathbf{I}} + \Delta t\overset{\gg}{\mathbf{w}}) \cdot \overset{\gg}{\mathbf{B}} \cdot (\overset{\gg}{\mathbf{I}} + \Delta t\overset{\gg}{\mathbf{w}})^{-1}. \tag{6.4}$$

这样定义的随转仿射量 $\overset{\frown}{\overset{\gg}{\mathbf{B}}}$ 作用于随转向量 $\overset{\frown}{\mathbf{h}}$ 得其随转映象 $\overset{\frown}{\mathbf{k}}$. 类似于(5.2),我们定义仿射量 $\overset{\gg}{\mathbf{B}}$ 的本构导数为

$$\begin{aligned}\frac{\mathscr{D}\overset{\gg}{\mathbf{B}}}{\mathscr{D}t} &\overset{df}{=} \lim_{\Delta t\to 0}\frac{\overset{\gg}{\mathbf{B}}(\mathbf{P}, t+\Delta t) - \overset{\frown}{\overset{\gg}{\mathbf{B}}}(\mathbf{P}, t)}{\Delta t} \\ &= \lim_{\Delta t\to 0}\frac{\overset{\gg}{\mathbf{B}}(\mathbf{P}, t+\Delta t) - (\overset{\gg}{\mathbf{I}} + \Delta t\overset{\gg}{\mathbf{w}}) \cdot \overset{\gg}{\mathbf{B}}(\mathbf{P}, t) \cdot (\overset{\gg}{\mathbf{I}} + \Delta t\overset{\gg}{\mathbf{w}})^{-1}}{\Delta t} \\ &= \lim_{\Delta t\to 0}\frac{\overset{\gg}{\mathbf{B}}(\mathbf{P}, t+\Delta t) - \overset{\gg}{\mathbf{B}}(\mathbf{P}, t)}{\Delta t} - (\overset{\gg}{\mathbf{w}} \cdot \overset{\gg}{\mathbf{B}} - \overset{\gg}{\mathbf{B}} \cdot \overset{\gg}{\mathbf{w}}) \\ &= \dot{\overset{\gg}{\mathbf{B}}} - \underset{\blacktriangledown}{\mathscr{R}}\overset{\gg}{\mathbf{B}},\end{aligned} \tag{6.5}$$

$$\frac{\mathscr{D}\overset{\gg}{\mathbf{B}}}{\mathscr{D}t} = \frac{\mathscr{D}B^i_{\cdot j}}{\mathscr{D}t}\mathbf{g}_i\mathbf{g}^j = [\dot{B}^i_{\cdot j} - (w^i_{\cdot r}B^r_{\cdot j} - B^i_{\cdot r}w^r_{\cdot j})]\mathbf{g}_i\mathbf{g}^j. \tag{6.6}$$

$\overset{\gg}{\mathbf{B}}$ 的旋差为

$$\underset{\vee}{\mathscr{R}}\overset{\gg}{\mathbf{B}} \stackrel{df}{=} \overset{\gg}{\mathbf{w}} \cdot \overset{\gg}{\mathbf{B}} - \overset{\gg}{\mathbf{B}} \cdot \overset{\gg}{\mathbf{w}} = (w^i_{\cdot r} B^r_{\cdot j} - B^i_{\cdot r} w^r_{\cdot j}) \mathbf{g}_i \mathbf{g}^j. \tag{6.7}$$

在推导 (6.5) 式中用到这样的结果. 如果小转动仿射量 $\overset{\gg}{\mathbf{I}} + \Delta t \overset{\gg}{\mathbf{w}}$ 实现绕 $\frac{1}{2}$ rot $\mathbf{v}$ 转过 $\frac{1}{2}\Delta t|\mathrm{rot}\ \mathbf{v}|$, 则 $(\overset{\gg}{\mathbf{I}} + \Delta t \overset{\gg}{\mathbf{w}})^{-1}$ 实现绕 $-\frac{1}{2}\cdot$ rot $\mathbf{v} = \frac{1}{2}$ rot $(-\mathbf{v})$ 转过 $\frac{1}{2}\Delta t|\mathrm{rot}\ (-\mathbf{v})|$ 角度. 也就是在小转动情况下

$$(\overset{\gg}{\mathbf{I}} + \Delta t \overset{\gg}{\mathbf{w}})^{-1} \doteq (\overset{\gg}{\mathbf{I}} - \Delta t \overset{\gg}{\mathbf{w}}).$$

推广至任意型张量场,我们有

$$\frac{\mathscr{D}\overset{\cdot\cdot}{\boldsymbol{\varphi}}}{\mathscr{D}t} \stackrel{df}{=} \lim_{\Delta t \to 0} \frac{\overset{\cdot\cdot}{\boldsymbol{\varphi}}(\mathbf{P}, t + \Delta t) - \overset{\curvearrowright}{\boldsymbol{\varphi}}(\mathbf{P}, t)}{\Delta t} = \dot{\overset{\cdot\cdot}{\boldsymbol{\varphi}}} - \underset{\vee}{\mathscr{R}}\overset{\cdot\cdot}{\boldsymbol{\varphi}}. \tag{6.8}$$

我们在这里不准备推导 (6.8) 式的具体表达式以及详细论述本构导数的许多特性,但强调一句,从定义可以看出,只有本构导数才完全反映物体典型点本身感受的时间变化率. 将之应用于 Cauchy 应力张量就有

$$\frac{\mathscr{D}\overset{\gg}{\mathbf{t}}}{\mathscr{D}t} = \dot{\overset{\gg}{\mathbf{t}}} - (\overset{\gg}{\mathbf{w}} \cdot \overset{\gg}{\mathbf{t}} - \overset{\gg}{\mathbf{t}} \cdot \overset{\gg}{\mathbf{w}}). \tag{6.9}$$

第四章　本 构 理 论

§1. 原始元与守恒律

前三章的分析涉及到: **物体与质量**, **空间与时间**以及**力**. 理性力学称这些连续介质力学的基本概念为**原始元**.

物体在不同时间到欧氏空间的不同映射, 构成物体构型的时间序列. 这就是物体的运动

$$\mathbf{p} = \mathbf{p}(\mathbf{P}, t). \tag{1.1}$$

前面也涉及到从不同角度联系这些原始元的

（一）**质量守恒律**；

（二）**动量守恒律**；

（三）**动量矩守恒律**；

还有未涉及到的

（四）**能量守恒律**；

（五）**熵不等式**.

这些守恒律是对一切物体都有效的.它们首先以积分形式被提出，即对物体的整体有效．然后进一步认为，这些守恒律对物体的任意小部分也成立，从而得出微分形式的守恒律，或叫**局部守恒律**．其实，由整体到局部过渡的可能只是一个假设，而且是一个很强的假设，称为**局部化**假设．近年来在理性力学里出现了一个放弃局部化假设，叫作**非局部理论**的新分支．它能解释一些**局部理论**解释不了的现象．目前这理论正在发展中.

第三章已提到，温度变化引起物体变形，而物体的变形又产生热量．严格地说来，一切力学现象总是和热的过程相伴随的，热量的输入增加了物体所包含的能量．近十几年来，变形体热动力学摆脱了古典热力学只局限于平衡状态，准静态过程，可逆过程等概念，而有了很大进展，可用于描述不可逆的，非线性过程.

当然，在热的效应不显著时，为了抓住主要矛盾，可以只考虑纯粹力学过程．本书目的是叙述有限弹性变形理论．为简单起见，有意回避热力学因素，而从纯粹力学过程的角度叙述问题．这样，熵不等式就不必讨论了.

下一节推导能量守恒律的局部形式.

§2. 能量守恒律和动能定理

能量守恒律告诉我们：物体动能和内能的时间变化率等于外力对物体所作的功率．对于非极情形，在局部化假设下，对任意时刻 t 和物体的任意部分 $\mathscr{V}' + \mathscr{A}'$（对应于 $\mathscr{R}$ 的 $V' + A'$）下述能量守恒律成立：

$$
\frac{d}{dt}\left(\int_{v'}\frac{1}{2}\mathbf{v}\cdot\mathbf{v}\rho dv+\int_{V'}\Sigma dV\right)
$$

$$
=\int_{v'}\mathbf{v}\cdot\mathbf{f}\rho dv+\oint_{a'}\mathbf{v}\cdot\mathbf{t}_n da, \tag{2.1}
$$

其中 $\Sigma(\mathbf{P}, t)$ 是物体典型点 $\mathbf{P}$ 单位物质体积的内能. 将第三章的(2.18),(3.12)式, 第二章(5.8)式及散度定理应用于上式右端——外力功率,得

$$
\int_{v'}\mathbf{v}\cdot\mathbf{f}\rho dv+\oint_{a'}\mathbf{v}\cdot\overset{\gg}{\mathbf{t}}\cdot d\overset{>}{\mathbf{a}}=\int_{v'}\mathbf{v}\cdot\mathbf{f}\rho dv
$$

$$
+\int_{v'}[\overset{>}{\nabla}\cdot(\overset{\gg}{\mathbf{t}}\cdot\mathbf{v})]dv
$$

$$
=\int_{v'}[\mathbf{v}\cdot(\rho\mathbf{f}+\overset{>}{\nabla}\cdot\overset{\gg}{\mathbf{t}})+\overset{\gg}{\mathbf{t}}:(\overset{>}{\nabla}\mathbf{v})]dv
$$

$$
=\int_{v'}\mathbf{v}\cdot\mathbf{a}\rho dv+\int_{v'}\overset{\gg}{\mathbf{t}}:\frac{\overset{>}{\nabla}\mathbf{v}+\mathbf{v}\overset{>}{\nabla}}{2}dv
$$

$$
=\int_{v'}(\mathbf{v}\cdot\dot{\mathbf{v}}\rho+\overset{\gg}{\mathbf{t}}:\overset{\gg}{\mathbf{d}})dv
$$

$$
=\frac{d}{dt}\int_{v'}\frac{1}{2}\mathbf{v}\cdot\mathbf{v}\rho dv+\int_{v'}\overset{\gg}{\mathbf{t}}:\overset{\gg}{\mathbf{d}}dv. \tag{2.2}
$$

上式可改写为

$$
\int_{v'}\mathbf{v}\cdot(\mathbf{f}-\dot{\mathbf{v}})\rho dv+\oint_{a'}\mathbf{v}\cdot\mathbf{t}_n da
$$

$$
-\int_{v'}\overset{\gg}{\mathbf{t}}:\overset{\gg}{\mathbf{d}}dv=0. \tag{2.3}
$$

对于刚体,(2.3)式最后一项为零,而前两项正代表 **D'Alembert 原理**下有效力(=外力+惯性力)的功率;这时,(2.3)式乘上 δt 就是刚体力学的**虚功原理**. 对于变形体,虚位移 $\delta\mathbf{p}=\mathbf{v}\delta t$ 附加地引起各典型点间相对距离的附加改变,有效力在虚位移上所作的功不再为零而等于克服内约束力所作的功,因此(2.3)式的最后一项 $-\int_{v'}\overset{\gg}{\mathbf{t}}:\overset{\gg}{\mathbf{d}}dv$ 可称之为内约束力的功率.

(2.2)式又可改写成为熟知的**动能方程**

$$\frac{d}{dt}\int_{v'}\frac{1}{2}\mathbf{v}\cdot\mathbf{v}\rho dv=\int_{v'}\mathbf{v}\cdot\mathbf{f}\rho dv+\oint_{a'}\mathbf{v}\cdot\overset{\rangle\rangle}{\mathbf{t}}\cdot d\overset{\rangle}{\mathbf{a}}-\int_{v'}\overset{\rangle\rangle}{\mathbf{t}}:\overset{\rangle\rangle}{\mathbf{d}}dv,\tag{2.4}$$

意思是动能增加的速率等于外力和内约束力功率之和．为了今后的需要，我们将(2.2)式写成 Lagrange 形式：

$$\begin{aligned}\int_{v'}\mathbf{v}\cdot\mathbf{f}\rho dv+\oint_{a'}\mathbf{v}\cdot\overset{\rangle\rangle}{\mathbf{t}}\cdot d\overset{\rangle}{\mathbf{a}}&=\int_{V'}\mathbf{v}\cdot\mathbf{f}\rho_0 dV+\oint_{A'}\mathbf{v}\cdot\overset{\rangle\langle}{\boldsymbol{\tau}}\cdot d\overset{\langle}{\mathbf{A}}\\&=\int_{V'}\mathbf{v}\cdot\mathbf{f}\rho_0 dV+\int_{V'}[(\mathbf{v}\cdot\overset{\rangle\langle}{\boldsymbol{\tau}})\cdot\overset{\langle}{\blacksquare}]dV\\&=\int_{V'}[\mathbf{v}\cdot(\mathbf{f}\rho_0+\overset{\rangle\langle}{\boldsymbol{\tau}}\cdot\overset{\langle}{\blacksquare})+(\mathbf{v}\overset{\langle}{\blacksquare}):\overset{\rangle\langle}{\boldsymbol{\tau}}]dV\\&=\int_{V'}(\mathbf{v}\cdot\dot{\mathbf{v}}\rho_0+\overset{\rangle\langle}{\boldsymbol{\tau}}:\overset{\rangle\langle}{\dot{\mathbf{D}}})dV\\&=\frac{d}{dt}\int_{V'}\frac{1}{2}\mathbf{v}\cdot\mathbf{v}\rho dv+\int_{V'}\overset{\langle\langle}{\mathbf{T}}:\overset{\langle\langle}{\dot{\mathbf{E}}}dV,\end{aligned}\tag{2.5}$$

其中利用到第三章(4.7)，(4.9)式，第二章(4.5)式以及

$$\mathbf{v}\overset{\langle}{\blacksquare}=\overset{\rangle\rangle}{\mathbf{L}}\cdot\overset{\rangle\langle}{\mathbf{D}}=\overset{\rangle\langle}{\dot{\mathbf{D}}},$$

$$\begin{aligned}\overset{\rangle\langle}{\boldsymbol{\tau}}:\overset{\rangle\langle}{\dot{\mathbf{D}}}&=(\overset{\rangle\langle}{\mathbf{D}}\cdot\overset{\langle\langle}{\mathbf{T}}):(\overset{\rangle\rangle}{\mathbf{L}}\cdot\overset{\rangle\langle}{\mathbf{D}})=\mathrm{tr}(\overset{\langle\langle}{\mathbf{T}}\cdot\overset{\langle\rangle}{\mathbf{D}}{}^*\cdot\overset{\rangle\rangle}{\mathbf{L}}\cdot\overset{\rangle\langle}{\mathbf{D}})\\&=\mathrm{tr}(\overset{\langle\rangle}{\mathbf{D}}{}^*\cdot\overset{\rangle\rangle}{\mathbf{L}}{}^*\cdot\overset{\rangle\langle}{\mathbf{D}}{}^{**}\cdot\overset{\langle\langle}{\mathbf{T}}{}^*)=\mathrm{tr}(\overset{\langle\langle}{\mathbf{T}}\cdot\overset{\langle\rangle}{\mathbf{D}}{}^*\cdot\overset{\rangle\rangle}{\mathbf{L}}{}^*\cdot\overset{\rangle\langle}{\mathbf{D}})\\&=\mathrm{tr}\left(\overset{\langle\langle}{\mathbf{T}}\cdot\overset{\langle\rangle}{\mathbf{D}}{}^*\cdot\frac{\overset{\rangle\rangle}{\mathbf{L}}+\overset{\rangle\rangle}{\mathbf{L}}{}^*}{2}\cdot\overset{\rangle\langle}{\mathbf{D}}\right)=\mathrm{tr}(\overset{\langle\langle}{\mathbf{T}}\cdot\overset{\langle\rangle}{\mathbf{D}}{}^*\cdot\overset{\rangle\rangle}{\mathbf{d}}\cdot\overset{\rangle\langle}{\mathbf{D}})\\&=\mathrm{tr}(\overset{\langle\langle}{\mathbf{T}}\cdot\overset{\langle\langle}{\dot{\mathbf{E}}})=\overset{\langle\langle}{\mathbf{T}}:\overset{\langle\langle}{\dot{\mathbf{E}}}.\end{aligned}\tag{2.6}$$

(2.2)式到(2.5)式都是**动能定理**的不同表现形式．将(2.2)或(2.5)式代入能量守恒律(2.1)，考虑到局部化假设就得能量守恒律的局部形式

$$\dot{\Sigma}=\mathscr{J}\overset{\rangle\rangle}{\mathbf{t}}:\overset{\rangle\rangle}{\mathbf{d}}=\overset{\rangle\langle}{\boldsymbol{\tau}}:\overset{\rangle\langle}{\dot{\mathbf{D}}}=\overset{\langle\langle}{\mathbf{T}}:\overset{\langle\langle}{\dot{\mathbf{E}}}.\tag{2.7}$$

我们注意到，典型点 $\mathbf{P}$ 单位未变形体积的内能 Σ 的时间变化率分别是应力张量 $\overset{\rangle\rangle}{\mathbf{t}}$，$\overset{\rangle\langle}{\boldsymbol{\tau}}$ 和 $\overset{\langle\langle}{\mathbf{T}}$ 匹配地双点乘 $\overset{\rangle\rangle}{\mathbf{d}}$，$\overset{\rangle\langle}{\dot{\mathbf{D}}}$ 和 $\overset{\langle\langle}{\dot{\mathbf{E}}}$ 的结果. $\overset{\rangle\rangle}{\mathbf{t}}:\overset{\rangle\rangle}{\mathbf{d}}$ 是构型 $\varkappa(t)$ 的单位体积的内能变化率.

§3. 本构关系的一般原理

对任何材料均成立的各守恒律不足以确定物体在外载荷作用下的反应，因为它的反应是随材料而异的. 在数学上，非极情形局部守恒律提供的微分方程:

$$
\left.\begin{aligned}
&\dot{\rho} + \rho\,\mathrm{div}\,\mathbf{v} = 0,\\
&\overset{\rangle}{\boldsymbol{\nabla}}\cdot\overset{\rangle\rangle}{\mathbf{t}} + \rho\mathbf{f} = \rho\mathbf{a},\\
&\dot{\Sigma} = \mathscr{J}\overset{\rangle\rangle}{\mathbf{t}}:\overset{\rangle\rangle}{\mathbf{d}}
\end{aligned}\right\}\tag{3.1}
$$

的个数为 5，而包含的未知函数 ρ，$\mathbf{v}$，$\overset{\rangle\rangle}{\mathbf{t}}$ 却为 10 个. 这里 $\mathbf{a}$，$\overset{\rangle\rangle}{\mathbf{d}}$ 由 $\mathbf{v}$ 表达，$\mathbf{f}$ 是给定的外力. 显然，无论从物理上还是数学上，都必需补充以刻划材料性质的所谓“**本构关系**”. 本构关系是材料性质从经验加以抽象化的数学表现. 每一个本构关系定义一种理想材料. 研究本构关系是理性力学的重要内容之一，是很难的课题. 目前已取得了很大进展，它所包罗的已远远超过古典的虎克体和牛顿流体的范围之外. 本书不准备广泛地讨论本构关系，而把注意力集中在弹性体上.

为了保证理论的正确性，建立本构关系要遵循一定的正确的原理. 有些作者称之为公理，不同作者提出过不同的**公理体系**. 今将主要的，本书今后叙述所需的，列举如下:

（一）确定性原理： 材料在时刻 t 的行为由物体在该时刻以前的全部运动历史所确定.

（二）局部作用原理： 物体典型点 $\mathbf{P}$ 在时刻 t 的行为只由该点任意小邻域的运动历史所确定.

（三）坐标不变性原理：本构关系与坐标系无关(采用张量记

法或抽象记法就自然满足).

（四）**客观性原理**：本构关系与持有不同时钟和进行不同运动的观察者无关，或者说，本构关系对于作刚性运动的参考标架具有不变性（本原理也叫**标架无差异原理**）.原理(一)和(二)在应用时自然明白.客观性原理具有特殊重要性，在下一节进一步加以说明.

§4. 观察者与客观性

在古典运动学里可测量的基本量是距离和时间间隔. 只有在给定参考标架（即某确定的带有时钟的观察者）下，才能谈某事件的位置（在空间的和时间的位置）. 只有在对所有时间给定这样一个参考标架里，才能比较典型点在不同时刻的空间位置，谈论它的速度和加速度才有意义. 这种带时钟的参考标架称为**"时-空系"**. 时钟可有快慢（即计时的零点可以不同），一个参考标架可以相对另一个标架作刚性运动——转动和平移.因此，若一个事件在一个参考标架里记为 $\{\mathbf{p}, t\}$，而在另一个参考标架里记为 $\{\tilde{\mathbf{p}}, \tilde{t}\}$，则其相互关系为

$$\tilde{t} = t + a, \tag{4.1}$$

$$\tilde{\mathbf{p}} = \mathbf{Q}(t) \cdot \mathbf{p} + \mathbf{b}(t), \tag{4.2}$$

其中正交变换 $\mathbf{Q}(t)$ 和向量 $\mathbf{b}(t)$ 代表第一观察者对第二观察者在时刻 t 的相对转动和相对平移. a 代表第一观察者的计时零点相对第二观察者的计时零点的移动量. 在这种时-空系的变换下，时间间隔是不变的:

$$\tilde{t}_2 - \tilde{t}_1 = t_2 - t_1,$$

而对同一时刻，两事件 $\{\mathbf{p}_1, t\}$，$\{\mathbf{p}_2, t\}$ 的空间距离是不变的，因由

$$\tilde{\mathbf{p}}_1 = \mathbf{Q}(t) \cdot \mathbf{p}_1 + \mathbf{b}(t) \quad 和 \quad \tilde{\mathbf{p}}_2 = \mathbf{Q}(t) \cdot \mathbf{p}_2 + \mathbf{b}(t)$$

可得

$$(\tilde{\mathbf{p}}_2 - \tilde{\mathbf{p}}_1) = \mathbf{Q}(t) \cdot (\mathbf{p}_2 - \mathbf{p}_1), \tag{4.3}$$

$$\begin{aligned}(\tilde{\mathbf{p}}_2 - \tilde{\mathbf{p}}_1)^2 &= \mathbf{Q}(t) \cdot (\mathbf{p}_2 - \mathbf{p}_1) \cdot [\mathbf{Q}(t) \cdot (\mathbf{p}_2 - \mathbf{p}_1)] \\ &= (\mathbf{p}_2 - \mathbf{p}_1)^2.\end{aligned}$$

在时-空系变换下，标量 α 是不变的：

$$\tilde{\alpha}=\alpha. \tag{4.4}$$

把向量 $\mathbf{w}$ 看作空间两点之差，则向量的变换规律和(4.3)相同：

$$\tilde{\mathbf{w}}=\mathbf{Q}(t)\cdot\mathbf{w}. \tag{4.5}$$

仿射量作为向量间的算子：$\mathbf{B}\cdot\mathbf{w}=\mathbf{u}$，则由(4.5)式及

$$\tilde{\mathbf{u}}=\mathbf{Q}(t)\cdot\mathbf{u}=\mathbf{Q}(t)\cdot\mathbf{B}\cdot\mathbf{w}=\mathbf{Q}(t)\cdot\mathbf{B}\cdot\mathbf{Q}(t)^{*}\cdot\mathbf{Q}(t)\cdot\mathbf{w}=\tilde{\mathbf{B}}\cdot\tilde{\mathbf{w}},$$

得仿射量 $\mathbf{B}$ 的变换规律：

$$\tilde{\mathbf{B}}=\mathbf{Q}(t)\cdot\mathbf{B}\cdot\mathbf{Q}(t)^{*}. \tag{4.6}$$

在时-空变换(4.1)和(4.2)下，一个场或函数称为是**客观性**的，如果其中出现的量按(4.4)，(4.5)和(4.6)规律进行变换．从物理上看，一个客观性的量的性质不因观察者的不同而改变．

按这个观点，运动(1.1)是相对某一参考标架而言的，在时-空系变换时，对另一参考标架，运动(1.1)将变成

$$\left.\begin{aligned}&\tilde{\mathbf{p}}=\tilde{\mathbf{p}}(\mathbf{P},\tilde{t})=\mathbf{Q}(t)\cdot\mathbf{p}(\mathbf{P},t)+\mathbf{b}(t)\\&\text{或}\quad\tilde{\mathbf{p}}=\mathbf{Q}\cdot\mathbf{p}+\mathbf{b},\\&\tilde{t}=t+a.\end{aligned}\right\} \tag{4.7}$$

对于变换(4.7)，也可把 $\tilde{\mathbf{p}}$ 看成是在同一参考标架下在运动 $\mathbf{p}(\mathbf{P},t)$ 上迭加一个随时间变化的刚性运动和时间的平移的另一运动．在这种看法下，$\tilde{\mathbf{p}}(\mathbf{P},\tilde{t})$ 和 $\mathbf{p}(\mathbf{P},t)$ 称为**等价运动**．

从下面的(4.8)和(4.10)式，可看出，作为向径 $\mathbf{p}$ 的一和二阶物质导数的速度 $\dot{\mathbf{p}}$ 和加速度 $\ddot{\mathbf{p}}$ 并不是客观性的．

$$\dot{\tilde{\mathbf{p}}}-\tilde{\dot{\mathbf{p}}}=\overset{\cdot}{\overline{\mathbf{Q}\cdot\mathbf{p}+\mathbf{b}}}-\mathbf{Q}\cdot\dot{\mathbf{p}}=\dot{\mathbf{Q}}\cdot\mathbf{p}+\dot{\mathbf{b}}=\dot{\mathbf{Q}}\cdot\mathbf{Q}^{*}\cdot(\tilde{\mathbf{p}}-\mathbf{b})+\dot{\mathbf{b}}=\mathbf{A}\cdot(\tilde{\mathbf{p}}-\mathbf{b})+\dot{\mathbf{b}}, \tag{4.8}$$

其中 $\mathbf{A}\equiv\dot{\mathbf{Q}}\cdot\mathbf{Q}^{*}$ 具有性质 $\mathbf{A}^{*}=\mathbf{Q}\cdot\dot{\mathbf{Q}}^{*}=-\dot{\mathbf{Q}}\cdot\mathbf{Q}^{*}=-\mathbf{A}$，且

$$\begin{aligned}\dot{\mathbf{Q}}\cdot\dot{\mathbf{p}}&=\mathbf{A}\cdot(\mathbf{Q}\cdot\dot{\mathbf{p}})=\mathbf{A}\cdot[\dot{\tilde{\mathbf{p}}}-\dot{\mathbf{b}}-\mathbf{A}\cdot(\tilde{\mathbf{p}}-\mathbf{b})]\\&=\mathbf{A}\cdot(\dot{\tilde{\mathbf{p}}}-\dot{\mathbf{b}})-\mathbf{A}^{2}\cdot(\tilde{\mathbf{p}}-\mathbf{b}).\end{aligned} \tag{4.9}$$

对加速度有

$$
\begin{aligned}
\ddot{\tilde{\mathbf{p}}}-\tilde{\ddot{\mathbf{p}}} &= \dot{\overline{\mathbf{A}\cdot(\tilde{\mathbf{p}}-\mathbf{b})+\dot{\mathbf{b}}+\mathbf{Q}\cdot\dot{\mathbf{p}}}}-\mathbf{Q}\cdot\ddot{\mathbf{p}} \\
&= \dot{\mathbf{A}}\cdot(\tilde{\mathbf{p}}-\mathbf{b})+\mathbf{A}\cdot(\dot{\tilde{\mathbf{p}}}-\dot{\mathbf{b}})+\ddot{\mathbf{b}}+\dot{\mathbf{Q}}\cdot\dot{\mathbf{p}} \\
&= \dot{\mathbf{A}}\cdot(\tilde{\mathbf{p}}-\mathbf{b})+\mathbf{A}\cdot[\mathbf{A}\cdot(\tilde{\mathbf{p}}-\mathbf{b}) \\
&\quad +\mathbf{Q}\cdot\dot{\mathbf{p}}]+\ddot{\mathbf{b}}+\dot{\mathbf{Q}}\cdot\dot{\mathbf{p}} \\
&= (\dot{\mathbf{A}}+\mathbf{A}^2)\cdot(\tilde{\mathbf{p}}-\mathbf{b})+2\dot{\mathbf{Q}}\cdot\dot{\mathbf{p}}+\ddot{\mathbf{b}} \\
&= (\dot{\mathbf{A}}-\mathbf{A}^2)\cdot(\tilde{\mathbf{p}}-\mathbf{b})+2\mathbf{A}\cdot(\dot{\tilde{\mathbf{p}}}-\dot{\mathbf{b}})+\ddot{\mathbf{b}}. \qquad (4.10)
\end{aligned}
$$

只有在 $\mathbf{A}=0$, $\ddot{\mathbf{b}}=0$（即 $\mathbf{Q}=\text{const.}$, $\dot{\mathbf{b}}=\text{const.}$）下，也就是在**伽里略变换**下，作为二阶物质导数而定义的加速度才是客观性的．而在 $\mathbf{Q}=\text{const.}$ 和 $\mathbf{b}=\text{const.}$ 下，即变换与时间无关时，作为一阶物质导数的速度才是客观性的．

§5. 应变张量，变形率和应力张量的客观性

为了讨论应变张量的客观性，将(4.7)式求梯度，得

$$
\tilde{\mathbf{p}}\overset{\langle}{\nabla}=\mathbf{Q}\cdot\mathbf{p}\overset{\langle}{\nabla}\quad 即\quad \overset{\sim}{\overset{\succ\prec}{\mathbf{D}}}=\mathbf{Q}\cdot\overset{\succ\prec}{\mathbf{D}}. \qquad (5.1)
$$

为简单起见，记

$$
\overset{-\frac{1}{2}}{\overset{\gg}{\mathbf{c}}}=\overset{\gg}{\mathbf{V}},\quad \overset{\frac{1}{2}}{\overset{\ll}{\mathbf{C}}}=\overset{\ll}{\mathbf{U}}, \qquad (5.2)
$$

则由第一章(7.4)，(7.5)式有

$$
\overset{\succ\prec}{\mathbf{D}}=\overset{\succ\prec}{\mathbf{R}}\cdot\overset{\ll}{\mathbf{U}}=\overset{\gg}{\mathbf{V}}\cdot\overset{\succ\prec}{\mathbf{R}},\quad \overset{\sim}{\overset{\succ\prec}{\mathbf{D}}}=\overset{\sim}{\overset{\succ\prec}{\mathbf{R}}}\cdot\overset{\sim}{\overset{\ll}{\mathbf{U}}}=\overset{\sim}{\overset{\gg}{\mathbf{V}}}\cdot\overset{\sim}{\overset{\succ\prec}{\mathbf{R}}}. \qquad (5.3)
$$

代入(5.1)式，得

$$
\overset{\sim}{\overset{\succ\prec}{\mathbf{R}}}\cdot\overset{\sim}{\overset{\ll}{\mathbf{U}}}=\mathbf{Q}\cdot\overset{\succ\prec}{\mathbf{R}}\cdot\overset{\ll}{\mathbf{U}},\quad \overset{\sim}{\overset{\gg}{\mathbf{V}}}\cdot\overset{\sim}{\overset{\succ\prec}{\mathbf{R}}}=\mathbf{Q}\cdot\overset{\gg}{\mathbf{V}}\cdot\overset{\succ\prec}{\mathbf{R}}. \qquad (5.4)
$$

考虑到 $\mathbf{Q}\cdot\overset{\succ\prec}{\mathbf{R}}$ 仍为正交，并根据仿射量极分解的唯一性，有

$$
\overset{\sim}{\overset{\succ\prec}{\mathbf{R}}}=\mathbf{Q}\cdot\overset{\succ\prec}{\mathbf{R}},\quad \overset{\sim}{\overset{\ll}{\mathbf{U}}}=\overset{\ll}{\mathbf{U}}. \qquad (5.5)
$$

由(5.4)第二式，并考虑到(5.5)第一式，有

$$\overset{\widetilde{\rangle\rangle}}{\mathbf{V}} = \mathbf{Q}\cdot\overset{\rangle\rangle}{\mathbf{V}}\cdot\overset{\rangle\langle}{\mathbf{R}}\cdot\overset{\langle\rangle}{\mathbf{R}}^{*}\cdot\mathbf{Q}^{*} = \mathbf{Q}\cdot\overset{\rangle\rangle}{\mathbf{V}}\cdot\mathbf{Q}^{*}, \tag{5.6}$$

由此得

$$\overset{\widetilde{\langle\langle}}{\mathbf{C}} = \left(\overset{\widetilde{\langle\langle}}{\mathbf{U}}\right)^{2} = \overset{\langle\langle}{\mathbf{U}}{}^{2} = \overset{\langle\langle}{\mathbf{C}}, \tag{5.7}$$

$$\overset{\widetilde{-1}}{\overset{\rangle\rangle}{\mathbf{c}}} = \left(\overset{\widetilde{\rangle\rangle}}{\mathbf{V}}\right)^{2} = \mathbf{Q}\cdot\overset{\rangle\rangle}{\mathbf{V}}\cdot\mathbf{Q}^{*}\cdot\mathbf{Q}\cdot\overset{\rangle\rangle}{\mathbf{V}}\cdot\mathbf{Q}^{*} = \mathbf{Q}\cdot\overset{-1}{\overset{\rangle\rangle}{\mathbf{c}}}\cdot\mathbf{Q}^{*}. \tag{5.8}$$

可见 Cauchy 应变张量 $\overset{-1}{\overset{\rangle\rangle}{\mathbf{c}}}$是，而 Green 应变张量 $\overset{\langle\langle}{\mathbf{C}}$ 不是客观性的.

将(5.1)式求物质导数,得

$$\dot{\overset{\widetilde{\rangle\langle}}{\mathbf{D}}} = \dot{\mathbf{Q}}\cdot\overset{\rangle\langle}{\mathbf{D}} + \mathbf{Q}\cdot\dot{\overset{\rangle\langle}{\mathbf{D}}},$$

$$\begin{aligned}\overset{\widetilde{\rangle\rangle}}{\mathbf{L}}\cdot\overset{\widetilde{\rangle\langle}}{\mathbf{D}} &= \dot{\mathbf{Q}}\cdot\overset{\rangle\langle}{\mathbf{D}} + \mathbf{Q}\cdot\overset{\rangle\rangle}{\mathbf{L}}\cdot\overset{\rangle\langle}{\mathbf{D}} = \mathbf{A}\cdot\mathbf{Q}\cdot\overset{\rangle\langle}{\mathbf{D}} + \mathbf{Q}\cdot\overset{\rangle\rangle}{\mathbf{L}}\cdot\mathbf{Q}^{*}\cdot\overset{\widetilde{\rangle\langle}}{\mathbf{D}} \\ &= (\mathbf{Q}\cdot\overset{\rangle\rangle}{\mathbf{L}}\cdot\mathbf{Q}^{*} + \mathbf{A})\cdot\overset{\widetilde{\rangle\langle}}{\mathbf{D}},\end{aligned}$$

其中由 § 4

$$\mathbf{A} = \dot{\mathbf{Q}}\cdot\mathbf{Q}^{*}, \quad \dot{\mathbf{Q}} = \mathbf{A}\cdot\mathbf{Q}. \tag{5.9}$$

将前式右乘以 $\overset{\widetilde{\rangle\langle}}{\mathbf{D}}$ 的逆,得

$$\overset{\widetilde{\rangle\rangle}}{\mathbf{L}} = \mathbf{Q}\cdot\overset{\rangle\rangle}{\mathbf{L}}\cdot\mathbf{Q}^{*} + \mathbf{A}, \tag{5.10}$$

即

$$\overset{\widetilde{\rangle\rangle}}{\mathbf{d}} + \overset{\widetilde{\rangle\rangle}}{\mathbf{w}} = \mathbf{Q}\cdot\overset{\rangle\rangle}{\mathbf{d}}\cdot\mathbf{Q}^{*} + \mathbf{Q}\cdot\overset{\rangle\rangle}{\mathbf{w}}\cdot\mathbf{Q}^{*} + \mathbf{A}.$$

考虑到 $\mathbf{Q}\cdot\overset{\rangle\rangle}{\mathbf{w}}\cdot\mathbf{Q}^{*} + \mathbf{A}$ 的反称性，根据仿射量加法分解的唯一性,得

$$\left.\begin{aligned}\overset{\widetilde{\rangle\rangle}}{\mathbf{d}} &= \mathbf{Q}\cdot\overset{\rangle\rangle}{\mathbf{d}}\cdot\mathbf{Q}^{*}, \\ \overset{\widetilde{\rangle\rangle}}{\mathbf{w}} &= \mathbf{Q}\cdot\overset{\rangle\rangle}{\mathbf{w}}\cdot\mathbf{Q}^{*} + \mathbf{A}.\end{aligned}\right\} \tag{5.11}$$

可见,变形率 $\overset{\rangle\rangle}{\mathbf{d}}$ 是客观性的，而速度梯度 $\overset{\rangle\rangle}{\mathbf{L}}$ 和旋率张量 $\overset{\rangle\rangle}{\mathbf{w}}$ 则均不

是客观性的.

我们假定外力和接触力都是客观性向量，考虑到单位外法向量也是客观性的，则根据 $\mathbf{t}_n = \overset{\leftrightarrow}{\mathbf{t}} \cdot \mathbf{n}$ 可知，Cauchy 应力张量也是客观性的:

$$\tilde{\overset{\leftrightarrow}{\mathbf{t}}} = \mathbf{Q} \cdot \overset{\leftrightarrow}{\mathbf{t}} \cdot \mathbf{Q}^*. \tag{5.12}$$

以 $\mathbf{Q}$ 右乘(5.11)第二式，并考虑到(5.9)式，得

$$\dot{\mathbf{Q}} = \tilde{\overset{\leftrightarrow}{\mathbf{w}}} \cdot \mathbf{Q} - \mathbf{Q} \cdot \overset{\leftrightarrow}{\mathbf{w}}. \tag{5.13}$$

将(5.12)式求物质导数，并考虑(5.13)式，得

$$\begin{aligned}
\dot{\tilde{\overset{\leftrightarrow}{\mathbf{t}}}} &= \mathbf{Q} \cdot \dot{\overset{\leftrightarrow}{\mathbf{t}}} \cdot \mathbf{Q}^* + \dot{\mathbf{Q}} \cdot \overset{\leftrightarrow}{\mathbf{t}} \cdot \mathbf{Q}^* + \mathbf{Q} \cdot \overset{\leftrightarrow}{\mathbf{t}} \cdot \dot{\mathbf{Q}}^* \\
&= \mathbf{Q} \cdot \dot{\overset{\leftrightarrow}{\mathbf{t}}} \cdot \mathbf{Q}^* + \tilde{\overset{\leftrightarrow}{\mathbf{w}}} \cdot \mathbf{Q} \cdot \overset{\leftrightarrow}{\mathbf{t}} \cdot \mathbf{Q}^* - \mathbf{Q} \cdot \overset{\leftrightarrow}{\mathbf{w}} \cdot \overset{\leftrightarrow}{\mathbf{t}} \cdot \mathbf{Q}^* \\
&\quad + \mathbf{Q} \cdot \overset{\leftrightarrow}{\mathbf{t}} \cdot \overset{\leftrightarrow}{\mathbf{w}} \cdot \mathbf{Q}^* - \mathbf{Q} \cdot \overset{\leftrightarrow}{\mathbf{t}} \cdot \mathbf{Q}^* \cdot \tilde{\overset{\leftrightarrow}{\mathbf{w}}} \\
&= \mathbf{Q} \cdot (\dot{\overset{\leftrightarrow}{\mathbf{t}}} + \overset{\leftrightarrow}{\mathbf{t}} \cdot \overset{\leftrightarrow}{\mathbf{w}} - \overset{\leftrightarrow}{\mathbf{w}} \cdot \overset{\leftrightarrow}{\mathbf{t}}) \cdot \mathbf{Q}^* - \tilde{\overset{\leftrightarrow}{\mathbf{t}}} \cdot \tilde{\overset{\leftrightarrow}{\mathbf{w}}} + \tilde{\overset{\leftrightarrow}{\mathbf{w}}} \cdot \tilde{\overset{\leftrightarrow}{\mathbf{t}}},
\end{aligned}$$

根据第三章 (6.9) 式，即

$$\frac{\mathscr{D}\tilde{\overset{\leftrightarrow}{\mathbf{t}}}}{\mathscr{D}t} = \mathbf{Q} \cdot \frac{\mathscr{D}\overset{\leftrightarrow}{\mathbf{t}}}{\mathscr{D}t} \cdot \mathbf{Q}^*. \tag{5.14}$$

可见，Cauchy 应力张量的物质导数不是客观性的，而它的本构导数是客观性的. 这从另一角度又证明了本构导数的合理性.

§6. 守恒律的客观性

不失一般性，可以认为在时-空系变换中，在 $\tilde{t}_0 = t_0 + a$ 时两个划有笛氏坐标系的参考标架是重合在一起的，随着时间的迁移，这两个参考标架按关系 (4.1)，(4.2) 作连续的相对刚性运动. 因此，$\mathbf{Q}$ 是纯转动 $\det \mathbf{Q} = 1$.

取(5.1)式的行列式就得

$$\tilde{\mathscr{J}} = \mathscr{J}, \tag{6.1}$$

容积比是客观性的，就是说，在时-空变换中，体积保持不变．由于 ρ_0 与时-空变换无关，质量密度也保持不变：

$$\tilde{\rho} = \rho. \tag{6.2}$$

由此及第二章的(5.7)式得

$$\rho\mathscr{J} = \rho_0 = \tilde{\rho}\tilde{\mathscr{J}}, \tag{6.3}$$

故质量密度和质量守恒律是客观性的．

在动量守恒律的局部形式——Cauchy 动量方程：

$$\overset{\rangle\rangle}{\mathbf{t}} \cdot \overset{\rangle}{\nabla} + \rho\mathbf{f} = \rho\mathbf{a} \tag{6.4}$$

里，体力项是客观性的．为了讨论左端第一项，将 (4.2) 式在笛氏坐标系里写成

$$x_{\bar{r}}\mathbf{g}_{\bar{r}} = \mathbf{Q}\cdot(x_r\mathbf{g}_r) + \mathbf{b} \quad 或 \quad \mathbf{Q}^*\cdot(x_{\bar{r}}\mathbf{g}_{\bar{r}}) = x_r\mathbf{g}_r + \mathbf{Q}^*\cdot\mathbf{b}.$$

分别对 x_s 及 $x_{\bar{s}}$ 求导，又有

$$x_{\bar{r},r}\mathbf{g}_{\bar{r}} = \mathbf{Q}\cdot\mathbf{g}_r, \quad \mathbf{Q}^*\cdot\mathbf{g}_{\bar{r}} = x_{r,\bar{r}}\mathbf{g}_r, \tag{6.5}$$

$$x_{\bar{r},r} = \mathbf{g}_{\bar{r}}\cdot\mathbf{Q}\cdot\mathbf{g}_r = \mathbf{g}_r\cdot\mathbf{Q}^*\cdot\mathbf{g}_{\bar{r}} = x_{r,\bar{r}}. \tag{6.6}$$

考虑到(6.5)和(6.6)式，得

$$\begin{aligned}
\tilde{\overset{\rangle\rangle}{\mathbf{t}}} \cdot \tilde{\overset{\rangle}{\nabla}} &= (\mathbf{Q}\cdot\overset{\rangle\rangle}{\mathbf{t}}\cdot\mathbf{Q}^*)_{,\bar{r}}\cdot\mathbf{g}_{\bar{r}} = \mathbf{Q}\cdot(\overset{\rangle\rangle}{\mathbf{t}}_{,r}x_{r,\bar{r}})\cdot\mathbf{Q}^*\cdot\mathbf{g}_{\bar{r}} \\
&= \mathbf{Q}\cdot(\overset{\rangle\rangle}{\mathbf{t}}_{,r}x_{\bar{r},r})\cdot(x_{s,\bar{r}}\mathbf{g}_s) = \mathbf{Q}\cdot\overset{\rangle\rangle}{\mathbf{t}}_{,r}\cdot\mathbf{g}_r \\
&= \mathbf{Q}\cdot(\overset{\rangle\rangle}{\mathbf{t}}\cdot\overset{\rangle}{\nabla}).
\end{aligned} \tag{6.7}$$

故 $\overset{\rangle\rangle}{\mathbf{t}}\cdot\overset{\rangle}{\nabla}$ 也是客观性的．余下一个惯性项．

我们称，在其中以 $\mathbf{a} = \ddot{\mathbf{p}}$ 为定义的加速度是客观性的所有的参考标架为**“惯性系”**．从 § 4 看到，对惯性系进行伽里略变换仍为惯性系．对于非惯性系，如果以

$$\tilde{\mathbf{a}} = \ddot{\tilde{\mathbf{p}}} - \ddot{\mathbf{b}} + (\mathbf{A}^2 - \dot{\mathbf{A}})\cdot(\tilde{\mathbf{p}} - \mathbf{b}) - 2\mathbf{A}\cdot(\dot{\tilde{\mathbf{p}}} - \dot{\mathbf{b}}) \tag{6.8}$$

定义加速度，则加速度也是客观性向量了：

$$\tilde{\mathbf{a}} = \mathbf{Q}\cdot\mathbf{a}. \tag{6.9}$$

在这种情况下，

$$\tilde{\overset{\gg}{\mathbf{t}}}\cdot\tilde{\overset{>}{\nabla}}+\tilde{\rho}\mathbf{f}-\tilde{\rho}\tilde{\mathbf{a}}=\mathbf{Q}\cdot(\overset{\gg}{\mathbf{t}}\cdot\overset{>}{\nabla}+\rho\mathbf{f}-\rho\mathbf{a}),\qquad(6.10)$$

动量守恒律是客观性的.

从(5.12)式

$$\left(\tilde{\overset{\gg}{\mathbf{t}}}\right)^{*}=\mathbf{Q}\cdot\overset{\gg}{\mathbf{t}}{}^{*}\cdot\mathbf{Q}^{*}=\mathbf{Q}\cdot\overset{\gg}{\mathbf{t}}\cdot\mathbf{Q}^{*}=\tilde{\overset{\gg}{\mathbf{t}}},$$

又可知,动量矩守恒律是客观性的.

由于

$$\begin{aligned}\tilde{\overset{\gg}{\mathbf{t}}}:\tilde{\overset{\gg}{\mathbf{d}}}&=\mathrm{tr}(\tilde{\overset{\gg}{\mathbf{t}}}\cdot\tilde{\overset{\gg}{\mathbf{d}}})=\mathrm{tr}(\mathbf{Q}\cdot\overset{\gg}{\mathbf{t}}\cdot\mathbf{Q}^{*}\cdot\mathbf{Q}\cdot\overset{\gg}{\mathbf{d}}\cdot\mathbf{Q}^{*})\\&=\mathrm{tr}(\mathbf{Q}\cdot\overset{\gg}{\mathbf{t}}\cdot\overset{\gg}{\mathbf{d}}\cdot\mathbf{Q}^{*})=\mathrm{tr}(\overset{\gg}{\mathbf{d}}\cdot\mathbf{Q}^{*}\cdot\mathbf{Q}\cdot\overset{\gg}{\mathbf{t}})\\&=\mathrm{tr}(\overset{\gg}{\mathbf{t}}\cdot\overset{\gg}{\mathbf{d}})=\overset{\gg}{\mathbf{t}}:\overset{\gg}{\mathbf{d}},\qquad(6.11)\end{aligned}$$

能量守恒律也是客观性的.

§7. 弹性体——Green 方法

本节将根据§3的基本原理建立材料的本构关系. 我们从一般的本构关系形式推导出称为"弹性体"的理想模型的本构关系. 这种模型假设: (1) 存在各处应力为零的自然状态, 初始构型 $\mathscr{R}$ 就取在自然状态上;(2)材料的行为只与相对于自然状态的当前变形状态,即在构型 $\varkappa(t)$ 的变形状态有关. 建立本构关系有两种途径. 一种是从建立内能函数 Σ 与物体运动历史的关系入手, 称为 **Green 方法**. 另一种是直接建立应力状态 $\overset{\gg}{\mathbf{t}}$ 与物体运动历史的关系,称为 **Cauchy 方法.**

我们首先着重应用 Green 方法. 根据确定性原理, 在时刻 t, 典型点 $\mathbf{P}$ 的内能函数值由物体各点 $\mathbf{P}'\in\mathscr{B}$ 的运动历史所确定

$$\Sigma=\Sigma[\mathbf{p}(\mathbf{P}',t');\mathbf{P},t],\quad t'\leqslant t.\qquad(7.1)$$

根据客观性原理,有

$$\Sigma[\tilde{\mathbf{p}}(\mathbf{P}',\tilde{t}');\mathbf{P},\tilde{t}]=\Sigma[\mathbf{p}(\mathbf{P}',t');\mathbf{P},t].\qquad(7.2)$$

在(4.1),(4.2)变换中,令

$$\mathbf{Q}(t') = \overset{\gg}{\mathbf{I}}, \quad \mathbf{b}(t') = -\mathbf{p}(\mathbf{P}, t'), \quad a = 0,$$

即令另一个参考标架中心和典型点 $\mathbf{P}$ 一起平移，则

$$\tilde{\mathbf{p}}(\mathbf{P}', \tilde{t}') = \mathbf{Q}(t') \cdot \mathbf{p}(\mathbf{P}', t') + \mathbf{b}(t') = \mathbf{p}(\mathbf{P}', t') - \mathbf{p}(\mathbf{P}, t'),$$

于是(7.1)式变为

$$\Sigma = \Sigma[\mathbf{p}(\mathbf{P}', t') - \mathbf{p}(\mathbf{P}, t'); \mathbf{P}, t']. \tag{7.3}$$

在(4.1)，(4.2)变换中，又令

$$\mathbf{Q}(t') = \overset{\gg}{\mathbf{I}}, \quad \mathbf{b}(t) = 0, \quad a = -t,$$

则

$$\tilde{t}' = t' + a = t' - t, \quad \tilde{t} = 0, \quad -\infty < \tilde{t}' \leqslant 0,$$

$$\tilde{\mathbf{p}}(\mathbf{P}', \tilde{t}') = \mathbf{Q}(t') \cdot \mathbf{p}(\mathbf{P}', t') + \mathbf{b}(t') = \mathbf{p}(\mathbf{P}', \tilde{t}' + t),$$

而(7.1)式变为

$$\Sigma = \Sigma[\mathbf{p}(\mathbf{P}', \tilde{t}' + t); \mathbf{P}, 0], \tag{7.4}$$

内能函数不明显包含 t. 引入 $\tau' \equiv t - t' \geqslant 0$，则(7.3)和(7.4)式综合为

$$\Sigma = \Sigma[\mathbf{p}(\mathbf{P}', t - \tau') - \mathbf{p}(\mathbf{P}, t - \tau'); \mathbf{P}]. \tag{7.5}$$

根据连续性公理，对所有 $t' \leqslant t$，$\mathbf{p}(\mathbf{P}', t')$ 允许在 $\mathbf{P}$ 邻域展开为 Taylor 级数：

$$\mathbf{p}(\mathbf{P}', t') - \mathbf{p}(\mathbf{P}, t') = [\mathbf{p}(\mathbf{P}, t')\overset{\lessdot}{\nabla}] \cdot (\mathbf{P}' - \mathbf{P}) + \cdots.$$

根据局部作用原理，上述级数只取第一项，并称这种材料为**"简单材料"**，则(7.5)式变为

$$\Sigma = \Sigma[\mathbf{p}(\mathbf{P}, t - \tau')\overset{\lessdot}{\nabla}; \mathbf{P}], \quad 0 \leqslant \tau' < \infty. \tag{7.6}$$

简单材料 $\mathbf{P}$ 点的内能依赖于该点变形梯度的全部历史. 根据弹性体的假设(2)，弹性体的内能函数就是

$$\Sigma = \Sigma[\mathbf{p}(\mathbf{P}, t)\overset{\lessdot}{\nabla}; \mathbf{P}] = \Sigma[\overset{\gtrless}{\mathbf{D}}(\mathbf{P}, t); \mathbf{P}]. \tag{7.7}$$

$\mathbf{P}$ 的明显出现表示函数形式可因点而异，是为**非均匀体**. 如果弹性体在自然状态是均匀的，则 $\mathbf{P}$ 不明显出现. 为简单起见，今后不明显写 $\mathbf{P}$ 而按具体情况去理解. 于是有

$$\Sigma = \Sigma(\overset{\gtrless}{\mathbf{D}}). \tag{7.8}$$

再应用客观性原理可使我们对 Σ 的性质有深一层的理解．以变形梯度极分解式 $\overset{\rangle\langle}{\mathbf{D}} = \overset{\rangle\langle}{\mathbf{R}} \cdot \overset{\frac{1}{2}}{\overset{\langle\langle}{\mathbf{C}}}$ 中的 $\overset{\rangle\rangle}{\mathbf{R}}{}^*$ 作为(5.1)式中的 $\mathbf{Q}$，则由(7.8)式有

$$\Sigma(\widetilde{\overset{\rangle\langle}{\mathbf{D}}}) = \Sigma(\mathbf{Q} \cdot \overset{\rangle\langle}{\mathbf{D}}) = \Sigma(\overset{\rangle\rangle}{\mathbf{R}}{}^* \cdot \overset{\rangle\langle}{\mathbf{D}}) = \Sigma(\overset{\frac{1}{2}}{\overset{\langle\langle}{\mathbf{C}}}). \tag{7.9}$$

这说明，弹性体典型点 $\mathbf{P}$ 的内能函数值由代表该点应变状态的 $\overset{\frac{1}{2}}{\overset{\langle\langle}{\mathbf{C}}}$ 确定，就是说，内能值只与应变状态有关．因此，根据第一章应变张量等价定理，弹性体的内能函数，或叫**弹性势**，是任何一个应变张量均可作为自变量的标量值函数．今后将因需要而选择这个或那个应变张量作为自变量，但仍一律用符号 Σ 代表自变量代换后的函数形式，不会引起混乱．

如果取 Almansi 应变张量 $\overset{\langle\langle}{\mathbf{E}}$ 为自变量，则在任何运动 (1.1) 中，弹性势的时间变化率为

$$\dot{\Sigma} = \frac{d\Sigma}{d\overset{\langle\langle}{\mathbf{E}}} : \dot{\overset{\langle\langle}{\mathbf{E}}}. \tag{7.10}$$

和能量守恒律(2.7)比较，有

$$\left(\overset{\langle\langle}{\mathbf{T}} - \frac{d\Sigma}{d\overset{\langle\langle}{\mathbf{E}}}\right) : \dot{\overset{\langle\langle}{\mathbf{E}}} = 0. \tag{7.11}$$

考虑到对称仿射量 $\overset{\langle\langle}{\mathbf{E}}$ 关于 Σ 的伴随仿射量及 $\overset{\langle\langle}{\mathbf{T}}$ 的对称性，上式写开为

$$\begin{aligned}
&\left(T^{11} - \frac{\partial\Sigma}{\partial E_{11}}\right)\dot{E}_{11} + \left(T^{22} - \frac{\partial\Sigma}{\partial E_{22}}\right)\dot{E}_{22} + \left(T^{33} - \frac{\partial\Sigma}{\partial E_{33}}\right)\dot{E}_{33} \\
&\quad + 2\left(T^{23} - \frac{\partial\Sigma}{\partial E_{23}}\right)\dot{E}_{23} + 2\left(T^{31} - \frac{\partial\Sigma}{\partial E_{31}}\right)\dot{E}_{31} \\
&\quad + 2\left(T^{12} - \frac{\partial\Sigma}{\partial E_{12}}\right)\dot{E}_{12} = 0.
\end{aligned}$$

出现在上式的 $\dot{\overset{\ll}{\mathbf{E}}}$ 的 6 个分量是独立的，而且 $\overset{\ll}{\mathbf{T}}$ 和 Σ 与 $\dot{\overset{\ll}{\mathbf{E}}}$ 无关，于是有

$$\overset{\ll}{\mathbf{T}}=\frac{d\Sigma}{d\overset{\ll}{\mathbf{E}}},\quad T^{AB}=\frac{\partial\Sigma}{\partial E_{AB}}. \tag{7.12}$$

这就是所谓**应力应变关系**，一定的应力状态对应于一定的应变状态．(7.12)式称为应力应变关系的 **Cosserat 形式**．

如果用 Green 应变张量作为自变量，考虑到

$$\overset{\ll}{\mathbf{E}}=\frac{1}{2}(\overset{\ll}{\mathbf{C}}-\overset{\ll}{\mathbf{I}}),\quad \dot{\overset{\ll}{\mathbf{E}}}=\frac{1}{2}\dot{\overset{\ll}{\mathbf{C}}},$$

$$\overset{\ll}{\mathbf{T}}:\dot{\overset{\ll}{\mathbf{E}}}=\frac{1}{2}\overset{\ll}{\mathbf{T}}:\dot{\overset{\ll}{\mathbf{C}}},$$

用类似的步骤又得

$$\overset{\ll}{\mathbf{T}}=2\frac{d\Sigma}{d\overset{\ll}{\mathbf{C}}},\quad T^{AB}=2\frac{\partial\Sigma}{\partial C_{AB}}. \tag{7.13}$$

如果将 $\overset{\ll}{\mathbf{C}}=\overset{\lt\gt}{\mathbf{D}}{}^*\cdot\overset{\gt\lt}{\mathbf{D}}$ 代入弹性势，又得到与（7.8）式相同的 $\Sigma=\Sigma(\overset{\gt\lt}{\mathbf{D}})$．但这不是简单重复，通过客观性原理我们对（7.8）式有了进一步了解．Σ 不能是 $\overset{\gt\lt}{\mathbf{D}}$ 的 9 个分量 $x^i_{;A}$ 的任意函数，而只能通过 6 个中间变量，例如 $C_{AB}=x_{r;A}x^r_{;B}$ 的对称函数作为这 9 个分量的函数．考虑到

$$\begin{aligned}\frac{\partial\Sigma}{\partial x^i_{;A}}&=\frac{\partial\Sigma}{\partial C_{MN}}\frac{\partial C_{MN}}{\partial x^i_{;A}}=\frac{\partial\Sigma}{\partial C_{MN}}\frac{\partial}{\partial x^i_{;A}}(g_{rs}x^r_{;M}x^s_{;N})\\&=g_{is}\frac{\partial\Sigma}{\partial C_{MN}}(\delta^A_M x^s_{;N}+\delta^A_N x^s_{;M})=2g_{is}\frac{\partial\Sigma}{\partial C_{AM}}x^s_{;M}\\&=g_{is}x^s_{;M}T^{MA}=\tau_i^{\cdot A},\end{aligned}$$

得应力应变关系的 **Kirchhoff 形式**：

$$\overset{\gt\lt}{\boldsymbol{\tau}}=\frac{d\Sigma}{d\overset{\gt\lt}{\mathbf{D}}},\quad \tau_i^{\cdot A}=\frac{\partial\Sigma}{\partial x^i_{;A}}. \tag{7.14}$$

我们还可以得到应力应变关系的 **Boussinesq** 和 **Neumann**

形式:

$$\left.\begin{aligned}
&\overset{\gg}{\mathbf{t}} = \frac{1}{\mathscr{J}}\overset{\rangle\langle}{\mathbf{D}}\cdot\overset{\ll}{\mathbf{T}}\cdot\overset{\langle\rangle}{\mathbf{D}}{}^{*} = \frac{1}{\mathscr{J}}\overset{\rangle\langle}{\mathbf{D}}\cdot\frac{d\Sigma}{d\overset{\ll}{\mathbf{E}}}\cdot\overset{\langle\rangle}{\mathbf{D}}{}^{*} = \frac{2}{\mathscr{J}}\overset{\rangle\langle}{\mathbf{D}}\\
&\qquad\cdot\frac{d\Sigma}{d\overset{\ll}{\mathbf{C}}}\cdot\overset{\langle\rangle}{\mathbf{D}}{}^{*},\\
&t^{ij} = \frac{1}{\mathscr{J}}\frac{\partial\Sigma}{\partial E_{MN}}x^{i}_{;M}x^{j}_{;N} = \frac{2}{\mathscr{J}}\frac{\partial\Sigma}{\partial C_{MN}}x^{i}_{;M}x^{j}_{;N};
\end{aligned}\right\}\tag{7.15}$$

$$\left.\begin{aligned}
&\overset{\gg}{\mathbf{t}} = \frac{1}{\mathscr{J}}\overset{\rangle\langle}{\boldsymbol{\tau}}\cdot\overset{\langle\rangle}{\mathbf{D}}{}^{*} = \frac{1}{\mathscr{J}}\frac{d\Sigma}{d\overset{\rangle\langle}{\mathbf{D}}}\cdot\overset{\langle\rangle}{\mathbf{D}}{}^{*},\\
&t^{ij} = \frac{1}{\mathscr{J}}\frac{\partial\Sigma}{\partial x^{r}_{;M}}g^{ri}x^{j}_{;M}.
\end{aligned}\right\}\tag{7.16}$$

还有一系列别的形式,这里就不一一枚举了.

将弹性势所确定的应力应变关系消去动量方程的应力张量,再加上连续性方程,就得到问题的完全方程组. 如何根据具体材料确定弹性势的形式是很困难的问题,但却是解决问题的关键. 只有少数几个问题不需事先明确弹性势的具体形式而能获得精确解.

§8. 各向同性

弹性体在自然状态(即构型 $\mathscr{R}$),在典型点 $\mathbf{P}$ 是各向同性的,假如弹性势 Σ 在 $\mathbf{P}$ 点是应变张量的各向同性函数. 根据第一部分第三章 § 3 的表示定理,这时 Σ 是应变张量的三个主不变量(例如 $\mathrm{I}(\overset{\ll}{\mathbf{C}})$, $\mathrm{II}(\overset{\ll}{\mathbf{C}})$, $\mathrm{III}(\overset{\ll}{\mathbf{C}})$)的函数. $\overset{\ll}{\mathbf{C}}$ 和 $\overset{\gg}{\mathbf{c}}{}^{-1}$ 有相同的主值,故它们的主不变量也相同. 为书写简便计,今后记 $\mathrm{I} = \mathrm{I}(\overset{\ll}{\mathbf{C}}) = \mathrm{I}(\overset{\gg}{\mathbf{c}}{}^{-1})$, $\mathrm{II} = \mathrm{II}(\overset{\ll}{\mathbf{C}}) = \mathrm{II}(\overset{\gg}{\mathbf{c}}{}^{-1})$, $\mathrm{III} = \mathrm{III}(\overset{\ll}{\mathbf{C}}) = \mathrm{III}(\overset{\gg}{\mathbf{c}}{}^{-1})$,而统称之为**应变不变量**. 这时

$$
\Sigma = \Sigma(\mathrm{I}, \mathrm{II}, \mathrm{III}; \mathbf{P}), \tag{8.1}
$$

$$
\begin{aligned}
\overset{\ll}{\mathbf{T}} &= 2\left(\frac{\partial \Sigma}{\partial \mathrm{I}} \frac{d\mathrm{I}}{d\overset{\ll}{\mathbf{C}}} + \frac{\partial \Sigma}{\partial \mathrm{II}} \frac{d\mathrm{II}}{d\overset{\ll}{\mathbf{C}}} + \frac{\partial \Sigma}{\partial \mathrm{III}} \frac{d\mathrm{III}}{d\overset{\ll}{\mathbf{C}}}\right) \\
&= 2\left[\frac{\partial \Sigma}{\partial \mathrm{I}} \overset{\ll}{\mathbf{I}} + \frac{\partial \Sigma}{\partial \mathrm{II}} (\mathrm{I}\overset{\ll}{\mathbf{I}} - \overset{\ll}{\mathbf{C}}) + \frac{\partial \Sigma}{\partial \mathrm{III}} (\mathrm{III}\overset{-1}{\overset{\ll}{\mathbf{C}}})\right] \\
&= 2\left[\left(\frac{\partial \Sigma}{\partial \mathrm{I}} + \mathrm{I}\frac{\partial \Sigma}{\partial \mathrm{II}}\right)\overset{\ll}{\mathbf{I}} - \frac{\partial \Sigma}{\partial \mathrm{II}} \overset{\ll}{\mathbf{C}} + \mathrm{III}\frac{\partial \Sigma}{\partial \mathrm{III}} \overset{-1}{\overset{\ll}{\mathbf{C}}}\right].
\end{aligned} \tag{8.2}
$$

公式 (8.2) 证实了第三章关于各向同性弹性体的论断：$\overset{\ll}{\mathbf{T}}$ 和 $\overset{\ll}{\mathbf{C}}$ 具有相同的主向.

将(8.2)式代入(7.15)式又得 Cauchy 应力张量的应力应变关系表达式:

$$
\begin{aligned}
\overset{\gg}{\mathbf{t}} &= \frac{1}{\mathscr{J}} \overset{\rangle\langle}{\mathbf{D}} \cdot \overset{\ll}{\mathbf{T}} \cdot \overset{\langle\rangle}{\mathbf{D}}{}^* \\
&= \frac{2}{\sqrt{\mathrm{III}}}\left[\left(\frac{\partial \Sigma}{\partial \mathrm{I}} + \mathrm{I}\frac{\partial \Sigma}{\partial \mathrm{II}}\right)\overset{\rangle\langle}{\mathbf{D}} \cdot \overset{\langle\rangle}{\mathbf{D}}{}^* - \frac{\partial \Sigma}{\partial \mathrm{II}} \overset{\rangle\langle}{\mathbf{D}} \cdot \overset{\ll}{\mathbf{C}} \cdot \overset{\langle\rangle}{\mathbf{D}}{}^* \right. \\
&\qquad \left. + \mathrm{III}\frac{\partial \Sigma}{\partial \mathrm{III}} \overset{\rangle\langle}{\mathbf{D}} \cdot \overset{-1}{\overset{\ll}{\mathbf{C}}} \cdot \overset{\langle\rangle}{\mathbf{D}}{}^*\right] \\
&= \frac{2}{\sqrt{\mathrm{III}}}\left[\left(\frac{\partial \Sigma}{\partial \mathrm{I}} + \mathrm{I}\frac{\partial \Sigma}{\partial \mathrm{II}}\right)\overset{-1}{\overset{\gg}{\mathbf{c}}} - \frac{\partial \Sigma}{\partial \mathrm{II}} \overset{-2}{\overset{\gg}{\mathbf{c}}} + \mathrm{III}\frac{\partial \Sigma}{\partial \mathrm{III}} \overset{\gg}{\mathbf{I}}\right],
\end{aligned} \tag{8.3}
$$

其分量形式为

$$
t^{i}_{\cdot j} = \frac{2}{\sqrt{\mathrm{III}}}\left[\left(\frac{\partial \Sigma}{\partial \mathrm{I}} + \mathrm{I}\frac{\partial \Sigma}{\partial \mathrm{II}}\right)\overset{-1}{c}{}^{i}_{\cdot j} - \frac{\partial \Sigma}{\partial \mathrm{II}} \overset{-1}{c}{}^{i}_{\cdot r}\overset{-1}{c}{}^{r}_{\cdot j} + \mathrm{III}\frac{\partial \Sigma}{\partial \mathrm{III}} \delta^{i}_{\cdot j}\right]. \tag{8.4}
$$

将 $\overset{-1}{\overset{\gg}{\mathbf{c}}}$ 的 Cayley-Hamilton 方程点乘以 $\overset{\gg}{\mathbf{c}}$, 得

$$
\mathrm{I}\,\overset{-1}{\overset{\gg}{\mathbf{c}}} - \overset{-2}{\overset{\gg}{\mathbf{c}}} = \mathrm{II} - \mathrm{III}\overset{\gg}{\mathbf{c}},
$$

再代回(8.3)式,又得

$$
\overset{\gg}{\mathbf{t}} = \frac{2}{\sqrt{\mathrm{III}}}\left[\frac{\partial \Sigma}{\partial \mathrm{I}} \overset{-1}{\overset{\gg}{\mathbf{c}}} + \left(\mathrm{II}\frac{\partial \Sigma}{\partial \mathrm{II}} + \mathrm{III}\frac{\partial \Sigma}{\partial \mathrm{III}}\right)\overset{\gg}{\mathbf{I}} - \mathrm{III}\frac{\partial \Sigma}{\partial \mathrm{II}} \overset{\gg}{\mathbf{c}}\right], \tag{8.5}
$$

$$t^{i}_{\cdot j}=\frac{2}{\sqrt{\mathrm{III}}}\left[\frac{\partial\Sigma}{\partial\mathrm{I}}\overset{-1}{c}{}^{i}_{\cdot j}+\left(\mathrm{II}\,\frac{\partial\Sigma}{\partial\mathrm{II}}+\mathrm{III}\,\frac{\partial\Sigma}{\partial\mathrm{III}}\right)\delta^{i}_{\cdot j}-\mathrm{III}\,\frac{\partial\Sigma}{\partial\mathrm{II}}\,c^{i}_{\cdot j}\right].\tag{8.6}$$

给定 Σ 的形式，应变状态完全确定弹性体的应力状态．我们说，Σ 代表弹性体的本构关系．

当 **P** 点的变形是刚性时，即保持是自然状态，$\overset{\gg}{\mathbf{c}}=\overset{-1}{\overset{\gg}{\mathbf{c}}}=\overset{\gg}{\mathbf{I}}$，$\mathrm{I}=\mathrm{II}=3$，$\mathrm{III}=1$，$\overset{\gg}{\mathbf{t}}=0$，得

$$\left(\frac{\partial\Sigma}{\partial\mathrm{I}}\right)_0+2\left(\frac{\partial\Sigma}{\partial\mathrm{II}}\right)_0+\left(\frac{\partial\Sigma}{\partial\mathrm{III}}\right)_0=0,\tag{8.7}$$

这是 Σ 所应满足的等式．

§9. 不可压缩性

某些材料，例如橡皮，在变形中体积变化甚微，实际上可认为是不可压缩的．材料的不可压缩性，作为几何内约束，在某些具体情形显著地简化问题，并使可能获得精确解．不可压缩条件的数学表示是

$$\mathscr{J}=1\quad 即\quad \mathrm{III}=1.\tag{9.1}$$

根据第二章(2.8)，(3.6)及(4.5)式有

$$\dot{\mathscr{J}}=0,$$

即

$$0=\mathrm{I}(\overset{\gg}{\mathbf{d}})=\mathrm{tr}\overset{\gg}{\mathbf{d}}=\mathrm{tr}(\overset{-1}{\overset{\rangle\langle}{\mathbf{D}}}{}^*\cdot\overset{\ll}{\dot{\mathbf{E}}}\cdot\overset{-1}{\overset{\langle\rangle}{\mathbf{D}}})=\mathrm{tr}(\overset{-1}{\overset{\langle\rangle}{\mathbf{D}}}\cdot\overset{-1}{\overset{\rangle\langle}{\mathbf{D}}}{}^*\cdot\overset{\ll}{\dot{\mathbf{E}}})=\overset{-1}{\overset{\ll}{\mathbf{C}}}:\overset{\ll}{\dot{\mathbf{E}}},\tag{9.2}$$

$$\overset{-1}{C}{}^{11}\dot{E}_{11}+\overset{-1}{C}{}^{22}\dot{E}_{22}+\overset{-1}{C}{}^{33}\dot{E}_{33}+2\overset{-1}{C}{}^{23}\dot{E}_{23}+2\overset{-1}{C}{}^{31}\dot{E}_{31}+2\overset{-1}{C}{}^{12}\dot{E}_{12}=0.\tag{9.3}$$

这时由于附加条件(9.3)，公式(7.11)的分量形式中 $\dot{E}_{AB}$ 的 6 个分量中失去一个自由度，例如我们可取 $\dot{E}_{11}$ 为非独立分量．类似变

分法中的等周问题,我们引进 Lagrange 乘子 $p(\overset{\ll}{\mathbf{C}})$, 将它乘 (9.2) 式再和(7.11)式相加. 我们可以这样确定 p, 使 $\dot{E}_{11}$ 的系数恒为零: $T^{11}-\dfrac{\partial\Sigma}{\partial E_{11}}+p\overset{-1}{C}{}^{11}=0$ (但我们并不从这里马上消去 p). 余下 $\dot{E}_{AB}$ 的各分量为独立,它们的各系数也就应为零,于是最后得

$$\overset{\ll}{\mathbf{T}}=-p\overset{-1}{\overset{\ll}{\mathbf{C}}}+\frac{d\Sigma}{d\overset{\ll}{\mathbf{E}}}=-p\overset{-1}{\overset{\ll}{\mathbf{C}}}+2\frac{d\Sigma}{d\overset{\ll}{\mathbf{C}}}. \tag{9.4}$$

对于各向同性不可压缩体,鉴于(9.1)条件,弹性势 Σ 和 p 就只是第一,二应变不变量 I 和 II 的函数了. 于是

$$\begin{aligned}\overset{\ll}{\mathbf{T}}&=-p\overset{-1}{\overset{\ll}{\mathbf{C}}}+2\left(\frac{\partial\Sigma}{\partial\mathrm{I}}\frac{d\mathrm{I}}{d\overset{\ll}{\mathbf{C}}}+\frac{\partial\Sigma}{\partial\mathrm{II}}\frac{d\mathrm{II}}{d\overset{\ll}{\mathbf{C}}}\right)\\&=-p\overset{-1}{\overset{\ll}{\mathbf{C}}}+2\left[\frac{\partial\Sigma}{\partial\mathrm{I}}\overset{\ll}{\mathbf{I}}+\frac{\partial\Sigma}{\partial\mathrm{II}}(\mathrm{I}\overset{\ll}{\mathbf{I}}-\overset{\ll}{\mathbf{C}})\right],\end{aligned} \tag{9.5}$$

而 Cauchy 应力张量就表达为

$$\begin{aligned}\overset{\gg}{\mathbf{t}}&=\frac{1}{\mathscr{J}}\overset{><}{\mathbf{D}}\cdot\overset{\ll}{\mathbf{T}}\cdot\overset{<>}{\mathbf{D}}{}^{*}\\&=-p\overset{><}{\mathbf{D}}\cdot\overset{-1}{\overset{\ll}{\mathbf{C}}}\cdot\overset{<>}{\mathbf{D}}{}^{*}+2\left[\left(\frac{\partial\Sigma}{\partial\mathrm{I}}+\mathrm{I}\frac{\partial\Sigma}{\partial\mathrm{II}}\right)\overset{><}{\mathbf{D}}\cdot\overset{<>}{\mathbf{D}}{}^{*}\right.\\&\qquad\left.-\frac{\partial\Sigma}{\partial\mathrm{II}}\overset{><}{\mathbf{D}}\cdot\overset{\ll}{\mathbf{C}}\cdot\overset{<>}{\mathbf{D}}{}^{*}\right]\\&=-p\overset{\gg}{\mathbf{I}}+2\left[\frac{\partial\Sigma}{\partial\mathrm{I}}\overset{-1}{\overset{\gg}{\mathbf{c}}}+\frac{\partial\Sigma}{\partial\mathrm{II}}(\mathrm{I}\overset{-1}{\overset{\gg}{\mathbf{c}}}-\overset{-2}{\overset{\gg}{\mathbf{c}}})\right]\\&=-p\overset{\gg}{\mathbf{I}}+2\left[\frac{\partial\Sigma}{\partial\mathrm{I}}\overset{-1}{\overset{\gg}{\mathbf{c}}}+\mathrm{II}\frac{\partial\Sigma}{\partial\mathrm{II}}\overset{\gg}{\mathbf{I}}-\frac{\partial\Sigma}{\partial\mathrm{II}}\overset{\gg}{\mathbf{c}}\right].\end{aligned} \tag{9.6}$$

式(9.6)中的 $2\mathrm{II}\dfrac{\partial\Sigma}{\partial\mathrm{II}}$ 也是 I 和 II 的函数, 因此可以归并到 p 中而最后得

$$\overset{\gg}{\mathbf{t}}=-p\overset{\gg}{\mathbf{I}}+2\left(\frac{\partial\Sigma}{\partial\mathrm{I}}\overset{-1}{\overset{\gg}{\mathbf{c}}}-\frac{\partial\Sigma}{\partial\mathrm{II}}\overset{\gg}{\mathbf{c}}\right), \tag{9.7}$$

$$t^{i}_{\cdot j} = -p\delta^{i}_{\cdot j} + 2\left(\frac{\partial\Sigma}{\partial \mathrm{I}}\,\overset{-1}{c}{}^{i}_{\cdot j} - \frac{\partial\Sigma}{\partial \mathrm{II}}\,c^{i}_{\cdot j}\right). \tag{9.8}$$

可将(9.7)式改写为

$$\overset{\gg}{\mathbf{t}} + p\overset{\gg}{\mathbf{I}} = 2\left(\frac{\partial\Sigma}{\partial \mathrm{I}}\,\overset{-1}{\overset{\gg}{\mathbf{c}}} - \frac{\partial\Sigma}{\partial \mathrm{II}}\,\overset{\gg}{\mathbf{c}}\right). \tag{9.9}$$

这说明,本构关系（由 Σ 所代表）并不因应变状态的给定而完全确定不可压缩体的应力状态，或者说，本构关系以静水压力 $p\overset{\gg}{\mathbf{I}}$（因 $p\overset{\gg}{\mathbf{I}}$ 所代表的应力状态是任何方向截面的应力向量都是大小相同的法向量)为精确度确定应力状态，p 还得通过动量方程和边条件才能最后确定.

对于可以看作为各向同性不可压缩的硬化橡皮，有些作者根据实验提出了主要有以下形式的弹性势函数形式:

$$\text{Treloar: } \Sigma = C(\mathrm{I} - 3), \tag{9.10}$$

$$\text{Mooney: } \Sigma = C_1(\mathrm{I} - 3) + C_2(\mathrm{II} - 3), \tag{9.11}$$

$$\text{Gent, Thomas: } \Sigma = C_1'(\mathrm{I} - 3) + C_2'\ln\left(\frac{1}{3}\,\mathrm{II}\right), \tag{9.12}$$

$$\text{Ishihara, Zahorski: } \Sigma = C_1(\mathrm{I} - 3) + C_2(\mathrm{II} - 3) + C_3(\mathrm{I}^2 - 9), \tag{9.13}$$

$$\text{Klosner, Segal: } \Sigma = C_1(\mathrm{I} - 3) + C_2(\mathrm{II} - 3) + C_3(\mathrm{II} - 3)^2 + C_4(\mathrm{II} - 3)^3, \tag{9.14}$$

$$\text{Biderman: } \Sigma = C_1(\mathrm{I} - 3) + C_2(\mathrm{I} - 3)^2 + C_3(\mathrm{I} - 3)^3 + C_4(\mathrm{II} - 3), \tag{9.15}$$

其中 C，C_1 等是材料常数.

§10. 限制弹性势形式的不等式

在古典弹性理论里,应变能必为正的物理条件,导致弹性势必须是正定二次型的限制，这是唯一性定理证明的基础. 在有限弹性变形理论里，我们也可以提出一些限制弹性势的物理条件. 今举其中一个作参考：对各向同性体，主长度比为较大的方向，主应力也较大；主长度比相等的方向，主应力也相等.

若取 $\overset{-1}{\mathbf{c}}$ 的主值为 λ_γ^2，$\mathbf{t}$ 的主值为 t_γ，则

$$\text{III}=(\lambda_1\lambda_2\lambda_3)^2, \tag{10.1}$$

而(8.5)和(9.7)式可对主方向分别写成

$$t_\gamma=\frac{2}{\lambda_1\lambda_2\lambda_3}\left[\frac{\partial\Sigma}{\partial\text{I}}\lambda_\gamma^2-\text{III}\frac{\partial\Sigma}{\partial\text{II}}\frac{1}{\lambda_\gamma^2}+\left(\text{II}\frac{\partial\Sigma}{\partial\text{II}}+\text{III}\frac{\partial\Sigma}{\partial\text{III}}\right)\right], \tag{10.2}$$

$$t_\gamma=-p+2\left(\frac{\partial\Sigma}{\partial\text{I}}\lambda_\gamma^2-\frac{\partial\Sigma}{\partial\text{II}}\frac{1}{\lambda_\gamma^2}\right). \tag{10.3}$$

考虑两不同主向 α 和 $\beta(\alpha,\beta,\gamma\neq)$ 主应力之差，分别又得

$$t_\alpha-t_\beta=\frac{2(\lambda_\alpha^2-\lambda_\beta^2)}{\lambda_1\lambda_2\lambda_3}\left(\frac{\partial\Sigma}{\partial\text{I}}+\lambda_\gamma^2\frac{\partial\Sigma}{\partial\text{II}}\right), \tag{10.4}$$

$$t_\alpha-t_\beta=2(\lambda_\alpha^2-\lambda_\beta^2)\left(\frac{\partial\Sigma}{\partial\text{I}}+\lambda_\gamma^2\frac{\partial\Sigma}{\partial\text{II}}\right). \tag{10.5}$$

(1) $\lambda_\alpha>\lambda_\beta\Rightarrow t_\alpha>t_\beta$ 的充要条件是

$$\frac{\partial\Sigma}{\partial\text{I}}+\lambda_\gamma^2\frac{\partial\Sigma}{\partial\text{II}}>0,\quad 当\quad \lambda_\alpha\neq\lambda_\beta, \tag{10.6}$$

当 $\lambda_\alpha<\lambda_\beta$ 时上式也成立.

(2) 考虑到 $\mathbf{t}$ 是 $\overset{-1}{\mathbf{c}}$ 的连续函数，$\lambda_\alpha=\lambda_\beta\Rightarrow t_\alpha=t_\beta$ 的充要条件是

$$\frac{\partial\Sigma}{\partial\text{I}}+\lambda_\gamma^2\frac{\partial\Sigma}{\partial\text{II}}\geqslant 0,\quad 当\quad \lambda_\alpha=\lambda_\beta. \tag{10.7}$$

不等式(10.6)和(10.7)就是限制 Σ 形式的一个物理条件，它们对可压缩体和不可压缩体是相同的. 上述条件并未用于解的唯一性的证明. 此外还有一些别的条件，有从波的传播角度提的，有从热力学的角度提的. 感兴趣的读者可参阅有关文献.

§11. Cauchy 方 法

前面我们用 Green 方法，从内能函数的概念出发，得到弹性体的本构法则——应力应变关系．具有弹性势的弹性体称为**超弹性体**（*hyperelastic body*）或 **Green 意义下的弹性体**．实践表明，确定弹性势的具体函数形式不是一件容易的事．

Cauchy 方法绕过这一关，它出发于弹性体的特性："一定的应力状态对应于一定的应变状态"，直接以实验结果为启发假设一定的应力应变函数关系并通过实验确定其系数． 这种函数关系，例如可写成

$$\overset{\gg}{\mathbf{t}} = \mathbf{f}(\overset{-1}{\overset{\gg}{\mathbf{c}}}, \mathbf{P}). \tag{11.1}$$

当然，我们可以从确定性原理："物体典型点 **P** 的应力状态由物体的运动历史所确定"出发，假设一般形式的泛函关系，然后像 Green 方法那样，应用其他原理而最后得到 (11.1)式． 这里我们不重复了．在 (11.1) 式里，我们接受 **f** 是 $\overset{-1}{\overset{\gg}{\mathbf{c}}}$ 的解析函数．对各向同性体来说，它就是各向同性的解析函数，因而可表示为幂级数形式：

$$\overset{\gg}{\mathbf{t}} = \sum_{n=0}^{\infty} a_n \overset{-n}{\overset{\gg}{\mathbf{c}}}, \tag{11.2}$$

其中(标量)系数 a_n 可以随典型点 **P** 而异(非均匀体)．级数(11.2)收敛，如果 $\overset{-1}{\overset{\gg}{\mathbf{c}}}$ 的各主值均在标量幂级数 $f(x) = \sum_{n=0}^{\infty} a_n x^n$ 的收敛区间内．利用 Cayley-Hamilton 方程，(11.2)式又可写成

$$\overset{\gg}{\mathbf{t}} = k_{-1} \overset{-1}{\overset{\gg}{\mathbf{c}}} + k_0 \overset{\gg}{\mathbf{I}} + k_1 \overset{\gg}{\mathbf{c}}, \tag{11.3}$$

其中 k_{-1}，k_0 和 k_1 已是三个应变不变量 I，II 和 III 的多项式或幂级数． 直接由 (11.3) 本构关系描述的物体叫 **Cauchy 意义下的弹性体**，或直接叫弹性体．从 (8.5) 式可知，超弹性体一定是弹性体，但弹性体只有当 k_{-1}，k_0，k_1 满足一定的关系时才是超弹性体，

才具有相应的弹性势．在这个意义上说来，和 Green 弹性体相比，Cauchy 弹性体是一个更为广泛的概念．

应变状态通过本构关系以静水压力为精确度确定不可压缩弹性体的应力状态：

$$\overset{\gg}{\mathbf{t}}+p\overset{\gg}{\mathbf{I}}=k'_{-1}\overset{-1}{\overset{\gg}{\mathbf{c}}}+k'_0\overset{\gg}{\mathbf{I}}+k'_1\overset{\gg}{\mathbf{c}}, \tag{11.4}$$

将 $k'_0\overset{\gg}{\mathbf{I}}$ 归并至 $p\overset{\gg}{\mathbf{I}}$，最后得不可压缩 Cauchy 弹性体的物理法则：

$$\overset{\gg}{\mathbf{t}}=-p\overset{\gg}{\mathbf{I}}+k'_{-1}\overset{-1}{\overset{\gg}{\mathbf{c}}}+k'_1\overset{\gg}{\mathbf{c}}. \tag{11.5}$$

和（9.7）式相比较，不可压缩体也具有和可压缩体相同的 Green-Cauchy 弹性概念的关系．

Cauchy 方法不仅使我们不必从寻找弹性势的观点去考虑问题，将弹性体模型的范围扩大，而且还可以推广至建立非弹性体的本构关系．今举数例如下：

（1）Stokes 流体

$$\overset{\gg}{\mathbf{t}}=-\pi\overset{\gg}{\mathbf{I}}+\mathbf{f}(\overset{\gg}{\mathbf{d}})=(-\pi+\alpha_0)\overset{\gg}{\mathbf{I}}+\alpha_1\overset{\gg}{\mathbf{d}}+\alpha_2\overset{\gg}{\mathbf{d}}^2. \tag{11.6}$$

这是对可压缩，各向同性情形，其中 π 是热力学压力，$\alpha_k=\alpha_k(\mathrm{I}(\overset{\gg}{\mathbf{d}}),\mathrm{II}(\overset{\gg}{\mathbf{d}}),\mathrm{III}(\overset{\gg}{\mathbf{d}}))$，$\alpha_0(0,0,0)=0$． 而对不可压缩和各向同性情形，则

$$\overset{\gg}{\mathbf{t}}=-p\overset{\gg}{\mathbf{I}}+\alpha_1(\mathrm{II}(\overset{\gg}{\mathbf{d}}),\mathrm{III}(\overset{\gg}{\mathbf{d}}))\overset{\gg}{\mathbf{d}}+\alpha_2(\mathrm{II}(\overset{\gg}{\mathbf{d}}),\mathrm{III}(\overset{\gg}{\mathbf{d}}))\overset{\gg}{\mathbf{d}}^2, \tag{11.7}$$

其中 p 是待定压力．当 $\alpha_0=\lambda_v\mathrm{I}(\overset{\gg}{\mathbf{d}})$，$\alpha_1=2\mu_v$，$\alpha_2=0$ 时，就得各向同性牛顿流体的 Cauchy-Poisson 法则：

$$\overset{\gg}{\mathbf{t}}=(-\pi+\lambda_v\mathrm{I}(\overset{\gg}{\mathbf{d}}))\overset{\gg}{\mathbf{I}}+2\mu_v\overset{\gg}{\mathbf{d}}\quad\text{（可压缩）}, \tag{11.8}$$

$$\overset{\gg}{\mathbf{t}}=-p\overset{\gg}{\mathbf{I}}+2\mu_v\overset{\gg}{\mathbf{d}}\quad\text{（不可压缩）}. \tag{11.9}$$

（2）非线性粘弹性体（各向同性）

$$\overset{\gg}{\mathbf{t}}=\mathbf{f}(\overset{\gg}{\mathbf{c}},\overset{\gg}{\mathbf{d}})=\alpha_0\overset{\gg}{\mathbf{I}}+\alpha_1\overset{\gg}{\mathbf{c}}+\alpha_2\overset{\gg}{\mathbf{c}}^2+\alpha_3\overset{\gg}{\mathbf{d}}+\alpha_4\overset{\gg}{\mathbf{d}}^2$$

$$+\alpha_5(\overset{\gg}{\mathbf{c}}\cdot\overset{\gg}{\mathbf{d}}+\overset{\gg}{\mathbf{d}}\cdot\overset{\gg}{\mathbf{c}})+\alpha_6(\overset{\gg}{\mathbf{c}}{}^2\cdot\overset{\gg}{\mathbf{d}}+\overset{\gg}{\mathbf{d}}\cdot\overset{\gg}{\mathbf{c}}{}^2)$$

$$+\alpha_7(\overset{\gg}{\mathbf{c}}\cdot\overset{\gg}{\mathbf{d}}{}^2+\overset{\gg}{\mathbf{d}}{}^2\cdot\overset{\gg}{\mathbf{c}})+\alpha_8(\overset{\gg}{\mathbf{c}}{}^2\cdot\overset{\gg}{\mathbf{d}}{}^2+\overset{\gg}{\mathbf{d}}{}^2\cdot\overset{\gg}{\mathbf{c}}{}^2),\tag{11.10}$$

其中 $\alpha_0,\cdots,\alpha_8$ 是 $\overset{\gg}{\mathbf{c}}$ 的三个不变量，$\overset{\gg}{\mathbf{d}}$ 的三个不变量和它们的共同不变量的多项式.

(3) Rivlin-Ericksen 流体

$$\overset{\gg}{\mathbf{t}}=\mathbf{f}(\overset{\gg}{\mathbf{d}}{}^{(1)},\overset{\gg}{\mathbf{d}}{}^{(2)}),\tag{11.11}$$

其中 $\overset{\gg}{\mathbf{d}}{}^{(1)}\equiv\overset{\gg}{\mathbf{d}}$，$\overset{\gg}{\mathbf{d}}{}^{(2)}$ 是变形加速率(不在这里讨论其定义了).

(4) 流固体 (*hygrosteric body*)

$$\frac{\mathscr{D}\overset{\gg}{\mathbf{t}}}{\mathscr{D}t}=\mathbf{f}(\overset{\gg}{\mathbf{d}},\overset{\gg}{\mathbf{t}}).\tag{11.12}$$

以上只是一些仅供扩大眼界的例子. 理性力学对本构关系进行极其一般的研究. 近年来有了很大进展，现在不仅理想的材料数目大为增加，成为系谱，而且还有同时对整类材料进行描述和分析的有效方法.

第五章　问题的提法和若干解的举例

§1. 弹性力学问题的提法

今后我们只讨论弹性体问题. 到目前为止，除了对某些个别特殊情形的讨论外，还没有保证一般问题提法正确性的存在和唯一性定理. 显然，像在线性理论里一样，假如没有相应的解析条件对弹性势 Σ 的具体形式加以限制，则边值问题的唯一解可能对某种形式的 Σ 存在，而对另一种形式就不存在. 这样的条件目前还处在探索过程 (Hadamard，后来 Hill，曾提出过，Σ 应是位移梯度的严格凸函数，但也有些学者认为这条件太强了). 因此，边值问题的提法也就只好从物理直观上仿效线性弹性静力学边值问题的提法;大致可分为如下两类（为叙述简单起见,将就无体力的静力学情形而言):

（一）物体的初始构型 $\mathscr{R}$ 为已知. 在 $\mathscr{R}$ 的边界 $\mathscr{A}$ 上各点,根据第三章(4.4)式,给定每单位 $\mathscr{A}$ 面积而作用在变形后表面 $\mathscr{a}$ 上的面力 $\overset{\langle}{\mathbf{T}}_{\mathbf{N}}=\sigma_{\mathbf{n}}\overset{\langle}{\mathbf{t}}_{\mathbf{n}}$. 显然,所给定的外力应满足物体在构型 $\mathscr{r}$ 的整体平衡条件——合力和合力矩为零:

$$\oint_{\mathscr{A}}\overset{\langle}{\mathbf{T}}_{\mathbf{N}}dA=0, \tag{1.1}$$

$$\oint_{\mathscr{A}}\overset{\langle}{\mathbf{p}}\times\overset{\langle}{\mathbf{T}}_{\mathbf{N}}dA=0. \tag{1.2}$$

这里 $\overset{\langle}{\mathbf{p}}=\overset{\langle\rangle}{\mathbf{I}}\cdot\mathbf{p}=\mathbf{P}+\overset{\langle}{\mathbf{u}}$ 是变形后边界点的位置向量. $\overset{\langle}{\mathbf{p}}$（或 $\overset{\langle}{\mathbf{u}}$）是未知的,因此对一般情形,条件（1.2）的满足无法事先保证. 对这样提法的应力边条件问题,当然还要加上排除整体刚性位移的约束,即使存在 Σ 的合理形式,解也可能不存在.

也可以给定 $\mathscr{A}$ 边界每点的位移向量 $\overset{\langle}{\mathbf{u}}$（对不可压缩体,位移边条件应保证不破坏不可压缩条件);或是在部分 $\mathscr{A}$ 边界给位移边条件,而另一部分则给定应力条件. 并没有过例子说明,这两种提法的边值问题可能出现解的不唯一性.

（二）物体的变形构型 $\mathscr{r}$ 为已知. 在物体的构型 $\mathscr{r}$ 的边界 $\mathscr{a}$ 上每点给定每单位 $\mathscr{a}$ 面积的面力 $\mathbf{t}_{\mathbf{n}}$. 这时,物体的整体平衡条件:

$$\oint_{a}\mathbf{t}_{\mathbf{n}}da=0, \tag{1.3}$$

$$\oint_{a}\mathbf{p}\times\mathbf{t}_{\mathbf{n}}da=0 \tag{1.4}$$

可以事先完全满足. 但有实例说明,若不附加一些条件,这样提法的应力边值问题还不足以保证解的唯一性. 例如后面要谈到的厚球壳的翻转问题. 至于第二类提法的位移边条件问题或混合边条件问题也有类似情况.

总之，目前有限变形弹性静力学边值问题正确的数学提法离开理论上的彻底解决尚远．看来，要跳出问题的僵局，恐怕得从动力学角度由解决物体的运动过程入手，这当然是一个相当复杂的问题．

尽管上述基本问题还尚待解决，**半返逆法**的采用给我们提供了不少问题的解．这些解揭示了线性理论无法解释的一些新现象．半返逆法的实质在于：从物体自然构型 $\mathscr{R}$ 出发，假设包含一定数量的待定参数或函数的变形构型 $\cdot$． 在给定的本构关系下，这样的变形构型若是可能，则动量方程或是自然满足，或是成为能用以求得待定参数或函数的条件．至于边条件，我们可以对某些边界段任意规定，而其余段的边条件就由所假定的变形构型完全确定，也就是说必须这样地施加外力才能实现所假定的变形构型．下面将举出一些各向同性弹性体问题应用半返逆法解决的实例．我们将采用：

（1）Cauchy 动量方程

$$t^{ir}_{;r} + \rho f^i = \rho a^i, \tag{1.5}$$

（2）本构方程（可压缩体和不可压缩体）

$$t^{ij} = \frac{2}{\sqrt{\mathrm{III}}}\left[\frac{\partial\Sigma}{\partial \mathrm{I}}\overset{-1}{c}{}^{ij} + \left(\mathrm{II}\frac{\partial\Sigma}{\partial \mathrm{II}} + \mathrm{III}\frac{\partial\Sigma}{\partial \mathrm{III}}\right)g^{ij} - \mathrm{III}\frac{\partial\Sigma}{\partial \mathrm{II}}c^{ij}\right], \tag{1.6}$$

$$t^{ij} = -pg^{ij} + 2\left(\frac{\partial\Sigma}{\partial \mathrm{I}}\overset{-1}{c}{}^{ij} - \frac{\partial\Sigma}{\partial \mathrm{II}}c^{ij}\right), \tag{1.7}$$

（3）Cauchy 应变张量

$$\left.\begin{aligned} &c^{ij} = g^{ir}g^{js}c_{rs}, \quad c_{ij} = G_{MN}X^M_{;i}X^N_{;j}, \\ &\overset{-1}{c}{}^{ij} = G^{MN}x^i_{;M}x^j_{;N}, \end{aligned}\right\} \tag{1.8}$$

（4）应变不变量

$$\left.\begin{aligned} \mathrm{I} &= \frac{1}{1!}\delta^i_r\overset{-1}{c}{}^r_{\cdot j} = \overset{-1}{c}{}^r_{\cdot r}, \\ \mathrm{II} &= \frac{1}{2!}\delta^{ij}_{rs}\overset{-1}{c}{}^r_{\cdot i}\overset{-1}{c}{}^s_{\cdot j}, \end{aligned}\right\} \tag{1.9}$$

$$\mathrm{III}=\frac{1}{3!}\delta^{ijk}_{rst}\overset{-1}{c}{}^{r}_{\cdot i}\overset{-1}{c}{}^{s}_{\cdot j}\overset{-1}{c}{}^{t}_{\cdot k}=|\overset{-1}{c}{}^{i}_{\cdot j}|,$$

(5) 应力边条件

$$t^i_{\mathbf{n}}=t^{ir}n_r. \tag{1.10}$$

§2. 均 匀 拉 伸

考虑正方体的静力学均匀变形问题．它均匀地沿三正交方向的长度比为 λ_1, λ_2, λ_3. 若取 $\{x^i\}$ 和 $\{X^A\}$ 为重合的笛氏直角坐标系，且坐标轴方向和这三个正交方向一致，则变形可表达为

$$x^1=\lambda_1X^1,\quad x^2=\lambda_2X^2,\quad x^3=\lambda_3X^3. \tag{2.1}$$

度量张量，变形梯度和 Cauchy 应变张量分别是

$$g^{ij}\overset{*}{=}g_{ij}\overset{*}{=}\delta_{ij},\quad G^{AB}\overset{*}{=}G_{AB}\overset{*}{=}\delta_{AB}, \tag{2.2}$$

$$\|x^i_{;A}\|=\begin{Vmatrix}\lambda_1&0&0\\0&\lambda_2&0\\0&0&\lambda_3\end{Vmatrix},$$

$$\|X^A_{;i}\|=\begin{Vmatrix}\dfrac{1}{\lambda_1}&0&0\\0&\dfrac{1}{\lambda_2}&0\\0&0&\dfrac{1}{\lambda_3}\end{Vmatrix}, \tag{2.3}$$

$$\|\overset{-1}{c}{}^{ij}\|=\|\overset{-1}{c}{}^{i}_{\cdot j}\|=\begin{Vmatrix}\lambda_1^2&0&0\\0&\lambda_2^2&0\\0&0&\lambda_3^2\end{Vmatrix},$$

$$\|c_{ij}\|=\|c^{ij}\|=\begin{Vmatrix}\dfrac{1}{\lambda_1^2}&0&0\\0&\dfrac{1}{\lambda_2^2}&0\\0&0&\dfrac{1}{\lambda_3^2}\end{Vmatrix}. \tag{2.4}$$

应变不变量

$$
\left.\begin{aligned}
\mathrm{I} &= \overset{-1}{c}{}^{r}_{\cdot r} = \lambda_1^2 + \lambda_2^2 + \lambda_3^2, \\
\mathrm{II} &= \frac{1}{2!}\,\delta^{ij}_{rs}\overset{-1}{c}{}^{r}_{\cdot i}\overset{-1}{c}{}^{s}_{\cdot j} = \lambda_2^2\lambda_3^2 + \lambda_3^2\lambda_1^2 + \lambda_1^2\lambda_2^2, \\
\mathrm{III} &= |\overset{-1}{c}{}^{i}_{\cdot j}| = \lambda_1^2\lambda_2^2\lambda_3^2.
\end{aligned}\right\} \tag{2.5}
$$

由本构方程(1.6)得

$$
\left.\begin{aligned}
t^{11} &= 2\lambda_1\left\{\frac{1}{\lambda_2\lambda_3}\left[\frac{\partial\Sigma}{\partial \mathrm{I}} + (\lambda_2^2+\lambda_3^2)\frac{\partial\Sigma}{\partial \mathrm{II}}\right] + \lambda_2\lambda_3\frac{\partial\Sigma}{\partial \mathrm{III}}\right\}, \\
t^{22} &= 2\lambda_2\left\{\frac{1}{\lambda_3\lambda_1}\left[\frac{\partial\Sigma}{\partial \mathrm{I}} + (\lambda_3^2+\lambda_1^2)\frac{\partial\Sigma}{\partial \mathrm{II}}\right] + \lambda_3\lambda_1\frac{\partial\Sigma}{\partial \mathrm{III}}\right\}, \\
t^{33} &= 2\lambda_3\left\{\frac{1}{\lambda_1\lambda_2}\left[\frac{\partial\Sigma}{\partial \mathrm{I}} + (\lambda_1^2+\lambda_2^2)\frac{\partial\Sigma}{\partial \mathrm{II}}\right] + \lambda_1\lambda_2\frac{\partial\Sigma}{\partial \mathrm{III}}\right\}, \\
t^{23} &= t^{31} = t^{12} = 0.
\end{aligned}\right\} \tag{2.6}
$$

应变不变量(2.5)是常数，因而 Σ，$\dfrac{\partial\Sigma}{\partial \mathrm{I}}$，$\dfrac{\partial\Sigma}{\partial \mathrm{II}}$，$\dfrac{\partial\Sigma}{\partial \mathrm{III}}$ 和 t^{ij} 与位置无关．无体力的平衡方程自然满足．因此，只要正方体在构型 $\mathscr{B}$ 的边界 $\partial\mathscr{B}$ 上每单位面积的垂直作用的外力分别取已由 λ_1，λ_2，λ_3 所完全确定的值 t^{11}，t^{22}，t^{33}，就能维持均匀拉伸状态． 对具体的 Σ，若先给定外力的值 t^{11}，t^{22}，t^{33}，公式(2.6)可能给出不止一组解 λ_1，λ_2，λ_3．

对于不可压缩体，$\lambda_1\lambda_2\lambda_3=1$，这时长度比只有两个是独立的，设为 λ_1 和 λ_2，则由本构方程(1.7)我们得

$$
\left.\begin{aligned}
t^{11} &= -p + 2\left(\lambda_1^2\frac{\partial\Sigma}{\partial \mathrm{I}} - \frac{1}{\lambda_1^2}\frac{\partial\Sigma}{\partial \mathrm{II}}\right), \\
t^{22} &= -p + 2\left(\lambda_2^2\frac{\partial\Sigma}{\partial \mathrm{I}} - \frac{1}{\lambda_2^2}\frac{\partial\Sigma}{\partial \mathrm{II}}\right), \\
t^{33} &= -p + 2\left(\lambda_3^2\frac{\partial\Sigma}{\partial \mathrm{I}} - \frac{1}{\lambda_3^2}\frac{\partial\Sigma}{\partial \mathrm{II}}\right) \\
&= -p + 2\left(\frac{1}{\lambda_1^2\lambda_2^2}\frac{\partial\Sigma}{\partial \mathrm{I}} - \lambda_1^2\lambda_2^2\frac{\partial\Sigma}{\partial \mathrm{II}}\right), \\
t^{23} &= t^{31} = t^{12} = 0.
\end{aligned}\right\} \tag{2.7}
$$

可看出，长度比并不完全确定不可压缩正方体的应力状态. 将(2.7)式代入无体力的平衡方程得 $\frac{\partial p}{\partial x^1}=\frac{\partial p}{\partial x^2}=\frac{\partial p}{\partial x^3}=0$，静水压力也与位置无关. 我们可以任意给定一个方向的外力，譬如说 t^{33}，则对所给定应变状态，静水压力 p 由(2.7)的第三式确定，从而 t^{11} 和 t^{22} 也就确定了. 和可压缩体相同，若给定 t^{11}，t^{22}，t^{33}，则所对应的 p 和 λ_1，λ_2 可能不止一组. 现看两种简单情形:

a）简单拉伸：有 $\lambda_2=\lambda_3=\lambda$，$t^{22}=t^{33}=0$. 由(2.6)的第二，三式得

$$0=\frac{1}{\lambda_1\lambda}\frac{\partial\Sigma}{\partial \mathrm{I}}+\left(\frac{\lambda_1}{\lambda}+\frac{\lambda}{\lambda_1}\right)\frac{\partial\Sigma}{\partial \mathrm{II}}+\lambda\lambda_1\frac{\partial\Sigma}{\partial \mathrm{III}}.$$

从这里可求得 $\lambda=f(\lambda_1)$. 给定 λ_1，所对应的 λ 可能有几个，于是 t^{11} 也可能有几个值. 可以看出，给定一边的伸长度——位移边条件，另两边为自由（应力边条件）还不能唯一确定问题的解. 解取决于加载的方式.

对不可压缩体，若给定 λ_1，则 $\lambda_2=\lambda_3=\lambda=\frac{1}{\sqrt{\lambda_1}}$. 令侧面为自由 $t^{22}=t^{33}=0$，则得

$$p=2\left(\frac{1}{\lambda_1}\frac{\partial\Sigma}{\partial \mathrm{I}}-\lambda_1\frac{\partial\Sigma}{\partial \mathrm{II}}\right),$$

于是

$$t^{11}=2\left(\lambda_1^2-\frac{1}{\lambda_1}\right)\left(\frac{\partial\Sigma}{\partial \mathrm{I}}+\frac{1}{\lambda_1}\frac{\partial\Sigma}{\partial \mathrm{II}}\right). \qquad (2.8)$$

因此，对不可压缩体，给定任意值的 λ_1 后，就能用(2.8)式唯一确定的拉应力 t^{11} 去实现简单拉伸.

b）均匀膨胀：因有 $\lambda_1=\lambda_2=\lambda_3=K$. 可压缩体的应力完全由下式确定

$$t^{11}=t^{22}=t^{33}=2\left(\frac{1}{K}\frac{\partial\Sigma}{\partial \mathrm{I}}+2K\frac{\partial\Sigma}{\partial \mathrm{II}}+K^3\frac{\partial\Sigma}{\partial \mathrm{III}}\right). \qquad (2.9)$$

若给出应力，所对应的应变状态可能有几个.

对不可压缩体，$\lambda_1=\lambda_2=\lambda_3=1$，

$$t^{11} = t^{22} = t^{33} = -p + 2\left(\frac{\partial \Sigma}{\partial \mathrm{I}} - \frac{\partial \Sigma}{\partial \mathrm{II}}\right). \tag{2.10}$$

应力可为任意,这在物理上是可以理解的.

§3. 简 单 剪 切

仍取 $\{X^A\}$ 和 $\{x^i\}$ 为相重合的直角坐标系. 正方体的各面变形前分别和 $\{X^A\}$ 坐标面平行. 如图 10 所示,变形后原来垂直于 X^1 轴的平面现在转过一角度 γ，而其他平面不离开原来所处的平面，这就称为简单剪切. 这样的变形可表达为

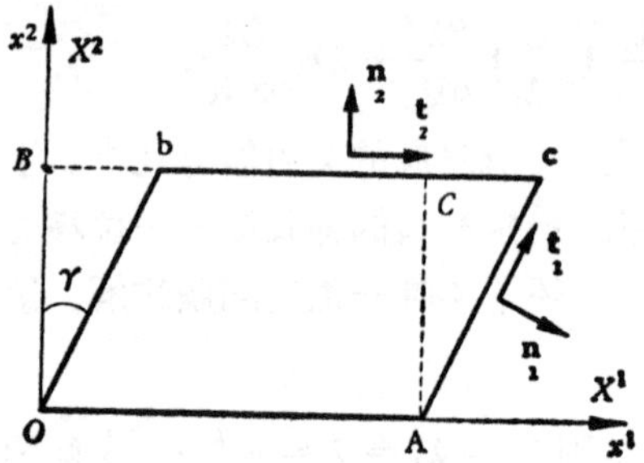

图 10

$$x^1 = X^1 + KX^2,$$
$$x^2 = X^2, \quad x^3 = X^3, \tag{3.1}$$
$$K = \mathrm{tg}\gamma.$$

度量张量,变形梯度,应变张量和应变不变量:

$$g^{ij} \stackrel{*}{=} g_{ij} \stackrel{*}{=} \delta_{ij}, \quad G^{AB} = G_{AB} = \delta_{AB}, \tag{3.2}$$

$$\|x^i_{;A}\| = \begin{Vmatrix} 1 & K & 0 \\ 0 & 1 & 0 \\ 0 & 0 & 1 \end{Vmatrix}, \quad \|X^A_{;i}\| = \begin{Vmatrix} 1 & -K & 0 \\ 0 & 1 & 0 \\ 0 & 0 & 1 \end{Vmatrix}, \tag{3.3}$$

$$\|\overset{-1}{c}{}^{ij}\| = \|\overset{-1}{c}{}^{i}_{\cdot j}\| = \begin{Vmatrix} 1+K^2 & K & 0 \\ K & 1 & 0 \\ 0 & 0 & 1 \end{Vmatrix},$$

$$\|c_{ij}\| = \|c^{ij}\| = \begin{Vmatrix} 1 & -K & 0 \\ -K & 1+K^2 & 0 \\ 0 & 0 & 1 \end{Vmatrix}, \tag{3.4}$$

$$\mathrm{I} = \mathrm{II} = 3 + K^2, \quad \mathrm{III} = 1. \tag{3.5}$$

代入本构方程得

$$
\left.\begin{aligned}
t^{11} &= 2\left[(1+K^2)\frac{\partial\Sigma}{\partial \mathrm{I}} + (2+K^2)\frac{\partial\Sigma}{\partial \mathrm{II}} + \frac{\partial\Sigma}{\partial \mathrm{III}}\right],\\
t^{22} &= 2\left(\frac{\partial\Sigma}{\partial \mathrm{I}} + 2\frac{\partial\Sigma}{\partial \mathrm{II}} + \frac{\partial\Sigma}{\partial \mathrm{III}}\right),\\
t^{33} &= 2\left[\frac{\partial\Sigma}{\partial \mathrm{I}} + (2+K^2)\frac{\partial\Sigma}{\partial \mathrm{II}} + \frac{\partial\Sigma}{\partial \mathrm{III}}\right],\\
t^{23} &= t^{31} = 0,\\
t^{12} &= 2K\left(\frac{\partial\Sigma}{\partial \mathrm{I}} + \frac{\partial\Sigma}{\partial \mathrm{II}}\right).
\end{aligned}\right\} \tag{3.6}
$$

这是均匀应力状态，无体力平衡方程自然满足．假如边条件符合这应力状态所要求的，就能实现简单剪切．Ac 边法向量 $\underset{1}{\mathbf{n}}$，切向量 $\underset{1}{\mathbf{t}}$，bc 边法向量 $\underset{2}{\mathbf{n}}$，切向量 $\underset{2}{\mathbf{t}}$ 分别具有分量：

$$
\underset{1}{n_1} = \cos\gamma = \frac{1}{\sqrt{1+K^2}},\quad \underset{1}{n_2} = -\sin\gamma = \frac{-K}{\sqrt{1+K^2}},\quad \underset{1}{n_3} = 0,
$$

$$
\underset{1}{t_1} = \sin\gamma = \frac{K}{\sqrt{1+K^2}},\quad \underset{1}{t_2} = \cos\gamma = \frac{1}{\sqrt{1+K^2}},\quad \underset{1}{t_3} = 0,
$$

$$
\underset{2}{n_1} = 0,\quad \underset{2}{n_2} = 1,\quad \underset{2}{n_3} = 0,
$$

$$
\underset{2}{t_1} = 1,\quad \underset{2}{t_2} = 0,\quad \underset{2}{t_3} = 0.
$$

Ac 及 bc 边面力的法分量是

$$
\left.\begin{aligned}
\underset{1}{N} &= t^{rs}\underset{1}{n_r}\underset{1}{n_s} = \frac{2}{1+K^2}\left[\frac{\partial\Sigma}{\partial \mathrm{I}} + (2+K^2)\frac{\partial\Sigma}{\partial \mathrm{II}}\right.\\
&\qquad \left. + (1+K^2)\frac{\partial\Sigma}{\partial \mathrm{III}}\right],\\
\underset{2}{N} &= t^{rs}\underset{2}{n_r}\underset{2}{n_s} = 2\left(\frac{\partial\Sigma}{\partial \mathrm{I}} + 2\frac{\partial\Sigma}{\partial \mathrm{II}} + \frac{\partial\Sigma}{\partial \mathrm{III}}\right).
\end{aligned}\right\} \tag{3.7}
$$

容易验证，这两面的面力在 x^3 方向的剪分量为零，而在 $\underset{1}{\mathbf{t}}$ 和 $\underset{2}{\mathbf{t}}$ 方向的剪分量分别是

$$\begin{aligned} \underset{1}{T} &= t^{rs}\underset{1}{n_r}\underset{1}{t_s} = \frac{2K}{1+K^2}\left(\frac{\partial\Sigma}{\partial \mathrm{I}} + \frac{\partial\Sigma}{\partial \mathrm{II}}\right), \\ \underset{2}{T} &= t^{rs}\underset{2}{n_r}\underset{2}{t_s} = 2K\left(\frac{\partial\Sigma}{\partial \mathrm{I}} + \frac{\partial\Sigma}{\partial \mathrm{II}}\right). \end{aligned} \tag{3.8}$$

在 $X^3 = \text{const.}$ 面上，只有法应力

$$\underset{3}{N} = t^{33} = 2\left[\frac{\partial\Sigma}{\partial \mathrm{I}} + (2+K^2)\frac{\partial\Sigma}{\partial \mathrm{II}} + \frac{\partial\Sigma}{\partial \mathrm{III}}\right]. \tag{3.9}$$

可以看到，在 $X^1 = \text{const.}$，$X^2 = \text{const.}$ 面上，除了剪分量还出现法分量，即单纯在剪应力作用下不可能实现简单剪切．实现简单剪切时在所有各面上还要加法应力的现象在线性理论中是没有的．这些法应力可以分成两部分：一部分是大小等于 $\underset{3}{N}$ 的静水压力部分，用来维持体积不变(剪切过程有体积改变的趋势)，这叫 **Kelvin 效应**；余下部分是产生剪切所要求的，叫 **Poynting 效应**．

对不可压缩体，有

$$\begin{aligned} t^{11} &= -p + 2\left[(1+K^2)\frac{\partial\Sigma}{\partial \mathrm{I}} - \frac{\partial\Sigma}{\partial \mathrm{II}}\right], \\ t^{22} &= -p + 2\left[\frac{\partial\Sigma}{\partial \mathrm{I}} - (1+K^2)\frac{\partial\Sigma}{\partial \mathrm{II}}\right], \\ t^{33} &= -p + 2\left(\frac{\partial\Sigma}{\partial \mathrm{I}} - \frac{\partial\Sigma}{\partial \mathrm{II}}\right), \\ t^{23} &= t^{31} = 0, \\ t^{12} &= 2K\left(\frac{\partial\Sigma}{\partial \mathrm{I}} + \frac{\partial\Sigma}{\partial \mathrm{II}}\right). \end{aligned} \tag{3.10}$$

代入无体力的平衡方程得出，p 亦是常数．需要任意附加一应力边条件才能完全确定应力状态．若令 $X^3=\text{const.}$ 面上的应力为零，则得

$$p = 2\left(\frac{\partial\Sigma}{\partial \mathrm{I}} - \frac{\partial\Sigma}{\partial \mathrm{II}}\right),$$

于是

$$\left.\begin{aligned} &t^{11}=2K^2\frac{\partial\Sigma}{\partial \mathrm{I}}, && t^{22}=-2K^2\frac{\partial\Sigma}{\partial \mathrm{II}}, \\ &t^{33}=t^{23}=t^{31}=0, && t^{12}=2K\left(\frac{\partial\Sigma}{\partial \mathrm{I}}+\frac{\partial\Sigma}{\partial \mathrm{II}}\right). \end{aligned}\right\} \tag{3.11}$$

对于不可压缩体，Kelvin 效应消失．在 Ac 及 bc 边上面力的法分量和剪分量分别为

$$\left.\begin{aligned} &\underset{1}{N}=-\frac{2K^2}{1+K^2}\left[\frac{\partial\Sigma}{\partial \mathrm{I}}+(2+K^2)\frac{\partial\Sigma}{\partial \mathrm{II}}\right], \\ &\underset{2}{N}=-2K^2\frac{\partial\Sigma}{\partial \mathrm{II}}, \\ &\underset{1}{T}=\frac{2K}{1+K^2}\left(\frac{\partial\Sigma}{\partial \mathrm{I}}+\frac{\partial\Sigma}{\partial \mathrm{II}}\right), \\ &\underset{2}{T}=2K\left(\frac{\partial\Sigma}{\partial \mathrm{I}}+\frac{\partial\Sigma}{\partial \mathrm{II}}\right). \end{aligned}\right\} \tag{3.12}$$

对橡皮来说，$\frac{\partial\Sigma}{\partial \mathrm{I}}, \frac{\partial\Sigma}{\partial \mathrm{II}}>0$，两边面力的法分量是负的． 如果没有这些压力，正方体在剪切过程中有在 X^1-X^2 平面上加宽，而在 X^3 方向缩短的趋势，从而不能实现简单剪切．

当然我们也可以取其他一个面上的法分量为零来确定 p 值，例如取 $X^2=$ const. 面，则由（3.10）式有 $\underset{2}{N}=t^{22}=0$ 而得 $p=2\left[\frac{\partial\Sigma}{\partial \mathrm{I}}-(1+K^2)\frac{\partial\Sigma}{\partial \mathrm{II}}\right]$ 和

$$\left.\begin{aligned} &t^{11}=2K^2\left(\frac{\partial\Sigma}{\partial \mathrm{I}}+\frac{\partial\Sigma}{\partial \mathrm{II}}\right), && t^{22}=0, \\ &t^{33}=2K^2\frac{\partial\Sigma}{\partial \mathrm{II}}, && t^{23}=t^{31}=0, \\ &t^{12}=2K\left(\frac{\partial\Sigma}{\partial \mathrm{I}}+\frac{\partial\Sigma}{\partial \mathrm{II}}\right). \end{aligned}\right\} \tag{3.13}$$

这时各面面力的非零法分量或剪分量为：

$$\underset{1}{N}=-\frac{2K^2}{1+K^2}\left(\frac{\partial\Sigma}{\partial \mathrm{I}}+\frac{\partial\Sigma}{\partial \mathrm{II}}\right),$$

$$\left.\begin{aligned}
\underset{1}{T} &= \frac{2K}{1+K^2}\left(\frac{\partial\Sigma}{\partial \mathrm{I}} + \frac{\partial\Sigma}{\partial \mathrm{II}}\right),\\
\underset{2}{T} &= 2K\left(\frac{\partial\Sigma}{\partial \mathrm{I}} + \frac{\partial\Sigma}{\partial \mathrm{II}}\right),\\
\underset{3}{N} &= 2K^2\frac{\partial\Sigma}{\partial \mathrm{II}}.
\end{aligned}\right\} \tag{3.14}$$

类似地还可以讨论在 Ac 面上法分量为零的情形.

在以后的例子中,我们将只讨论不可压缩材料.

§4. 圆柱体扭转

对构型 $\mathscr{R}$ 和 $\boldsymbol{\cdot}$ 均采用重合的圆柱坐标系 $\{X^A\}=\{R, \Theta, Z\}$ 和 $\{x^i\}=\{r, \vartheta, z\}$. 半径为 a 的圆柱体的轴和坐标轴 $Z=z$ 一致. 考察不可压缩圆柱体由下面公式所表达的扭转能否实现:

$$x^1 = X^1, \quad x^2 = X^2 + KX^3, \quad x^3 = X^3, \tag{4.1}$$

其中 K 是每单位长度的扭转角. 先计算出相应的度量张量, 变形梯度,应变张量和应变不变量:

$$\|G_{AB}\| = \begin{Vmatrix} 1 & 0 & 0 \\ 0 & R^2 & 0 \\ 0 & 0 & 1 \end{Vmatrix}, \quad \|G^{AB}\| = \begin{Vmatrix} 1 & 0 & 0 \\ 0 & \dfrac{1}{R^2} & 0 \\ 0 & 0 & 1 \end{Vmatrix}, \tag{4.2}$$

$$\|g_{ij}\| = \begin{Vmatrix} 1 & 0 & 0 \\ 0 & r^2 & 0 \\ 0 & 0 & 1 \end{Vmatrix}, \quad \|g^{ij}\| = \begin{Vmatrix} 1 & 0 & 0 \\ 0 & \dfrac{1}{r^2} & 0 \\ 0 & 0 & 1 \end{Vmatrix}, \tag{4.3}$$

$$\|x^i_{;A}\| = \begin{Vmatrix} 1 & 0 & 0 \\ 0 & 1 & K \\ 0 & 0 & 1 \end{Vmatrix},$$

$$\|X^A_{;i}\| = \begin{Vmatrix} 1 & 0 & 0 \\ 0 & 1 & -K \\ 0 & 0 & 1 \end{Vmatrix}, \tag{4.4}$$

$$\left\|\overset{-1}{c}{}^{ij}\right\| = \left\|\begin{matrix} 1 & 0 & 0 \\ 0 & \frac{1}{r^2}+K^2 & K \\ 0 & K & 1 \end{matrix}\right\|, \quad \left\|\overset{-1}{c}{}^{i}_{\cdot j}\right\| = \left\|\begin{matrix} 1 & 0 & 0 \\ 0 & 1+r^2K^2 & K \\ 0 & r^2K & 1 \end{matrix}\right\|,$$

$$\|c_{ij}\| = \left\|\begin{matrix} 1 & 0 & 0 \\ 0 & r^2 & -r^2K \\ 0 & -r^2K & 1+r^2K^2 \end{matrix}\right\|, \quad \|c^{ij}\| = \left\|\begin{matrix} 1 & 0 & 0 \\ 0 & \frac{1}{r^2} & -K \\ 0 & -K & 1+r^2K^2 \end{matrix}\right\|, \tag{4.5}$$

$$\mathrm{I} = \mathrm{II} = 3 + r^2K^2, \quad \mathrm{III} = 1. \tag{4.6}$$

应变不变量只是 r 的函数,因而 Σ, $\frac{\partial \Sigma}{\partial \mathrm{I}}$ 和 $\frac{\partial \Sigma}{\partial \mathrm{II}}$ 也只是 r 的函数.代入本构方程(1.7)得

$$\left.\begin{aligned} t^{11} &= -p + 2\left(\frac{\partial \Sigma}{\partial \mathrm{I}} - \frac{\partial \Sigma}{\partial \mathrm{II}}\right), \\ t^{22} &= -\frac{p}{r^2} + \frac{2}{r^2}\left[(1 + r^2K^2)\frac{\partial \Sigma}{\partial \mathrm{I}} - \frac{\partial \Sigma}{\partial \mathrm{II}}\right], \\ t^{33} &= -p + 2\left[\frac{\partial \Sigma}{\partial \mathrm{I}} - (1 + r^2K^2)\frac{\partial \Sigma}{\partial \mathrm{II}}\right], \\ t^{23} &= 2K\left(\frac{\partial \Sigma}{\partial \mathrm{I}} + \frac{\partial \Sigma}{\partial \mathrm{II}}\right), \quad t^{31} = t^{12} = 0. \end{aligned}\right\} \tag{4.7}$$

柱体侧面 $r = a$ 的单位法向量是

$$\mathbf{n} = n_i \mathbf{g}^i = \mathbf{g}^1/\sqrt{g^{11}}, \quad n_1 = 1, \quad n_2 = n_3 = 0.$$

在这面上各点的应力向量是

$$\mathbf{t}_{\mathbf{n}} = \overset{\gg}{\mathbf{t}} \cdot \mathbf{n} = t^{ir} n_r \mathbf{g}_i = t^{11} \mathbf{g}_1.$$

若取柱体侧面为自由,则其相应的应力条件为

$$t^{11}\big|_{r=a} = 0. \tag{4.8}$$

考虑到圆柱坐标系 $\{x^i\}$ 不恒为零的 Christoffel 符号只有 $\Gamma^1_{22} = -r$, $\Gamma^2_{12} = \Gamma^2_{21} = \frac{1}{r}$, 将(4.7)各式代入无体力平衡方程 $t^{ir}_{;r} = 0$, 得

$$\frac{\partial}{\partial r}\left(-p + 2\frac{\partial \Sigma}{\partial \mathrm{I}} - 2\frac{\partial \Sigma}{\partial \mathrm{II}}\right) - 2rK^2\frac{\partial \Sigma}{\partial \mathrm{I}} = 0, \tag{4.9}$$

$$\frac{\partial p}{\partial \vartheta}=0, \quad \frac{\partial p}{\partial z}=0. \tag{4.10}$$

(4.10)两方程说明，静水压力 p 也只是 r 的函数，于是(4.9)方程变成常微分方程：

$$\frac{dt^{11}}{dr}=2rK^2\frac{\partial\Sigma}{\partial \mathrm{I}}. \tag{4.11}$$

从 a 到 r 积分，并代入边条件(4.8)得

$$t^{11}=2K^2\int_a^r r\frac{\partial\Sigma}{\partial \mathrm{I}}dr. \tag{4.12}$$

代回(4.7)各式，并消去 p，得其余分量表达式：

$$\left.\begin{aligned} t^{22}&=\frac{2K^2}{r^2}\left(\int_a^r r\frac{\partial\Sigma}{\partial \mathrm{I}}dr+r^2\frac{\partial\Sigma}{\partial \mathrm{I}}\right),\\ t^{33}&=2K^2\left(\int_a^r r\frac{\partial\Sigma}{\partial \mathrm{I}}dr-r^2\frac{\partial\Sigma}{\partial \mathrm{II}}\right),\\ t^{23}&=2K\left(\frac{\partial\Sigma}{\partial \mathrm{I}}+\frac{\partial\Sigma}{\partial \mathrm{II}}\right), \qquad t^{31}=t^{12}=0. \end{aligned}\right\} \tag{4.13}$$

这样，给定材料的弹性势 Σ，圆柱体每一点的应力状态就完全确定了．现在让我们看扭转所要求的端面应力分布．端面的法向量，圆周切向量和径向切向量分别是

$$\begin{aligned} \mathbf{n}&=n_i\mathbf{g}^i=\mathbf{g}^3/\sqrt{g^{33}}=\mathbf{g}^3, \quad n_3=1, \quad n_1=n_2=0,\\ \mathbf{t}&=t_i\mathbf{g}^i=\mathbf{g}^2/\sqrt{g^{22}}=r\mathbf{g}^2, \quad t_2=r, \quad t_3=t_1=0,\\ \mathbf{t}'&=t'_i\mathbf{g}^i=\mathbf{g}^1/\sqrt{g^{11}}=\mathbf{g}^1, \quad t'_1=1, \quad t'_2=t'_3=0. \end{aligned}$$

端面各点应力向量在这些方向的分量就是

$$N=t^{rs}n_rn_s=t^{33}=2K^2\left(\int_a^r r\frac{\partial\Sigma}{\partial \mathrm{I}}dr-r^2\frac{\partial\Sigma}{\partial \mathrm{II}}\right), \tag{4.14}$$

$$T=t^{rs}n_rt_s=rt^{23}=2rK\left(\frac{\partial\Sigma}{\partial \mathrm{I}}+\frac{\partial\Sigma}{\partial \mathrm{II}}\right), \tag{4.15}$$

$$T'=t^{rs}n_rt'_s=t^{31}=0.$$

法向分量 N 的出现就是扭转中 Poynting 效应的表现． 实现扭转所需要的轴向合力

$$\mathfrak{N} = 2\pi\int_0^a rNdr = 4\pi K^2\int_0^a r\left(\int_a^r r\frac{\partial\Sigma}{\partial \mathrm{I}}dr - r^2\frac{\partial\Sigma}{\partial \mathrm{II}}\right)dr$$

$$= -\pi K^2\int_0^{a^2}\xi\left(\frac{\partial\Sigma}{\partial \mathrm{I}} + 2\frac{\partial\Sigma}{\partial \mathrm{II}}\right)d\xi, \tag{4.16}$$

其中 $\xi=r^2$. 考虑到 $d\Sigma=\frac{\partial\Sigma}{\partial \mathrm{I}}d\mathrm{I}+\frac{\partial\Sigma}{\partial \mathrm{II}}d\mathrm{II}=\left(\frac{\partial\Sigma}{\partial \mathrm{I}}+\frac{\partial\Sigma}{\partial \mathrm{II}}\right)K^2d(r^2)$，扭矩就是

$$\mathfrak{M} = 2\pi\int_0^a r^2Tdr = 4\pi K\int_0^a r^3\left(\frac{\partial\Sigma}{\partial \mathrm{I}} + \frac{\partial\Sigma}{\partial \mathrm{II}}\right)dr$$

$$= \frac{2\pi}{K}\left(a^2\Sigma|_{r=a} - \int_0^{a^2}\Sigma d\xi\right). \tag{4.17}$$

对于橡皮，$\frac{\partial\Sigma}{\partial \mathrm{I}}$，$\frac{\partial\Sigma}{\partial \mathrm{II}}>0$，则 $\mathfrak{N}<0$，轴向合力是压力．可以想像，若不加轴向压力，扭转时柱体有伸长的趋势．

§5. 厚壁筒的轴对称变形

筒长 L，内外径为 R_1，R_2．筒在变形中沿轴向均匀伸长，长度变为 $|\lambda|L$，而 R_1，R_2 各点分别具有半径 r_1 和 r_2．坐标系取如上节，则变形可表达为

$$x^1 = x^1(X^1),\quad x^2 = X^2,\quad x^3 = \lambda X^3, \tag{5.1}$$
$$[r = r(R),\quad \vartheta = \Theta,\quad z = \lambda Z].$$

根据连续性公理，存在 $R = R(r)$，今后记 $r' = \frac{dr}{dR}$ 和 $R' = \frac{dR}{dr}$.

变形梯度，应变张量和应变不变量分别是：

$$\|x^i_{;A}\| = \begin{Vmatrix} r' & 0 & 0 \\ 0 & 1 & 0 \\ 0 & 0 & \lambda \end{Vmatrix},$$

$$\|X^A_{;i}\| = \begin{Vmatrix} R' & 0 & 0 \\ 0 & 1 & 0 \\ 0 & 0 & \frac{1}{\lambda} \end{Vmatrix}, \tag{5.2}$$

$$\left\|\overset{-1}{c}{}^{ij}\right\| = \left\|\begin{matrix} r'^2 & 0 & 0 \\ 0 & \dfrac{1}{R^2} & 0 \\ 0 & 0 & \lambda^2 \end{matrix}\right\|, \quad \|c_{ij}\| = \left\|\begin{matrix} R'^2 & 0 & 0 \\ 0 & R^2 & 0 \\ 0 & 0 & \dfrac{1}{\lambda^2} \end{matrix}\right\|,$$

$$\left\|\overset{-1}{c}{}^{i}_{\cdot j}\right\| = \left\|\begin{matrix} r'^2 & 0 & 0 \\ 0 & \dfrac{r^2}{R^2} & 0 \\ 0 & 0 & \lambda^2 \end{matrix}\right\|, \quad \|c^{ij}\| = \left\|\begin{matrix} R'^2 & 0 & 0 \\ 0 & \dfrac{R^2}{r^4} & 0 \\ 0 & 0 & \dfrac{1}{\lambda^2} \end{matrix}\right\|, \tag{5.3}$$

$$\left.\begin{aligned} \mathrm{I} &= r'^2 + \frac{r^2}{R^2} + \lambda^2, \\ \mathrm{II} &= \frac{r^2 r'^2}{R^2} + \frac{\lambda^2 r^2}{R^2} + \lambda^2 r'^2, \\ \mathrm{III} &= \frac{\lambda^2 r^2 r'^2}{R^2} = 1. \end{aligned}\right\} \tag{5.4}$$

从不可压缩条件得 $\pm\lambda r r' = R$，积分后有

$$\pm\lambda r^2 = R^2 + A, \tag{5.5}$$

A 是积分常数. 依次取 $R = R_1, R_2$，则 $r = r_1, r_2$，从而可以在(5.5)式中消去 A 而得

$$\pm\lambda = \frac{R_2^2 - R_1^2}{r_2^2 - r_1^2}. \tag{5.6}$$

这说明,三个参数 r_1，r_2 和 λ 中只有两个是独立的. 若 $r_2 > r_1$，则由(5.6)式有 $\pm\lambda > 0$，从物理意义上看，λ 应为正数,故(5.5)式中应舍去负号. 又若 $r_1 > r_2$，则 $\pm\lambda < 0$，这是筒的翻转情形,只有 λ 取负值才有物理意义,故(5.5)式中仍取正号,即

$$\lambda r^2 = R^2 + A, \quad r' = \frac{1}{R'} = \frac{R}{\lambda r}. \tag{5.7}$$

代回(5.3)及(5.4)式得

$$\left\|\overset{-1}{c}{}^{ij}\right\| = \left\|\begin{matrix} \dfrac{R^2}{\lambda^2 r^2} & 0 & 0 \\ 0 & \dfrac{1}{R^2} & 0 \\ 0 & 0 & \lambda^2 \end{matrix}\right\|,$$

$$\|c^{ij}\| = \begin{Vmatrix} \frac{\lambda^2 r^2}{R^2} & 0 & 0 \\ 0 & \frac{R^2}{r^4} & 0 \\ 0 & 0 & \frac{1}{\lambda^2} \end{Vmatrix}, \tag{5.8}$$

$$\mathrm{I} = \lambda^2 + \frac{r^2}{R^2} + \frac{R^2}{\lambda^2 r^2}, \quad \mathrm{II} = \frac{1}{\lambda^2} + \frac{\lambda^2 r^2}{R^2} + \frac{R^2}{r^2}. \tag{5.9}$$

因此，$\Sigma = \Sigma(\mathrm{I}, \mathrm{II}) = \Sigma(r)$ 或 $\Sigma(R)$. 从本构方程(1.7)得

$$\left.\begin{aligned} t^{11} &= -p + 2\left(\frac{R^2}{\lambda^2 r^2}\frac{\partial\Sigma}{\partial\mathrm{I}} - \frac{\lambda^2 r^2}{R^2}\frac{\partial\Sigma}{\partial\mathrm{II}}\right), \\ t^{22} &= -\frac{p}{r^2} + \frac{2}{r^2}\left(\frac{r^2}{R^2}\frac{\partial\Sigma}{\partial\mathrm{I}} - \frac{R^2}{r^2}\frac{\partial\Sigma}{\partial\mathrm{II}}\right), \\ t^{33} &= -p + 2\left(\lambda^2\frac{\partial\Sigma}{\partial\mathrm{I}} - \frac{1}{\lambda^2}\frac{\partial\Sigma}{\partial\mathrm{II}}\right), \\ t^{23} &= t^{31} = t^{12} = 0. \end{aligned}\right\} \tag{5.10}$$

代入并展开后的无体力平衡方程是

$$\frac{\partial}{\partial r}\left[-p + 2\left(\frac{R^2}{\lambda^2 r^2}\frac{\partial\Sigma}{\partial\mathrm{I}} - \frac{\lambda^2 r^2}{R^2}\frac{\partial\Sigma}{\partial\mathrm{II}}\right)\right] + \frac{2}{r}\left(\frac{R^2}{\lambda^2 r^2} - \frac{r^2}{R^2}\right)\left(\frac{\partial\Sigma}{\partial\mathrm{I}} + \lambda^2\frac{\partial\Sigma}{\partial\mathrm{II}}\right) = 0, \tag{5.11}$$

$$\frac{\partial p}{\partial\vartheta} = 0, \quad \frac{\partial p}{\partial z} = 0. \tag{5.12}$$

最后两方程说明 p 只是 r 的函数，于是(5.11)方程又可写为

$$\frac{dt^{11}}{dr} = \frac{2}{r}\left(\frac{r^2}{R^2} - \frac{R^2}{\lambda^2 r^2}\right)\left(\frac{\partial\Sigma}{\partial\mathrm{I}} + \lambda^2\frac{\partial\Sigma}{\partial\mathrm{II}}\right). \tag{5.13}$$

考虑到

$$\frac{d\mathrm{I}}{dr} = \frac{d}{dr}\left(\frac{r^2}{R^2} + \frac{R^2}{\lambda^2 r^2}\right) = \frac{2}{r}\,\frac{R^2 - \lambda r^2}{R^2}\left(\frac{r^2}{R^2} - \frac{R^2}{\lambda^2 r^2}\right),$$

$$\frac{d\mathrm{II}}{dr} = \lambda^2\frac{d}{dr}\left(\frac{r^2}{R^2} + \frac{R^2}{\lambda^2 r^2}\right) = \lambda^2\frac{d\mathrm{I}}{dr},$$

$$\frac{d\Sigma}{dr}=\frac{\partial\Sigma}{\partial \mathrm{I}}\frac{d\mathrm{I}}{dr}+\frac{\partial\Sigma}{\partial \mathrm{II}}\frac{d\mathrm{II}}{dr}=\left(\frac{\partial\Sigma}{\partial \mathrm{I}}+\lambda^2\frac{\partial\Sigma}{\partial \mathrm{II}}\right)\frac{d\mathrm{I}}{dr}$$

$$=\frac{2}{r}\frac{R^2-\lambda r^2}{R^2}\left(\frac{r^2}{R^2}-\frac{R^2}{\lambda^2 r^2}\right)\left(\frac{\partial\Sigma}{\partial \mathrm{I}}+\lambda^2\frac{\partial\Sigma}{\partial \mathrm{II}}\right),$$

方程(5.13)又可写为(后一等式是将(5.7)式代入的结果):

$$\frac{dt^{11}}{dr}=\frac{R^2}{R^2-\lambda r^2}\frac{d\Sigma}{dr}=\left(1-\frac{\lambda r^2}{A}\right)\frac{d\Sigma}{dr}. \tag{5.14}$$

若令变形后 $r=r_2$ 表面为自由: $t^{11}|_{r=r_2}=0$, 则将上式由 r_2 至 r 积分得

$$\left.\begin{aligned}
t^{11}&=\int_{r_2}^{r}\left(1-\frac{\lambda r^2}{A}\right)\frac{d\Sigma}{dr}dr,\\
t^{22}&=\frac{t^{11}}{r^2}+\frac{2}{r^2}\left[\left(\frac{r^2}{R^2}-\frac{R^2}{\lambda^2 r^2}\right)\frac{\partial\Sigma}{\partial \mathrm{I}}+\left(\frac{\lambda^2 r^2}{R^2}-\frac{R^2}{r^2}\right)\frac{\partial\Sigma}{\partial \mathrm{II}}\right]\\
&=\frac{1}{r^2}\int_{r_2}^{r}\left(1-\frac{\lambda r^2}{A}\right)\frac{d\Sigma}{dr}dr+\frac{1}{r}\left(1-\frac{\lambda r^2}{A}\right)\frac{d\Sigma}{dr},\\
t^{33}&=t^{11}+2\left[\left(\lambda^2-\frac{R^2}{\lambda^2 r^2}\right)\frac{\partial\Sigma}{\partial \mathrm{I}}+\left(\frac{\lambda^2 r^2}{R^2}-\frac{1}{\lambda^2}\right)\frac{\partial\Sigma}{\partial \mathrm{II}}\right]\\
&=\int_{r_2}^{r}\left(1-\frac{\lambda r^2}{A}\right)\frac{d\Sigma}{dr}dr+2\left(\lambda^2 r^2-\frac{r}{\lambda}+\frac{A}{\lambda^2}\right)\\
&\quad\times\left(\frac{1}{r^2}\frac{\partial\Sigma}{\partial \mathrm{I}}+\frac{1}{\lambda r^2-A}\frac{\partial\Sigma}{\partial \mathrm{II}}\right).
\end{aligned}\right\} \tag{5.15}$$

给定 r_1, r_2, λ 三个参数中的两个，就可从(5.6),(5.5)中求出第三个参数和积分常数 A. 代入上面各式就得应力分布. 对于翻转情形,给出的参数满足 $r_1>r_2$ 或 $\lambda<0$.

$r_2>r_1$ 情形的轴向合力

$$\begin{aligned}
\mathfrak{N}&=2\pi\int_{r_1}^{r_2} r t^{33} dr\\
&=2\pi\int_{r_1}^{r_2}\left[2\left(\lambda^2 r^2-\frac{r}{\lambda}+\frac{A}{\lambda^2}\right)\left(\frac{1}{r^2}\frac{\partial\Sigma}{\partial \mathrm{I}}+\frac{1}{\lambda r^2-A}\frac{\partial\Sigma}{\partial \mathrm{II}}\right)\right.\\
&\qquad\left.-\frac{r^2-r_1^2}{2}\left(1-\frac{\lambda r^2}{A}\right)\frac{d\Sigma}{dr}\right]dr.
\end{aligned} \tag{5.16}$$

对于翻转情形 $r_2<r_1$, 只需将上式改变符号即得轴向合力的表

达式.

问题的提法可以是多种多样的,例如只给定 λ, 并且要求除 r_2 面外 r_1 面也是自由的: $t^{11}|_{r=r_1}=0$, 则由(5.15)第一式得

$$0=\int_{r_2}^{r_1}\left(1-\frac{\lambda r^2}{A}\right)\frac{d\Sigma}{dr}dr=f(r_1, r_2, \lambda, A). \tag{5.17}$$

但由(5.5),(5.6)式又有

$$A=\lambda r_2^2-R_2^2, \qquad r_1=\sqrt{\frac{R_1^2-R_2^2}{\lambda}+r_2^2}, \tag{5.18}$$

代入(5.17)式又得

$$g(r_2, \lambda)=0. \tag{5.19}$$

从而可求得 r_2(当然可能不止一个)及 r_1.

若不给定 λ, 也可以代之以轴向合力为零:

$$\mathfrak{N}=0 \tag{5.20}$$

的条件. 它和 (5.17), (5.18) 就决定 λ, r_1 和 r_2(有不止一组解的可能性更大). 对具体材料,例如 Neo-Hookean (Treloar) 材料,就可作具体的讨论.

§6. 厚球壳的膨胀和翻转

取两相重合的球坐标系 $\{X^A\}=\{R, \Theta, \Phi\}$, $\{x^i\}=\{r, \vartheta, \varphi\}$. 厚球壳内外半径 R_1, R_2 上各点在球心对称变形后具有半径 r_1 和 r_2. 变形可以是膨胀(收缩): $r_1<r_2$, 也可以是翻转: $r_1>r_2$. 若引入符号 $\sigma=\pm 1$, 膨胀取正号,翻转取负号,则总有 $\sigma(r_2-r_1)>0$. 变形可以表达为

$$r=r(R), \quad \vartheta=\Theta(\vartheta=\pi-\Theta), \quad \varphi=\Phi. \tag{6.1}$$

第二式括号内是对翻转而言的. 我们可以这样想像, 在 $\Theta=\frac{\pi}{2}$ 面将球壳切开为两半,将上一半翻转使变形前的内表面居外,放在 $\Theta=\frac{\pi}{2}$ 平面之下,而下半球翻转后放在上面, 然后再保持连续性

地粘起来．相应地有

$$\|G_{AB}\|=\begin{Vmatrix}1 & 0 & 0\\ 0 & R^2 & 0\\ 0 & 0 & R^2\sin^2\Theta\end{Vmatrix},\quad \|G^{AB}\|=\begin{Vmatrix}1 & 0 & 0\\ 0 & \dfrac{1}{R^2} & 0\\ 0 & 0 & \dfrac{1}{R^2\sin^2\Theta}\end{Vmatrix},\tag{6.2}$$

$$\|g_{ij}\|=\begin{Vmatrix}1 & 0 & 0\\ 0 & r^2 & 0\\ 0 & 0 & r^2\sin^2\vartheta\end{Vmatrix},\quad \|g^{ij}\|=\begin{Vmatrix}1 & 0 & 0\\ 0 & \dfrac{1}{r^2} & 0\\ 0 & 0 & \dfrac{1}{r^2\sin^2\vartheta}\end{Vmatrix},\tag{6.3}$$

$$\|x^i_{;A}\|=\begin{Vmatrix}r' & 0 & 0\\ 0 & \sigma & 0\\ 0 & 0 & 1\end{Vmatrix},\quad \|X^A_{;i}\|=\begin{Vmatrix}R' & 0 & 0\\ 0 & \sigma & 0\\ 0 & 0 & 1\end{Vmatrix},\tag{6.4}$$

$$\left.\begin{aligned}&\|\overset{-1}{c}{}^{ij}\|=\begin{Vmatrix}r'^2 & 0 & 0\\ 0 & \dfrac{1}{R^2} & 0\\ 0 & 0 & \dfrac{1}{R^2\sin^2\Theta}\end{Vmatrix},\quad \|\overset{-1}{c}{}^{i}_{\cdot j}\|=\begin{Vmatrix}r'^2 & 0 & 0\\ 0 & \dfrac{r^2}{R^2} & 0\\ 0 & 0 & \dfrac{r^2}{R^2}\end{Vmatrix},\\ &\|c_{ij}\|=\begin{Vmatrix}R'^2 & 0 & 0\\ 0 & R^2 & 0\\ 0 & 0 & R^2\sin^2\Theta\end{Vmatrix},\quad \|c^{ij}\|=\begin{Vmatrix}R'^2 & 0 & 0\\ 0 & \dfrac{R^2}{r^4} & 0\\ 0 & 0 & \dfrac{R^2}{r^4\sin^2\vartheta}\end{Vmatrix},\end{aligned}\right\}\tag{6.5}$$

$$\mathrm{I}=r'^2+2\frac{r^2}{R^2},\quad \mathrm{II}=2\frac{r^2r'^2}{R^2}+\frac{r^4}{R^4},\quad \mathrm{III}=\frac{r^4r'^2}{R^4}=1.\tag{6.6}$$

从不可压缩条件得 $\pm r^2r'=R^2$，积分后有 $\pm r^3=R^3+A$，依次取 $R=R_1, R_2$，则 $r=r_1, r_2$，消去 A 后就有

$$\pm(r_2^3-r_1^3)=R_2^3-R_1^3.\tag{6.7}$$

可以看出，r_1，r_2 两个参数中只有一个是独立的． 正负号分别代表膨胀和翻转情形，因此得

$$\sigma r^3=R^3+A,\tag{6.8}$$

$$\sigma r^2r'=R^2,\quad \sigma r^2=R^2R'.\tag{6.9}$$

将之代回(6.5),(6.6)得

$$\|\overset{-1}{c^{ij}}\| = \left\|\begin{matrix} \frac{R^4}{r^4} & 0 & 0 \\ 0 & \frac{1}{R^2} & 0 \\ 0 & 0 & \frac{1}{R^2\sin^2\vartheta} \end{matrix}\right\|, \quad \|c^{ij}\| = \left\|\begin{matrix} \frac{r^4}{R^4} & 0 & 0 \\ 0 & \frac{R^2}{r^4} & 0 \\ 0 & 0 & \frac{R^2}{r^4\sin^2\vartheta} \end{matrix}\right\|, \tag{6.10}$$

$$\mathrm{I} = 2\frac{r^2}{R^2} + \frac{R^4}{r^4}, \quad \mathrm{II} = 2\frac{R^2}{r^2} + \frac{r^4}{R^4}. \tag{6.11}$$

因此,$\Sigma(\mathrm{I}, \mathrm{II}) = \Sigma(r)$ 或 $\Sigma(R)$. 代入本构方程(1.7)得

$$\left.\begin{aligned} t^{11} &= -p + 2\left(\frac{R^4}{r^4}\frac{\partial\Sigma}{\partial\mathrm{I}} - \frac{r^4}{R^4}\frac{\partial\Sigma}{\partial\mathrm{II}}\right), \\ t^{22} &= -\frac{p}{r^2} + \frac{2}{r^2}\left(\frac{r^2}{R^2}\frac{\partial\Sigma}{\partial\mathrm{I}} - \frac{R^2}{r^2}\frac{\partial\Sigma}{\partial\mathrm{II}}\right), \\ t^{33} &= t^{22}/\sin^2\vartheta, \quad t^{23} = t^{31} = t^{12} = 0. \end{aligned}\right\} \tag{6.12}$$

考虑到球坐标系 $\{x^i\}$ 不为零的 Christoffel 符号有

$$\Gamma^1_{22} = -r, \quad \Gamma^1_{33} = -r\sin^2\vartheta, \quad \Gamma^2_{12} = \frac{1}{r},$$

$$\Gamma^2_{33} = -\sin\vartheta\cos\vartheta, \quad \Gamma^3_{13} = \frac{1}{r}, \quad \Gamma^3_{23} = \mathrm{ctg}\,\vartheta,$$

无体力的平衡方程 $t^{ir}{}_{;r} = 0$ 经过代入并展开后为

$$\begin{aligned} &\frac{\partial}{\partial r}\left[-p + 2\left(\frac{R^4}{r^4}\frac{\partial\Sigma}{\partial\mathrm{I}} - \frac{r^4}{R^4}\frac{\partial\Sigma}{\partial\mathrm{II}}\right)\right] \\ &\qquad - \frac{4}{r}\left(\frac{r^2}{R^2} - \frac{R^4}{r^4}\right)\left(\frac{\partial\Sigma}{\partial\mathrm{I}} + \frac{r^2}{R^2}\frac{\partial\Sigma}{\partial\mathrm{II}}\right) = 0, \end{aligned} \tag{6.13}$$

$$\frac{\partial p}{\partial\vartheta} = 0, \quad \frac{\partial p}{\partial\varphi} = 0. \tag{6.14}$$

由(6.14)两式得 $p = p(r)$,于是方程(6.13)可写成

$$\frac{dt^{11}}{dr} = \frac{4}{r}\left(\frac{r^2}{R^2} - \frac{R^4}{r^4}\right)\left(\frac{\partial\Sigma}{\partial\mathrm{I}} + \frac{r^2}{R^2}\frac{\partial\Sigma}{\partial\mathrm{II}}\right). \tag{6.15}$$

考虑到

$$\frac{d\mathrm{I}}{dr}=4\left(\frac{r^2}{R^2}-\frac{R^4}{r^4}\right)\left(\frac{1}{r}-\frac{R'}{R}\right)=4\left(\frac{r^2}{R^2}-\frac{R^4}{r^4}\right)\left(\frac{1}{r}-\frac{\sigma r^2}{R^3}\right)$$

$$=-\frac{4A}{rR^3}\left(\frac{r^2}{R^2}-\frac{R^4}{r^4}\right),$$

$$\frac{d\mathrm{II}}{dr}=\frac{r^2}{R^2}\frac{d\mathrm{I}}{dr},$$

$$\frac{d\Sigma}{dr}=\left(\frac{\partial\Sigma}{\partial\mathrm{I}}+\frac{r^2}{R^2}\frac{\partial\Sigma}{\partial\mathrm{II}}\right)\frac{d\mathrm{I}}{dr}$$

$$=-\frac{4A}{rR^3}\left(\frac{r^2}{R^2}-\frac{R^4}{r^4}\right)\left(\frac{\partial\Sigma}{\partial\mathrm{I}}+\frac{r^2}{R^2}\frac{\partial\Sigma}{\partial\mathrm{II}}\right),$$

平衡方程(6.15)变成

$$\frac{dt^{11}}{dr}=-\frac{R^3}{A}\frac{d\Sigma}{dr}=\left(1-\frac{\sigma r^3}{A}\right)\frac{d\Sigma}{dr}. \tag{6.16}$$

令变形后 $r=r_2$ 表面为自由：$t^{11}|_{r=r_2}=0$，将上式由 r_2 至 r 积分得

$$t^{11}=\int_{r_2}^{r}\left(1-\frac{\sigma r^3}{A}\right)\frac{d\Sigma}{dr}dr, \tag{6.17}$$

$$t^{22}=\sin^2\vartheta t^{33}=\frac{t^{11}}{r^2}+\frac{2}{r^2}\left[\left(\frac{r^2}{R^2}-\frac{R^4}{r^4}\right)\frac{\partial\Sigma}{\partial\mathrm{I}}+\left(\frac{r^4}{R^4}-\frac{R^2}{r^2}\right)\frac{\partial\Sigma}{\partial\mathrm{II}}\right]$$

$$=\frac{1}{r^2}\int_{r_2}^{r}\left(1-\frac{\sigma r^3}{A}\right)\frac{d\Sigma}{dr}dr+\frac{1}{2r}\left(1-\frac{\sigma r^3}{A}\right)\frac{d\Sigma}{dr}. \tag{6.18}$$

给定 r_2 和 σ（决定是膨胀还是翻转），就可从(6.8)式求积分常数

$$A=\sigma r_2^3-R_2^3. \tag{6.19}$$

公式 (6.17) 及 (6.18) 就完全确定球壳的应力状态．对膨胀情形：$\sigma=1$，内表面 $r=r_1$ 所受的内压是

$$N=-t^{11}|_{r=r_1}=\int_{r_1}^{r_2}\left(1-\frac{r^3}{r_2^3-R_2^3}\right)\frac{d\Sigma}{dr}dr. \tag{6.20}$$

对于翻转后内外表面均为自由的情形，公式(6.17)，(6.7)及(6.19)给出求 r_2 的条件：

$$0=\int_{r_2}^{r_1}\left(1-\frac{\sigma r^3}{A}\right)\frac{d\Sigma}{dr}dr=\int_{r_2}^{\sqrt[3]{R_2^3-R_1^3+r_2^3}}\left(1-\frac{r^3}{r_2^3+R_2^3}\right)\frac{d\Sigma}{dr}dr. \tag{6.21}$$

有了 Σ 的具体形式就可以进行具体求解.

§7. 立方体的纯弯曲

如图 11 取直角坐标系 $\{X^A\}=\{X, Y, Z\}$ 和圆柱坐标系 $\{x^i\}=\{r, \vartheta, z\}$. z 轴和 Z 轴重合，并于 O 点出纸面. 考虑正方体的如下变形状况：它的 $X=$ const. 平面变为圆柱面 $r=$ const.，$Y=$ const. 平面变为过 z 轴的 $\vartheta=$ const. 平面，$Z=$ const. 平面变为 $z=$ const. 平面. 即

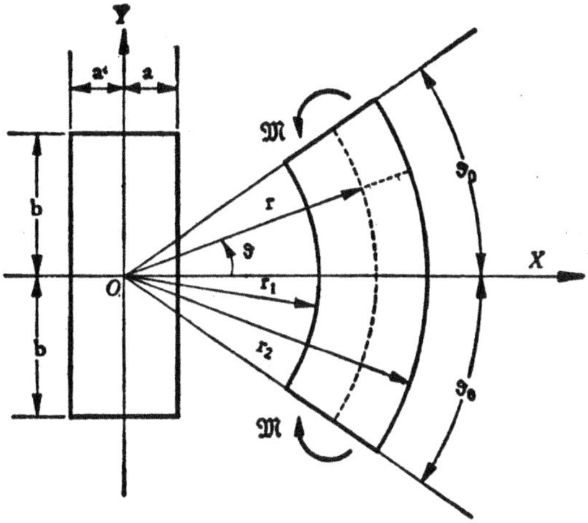

图 11

$$r=r(X), \quad \vartheta=\vartheta(Y), \quad z=z(Z). \tag{7.1}$$

根据连续性公理，上面各函数具有单值的反函数. 今后用一撇表示某量对相应自变量的微商，如 $r'=\frac{dr}{dX}$，$Y'=\frac{dY}{d\vartheta}$ 等. 各度量张量，变形梯度，应变张量和应变不变量分别为：

$$G_{AB} \overset{*}{=} G^{AB} \overset{*}{=} \delta_{AB}, \tag{7.2}$$

$$\|g_{ij}\| = \begin{Vmatrix} 1 & 0 & 0 \\ 0 & r^2 & 0 \\ 0 & 0 & 1 \end{Vmatrix}, \quad \|g^{ij}\| = \begin{Vmatrix} 1 & 0 & 0 \\ 0 & \dfrac{1}{r^2} & 0 \\ 0 & 0 & 1 \end{Vmatrix}, \tag{7.3}$$

$$\|x^i_{;A}\| = \begin{Vmatrix} r' & 0 & 0 \\ 0 & \vartheta' & 0 \\ 0 & 0 & z' \end{Vmatrix}, \quad \|X^A_{;i}\| = \begin{Vmatrix} X' & 0 & 0 \\ 0 & Y' & 0 \\ 0 & 0 & Z' \end{Vmatrix}, \tag{7.4}$$

$$\left.\begin{aligned} &\|\overset{-1}{c}{}^{ij}\| = \begin{Vmatrix} r'^2 & 0 & 0 \\ 0 & \vartheta'^2 & 0 \\ 0 & 0 & z'^2 \end{Vmatrix}, \quad \|\overset{-1}{c}{}^{i}_{\cdot j}\| = \begin{Vmatrix} r'^2 & 0 & 0 \\ 0 & r^2\vartheta'^2 & 0 \\ 0 & 0 & z'^2 \end{Vmatrix}, \\ &\|c_{ij}\| = \begin{Vmatrix} X'^2 & 0 & 0 \\ 0 & Y'^2 & 0 \\ 0 & 0 & Z'^2 \end{Vmatrix}, \quad \|c^{ij}\| = \begin{Vmatrix} X'^2 & 0 & 0 \\ 0 & \dfrac{Y'^2}{r^4} & 0 \\ 0 & 0 & Z'^2 \end{Vmatrix}, \end{aligned}\right\} \tag{7.5}$$

$$\left.\begin{aligned} \mathrm{I} &= r'^2 + r^2\vartheta'^2 + z'^2, \\ \mathrm{II} &= (rr'\vartheta')^2 + (r\vartheta' z')^2 + (z'r')^2, \\ \mathrm{III} &= (rr'\vartheta' z')^2 = 1. \end{aligned}\right\} \tag{7.6}$$

不可压缩条件对物体内任意点均应得到满足，因此必有

$$rr' = A, \quad \vartheta' = C, \quad z' = \lambda = \pm \frac{1}{AC}, \tag{7.7}$$

其中 A 和 C 是常数．将上面各式积分，并且令 $\vartheta|_{Y=0} = 0$，$z|_{Z=0} = 0$，得

$$r = (2AX + B)^{\frac{1}{2}}, \quad \vartheta = CY, \quad z = \lambda Z, \tag{7.8}$$

B 是积分常数．从(7.7)的第三式知道，(7.8)各式中四个确定变形状态的参量 A，B，C 和 λ 只有三个是独立的，因此可以任意给定三个变形条件，例如 r_1，r_2 和 ϑ_0，代入(7.7)和(7.8)式就得

$$\left.\begin{aligned} A &= \frac{r_2^2 - r_1^2}{4a}, \quad & B &= \frac{r_2^2 + r_1^2}{2}, \\ C &= \frac{\vartheta_0}{b}, \quad & \lambda &= \frac{4ab}{\vartheta_0(r_2^2 - r_1^2)}. \end{aligned}\right\} \tag{7.9}$$

这里 λ 取正号．负号对应于扇形再绕 Y 轴转过 π 的情形，并不提供新情况，今后不考虑它．将(7.7)和(7.8)式代回(7.5)和(7.6)式得

$$\|\overset{-1}{c^{ij}}\| = \begin{Vmatrix} \frac{A^2}{r^2} & 0 & 0 \\ 0 & C^2 & 0 \\ 0 & 0 & \lambda^2 \end{Vmatrix}, \quad \|c^{ij}\| = \begin{Vmatrix} \frac{r^2}{A^2} & 0 & 0 \\ 0 & \frac{1}{C^2 r^4} & 0 \\ 0 & 0 & \frac{1}{\lambda^2} \end{Vmatrix}, \tag{7.10}$$

$$\mathrm{I} = \frac{A^2}{r^2} + C^2 r^2 + \lambda^2, \quad \mathrm{II} = \frac{r^2}{A^2} + \frac{1}{C^2 r^2} + \frac{1}{\lambda^2}. \tag{7.11}$$

I 和 II 都是 r 的函数，故 $\Sigma = \Sigma(r)$．从本构方程(1.7)，有

$$\left.\begin{aligned} t^{11} &= -p + 2\left(\frac{A^2}{r^2}\frac{\partial\Sigma}{\partial\mathrm{I}} - \frac{r^2}{A^2}\frac{\partial\Sigma}{\partial\mathrm{II}}\right), \\ t^{22} &= -\frac{p}{r^2} + \frac{2}{r^2}\left(C^2 r^2 \frac{\partial\Sigma}{\partial\mathrm{I}} - \frac{1}{C^2 r^2}\frac{\partial\Sigma}{\partial\mathrm{II}}\right), \\ t^{33} &= -p + 2\left(\lambda^2\frac{\partial\Sigma}{\partial\mathrm{I}} - \frac{1}{\lambda^2}\frac{\partial\Sigma}{\partial\mathrm{II}}\right), \\ t^{23} &= t^{31} = t^{12} = 0. \end{aligned}\right\} \tag{7.12}$$

代入无体力平衡方程 $t^{ir}{}_{;r} = 0$，得

$$\begin{aligned} &\frac{\partial}{\partial r}\left[-p + 2\left(\frac{A^2}{r^2}\frac{\partial\Sigma}{\partial\mathrm{I}} - \frac{r^2}{A^2}\frac{\partial\Sigma}{\partial\mathrm{II}}\right)\right] \\ &\quad + \frac{2}{r}\left[\left(\frac{A^2}{r^2} - C^2 r^2\right)\frac{\partial\Sigma}{\partial\mathrm{I}} - \left(\frac{r^2}{A^2} - \frac{1}{C^2 r^2}\right)\frac{\partial\Sigma}{\partial\mathrm{II}}\right] = 0, \end{aligned} \tag{7.13}$$

$$\frac{\partial p}{\partial\vartheta} = 0, \quad \frac{\partial p}{\partial z} = 0. \tag{7.14}$$

从(7.14)两方程可知 $p = p(r)$，故(7.13)方程变成

$$\frac{dt^{11}}{dr} = -\frac{2}{r}\left(\frac{A^2}{r^2} - C^2 r^2\right)\left(\frac{\partial\Sigma}{\partial\mathrm{I}} + \frac{1}{\lambda^2}\frac{\partial\Sigma}{\partial\mathrm{II}}\right). \tag{7.15}$$

考虑到

$$\frac{d\mathrm{I}}{dr} = -\frac{2}{r}\left(\frac{A^2}{r^2} - C^2 r^2\right), \quad \frac{d\mathrm{II}}{dr} = \frac{1}{\lambda^2}\frac{d\mathrm{I}}{dr},$$

$$\frac{d\Sigma}{dr}=\left(\frac{\partial\Sigma}{\partial \mathrm{I}}+\frac{1}{\lambda^2}\frac{\partial\Sigma}{\partial \mathrm{II}}\right)\frac{d\mathrm{I}}{dr}$$
$$=-\frac{2}{r}\left(\frac{A^2}{r^2}-C^2r^2\right)\left(\frac{\partial\Sigma}{\partial \mathrm{I}}+\frac{1}{\lambda^2}\frac{\partial\Sigma}{\partial \mathrm{II}}\right), \tag{7.16}$$

又得

$$\frac{dt^{11}}{dr}=\frac{d\Sigma}{dr}. \tag{7.17}$$

令变形后 $r=r_2$ 的圆柱面为自由：$t^{11}|_{r=r_2}=0$，将(7.17)式从 r_2 至 r 积分得

$$\left.\begin{aligned}
t^{11}&=\Sigma(r)-\Sigma(r_2),\\
t^{22}&=\frac{t^{11}}{r}+\frac{2}{r}\left[\left(C^2r^2-\frac{A^2}{r^2}\right)\frac{\partial\Sigma}{\partial \mathrm{I}}-\left(\frac{1}{C^2r^2}-\frac{r^2}{A^2}\right)\frac{\partial\Sigma}{\partial \mathrm{II}}\right]\\
&=\frac{1}{r^2}\left[\Sigma(r)-\Sigma(r_2)+r\frac{d\Sigma}{dr}\right],\\
t^{33}&=t^{11}+2\left[\left(\lambda^2-\frac{A^2}{r^2}\right)\frac{\partial\Sigma}{\partial \mathrm{I}}-\left(\frac{1}{\lambda^2}-\frac{r^2}{A^2}\right)\frac{\partial\Sigma}{\partial \mathrm{II}}\right]\\
&=\Sigma(r)-\Sigma(r_2)+2\left(\lambda^2-\frac{A^2}{r^2}\right)\left(\frac{\partial\Sigma}{\partial \mathrm{I}}+C^2r^2\frac{\partial\Sigma}{\partial \mathrm{II}}\right).
\end{aligned}\right\} \tag{7.18}$$

给定 r_2, r_1 和 ϑ_0 后，(7.18)各式就通过(7.10)关系而完全确定立方体弯曲后的应力状态.

如果我们要求弯曲后 $r=r_1$ 圆柱面也是自由的：$t^{11}|_{r=r_1}=0$，则要

$$\Sigma(r_1)=\Sigma(r_2). \tag{7.19}$$

容易验证，上述条件可得到满足，如取

$$A=Cr_1r_2, \tag{7.20}$$

因(7.20)式使 $\mathrm{I}(r_1)=\mathrm{I}(r_2)$, $\mathrm{II}(r_1)=\mathrm{II}(r_2)$，从而 $\Sigma[\mathrm{I}(r_1),\mathrm{II}(r_1)]=\Sigma[\mathrm{I}(r_2),\mathrm{II}(r_2)]$. 附加条件使独立的变形参数变成两个，例如可取 r_1 和 r_2，这时(7.9)式变成

$$A=\frac{r_2^2-r_1^2}{4a},\quad C=\frac{r_2^2-r_1^2}{4ar_1r_2},\quad \lambda=\frac{16a^2r_1r_2}{(r_2^2-r_1^2)^2}. \tag{7.21}$$

于是应力状态就完全确定. 在 $\vartheta=\vartheta_0=bC$ 面上（$\vartheta=-\vartheta_0$ 亦

然)面力只有法分量 N. $\vartheta=\vartheta_0$ 面的单位法向量是

$$\mathbf{n}=\mathbf{g}^2/\sqrt{g^{22}}=r\mathbf{g}^2,\quad n_2=r,\quad n_3=n_1=0,$$

于是

$$N=t^{rs}n_rn_s=r^2t^{22}=\Sigma(r)-\Sigma(r_2)+r\frac{d\Sigma}{dr}. \tag{7.22}$$

实现弯曲的力矩(在 $\vartheta=\vartheta_0$ 处, z 方向单位厚度)是

$$\mathfrak{M}=\int_{r_1}^{r_2}rNdr=\frac{1}{2}(r_1^2-r_2^2)\Sigma(r_2)-\int_{r_1}^{r_2}r\Sigma dr. \tag{7.23}$$

若预先给定的不是 r_1 和 r_2, 而是 r_2 和力矩 $\mathfrak{M}$, 则条件(7.23)可以用来求 $r_1(r_2)$, 但这时 r_1 可能不止一个. 此外,在 $z=\text{const.}$ 面上也出现法应力,这就是在弯曲时的 Poynting 效应.

可以用类似方法求解任意厚度圆板变形为开口厚球壳的情形(采用圆柱坐标系和球坐标系作为 $\{X^A\}$ 和 $\{x^i\}$).

静力学问题举例至此为止. 下面将略举动力学问题的例子.

§8. 等厚度实心旋转盘

坐标系取如 §4, 其度量张量见(4.2), (4.3)式. 圆盘未变形时的半径和厚度为 R_0 和 H. 盘起动后渐渐进入定常旋转,角速为 ω. 设在等速旋转中半径和厚度(等厚度)变为 r_0 和 $h=\lambda H$. 我们将考察这种变形状态是否可能. 盘的运动可用下列各式来描述:

$$r=r(R),\quad \vartheta=\Theta+\omega t,\quad z=\lambda Z, \tag{8.1}$$

其中 t 是时间. 变形梯度,应变张量及应变不变量和(5.2)至(5.4)式相同. 考虑到圆盘中心的连续性: $r(0)=0$, 不可压缩条件积分后是

$$\lambda r^2=R^2, \tag{8.2}$$

$$\lambda=\frac{R_0^2}{r_0^2}. \tag{8.3}$$

这样,应变张量和应变不变量就是

$$\|\overset{-1}{c^{ij}}\| = \begin{Vmatrix} \frac{1}{\lambda} & 0 & 0 \\ 0 & \frac{1}{\lambda r^2} & 0 \\ 0 & 0 & \lambda^2 \end{Vmatrix}, \quad \|c^{ij}\| = \begin{Vmatrix} \lambda & 0 & 0 \\ 0 & \frac{\lambda}{r^2} & 0 \\ 0 & 0 & \frac{1}{\lambda^2} \end{Vmatrix}, \tag{8.4}$$

$$\mathrm{I} = \lambda^2 + \frac{2}{\lambda}, \quad \mathrm{II} = 2\lambda + \frac{1}{\lambda^2}, \tag{8.5}$$

因而 $\Sigma(\mathrm{I}, \mathrm{II}) = \text{const.}$。代入本构方程(1.7)后，有

$$\left.\begin{aligned} t^{11} &= -p + 2\left(\frac{1}{\lambda}\frac{\partial\Sigma}{\partial \mathrm{I}} - \lambda\frac{\partial\Sigma}{\partial \mathrm{II}}\right), \\ t^{22} &= t^{11}/r^2, \\ t^{33} &= -p + 2\left(\lambda^2\frac{\partial\Sigma}{\partial \mathrm{I}} - \frac{1}{\lambda^2}\frac{\partial\Sigma}{\partial \mathrm{II}}\right), \end{aligned}\right\} \tag{8.6}$$

$$t^{23} = t^{31} = t^{12} = 0.$$

考虑到等角速旋转时加速度向量只有一个不为零的分量：$a^1 = -r\omega^2$，代入动量方程 $t^{ir}{}_{;r} = \rho a^i$ 得

$$\frac{\partial p}{\partial r} = \rho r\omega^2, \quad \frac{\partial p}{\partial \vartheta} = 0, \quad \frac{\partial p}{\partial z} = 0. \tag{8.7}$$

若令圆盘边 $r = r_0$ 为自由：$t^{11}|_{r=r_0} = 0$，则将(8.7)三方程所归结的方程

$$\frac{dt^{11}}{dr} = -\rho r\omega^2 \tag{8.8}$$

从 r_0 至 r 积分就得

$$\left.\begin{aligned} t^{11} &= \frac{\rho\omega^2}{2}(r_0^2 - r^2) = r^2 t^{22}, \\ t^{33} &= t^{11} + 2\left[\left(\lambda^2 - \frac{1}{\lambda}\right)\frac{\partial\Sigma}{\partial \mathrm{I}} - \left(\frac{1}{\lambda^2} - \lambda\right)\frac{\partial\Sigma}{\partial \mathrm{II}}\right] \\ &= \frac{\rho\omega^2}{2}(r_0^2 - r^2) + 2\left(\lambda^2 - \frac{1}{\lambda}\right)\left(\frac{\partial\Sigma}{\partial \mathrm{I}} + \frac{1}{\lambda}\frac{\partial\Sigma}{\partial \mathrm{II}}\right). \end{aligned}\right\} \tag{8.9}$$

给出 ω 和 r_0（或 λ）后，由(8.3)就可求得 λ（或 r_0）；从而圆盘内的应力状态就被确定. 可以看出，圆盘的上下表面 $z = \pm\frac{h}{2}$ 并非自

由,而是出现垂直于表面的面力 $N = t^{33}$.

对空心圆盘可进行类似讨论.

§9. 厚壁筒的轴向剪切自由振动

仍取两相重合的圆柱坐标系 $\{X^A\} = \{R, \Theta, Z\}$ 和 $\{x^i\} = \{r, \vartheta, z\}$, 其度量张量见(4.2),(4.3)式. 厚壁筒的内外半径为 a 和 b. 我们考察筒外边固定, 圆筒的各点沿轴向进行运动的情形(见图 12):

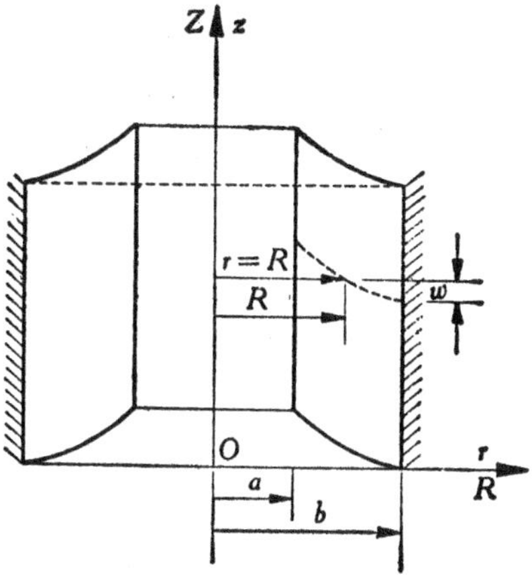

图 12

$$r = R, \quad \vartheta = \Theta, \quad z = Z + w(R, t) = Z + w(r, t). \qquad (9.1)$$

容易验证,加速度向量只有一个不为零的分量:

$$a^3 = \frac{\partial^2 w(r, t)}{\partial t^2} = \ddot{w}, \qquad (9.2)$$

我们记

$$w' = \frac{\partial w(R, t)}{\partial R} = \frac{\partial w(r, t)}{\partial r}. \qquad (9.3)$$

变形梯度,应变张量和应变不变量为

$$\|x^i_{;A}\| = \begin{Vmatrix} 1 & 0 & 0 \\ 0 & 1 & 0 \\ w' & 0 & 1 \end{Vmatrix}, \quad \|X^A_{;i}\| = \begin{Vmatrix} 1 & 0 & 0 \\ 0 & 1 & 0 \\ -w' & 0 & 1 \end{Vmatrix}, \tag{9.4}$$

$$\left.\begin{aligned} &\|\overset{-1}{c}{}^{ij}\| = \begin{Vmatrix} 1 & 0 & w' \\ 0 & \dfrac{1}{r^2} & 0 \\ w' & 0 & 1+w'^2 \end{Vmatrix}, \quad \|\overset{-1}{c}{}^{i}{}_{.j}\| = \begin{Vmatrix} 1 & 0 & w' \\ 0 & 1 & 0 \\ w' & 0 & 1+w'^2 \end{Vmatrix}, \\ &\|c_{ij}\| = \begin{Vmatrix} 1+w'^2 & 0 & -w' \\ 0 & r^2 & 0 \\ -w' & 0 & 1 \end{Vmatrix}, \quad \|c^{ij}\| = \begin{Vmatrix} 1+w'^2 & 0 & -w' \\ 0 & \dfrac{1}{r^2} & 0 \\ -w' & 0 & 1 \end{Vmatrix}, \end{aligned}\right\} \tag{9.5}$$

$$\mathrm{I} = \mathrm{II} = 3 + w'^2, \quad \mathrm{III} = 1. \tag{9.6}$$

I 和 II 只是 r 和 t 的函数，故 $\Sigma = \Sigma(r, t)$. 由本构方程有

$$\left.\begin{aligned} t^{11} &= -p + 2\left[\frac{\partial\Sigma}{\partial \mathrm{I}} - (1+w'^2)\frac{\partial\Sigma}{\partial \mathrm{II}}\right], \\ t^{22} &= -\frac{p}{r^2} + \frac{2}{r^2}\left(\frac{\partial\Sigma}{\partial \mathrm{I}} - \frac{\partial\Sigma}{\partial \mathrm{II}}\right), \\ t^{33} &= -p + 2\left[(1+w'^2)\frac{\partial\Sigma}{\partial \mathrm{I}} - \frac{\partial\Sigma}{\partial \mathrm{II}}\right], \\ t^{23} &= t^{12} = 0, \quad t^{31} = 2w'\left(\frac{\partial\Sigma}{\partial \mathrm{I}} + \frac{\partial\Sigma}{\partial \mathrm{II}}\right). \end{aligned}\right\} \tag{9.7}$$

将(9.7)各式代入动量方程 $t^{ir}{}_{;r} = \rho a^i$，得

$$\frac{\partial}{\partial r}\left\{-p + 2\left[\frac{\partial\Sigma}{\partial \mathrm{I}} - (1+w'^2)\frac{\partial\Sigma}{\partial \mathrm{II}}\right]\right\} - \frac{2w'^2}{r}\frac{\partial\Sigma}{\partial \mathrm{II}} = 0, \tag{9.8}$$

$$\frac{\partial p}{\partial \vartheta} = 0, \tag{9.9}$$

$$2\frac{\partial}{\partial r}\left[w'\left(\frac{\partial\Sigma}{\partial \mathrm{I}} + \frac{\partial\Sigma}{\partial \mathrm{II}}\right)\right] - \frac{\partial p}{\partial z} + \frac{2w'}{r}\left(\frac{\partial\Sigma}{\partial \mathrm{I}} + \frac{\partial\Sigma}{\partial \mathrm{II}}\right) = \rho\ddot{w}. \tag{9.10}$$

方程(9.9)说明，p 不可能是 ϑ 的函数．而由方程 (9.8) 和 (9.10)，可知 $\dfrac{\partial p}{\partial r}$ 和 $\dfrac{\partial p}{\partial z}$ 都只是 r 和 t 的函数：

$$\frac{\partial p}{\partial r} = h(r, t), \tag{9.11}$$

$$\frac{\partial p}{\partial z} = f(r, t). \tag{9.12}$$

将方程 (9.12) 对 z 积分，得 $p = zf(r, t) + g(r, t)$，又将之对 r 微商 $\frac{\partial p}{\partial r} = z\frac{\partial f(r, t)}{\partial r} + \frac{\partial g(r, t)}{\partial r}$. 和方程 (9.11) 比较，可知，$f(r, t)$ 只能是 t 的函数. 故 p 至多是如下形式的函数：

$$p = zf(t) + g(r, t). \tag{9.13}$$

假如我们给出筒内边面力的法分量：

$$N = t^{rs}n_r n_s = t^{11}|_{r=a} = \left\{-p + 2\left[\frac{\partial \Sigma}{\partial \mathrm{I}} - (1+w'^2)\frac{\partial \Sigma}{\partial \mathrm{II}}\right]\right\}_{r=a}$$

$$= -zf(t) - g(a, t) + 2\left[\frac{\partial \Sigma}{\partial \mathrm{I}} - (1 + w'^2)\frac{\partial \Sigma}{\partial \mathrm{II}}\right]_{r=a}. \tag{9.14}$$

是恒与 z 无关的，则必需有 $f(t) \equiv 0$，因此 p 也只是 r 和 t 的函数. 于是动量方程(9.8)至(9.10)最后就归结为包含两个未知函数 $w(r, t)$ 和 $t^{11}(r, t)$ 的方程组：

$$\frac{\partial t^{11}}{\partial r} = \frac{2w'^2}{r}\frac{\partial \Sigma}{\partial \mathrm{II}}, \tag{9.15}$$

$$2\left[rw'\left(\frac{\partial \Sigma}{\partial \mathrm{I}} + \frac{\partial \Sigma}{\partial \mathrm{II}}\right)\right]' = \rho r\ddot{w}. \tag{9.16}$$

从只包含 $w(r, t)$ 的方程(9.16)求得解后，再代回方程 (9.15)，积分一次就可求得 t^{11} 了. 从(9.7)式就可确定其他应力张量的分量. 对于一般材料，(9.16)式是一个非线性方程，不容易求解. 下面我们考虑 Mooney 材料[第四章(9.11)式]：

$$\Sigma = C_1(\mathrm{I} - 3) + C_2(\mathrm{II} - 3), \quad C_1 > 0, \quad C_2 > 0.$$

这时 $\frac{\partial \Sigma}{\partial \mathrm{I}} = C_1$，$\frac{\partial \Sigma}{\partial \mathrm{II}} = C_2$. 我们令 $2(C_1 + C_2) \equiv G > 0$，代回(9.15)和(9.16)方程，得

$$\frac{\partial t^{11}}{\partial r} = 2C_2\frac{w'^2}{r}, \tag{9.17}$$

$$G(rw')' = \rho r\ddot{w} \quad 即 \quad G\left(w'' + \frac{1}{r}w'\right) = \rho\ddot{w}. \tag{9.18}$$

对于均匀材料，$\rho = \text{const.} > 0$，(9.18) 式是一个线性的双曲型二阶偏微分方程，可用分离变量法求解．令 $w(r, t) = F(r)T(t)$，则由(9.18)式得

$$\frac{\ddot{T}}{T} = \frac{G\left(F'' + \frac{1}{r}F'\right)}{\rho F} = -\alpha,$$

$$F'' + \frac{1}{r}F' + \lambda F = 0, \quad \lambda \equiv \frac{\alpha\rho}{G}, \tag{9.19}$$

$$\ddot{T} + \alpha T = 0. \tag{9.20}$$

(9.19)式是零阶 Bessel 方程，其通解是

$$F(r) = D_1 J_0(sr) + D_2 N_0(sr), \tag{9.21}$$

其中 $s = \sqrt{\lambda}$，$J_0(x)$，$N_0(x)$ 分别是零阶第一类 Bessel 函数和 Neumann 函数．我们将只讨论筒的 $r = b$ 边固定：

$$w(b, t) = 0, \tag{9.22}$$

$r = a$ 边为自由：

$$t^{11}|_{r=a} = 0, \tag{9.23}$$

$$t^{31}|_{r=a} = 0 \quad 即 \quad w'(a, t) = 0 \tag{9.24}$$

的自由振动．从(9.22)和(9.24)式我们有

$$F(b) = 0, \tag{9.25}$$

$$F'(a) = 0. \tag{9.26}$$

如取 $D_1 = N_0(sb)$，$D_2 = -J_0(sb)$，则(9.25)得到满足，而(9.26)条件就给出

$$J_0(sb)N_1(sa) - N_0(sb)J_1(sa) = 0. \tag{9.27}$$

由此解得无穷多个可数的正实数 $s_1, s_2, \cdots$，从而得方程(9.19)的特征值 $\lambda_1, \lambda_2, \cdots, \lambda_n, \cdots$ 和特征函数：

$$F_n(r) = N_0(s_n b)J_0(s_n r) - J_0(s_n b)N_0(s_n r). \tag{9.28}$$

由方程(9.20)得

$$\ddot{T}_n + \frac{Gs_n^2}{\rho} T_n = 0,$$

$$T_n(t) = D_{3n} \sin\left(\sqrt{\frac{G}{\rho}} s_n t\right) + D_{4n} \cos\left(\sqrt{\frac{G}{\rho}} s_n t\right). \quad (9.29)$$

于是方程(9.18)的通解就是

$$w(r, t) = \sum_{n=1}^{\infty} \left[D_{3n} \sin\left(\sqrt{\frac{G}{\rho}} s_n t\right) + D_{4n} \cos\left(\sqrt{\frac{G}{\rho}} s_n t\right)\right] \times [N_0(s_n b)J_0(s_n r) - J_0(s_n b)N_0(s_n r)]. \quad (9.30)$$

给定初条件:

$$w(r, 0) = g(r) = \sum_{n=1}^{\infty} g_n F_n(r), \quad (9.31)$$

$$\dot{w}(r, 0) = f(r) = \sum_{n=1}^{\infty} f_n F_n(r), \quad (9.32)$$

其中富氏系数

$$g_n = \frac{\int_a^b rg(r)F_n(r)dr}{\|F_n\|^2},$$

$$f_n = \frac{\int_a^b rf(r)F_n(r)dr}{\|F_n\|^2},$$

$$\|F_n\|^2 = \int_a^b rF_n^2 dr = \frac{2}{\pi^2 s_n^2} \frac{J_1^2(s_n a) - J_0^2(s_n b)}{J_1^2(s_n a)},$$

则

$$D_{3n} = f_n \sqrt{\frac{\rho}{G}} \frac{1}{s_n}, \quad D_{4n} = g_n, \quad (9.33)$$

从而得到解

$$w(r, t) = \sum_{n=1}^{\infty} \left[\sqrt{\frac{\rho}{G}} \frac{f_n}{s_n} \sin\left(\sqrt{\frac{G}{\rho}} s_n t\right) + g_n \cos\left(\sqrt{\frac{G}{\rho}} s_n t\right)\right] \times [N_0(s_n b)J_0(s_n r) - J_0(s_n b)N_0(s_n r)]. \quad (9.34)$$

考虑到边条件(9.23),将(9.17)式从 a 至 r 积分,得应力分布:

$$
\left.\begin{aligned}
t^{11} &= 2C_2\int_a^r \frac{w'^2}{r}dr,\\
t^{22} &= \frac{t^{11}}{r^2} + \frac{2C_2 w'^2}{r^2} = \frac{2C_2}{r^2}\left(w'^2 + \int_a^r \frac{w'^2}{r}dr\right),\\
t^{33} &= t^{11} + 2w'^2\left(\frac{\partial\Sigma}{\partial \mathrm{I}} + \frac{\partial\Sigma}{\partial \mathrm{II}}\right)\\
&= Gw'^2 + 2C_2\int_a^r \frac{w'^2}{r}dr,\\
t^{31} &= Gw'.
\end{aligned}\right\} \tag{9.35}
$$

以上得到的是形式解. 若初始位移 $g(r)$, 初始速度 $f(r)$ 满足条件:

$$
\begin{aligned}
r = b:\ & g(r) = [rg'(r)]' = 0, \quad f(r) = 0,\\
r = a:\ & g'(r) = [rg'(r)]'' = 0, \quad f'(r) = 0,
\end{aligned}
$$

且 $g(r)$ 在 $[a, b]$ 上有连续三阶导数, $f(r)$ 在 $[a, b]$ 上有连续二阶导数, 则 $g(r)$ 和 $f(r)$ 的展开式(9.31)和(9.32)绝对一致收敛, (9.34)式就是方程(9.18)的古典解.

可以相类似地考虑筒的各点绕轴的自由振动, 这时运动可表达为

$$
r = R, \quad \vartheta = \Theta + \phi(R, t), \quad z = Z.
$$

第六章 变分原理

本章从虚功原理出发, 用统一的观点导出有限弹性变形理论的两个基本变分原理以及由此而导出的广义变分原理的两个形式.

§1. 虚功、虚位移和虚应力原理

这里只讨论静力学问题. 设物体的自然构型 $\mathscr{R}$ (占有区域 $\mathscr{V}$, 边界为 $\mathscr{A}$) 为已知; 在边界的 $\mathscr{A}_u$ 部分上给定位移: $\mathbf{u}|_{\mathscr{A}_u} =$

$\mathring{\mathbf{u}}$; 在边界的另一部分 $\mathscr{A}_t$ 上给定每单位 $\mathscr{A}$ 面积（自然构型面积)的面力: $\mathbf{T}_\mathbf{N}|_{\mathscr{A}_t}=\mathring{\mathbf{T}}_\mathbf{N}$（面力当然是作用在平衡构型 $\mathscr{a}$ 的边界面上);体力（每单位质量)为 $\mathbf{f}$. 不管平衡构型 $\mathscr{a}$ 如何，这些外力均取上述给定值(这种载荷称为**死载荷**).

若问题的解存在,并且是 $\mathbf{u}$ 和 $\boldsymbol{\tau}=\mathbf{I}\cdot\boldsymbol{\tau}$, 它们就分别称为该问题的**真实位移**和**真实应力**. “真实”是相对下面两个概念而言的:

（1）**可能位移场** $\overset{*}{\mathbf{u}}$:在整个区域 $\mathscr{V}$ 满足连续性公理和在 $\mathscr{A}_u$ 满足位移边条件

$$\overset{*}{\mathbf{u}}\Big|_{\mathscr{A}_u}=\mathring{\mathbf{u}};\tag{1.1}$$

（2）**可能应力场** $\underset{*}{\boldsymbol{\tau}}$: 在整个区域 $\mathscr{V}$ 满足平衡方程

$$\underset{*}{\boldsymbol{\tau}}\cdot\nabla+\rho_0\mathbf{f}=0\tag{1.2}$$

和在 $\mathscr{A}_t$ 满足应力边条件

$$\underset{*}{\boldsymbol{\tau}}\cdot\mathbf{N}\Big|_{\mathscr{A}_t}=\mathring{\mathbf{T}}_\mathbf{N}.\tag{1.3}$$

可能位移场可以有无穷多个，每一个可能位移场通过本构关系有一个应力场与之相对应. 一般说来，这个对应的应力场不是可能应力场. 当它是可能应力场时就成为真实应力场，而这个 $\overset{*}{\mathbf{u}}$ 也就成为真实位移场.

同样,可能应力场也可以有无穷多个,但每一个可能应力场不一定有一个单值的位移场与之相对应,因相容性条件未必满足.如果对应有一个位移场,并且是可能位移场,则我们就有真实应力场和真实位移场.

任取两个互不相关的可能位移场 $\overset{*}{\mathbf{u}}$ 和可能应力场 $\underset{*}{\boldsymbol{\tau}}$. 我们考

察下列积分

$$\int_{\mathscr{V}}\overset{*}{\overset{\langle}{\mathbf{u}}}\cdot\mathbf{f}\rho_0dV+\int_{\mathscr{A}_u}\overset{\circ}{\overset{\langle}{\mathbf{u}}}\cdot\underset{*}{\overset{\langle\langle}{\boldsymbol{\tau}}}\cdot\mathbf{N}dA+\int_{\mathscr{A}_t}\overset{*}{\overset{\langle}{\mathbf{u}}}\cdot\overset{\circ}{\mathbf{T}}_{\mathbf{N}}dA$$

$$=\int_{\mathscr{V}}\overset{*}{\overset{\langle}{\mathbf{u}}}\cdot\mathbf{f}\rho_0dV+\oint_{\mathscr{A}}\overset{*}{\overset{\langle}{\mathbf{u}}}\cdot\underset{*}{\overset{\langle\langle}{\boldsymbol{\tau}}}\cdot d\overset{\langle}{\mathbf{A}}$$

$$=\int_{\mathscr{V}}[\overset{*}{\overset{\langle}{\mathbf{u}}}\cdot\mathbf{f}\rho_0+(\overset{*}{\overset{\langle}{\mathbf{u}}}\cdot\underset{*}{\overset{\langle\langle}{\boldsymbol{\tau}}})\cdot\overset{\langle}{\boldsymbol{\nabla}}]dV$$

$$=\int_{\mathscr{V}}[\overset{*}{\overset{\langle}{\mathbf{u}}}\cdot(\mathbf{f}\rho_0+\underset{*}{\overset{\langle\langle}{\boldsymbol{\tau}}}\cdot\overset{\langle}{\boldsymbol{\nabla}})+\underset{*}{\overset{\langle\langle}{\boldsymbol{\tau}}}:(\overset{*}{\overset{\langle}{\mathbf{u}}}\overset{\langle}{\boldsymbol{\nabla}})]dV.$$

上面曾用到了条件(1.1)和(1.3). 如再考虑到平衡条件 (1.2)，就得较第四章 § 2 意义更广泛的**虚功原理**:

$$\int_{\mathscr{V}}\overset{*}{\overset{\langle}{\mathbf{u}}}\cdot\mathbf{f}\rho_0dV+\int_{\mathscr{A}_u}\overset{\circ}{\overset{\langle}{\mathbf{u}}}\cdot\underset{*}{\overset{\langle\langle}{\boldsymbol{\tau}}}\cdot\mathbf{N}dA+\int_{\mathscr{A}_t}\overset{*}{\overset{\langle}{\mathbf{u}}}\cdot\overset{\circ}{\mathbf{T}}_{\mathbf{N}}dA$$

$$=\int_{\mathscr{V}}\underset{*}{\overset{\langle\langle}{\boldsymbol{\tau}}}:(\overset{*}{\overset{\langle}{\mathbf{u}}}\overset{\langle}{\boldsymbol{\nabla}})dV. \tag{1.4}$$

它对真实位移和真实应力也是成立的，即

$$\int_{\mathscr{V}}\overset{\langle}{\mathbf{u}}\cdot\mathbf{f}\rho_0dV+\oint_{\mathscr{A}}\overset{\langle}{\mathbf{u}}\cdot\mathbf{T}_{\mathbf{N}}dA=\int_{\mathscr{V}}\overset{\langle\langle}{\boldsymbol{\tau}}:(\overset{\langle}{\mathbf{u}}\overset{\langle}{\boldsymbol{\nabla}})dV. \tag{1.5}$$

若记 $\overset{*}{\overset{\langle}{\mathbf{u}}}=\overset{\langle}{\mathbf{u}}+\delta\overset{\langle}{\mathbf{u}}$，并代入(1.4)式，得

$$\int_{\mathscr{V}}(\overset{\langle}{\mathbf{u}}+\delta\overset{\langle}{\mathbf{u}})\cdot\mathbf{f}\rho_0dV+\int_{\mathscr{A}_u}\overset{\circ}{\overset{\langle}{\mathbf{u}}}\cdot\underset{*}{\overset{\langle\langle}{\boldsymbol{\tau}}}\cdot\mathbf{N}dA+\int_{\mathscr{A}_t}(\overset{\langle}{\mathbf{u}}+\delta\overset{\langle}{\mathbf{u}})$$

$$\cdot\overset{\circ}{\mathbf{T}}_{\mathbf{N}}dA=\int_{\mathscr{V}}\underset{*}{\overset{\langle\langle}{\boldsymbol{\tau}}}:[\overset{\langle}{\mathbf{u}}\overset{\langle}{\boldsymbol{\nabla}}+(\delta\overset{\langle}{\mathbf{u}})\overset{\langle}{\boldsymbol{\nabla}}]dV. \tag{1.6}$$

(1.4)式对真实位移场 $\overset{\langle}{\mathbf{u}}$ 和可能应力场 $\underset{*}{\overset{\langle\langle}{\boldsymbol{\tau}}}$ 亦成立:

$$\int_{\mathscr{V}}\overset{\langle}{\mathbf{u}}\cdot\mathbf{f}\rho_0dV+\int_{\mathscr{A}_u}\overset{\circ}{\overset{\langle}{\mathbf{u}}}\cdot\underset{*}{\overset{\langle\langle}{\boldsymbol{\tau}}}\cdot\mathbf{N}dA+\int_{\mathscr{A}_t}\overset{\langle}{\mathbf{u}}\cdot\overset{\circ}{\mathbf{T}}_{\mathbf{N}}dA$$

$$=\int_{\mathscr{V}}\underset{*}{\overset{\langle\langle}{\boldsymbol{\tau}}}:(\overset{\langle}{\mathbf{u}}\overset{\langle}{\boldsymbol{\nabla}})dV. \tag{1.7}$$

从(1.6)式减去(1.7)式，得**虚位移原理**:

$$\int_{\mathscr{V}} \delta\overset{\langle}{\mathbf{u}} \cdot \mathbf{f}\rho_0 dV + \int_{\mathscr{A}_t} \delta\overset{\langle}{\mathbf{u}} \cdot \overset{\circ}{\mathbf{T}}_{\mathbf{N}} dA = \int_{\mathscr{V}} \underset{*}{\overset{\langle\langle}{\boldsymbol{\tau}}} : [(\delta\overset{\langle}{\mathbf{u}})\overset{\langle}{\boldsymbol{\nabla}}] dV, \tag{1.8}$$

其中 $\delta\overset{\langle}{\mathbf{u}}$ 称为虚位移．又若记 $\underset{*}{\overset{\langle\langle}{\boldsymbol{\tau}}} = \overset{\langle\langle}{\boldsymbol{\tau}} + \delta\overset{\langle\langle}{\boldsymbol{\tau}}$，并代入(1.4)式，得

$$\int_{\mathscr{V}} \overset{*}{\overset{\langle}{\mathbf{u}}} \cdot \mathbf{f}\rho_0 dV + \int_{\mathscr{A}_u} \overset{\circ}{\overset{\langle}{\mathbf{u}}} \cdot (\overset{\langle\langle}{\boldsymbol{\tau}} + \delta\overset{\langle\langle}{\boldsymbol{\tau}}) \cdot \mathbf{N} dA + \int_{\mathscr{A}_t} \overset{*}{\overset{\langle}{\mathbf{u}}} \cdot \overset{\circ}{\mathbf{T}}_{\mathbf{N}} dA$$

$$= \int_{\mathscr{V}} (\overset{\langle\langle}{\boldsymbol{\tau}} + \delta\overset{\langle\langle}{\boldsymbol{\tau}}) : (\overset{*}{\overset{\langle}{\mathbf{u}}}\overset{\langle}{\boldsymbol{\nabla}}) dV. \tag{1.9}$$

(1.4)式对可能位移场 $\overset{*}{\overset{\langle}{\mathbf{u}}}$ 和真实应力场 $\overset{\langle\langle}{\boldsymbol{\tau}}$ 也成立：

$$\int_{\mathscr{V}} \overset{*}{\overset{\langle}{\mathbf{u}}} \cdot \mathbf{f}\rho_0 dV + \int_{\mathscr{A}_u} \overset{\circ}{\overset{\langle}{\mathbf{u}}} \cdot \overset{\langle\langle}{\boldsymbol{\tau}} \cdot \mathbf{N} dA + \int_{\mathscr{A}} \overset{*}{\overset{\langle}{\mathbf{u}}} \cdot \overset{\circ}{\mathbf{T}}_{\mathbf{N}} dA$$

$$= \int_{\mathscr{V}} \overset{\langle\langle}{\boldsymbol{\tau}} : (\overset{*}{\overset{\langle}{\mathbf{u}}}\overset{\langle}{\boldsymbol{\nabla}}) dV. \tag{1.10}$$

从(1.9)式减去(1.10)式，又得**虚应力原理**：

$$\int_{\mathscr{A}_u} \overset{\circ}{\overset{\langle}{\mathbf{u}}} \cdot \delta\overset{\langle\langle}{\boldsymbol{\tau}} \cdot \mathbf{N} dA = \int_{\mathscr{V}} \delta\overset{\langle\langle}{\boldsymbol{\tau}} : (\overset{*}{\overset{\langle}{\mathbf{u}}}\overset{\langle}{\boldsymbol{\nabla}}) dV. \tag{1.11}$$

虚位移原理和虚应力原理是推导两个基本变分原理的基础．

§2. 总势能驻值原理

虚位移和虚应力原理是对任何材料都成立的．要想利用这些原理对物体的真实位移和真实应力作出进一步的论断，必须考虑材料的性质．第四章已论证，弹性势 $\Sigma(\overset{\langle\langle}{\mathbf{C}})$ 完全刻划超弹性材料的性质．从第四章(7.8)式或第一章(8.6)式，弹性势也可以看作是变形梯度 $\overset{\langle\langle}{\mathbf{D}} = \overset{\langle\rangle}{\mathbf{I}} \cdot \overset{\rangle\langle}{\mathbf{D}}$ 或位移梯度 $\overset{\langle}{\mathbf{u}}\overset{\langle}{\boldsymbol{\nabla}}$ 的函数．应注意的是，它不是变形梯度或位移梯度 9 个分量的任意函数，而是通过 $\Sigma(\overset{\langle\langle}{\mathbf{C}})$ 而得来的函数．

如果 $\delta\overset{\langle}{\mathbf{u}}$ 是小的虚位移，则可能位移 $\overset{*}{\overset{\langle}{\mathbf{u}}} = \overset{\langle}{\mathbf{u}} + \delta\overset{\langle}{\mathbf{u}}$ 所代表的变

形状态是邻近于真实位移场的状态．这两个邻近变形状态的变形梯度之差为

$$\delta\overset{\langle\langle}{\mathbf{D}} = \overset{*}{\overset{\langle\langle}{\mathbf{D}}} - \overset{\langle\langle}{\mathbf{D}} = (\overset{\langle}{\mathbf{p}} + \delta\overset{\langle}{\mathbf{u}})\overset{\langle}{\nabla} - \overset{\langle}{\mathbf{p}}\overset{\langle}{\nabla} = (\delta\overset{\langle}{\mathbf{u}})\overset{\langle}{\nabla}.$$

考虑到上式及 $\dfrac{d\Sigma}{d\overset{\rangle\langle}{\mathbf{D}}} = \overset{\rangle\langle}{\boldsymbol{\tau}}$，弹性势的差就是

$$\delta\Sigma = \frac{d\Sigma}{d\overset{\langle\langle}{\mathbf{D}}} : \delta\overset{\langle\langle}{\mathbf{D}} = \overset{\langle\langle}{\boldsymbol{\tau}} : (\delta\overset{\langle}{\mathbf{u}})\overset{\langle}{\nabla}. \tag{2.1}$$

在虚位移原理(1.8)中，取真实应力场 $\overset{\langle\langle}{\boldsymbol{\tau}}$，并将上式代入，得

$$\int_{\mathscr{V}} \delta\Sigma dV - \int_{\mathscr{V}} \delta\overset{\langle}{\mathbf{u}} \cdot \mathbf{f}\rho_0 dV - \int_{\mathscr{A}_t} \delta\overset{\langle}{\mathbf{u}} \cdot \overset{\circ}{\mathbf{T}}_{\mathbf{N}} dA = 0. \tag{2.2}$$

对于任何可能位移场，$\mathbf{f}$ 和 $\overset{\circ}{\mathbf{T}}_{\mathbf{N}}$ 都是不变的，即均取预先给定值，故 δ 符号可提到积分号之外而得

$$\delta\left(\int_{\mathscr{V}} \Sigma dV - \int_{\mathscr{V}} \overset{\langle}{\mathbf{u}} \cdot \mathbf{f}\rho_0 dV - \int_{\mathscr{A}_t} \overset{\langle}{\mathbf{u}} \cdot \overset{\circ}{\mathbf{T}}_{\mathbf{N}} dA\right) = 0. \tag{2.3}$$

泛函

$$\Pi(\overset{\langle}{\mathbf{u}}) = \int_{\mathscr{V}} \Sigma(\overset{\langle}{\mathbf{u}}\overset{\langle}{\nabla}) dV - \int_{\mathscr{V}} \overset{\langle}{\mathbf{u}} \cdot \mathbf{f}\rho_0 dV - \int_{\mathscr{A}_t} \overset{\langle}{\mathbf{u}} \cdot \overset{\circ}{\mathbf{T}}_{\mathbf{N}} dA \tag{2.4}$$

称为**系统总势能**．(2.3)式说明：在所有可能位移场中，真实位移 $\overset{\langle}{\mathbf{u}}$ 使系统总势能 Π 取驻值．下面我们证明，逆命题也对．为此，取(2.4)式的定义在可能位移场 $\overset{*}{\overset{\langle}{\mathbf{u}}}$ 函数类的泛函 Π 的变分，并利用由第四章(2.7)式而得的

$$\begin{aligned}
\delta\Sigma &= \frac{d\Sigma}{d\overset{\langle\langle}{\mathbf{E}}} : \delta\overset{\langle\langle}{\mathbf{E}} = \frac{1}{2}\overset{\langle\langle}{\mathbf{T}} : \delta\overset{\langle\langle}{\mathbf{C}} = \frac{1}{2}\overset{\langle\langle}{\mathbf{T}} : (\delta\overset{\langle\langle}{\mathbf{D}}^* \cdot \overset{\rangle\langle}{\mathbf{D}} + \overset{\langle\rangle}{\mathbf{D}}^* \cdot \delta\overset{\rangle\langle}{\mathbf{D}}) \\
&= \overset{\langle\langle}{\mathbf{T}} : (\overset{\langle\rangle}{\mathbf{D}}^* \cdot \delta\overset{\rangle\langle}{\mathbf{D}}) = (\overset{\langle\langle}{\mathbf{D}} \cdot \overset{\langle\langle}{\mathbf{T}}) : \delta\overset{\langle\langle}{\mathbf{D}} = (\overset{\langle\langle}{\mathbf{D}} \cdot \overset{\langle\langle}{\mathbf{T}}) : (\delta\overset{\langle}{\mathbf{u}}\overset{\langle}{\nabla}) \\
&= (\delta\overset{\langle}{\mathbf{u}} \cdot \overset{\langle\langle}{\mathbf{D}} \cdot \overset{\langle\langle}{\mathbf{T}}) \cdot \overset{\langle}{\nabla} - \delta\overset{\langle}{\mathbf{u}} \cdot (\overset{\langle\langle}{\mathbf{D}} \cdot \overset{\langle\langle}{\mathbf{T}}) \cdot \overset{\langle}{\nabla},
\end{aligned} \tag{2.5}$$

我们有

$$
\begin{aligned}
0 = \delta \Pi = & \int_{\mathscr{V}} \{(\delta \overset{\langle}{\mathbf{u}} \cdot \overset{\langle\langle}{\mathbf{D}} \cdot \overset{\langle\langle}{\mathbf{T}}) \cdot \overset{\langle}{\boldsymbol{\nabla}} - \delta \overset{\langle}{\mathbf{u}} \\
& \cdot [(\overset{\langle\langle}{\mathbf{D}} \cdot \overset{\langle\langle}{\mathbf{T}}) \cdot \overset{\langle}{\boldsymbol{\nabla}} + \mathbf{f}\rho_0]\} dV - \int_{\mathscr{A}_t} \delta \overset{\langle}{\mathbf{u}} \cdot \mathring{\mathbf{T}}_{\mathbf{N}} dA \\
= & \int_{\mathscr{A}_t} \delta \overset{\langle}{\mathbf{u}} \cdot (\overset{\langle\langle}{\mathbf{D}} \cdot \overset{\langle\langle}{\mathbf{T}} \cdot \mathbf{N} - \mathring{\mathbf{T}}_{\mathbf{N}}) dA \\
& - \int_{\mathscr{V}} \delta \overset{\langle}{\mathbf{u}} \cdot [(\overset{\langle\langle}{\mathbf{D}} \cdot \overset{\langle\langle}{\mathbf{T}}) \cdot \overset{\langle}{\boldsymbol{\nabla}} + \mathbf{f}\rho_0] dV,
\end{aligned} \tag{2.6}
$$

这里用到 $\delta \overset{\langle}{\mathbf{u}}|_{\mathscr{A}_u} = 0$. 由(2.6)式有

$$
(\overset{\langle\langle}{\mathbf{D}} \cdot \overset{\langle\langle}{\mathbf{T}}) \cdot \overset{\langle}{\boldsymbol{\nabla}} + \rho_0 \mathbf{f} = 0 \quad 在\ \mathscr{V}, \tag{2.7}
$$

$$
\overset{\langle\langle}{\mathbf{D}} \cdot \overset{\langle\langle}{\mathbf{T}} \cdot \mathbf{N} = \mathring{\mathbf{T}}_{\mathbf{N}} \quad 在\ \mathscr{A}_t. \tag{2.8}
$$

这正是 Kirchhoff 平衡方程和应力边条件. 就是说, 使泛函 Π 取驻值的可能位移场所对应的应力场是可能应力场, 因而是真实应力场. 上面的讨论归结为

总势能驻值原理: 弹性体的所有可能位移场中真实位移场使系统总势能取驻值 ($\delta \Pi = 0$).

在古典弹性力学中相对应的是"最小总势能原理". 最小值是由作为应变张量的正定二次型的弹性势性质所保证的.

在有限弹性变形理论中,弹性势的性质还在不断探索中,认识只能到"驻值"的地步. 如果 $\delta^2 \Pi > 0$, 则 Π 为极小,就有稳定的平衡状态.因为任何使物体离开平衡位置的虚位移 $\delta \overset{\langle}{\mathbf{u}}$ 均使 Π 的增量为正,即弹性势的增量大于外载荷在 $\delta \overset{\langle}{\mathbf{u}}$ 上所作的功,物体各点有回到平衡位置的趋势. 反之,若 Π 为极大,则对于任何离开平衡位置的虚位移,外载荷所作的功均大于弹性势的增量,物体有更远离平衡位置的趋势,因而平衡状态是不稳定的. 如果 Π 既非极大,又非极小, 则可能对于任何可能的 $\delta \overset{\langle}{\mathbf{u}}$, 均有 $\Delta \Pi = 0$, 这时是随遇平衡;也可能是对于某些 $\delta \overset{\langle}{\mathbf{u}}$, $\Delta \Pi > 0$, 而对另一些 $\delta \overset{\langle}{\mathbf{u}}$, $\Delta \Pi < 0$, 这种情形应归入不稳定平衡. 归结起来,稳定平衡的准则是

$$
\delta \Pi = 0 \tag{2.9}
$$

和

$$\Delta\Pi > 0 \quad 即 \quad \delta^2\Pi > 0. \tag{2.10}$$

利用总势能驻值原理，可以局限于可能位移场函数类的某个子集来进行近似计算．这就是以位移作为基本未知量的 Ritz 法，它是有限单元法的理论基础．

最后，我们提供一个现象．对于真实状态应用散度定理(即进行分部积分)将(2.4)式改写为

$$\begin{aligned}
\Pi &= \int_{\mathscr{V}} (\Sigma - \overset{\langle}{\mathbf{u}} \cdot \mathbf{f}\rho_0)dV - \oint_{\mathscr{A}} \overset{\langle}{\mathbf{u}} \cdot \overset{\langle\langle}{\mathbf{D}} \cdot \overset{\langle\langle}{\mathbf{T}} \cdot \mathbf{N}dA \\
&\quad + \int_{\mathscr{A}_u} \overset{\circ}{\overset{\langle}{\mathbf{u}}} \cdot \overset{\langle\langle}{\mathbf{D}} \cdot \overset{\langle\langle}{\mathbf{T}} \cdot \mathbf{N}dA \\
&= \int_{\mathscr{V}} [\Sigma - \overset{\langle}{\mathbf{u}} \cdot \mathbf{f}\rho_0 - (\overset{\langle}{\mathbf{u}} \cdot \overset{\langle\langle}{\mathbf{D}} \cdot \overset{\langle\langle}{\mathbf{T}}) \cdot \overset{\langle}{\nabla}]dV \\
&\quad + \int_{\mathscr{A}_u} \overset{\circ}{\overset{\langle}{\mathbf{u}}} \cdot \overset{\langle\langle}{\mathbf{D}} \cdot \overset{\langle\langle}{\mathbf{T}} \cdot \mathbf{N}dA \\
&= \int_{\mathscr{V}} \{\Sigma - (\overset{\langle\langle}{\mathbf{D}} \cdot \overset{\langle\langle}{\mathbf{T}}):(\overset{\langle}{\mathbf{u}}\overset{\langle}{\nabla}) - \overset{\langle}{\mathbf{u}} \cdot [(\overset{\langle\langle}{\mathbf{D}} \cdot \overset{\langle\langle}{\mathbf{T}}) \cdot \overset{\langle}{\nabla} + \mathbf{f}\rho_0]\}dV \\
&\quad + \underline{\int_{\mathscr{A}_u} \overset{\circ}{\overset{\langle}{\mathbf{u}}} \cdot \overset{\langle\langle}{\mathbf{D}} \cdot \overset{\langle\langle}{\mathbf{T}} \cdot \mathbf{N}dA.}
\end{aligned}$$

考虑到 Kirchhoff 动量方程和

$$\begin{aligned}
(\overset{\langle\langle}{\mathbf{D}} \cdot \overset{\langle\langle}{\mathbf{T}}):(\overset{\langle}{\mathbf{u}}\overset{\langle}{\nabla}) &= [(\overset{\langle\langle}{\mathbf{I}} + \overset{\langle}{\mathbf{u}}\overset{\langle}{\nabla}) \cdot \overset{\langle\langle}{\mathbf{T}}]:(\overset{\langle}{\mathbf{u}}\overset{\langle}{\nabla}) \\
&= \overset{\langle\langle}{\mathbf{T}}:(\overset{\langle}{\mathbf{u}}\overset{\langle}{\nabla}) + [(\overset{\langle}{\nabla}\overset{\langle}{\mathbf{u}}) \cdot (\overset{\langle}{\mathbf{u}}\overset{\langle}{\nabla})]:\overset{\langle\langle}{\mathbf{T}} \\
&= \frac{1}{2}[\overset{\langle}{\mathbf{u}}\overset{\langle}{\nabla} + \overset{\langle}{\nabla}\overset{\langle}{\mathbf{u}} + (\overset{\langle}{\nabla}\overset{\langle}{\mathbf{u}}) \cdot (\overset{\langle}{\mathbf{u}}\overset{\langle}{\nabla})]:\overset{\langle\langle}{\mathbf{T}} \\
&\quad + \frac{1}{2}[(\overset{\langle}{\nabla}\overset{\langle}{\mathbf{u}}) \cdot (\overset{\langle}{\mathbf{u}}\overset{\langle}{\nabla})]:\overset{\langle\langle}{\mathbf{T}} \\
&= \overset{\langle\langle}{\mathbf{E}}:\overset{\langle\langle}{\mathbf{T}} + \frac{1}{2}[(\overset{\langle}{\nabla}\overset{\langle}{\mathbf{u}}) \cdot (\overset{\langle}{\mathbf{u}}\overset{\langle}{\nabla})]:\overset{\langle\langle}{\mathbf{T}},
\end{aligned}$$

总势能在真实状态的值可用真实位移和真实应力表达为

$$\Pi'(\overset{\langle}{\mathbf{u}}, \overset{\langle\langle}{\mathbf{T}}) = \int_{\mathscr{V}} \left\{ \Sigma - \overset{\langle\langle}{\mathbf{E}} : \overset{\langle\langle}{\mathbf{T}} - \frac{1}{2}\left[(\overset{\langle}{\nabla}\overset{\langle}{\mathbf{u}}) \cdot (\overset{\langle}{\mathbf{u}}\overset{\langle}{\nabla}) \right] : \overset{\langle\langle}{\mathbf{T}} \right\} dV$$

$$+ \int_{\mathscr{A}_u} \overset{\circ}{\overset{\langle}{\mathbf{u}}} \cdot \overset{\langle\langle}{\mathbf{D}} \cdot \overset{\langle\langle}{\mathbf{T}} \cdot \mathbf{N} dA. \qquad (2.11)$$

下一节我们将对 Π' 作进一步的确切讨论.

§3. 总余能驻值原理

有限弹性变形理论的总势能驻值原理对应于古典弹性力学的最小总势能原理，它是以位移作为基本未知量的. 不少作者曾试图得出对应于古典理论最小余能原理的，以应力作为基本未知量的有限变形的变分原理. 但困难不少，争论尤多(详细请参阅书末附录). 理由是简单的. 因为在有限变形理论里，平衡状态，应力状态都是对构型 $\varkappa$ 而言的. 应力场和位移场是耦合在一起的. 给定了位移场，物体的应力场随之被确定，但逆命题并不总是对的. 这些复杂情况在古典理论里由于线性化而全部消失了，在那里平衡方程在形式上是列在未变形构型上的，因而典型点的应力状态完全决定该点的应变状态，从而应力张量作为基本未知量的变分原理成为可能.

我们这里从虚功原理出发，用统一的观点共同解决有限弹性变形理论的两个变分基本原理. 正如总势能驻值原理导出于虚位移原理，总余能驻值原理是从虚应力原理导出的. 这样一来，得到的是变分原理和虚功原理的相呼应，而不是单纯地寻求对线性化了的古典原理的仿效. 但古典原理却是一般原理简化的结果.

在虚应力原理(1.11)中，取真实位移场，得

$$\int_{\mathscr{V}} \delta\overset{\langle\langle}{\boldsymbol{\tau}} : (\overset{\langle}{\mathbf{u}}\overset{\langle}{\nabla}) dV - \int_{\mathscr{A}_u} \overset{\circ}{\overset{\langle}{\mathbf{u}}} \cdot \delta\overset{\langle\langle}{\boldsymbol{\tau}} \cdot \mathbf{N} dA = 0. \qquad (3.1)$$

我们在这里同时取应力场 $\overset{\langle\langle}{\mathbf{T}}$ 和位移场 $\overset{\langle}{\mathbf{u}}$ 为独立变量. 由于在 $\mathscr{A}_u$ 的面积分里已出现位移的给定边界值，可能位移的条件可削弱为

不必满足条件(1.1). 此外,我们引进余能密度 Σ^C, 使

$$\Sigma^C + \Sigma = \overset{\ll}{\mathbf{T}}:\overset{\ll}{\mathbf{E}}, \tag{3.2}$$

则

$$\dot{\Sigma}^C + \dot{\Sigma} = \dot{\overset{\ll}{\mathbf{T}}}:\overset{\ll}{\mathbf{E}} + \overset{\ll}{\mathbf{T}}:\dot{\overset{\ll}{\mathbf{E}}}. \tag{3.3}$$

和 Σ 一样, Σ^C 是 $\overset{\ll}{\mathbf{E}}$ 的函数. 假设应力 $\overset{\ll}{\mathbf{T}}$ 和应变 $\overset{\ll}{\mathbf{E}}$ 的关系是可逆的,则 $\overset{\ll}{\mathbf{E}}$ 又可为 $\overset{\ll}{\mathbf{T}}$ 所表达,故 Σ^C 也可认为是 $\overset{\ll}{\mathbf{T}}$ 的函数 $\Sigma^C(\overset{\ll}{\mathbf{T}})$. 于是,由

$$\dot{\Sigma}^C = \frac{d\Sigma^C}{d\overset{\ll}{\mathbf{T}}}:\dot{\overset{\ll}{\mathbf{T}}}$$

就可得

$$\overset{\ll}{\mathbf{E}} = \frac{d\Sigma^C}{d\overset{\ll}{\mathbf{T}}}. \tag{3.4}$$

暂且先将(3.1)式体积分的被积函数作一变换:

$$\begin{aligned}
\delta\overset{\ll}{\boldsymbol{\tau}}:(\overset{<}{\mathbf{u}}\overset{<}{\nabla}) &= \delta(\overset{\ll}{\mathbf{D}}\cdot\overset{\ll}{\mathbf{T}}):(\overset{<}{\mathbf{u}}\overset{<}{\nabla}) = (\delta\overset{\ll}{\mathbf{D}}\cdot\overset{\ll}{\mathbf{T}}):(\overset{<}{\mathbf{u}}\overset{<}{\nabla}) \\
&\quad + (\overset{\ll}{\mathbf{D}}\cdot\delta\overset{\ll}{\mathbf{T}}):(\overset{<}{\mathbf{u}}\overset{<}{\nabla}) \\
&= (\overset{<}{\nabla}\overset{<}{\mathbf{u}}\cdot\delta\overset{\ll}{\mathbf{D}}):\overset{\ll}{\mathbf{T}} + (\overset{<}{\nabla}\overset{<}{\mathbf{u}}\cdot\overset{\ll}{\mathbf{D}}):\delta\overset{\ll}{\mathbf{T}} \\
&= [\overset{<}{\nabla}\overset{<}{\mathbf{u}}\cdot\delta(\overset{\ll}{\mathbf{I}} + \overset{<}{\mathbf{u}}\overset{<}{\nabla})]:\overset{\ll}{\mathbf{T}} + [\overset{<}{\nabla}\overset{<}{\mathbf{u}}\cdot(\overset{\ll}{\mathbf{I}} + \overset{<}{\mathbf{u}}\overset{<}{\nabla})]:\delta\overset{\ll}{\mathbf{T}} \\
&= [\overset{<}{\nabla}\overset{<}{\mathbf{u}}\cdot(\delta\overset{<}{\mathbf{u}}\overset{<}{\nabla})]:\overset{\ll}{\mathbf{T}} + [\overset{<}{\nabla}\overset{<}{\mathbf{u}} + (\overset{<}{\nabla}\overset{<}{\mathbf{u}})\cdot(\overset{<}{\mathbf{u}}\overset{<}{\nabla})]:\delta\overset{\ll}{\mathbf{T}} \\
&= \frac{1}{2}\delta[(\overset{<}{\nabla}\overset{<}{\mathbf{u}})\cdot(\overset{<}{\mathbf{u}}\overset{<}{\nabla})]:\overset{\ll}{\mathbf{T}} \\
&\quad + \frac{1}{2}[\overset{<}{\mathbf{u}}\overset{<}{\nabla} + \overset{<}{\nabla}\overset{<}{\mathbf{u}} + 2(\overset{<}{\nabla}\overset{<}{\mathbf{u}})\cdot(\overset{<}{\mathbf{u}}\overset{<}{\nabla})]:\delta\overset{\ll}{\mathbf{T}} \\
&= \overset{\ll}{\mathbf{E}}:\delta\overset{\ll}{\mathbf{T}} + \frac{1}{2}\delta\{[(\overset{<}{\nabla}\overset{<}{\mathbf{u}})\cdot(\overset{<}{\mathbf{u}}\overset{<}{\nabla})]:\overset{\ll}{\mathbf{T}}\} \\
&= \delta\left\{\Sigma^C(\overset{\ll}{\mathbf{T}}) + \frac{1}{2}[(\overset{<}{\nabla}\overset{<}{\mathbf{u}})\cdot(\overset{<}{\mathbf{u}}\overset{<}{\nabla})]:\overset{\ll}{\mathbf{T}}\right\}
\end{aligned} \tag{3.5}$$

代入(3.1)式，得

$$\delta\left\{\int_{\mathscr{V}}\left[\Sigma^C(\overset{\langle\langle}{\mathbf{T}})+\frac{1}{2}((\overset{\langle\langle}{\boldsymbol{\nabla}\mathbf{u}})\cdot(\overset{\langle\langle}{\mathbf{u}\boldsymbol{\nabla}})):\overset{\langle\langle}{\mathbf{T}}\right]dV\right.$$

$$\left.-\int_{\mathscr{A}_u}\overset{\overset{\circ}{\langle}}{\mathbf{u}}\cdot\overset{\langle\langle}{\mathbf{D}}\cdot\overset{\langle\langle}{\mathbf{T}}\cdot\mathbf{N}dA\right\}=0. \tag{3.6}$$

泛函

$$\Pi^C(\overset{\langle\langle}{\mathbf{T}},\overset{\langle}{\mathbf{u}})=\int_{\mathscr{V}}\left\{\Sigma^C(\overset{\langle\langle}{\mathbf{T}})+\frac{1}{2}[(\overset{\langle\langle}{\boldsymbol{\nabla}\mathbf{u}})\cdot(\overset{\langle\langle}{\mathbf{u}\boldsymbol{\nabla}})]:\overset{\langle\langle}{\mathbf{T}}\right\}dV$$

$$-\int_{\mathscr{A}_u}\overset{\overset{\circ}{\langle}}{\mathbf{u}}\cdot\overset{\langle\langle}{\mathbf{D}}\cdot\overset{\langle\langle}{\mathbf{T}}\cdot\mathbf{N}\cdot dA \tag{3.7}$$

称为**系统总余能**. (3.6) 式说明：在所有可能应力场和可能位移场中，真实应力 $\overset{\langle\langle}{\mathbf{T}}$ 和真实位移 $\overset{\langle\langle}{\mathbf{u}}$ 使系统总余能取驻值. 下面我们证明，逆命题也对. 为此，取(3.7)的变分，并利用 (3.5) 式，又得到(3.1)式的左端：

$$\delta\Pi^C=\int_{\mathscr{V}}\delta\overset{\langle\langle}{\boldsymbol{\tau}}:(\overset{\langle\langle}{\mathbf{u}\boldsymbol{\nabla}})dV-\int_{\mathscr{A}_u}\overset{\overset{\circ}{\langle}}{\mathbf{u}}\cdot\delta\overset{\langle\langle}{\boldsymbol{\tau}}\cdot\mathbf{N}dA. \tag{3.8}$$

考虑到

$$\int_{\mathscr{V}}\delta\overset{\langle\langle}{\boldsymbol{\tau}}:(\overset{\langle\langle}{\mathbf{u}\boldsymbol{\nabla}})dV=\int_{\mathscr{V}}[(\overset{\langle}{\mathbf{u}}\cdot\delta\overset{\langle\langle}{\boldsymbol{\tau}})\cdot\overset{\langle}{\boldsymbol{\nabla}}-\overset{\langle}{\mathbf{u}}\cdot(\delta\overset{\langle\langle}{\boldsymbol{\tau}})\cdot\overset{\langle}{\boldsymbol{\nabla}}]dV$$

$$=\oint_{\mathscr{A}}\overset{\langle}{\mathbf{u}}\cdot\delta\overset{\langle\langle}{\boldsymbol{\tau}}\cdot\mathbf{N}dA-\int_{\mathscr{V}}\overset{\langle}{\mathbf{u}}\cdot\delta(\overset{\langle\langle}{\boldsymbol{\tau}}\cdot\overset{\langle}{\boldsymbol{\nabla}}+\rho_0\mathbf{f})dV$$

$$=\int_{\mathscr{A}_u}\overset{\langle}{\mathbf{u}}\cdot\delta\overset{\langle\langle}{\boldsymbol{\tau}}\cdot\mathbf{N}dA, \tag{3.9}$$

这里用到了可能应力场满足 Boussinesq 平衡方程及源于条件(1.3)的 $\delta\overset{\langle\langle}{\boldsymbol{\tau}}\cdot\mathbf{N}|_{\mathscr{A}_t}=0$，我们得

$$\delta\Pi^C=\int_{\mathscr{A}_u}(\overset{\langle}{\mathbf{u}}-\overset{\overset{\circ}{\langle}}{\mathbf{u}})\cdot\delta\overset{\langle\langle}{\boldsymbol{\tau}}\cdot\mathbf{N}dA, \tag{3.10}$$

即 $\delta\Pi^C=0$ 与 $\overset{\langle}{\mathbf{u}}\Big|_{\mathscr{A}_u}=\overset{\overset{\circ}{\langle}}{\mathbf{u}}$ 等价. 总结起来有

总余能驻值原理：弹性体的所有可能应力场和不必满足位移

边条件的可能位移场中，真实应力场和真实位移场使系统总余能取驻值 ($\delta\Pi^C = 0$)。

考虑到(3.2)式

$$\Sigma + \Sigma^C = \overset{\ll}{\mathbf{T}}:\overset{\ll}{\mathbf{E}},$$

将(3.7)式和(2.11)式比较，可知 $\Pi^C = -\Pi'$，亦即

$$\Pi + \Pi^C = 0. \tag{3.11}$$

既然余能密度 Σ^C 的名称来自 (3.2) 式，则由 (3.11) 式的关系，称 Π^C 为系统总余能的理由也是明显的. 由于(2.11)是在真实状态下从总势能导出的，因而(3.11)式也只在真实状态下才成立.

§4. 广义变分原理

总势能驻值原理和总余能驻值原理都是有条件的变分原理，在应用上有时未必方便. 后来发展了广义变分原理[1)]，它通过待定的 Lagrange 乘子将约束条件合并到原问题的泛函而得到无约束的泛函.

现从总势能泛函推导广义变分泛函. 总势能驻值原理的独立变量是 $\overset{<}{\mathbf{u}}$，但 Π 所包含的弹性势 $\Sigma(\overset{\ll}{\mathbf{E}})$ 是通过

$$\overset{\ll}{\mathbf{E}} = \frac{1}{2}\left[\overset{<}{\mathbf{u}}\overset{<}{\boldsymbol{\nabla}} + \overset{<}{\boldsymbol{\nabla}}\overset{<}{\mathbf{u}} + (\overset{<}{\boldsymbol{\nabla}}\overset{<}{\mathbf{u}})\cdot(\overset{<}{\mathbf{u}}\overset{<}{\boldsymbol{\nabla}})\right] \tag{4.1}$$

依赖于独立变量 $\overset{<}{\mathbf{u}}$ 的，而且在证明中还用到了本构关系

$$\overset{\ll}{\mathbf{T}} = \frac{d\Sigma}{d\overset{\ll}{\mathbf{E}}}. \tag{4.2}$$

我们通过引入待定的 Lagrange 乘子 $\overset{\ll}{\boldsymbol{\sigma}}$，$\overset{\ll}{\boldsymbol{\beta}}$ (定义在 $\mathscr{V}$ 的对称仿射量场)和 $\overset{<}{\boldsymbol{\xi}}$ (定义在 $\mathscr{A}_u$ 的向量场)，将上述各条件合并到总势能

1) 在这方面我国学者是有重要贡献的，请参阅

[1] 胡海昌，弹塑性理论中的一些变分原理，中国科学，4，1(1955)，33—54.

[2] 钱伟长，弹性理论中广义变分原理的研究及其在有限元计算中的应用，清华大学科学报告，1978 年 11 月.

Π，以便获得无约束条件的泛函.

$$
\begin{aligned}
\overset{*}{\Pi} = & \int_{\mathscr{V}} [\Sigma(\overset{\langle\langle}{\mathbf{E}}) - \overset{\langle}{\mathbf{u}} \cdot \mathbf{f}\rho_0] dV - \int_{\mathscr{A}_t} \overset{\langle}{\mathbf{u}} \cdot \overset{\circ}{\mathbf{T}}_{\mathbf{N}} dA \\
& + \int_{\mathscr{A}_u} (\overset{\circ}{\overset{\langle}{\mathbf{u}}} - \overset{\langle}{\mathbf{u}}) \cdot \overset{\langle}{\boldsymbol{\xi}} dA \\
& + \int_{\mathscr{V}} \left\{ \left(\frac{d\Sigma}{d\overset{\langle\langle}{\mathbf{E}}} - \overset{\langle\langle}{\mathbf{T}} \right) : \overset{\langle\langle}{\boldsymbol{\beta}} + \left[\frac{1}{2} (\overset{\langle\langle}{\mathbf{u}\boldsymbol{\nabla}} + \overset{\langle\langle}{\boldsymbol{\nabla}\mathbf{u}} + (\overset{\langle\langle}{\boldsymbol{\nabla}\mathbf{u}}) \right.\right. \\
& \left.\left. \cdot (\overset{\langle\langle}{\mathbf{u}\boldsymbol{\nabla}})) - \overset{\langle\langle}{\mathbf{E}} \right] : \overset{\langle\langle}{\boldsymbol{\sigma}} \right\} dV. \qquad (4.3)
\end{aligned}
$$

这里的独立变量是 $\overset{\langle\langle}{\mathbf{E}}, \overset{\langle}{\mathbf{u}}, \overset{\langle\langle}{\mathbf{T}}, \overset{\langle\langle}{\boldsymbol{\sigma}}, \overset{\langle\langle}{\boldsymbol{\beta}}$ 和 $\overset{\langle}{\boldsymbol{\xi}}$. $\overset{*}{\Pi}$ 的第一变分为

$$
\begin{aligned}
\delta\overset{*}{\Pi} = & \int_{\mathscr{V}} \left\{ \left(\frac{d\Sigma}{d\overset{\langle\langle}{\mathbf{E}}} - \overset{\langle\langle}{\boldsymbol{\sigma}} + \overset{\langle\langle}{\boldsymbol{\beta}} : \frac{d^2\Sigma}{d\overset{\langle\langle}{\mathbf{E}}{}^2} \right) : \delta\overset{\langle\langle}{\mathbf{E}} \right. \\
& + \left[\frac{1}{2} (\overset{\langle\langle}{\mathbf{u}\boldsymbol{\nabla}} + \overset{\langle\langle}{\boldsymbol{\nabla}\mathbf{u}} + (\overset{\langle\langle}{\boldsymbol{\nabla}\mathbf{u}}) \cdot (\overset{\langle\langle}{\mathbf{u}\boldsymbol{\nabla}})) - \overset{\langle\langle}{\mathbf{E}} \right] : \delta\overset{\langle\langle}{\boldsymbol{\sigma}} \\
& + [(\delta\overset{\langle\langle}{\mathbf{u}\boldsymbol{\nabla}}) : \overset{\langle\langle}{\boldsymbol{\sigma}} + (\delta\overset{\langle\langle}{\mathbf{u}\boldsymbol{\nabla}}) : ((\overset{\langle\langle}{\mathbf{u}\boldsymbol{\nabla}}) \cdot \overset{\langle\langle}{\boldsymbol{\sigma}})] - \delta\overset{\langle}{\mathbf{u}} \cdot \mathbf{f}\rho_0 \\
& \left. + \left(\frac{d\Sigma}{d\overset{\langle\langle}{\mathbf{E}}} - \overset{\langle\langle}{\mathbf{T}} \right) : \delta\overset{\langle\langle}{\boldsymbol{\beta}} - \overset{\langle\langle}{\boldsymbol{\beta}} : \delta\overset{\langle\langle}{\mathbf{T}} \right\} dV - \int_{\mathscr{A}_t} \delta\overset{\langle}{\mathbf{u}} \cdot \overset{\circ}{\mathbf{T}}_{\mathbf{N}} dA \\
& - \int_{\mathscr{A}_u} \delta\overset{\langle}{\mathbf{u}} \cdot \overset{\langle}{\boldsymbol{\xi}} dA + \int_{\mathscr{A}_u} (\overset{\circ}{\overset{\langle}{\mathbf{u}}} - \overset{\langle}{\mathbf{u}}) \cdot \delta\overset{\langle}{\boldsymbol{\xi}} dA. \qquad (4.4)
\end{aligned}
$$

利用散度定理有

$$
\begin{aligned}
& \int_{\mathscr{V}} \{(\delta\overset{\langle\langle}{\mathbf{u}\boldsymbol{\nabla}}) : \overset{\langle\langle}{\boldsymbol{\sigma}} + (\delta\overset{\langle\langle}{\mathbf{u}\boldsymbol{\nabla}}) : [(\overset{\langle\langle}{\mathbf{u}\boldsymbol{\nabla}}) \cdot \overset{\langle\langle}{\boldsymbol{\sigma}}]\} dV \\
& = \int_{\mathscr{V}} (\delta\overset{\langle}{\mathbf{u}})\overset{\langle}{\boldsymbol{\nabla}} : (\overset{\langle\langle}{\mathbf{D}} \cdot \overset{\langle\langle}{\boldsymbol{\sigma}}) dV \\
& = \int_{\mathscr{V}} \{(\delta\overset{\langle}{\mathbf{u}} \cdot \overset{\langle\langle}{\mathbf{D}} \cdot \overset{\langle\langle}{\boldsymbol{\sigma}}) \cdot \overset{\langle}{\boldsymbol{\nabla}} - \delta\overset{\langle}{\mathbf{u}} \cdot [(\overset{\langle\langle}{\mathbf{D}} \cdot \overset{\langle\langle}{\boldsymbol{\sigma}}) \cdot \overset{\langle}{\boldsymbol{\nabla}}]\} dV \\
& = \oint_{\mathscr{A}} \delta\overset{\langle}{\mathbf{u}} \cdot \overset{\langle\langle}{\mathbf{D}} \cdot \overset{\langle\langle}{\boldsymbol{\sigma}} \cdot \mathbf{N} dA - \int_{\mathscr{V}} \delta\overset{\langle}{\mathbf{u}} \cdot [(\overset{\langle\langle}{\mathbf{D}} \cdot \overset{\langle\langle}{\boldsymbol{\sigma}}) \cdot \overset{\langle}{\boldsymbol{\nabla}}] dV.
\end{aligned}
$$

将之代入(4.4)式，有

$$
\begin{aligned}
\delta\overset{*}{\Pi}=\int_{\mathscr{V}}\Bigg\{&\left(\frac{d\Sigma}{d\overset{\langle\langle}{\mathbf{E}}}-\overset{\langle\langle}{\boldsymbol{\sigma}}+\overset{\langle\langle}{\boldsymbol{\beta}}:\frac{d^2\Sigma}{d\overset{\langle\langle}{\mathbf{E}}{}^2}\right):\delta\overset{\langle\langle}{\mathbf{E}}\\
&+\left[\frac{1}{2}\left(\overset{\langle}{\mathbf{u}}\overset{\langle}{\boldsymbol{\nabla}}+\overset{\langle}{\boldsymbol{\nabla}}\overset{\langle}{\mathbf{u}}+(\overset{\langle}{\boldsymbol{\nabla}}\overset{\langle}{\mathbf{u}})\cdot(\overset{\langle}{\mathbf{u}}\overset{\langle}{\boldsymbol{\nabla}})\right)-\overset{\langle\langle}{\mathbf{E}}\right]:\delta\overset{\langle\langle}{\boldsymbol{\sigma}}\\
&-\left[(\overset{\langle\langle}{\mathbf{D}}\cdot\overset{\langle\langle}{\boldsymbol{\sigma}})\cdot\overset{\langle}{\boldsymbol{\nabla}}+\rho_0\mathbf{f}\right]\cdot\delta\overset{\langle}{\mathbf{u}}\\
&+\left(\frac{d\Sigma}{d\overset{\langle\langle}{\mathbf{E}}}-\overset{\langle\langle}{\mathbf{T}}\right):\delta\overset{\langle\langle}{\boldsymbol{\beta}}-\overset{\langle\langle}{\boldsymbol{\beta}}:\delta\overset{\langle\langle}{\mathbf{T}}\Bigg\}dV\\
&+\int_{\mathscr{A}_t}\delta\overset{\langle}{\mathbf{u}}\cdot(\overset{\langle\langle}{\mathbf{D}}\cdot\overset{\langle\langle}{\boldsymbol{\sigma}}\cdot\mathbf{N}-\overset{\circ}{\mathbf{T}}_{\mathbf{N}})dA\\
&+\int_{\mathscr{A}_u}\left[(\overset{\circ}{\overset{\langle}{\mathbf{u}}}-\overset{\langle}{\mathbf{u}})\cdot\delta\overset{\langle}{\boldsymbol{\xi}}+\delta\overset{\langle}{\mathbf{u}}\cdot(\overset{\langle\langle}{\mathbf{D}}\cdot\overset{\langle\langle}{\boldsymbol{\sigma}}\cdot\mathbf{N}-\overset{\langle}{\boldsymbol{\xi}})\right]dA.
\end{aligned}
\tag{4.5}
$$

考虑到 $\delta\overset{\langle\langle}{\mathbf{E}}$, $\delta\overset{\langle}{\mathbf{u}}$, $\delta\overset{\langle\langle}{\mathbf{T}}$, $\delta\overset{\langle\langle}{\boldsymbol{\sigma}}$, $\delta\overset{\langle\langle}{\boldsymbol{\beta}}$ 和 $\delta\overset{\langle}{\boldsymbol{\xi}}$ 都是作为独立变量的变分，由 $\delta\overset{*}{\Pi}=0$，从体积分的最后两项,然后从第一项及最后一个面积分的后一项,我们有

$$\overset{\langle\langle}{\boldsymbol{\beta}}=0 \qquad 在\ \mathscr{V}, \tag{4.6}$$

$$\frac{d\Sigma}{d\overset{\langle\langle}{\mathbf{E}}}=\overset{\langle\langle}{\mathbf{T}} \qquad 在\ \mathscr{V}, \tag{4.7}$$

$$\overset{\langle\langle}{\boldsymbol{\sigma}}=\overset{\langle\langle}{\mathbf{T}} \qquad 在\ \mathscr{V}, \tag{4.8}$$

$$\overset{\langle}{\boldsymbol{\xi}}=\overset{\langle\langle}{\mathbf{D}}\cdot\overset{\langle\langle}{\mathbf{T}}\cdot\mathbf{N} \quad 在\ \mathscr{A}_u. \tag{4.9}$$

由于 $\overset{\langle\langle}{\boldsymbol{\beta}}=0$，本构关系 (4.2) 实际上没有能够合并进泛函，只能单独作约束条件出现。将(4.6)，(4.8)及(4.9)式代回 (4.3) 式，消去 Lagrange 乘子，最终得**系统广义总势能**

$$
\begin{aligned}
\overset{*}{\Pi}(\overset{\langle}{\mathbf{u}},\overset{\langle\langle}{\mathbf{T}})=\int_{\mathscr{V}}\Bigg\{&\Sigma(\overset{\langle\langle}{\mathbf{E}})-\Big[\overset{\langle\langle}{\mathbf{E}}-\frac{1}{2}\big(\overset{\langle}{\boldsymbol{\nabla}}\overset{\langle}{\mathbf{u}}+\overset{\langle}{\mathbf{u}}\overset{\langle}{\boldsymbol{\nabla}}+(\overset{\langle}{\boldsymbol{\nabla}}\overset{\langle}{\mathbf{u}})\\
&\cdot(\overset{\langle}{\mathbf{u}}\overset{\langle}{\boldsymbol{\nabla}})\big)\Big]:\overset{\langle\langle}{\mathbf{T}}-\overset{\langle}{\mathbf{u}}\cdot\mathbf{f}_{\rho_0}\Bigg\}dV\\
&-\int_{\mathscr{A}_t}\overset{\langle}{\mathbf{u}}\cdot\overset{\circ}{\mathbf{T}}_{\mathbf{N}}dA-\int_{\mathscr{A}_u}(\overset{\langle}{\mathbf{u}}-\overset{\circ}{\overset{\langle}{\mathbf{u}}})\cdot\overset{\langle\langle}{\mathbf{D}}\cdot\overset{\langle\langle}{\mathbf{T}}\cdot\mathbf{N}dA.
\end{aligned}
\tag{4.10}
$$

它的独立变量是 $\overset{<}{\mathbf{u}}$ 和 $\overset{\ll}{\mathbf{T}}$. 尽管 $\overset{\ll}{\mathbf{E}}$ 也在泛函里出现，但它不是独立变量，而是通过本构关系(4.2)依赖于 $\overset{\ll}{\mathbf{T}}$ 的. 这一点也可从(4.10)式的第一变分看出，在那里由于本构关系(4.2)而 $\delta\overset{\ll}{\mathbf{E}}$ 不出现. 系统广义总势能的变分是

$$
\begin{aligned}
\delta\overset{*}{\Pi} = \int_{\mathscr{V}} \Bigg\{ & \left[\frac{1}{2}\left(\overset{<}{\mathbf{u}}\overset{<}{\boldsymbol{\nabla}} + \overset{<}{\boldsymbol{\nabla}}\overset{<}{\mathbf{u}} + (\overset{<}{\boldsymbol{\nabla}}\overset{<}{\mathbf{u}})\cdot(\overset{<}{\mathbf{u}}\overset{<}{\boldsymbol{\nabla}})\right) - \overset{\ll}{\mathbf{E}}\right] : \delta\overset{\ll}{\mathbf{T}} \\
& - [(\overset{\ll}{\mathbf{D}}\cdot\overset{\ll}{\mathbf{T}})\cdot\overset{<}{\boldsymbol{\nabla}} + \rho_0\mathbf{f}]\cdot\delta\overset{<}{\mathbf{u}}\Bigg\} dV \\
& + \int_{\mathscr{A}_t} \delta\overset{<}{\mathbf{u}}\cdot(\overset{\ll}{\mathbf{D}}\cdot\overset{\ll}{\mathbf{T}}\cdot\mathbf{N} - \overset{\circ}{\mathbf{T}}_{\mathbf{N}})dA \\
& + \int_{\mathscr{A}_u} (\overset{\circ}{\overset{<}{\mathbf{u}}} - \overset{<}{\mathbf{u}})\cdot\delta(\overset{\ll}{\mathbf{D}}\cdot\overset{\ll}{\mathbf{T}})\cdot\mathbf{N}dA. \qquad (4.11)
\end{aligned}
$$

如果 $\overset{<}{\mathbf{u}}$, $\overset{\ll}{\mathbf{T}}$ 以及 $\overset{\ll}{\mathbf{E}}$ $\left(\text{通过 } \overset{\ll}{\mathbf{T}} = \dfrac{d\Sigma}{d\overset{\ll}{\mathbf{E}}} \text{ 依赖于 } \overset{\ll}{\mathbf{T}}\right)$ 满足条件:

$$\overset{<}{\mathbf{u}}\Big|_{\mathscr{A}_u} = \overset{\circ}{\overset{<}{\mathbf{u}}}, \qquad (4.12)$$

$$(\overset{\ll}{\mathbf{D}}\cdot\overset{\ll}{\mathbf{T}})\cdot\overset{<}{\boldsymbol{\nabla}} + \rho_0\mathbf{f} = 0 \quad \text{在 } \mathscr{V}, \qquad (4.13)$$

$$\overset{\ll}{\mathbf{D}}\cdot\overset{\ll}{\mathbf{T}}\cdot\mathbf{N}|_{\mathscr{A}_t} = \overset{\circ}{\mathbf{T}}_{\mathbf{N}}, \qquad (4.14)$$

$$\overset{\ll}{\mathbf{E}} = \frac{1}{2}[\overset{<}{\mathbf{u}}\overset{<}{\boldsymbol{\nabla}} + \overset{<}{\boldsymbol{\nabla}}\overset{<}{\mathbf{u}} + (\overset{<}{\boldsymbol{\nabla}}\overset{<}{\mathbf{u}})\cdot(\overset{<}{\mathbf{u}}\overset{<}{\boldsymbol{\nabla}})] \quad \text{在 } \mathscr{V}, \qquad (4.15)$$

则 $\delta\overset{*}{\Pi} = 0$. (4.12)及(4.13), (4.14)式正是可能位移场及可能应力场所要满足的条件. 于是有无约束条件的变分原理(“无约束”是指对独立变量 $\overset{<}{\mathbf{u}}$, $\overset{\ll}{\mathbf{T}}$ 没有任何约束):

广义总势能驻值原理: 在所有的 $\overset{<}{\mathbf{u}}$ 及 $\overset{\ll}{\mathbf{T}}$ 场中，真实位移场和真实应力场使泛函 $\overset{*}{\Pi}(\overset{<}{\mathbf{u}}, \overset{\ll}{\mathbf{T}})$ 取驻值.

利用下述结果

$$\frac{1}{2}[\overset{<}{\mathbf{u}}\overset{<}{\boldsymbol{\nabla}} + \overset{<}{\boldsymbol{\nabla}}\overset{<}{\mathbf{u}} + (\overset{<}{\boldsymbol{\nabla}}\overset{<}{\mathbf{u}})\cdot(\overset{<}{\mathbf{u}}\overset{<}{\boldsymbol{\nabla}})]:\overset{\ll}{\mathbf{T}} = (\overset{<}{\boldsymbol{\nabla}}\overset{<}{\mathbf{u}}):\overset{\ll}{\mathbf{T}}$$

$$+(\overset{\langle}{\mathbf{u}}\overset{\langle}{\nabla}):[(\overset{\langle}{\mathbf{u}}\overset{\langle}{\nabla})\cdot\overset{\langle\langle}{\mathbf{T}}]-\frac{1}{2}[(\overset{\langle}{\nabla}\overset{\langle}{\mathbf{u}})\cdot(\overset{\langle}{\mathbf{u}}\overset{\langle}{\nabla})]:\overset{\langle\langle}{\mathbf{T}}$$

$$=(\overset{\langle}{\mathbf{u}}\overset{\langle}{\nabla}):(\overset{\langle\langle}{\mathbf{D}}\cdot\overset{\langle}{\mathbf{T}})-\frac{1}{2}[(\overset{\langle}{\nabla}\overset{\langle}{\mathbf{u}})\cdot(\overset{\langle}{\mathbf{u}}\overset{\langle}{\nabla})]:\overset{\langle\langle}{\mathbf{T}}$$

$$=(\overset{\langle}{\mathbf{u}}\overset{\langle}{\nabla}):\boldsymbol{\tau}-\frac{1}{2}[(\overset{\langle}{\nabla}\overset{\langle}{\mathbf{u}})\cdot(\overset{\langle}{\mathbf{u}}\overset{\langle}{\nabla})]:\overset{\langle\langle}{\mathbf{T}}$$

$$=(\overset{\langle}{\mathbf{u}}\cdot\overset{\langle\langle}{\boldsymbol{\tau}})\cdot\overset{\langle}{\nabla}-\overset{\langle}{\mathbf{u}}\cdot(\overset{\langle\langle}{\boldsymbol{\tau}}\cdot\overset{\langle}{\nabla})-\frac{1}{2}[(\overset{\langle}{\nabla}\overset{\langle}{\mathbf{u}})\cdot(\overset{\langle}{\mathbf{u}}\overset{\langle}{\nabla})]:\overset{\langle\langle}{\mathbf{T}},$$

并进行分部积分，系统广义总势能 (4.10) 又可化成另一种等价形式：

$$\begin{aligned}\overset{*}{\Pi}(\overset{\langle}{\mathbf{u}},\overset{\langle\langle}{\mathbf{T}})=&\int_{\mathscr{V}}\Big\{\Sigma(\overset{\langle\langle}{\mathbf{E}})-\overset{\langle\langle}{\mathbf{T}}:\overset{\langle\langle}{\mathbf{E}}-\frac{1}{2}[(\overset{\langle}{\nabla}\overset{\langle}{\mathbf{u}})\cdot(\overset{\langle}{\mathbf{u}}\overset{\langle}{\nabla})]:\overset{\langle\langle}{\mathbf{T}}\\&-\overset{\langle}{\mathbf{u}}\cdot[(\overset{\langle\langle}{\mathbf{D}}\cdot\overset{\langle\langle}{\mathbf{T}})\cdot\overset{\langle}{\nabla}+\rho_0\mathbf{f}]\Big\}dV\\&+\int_{\mathscr{A}_t}\overset{\langle}{\mathbf{u}}\cdot(\overset{\langle\langle}{\mathbf{D}}\cdot\overset{\langle\langle}{\mathbf{T}}\cdot\mathbf{N}-\overset{\circ}{\mathbf{T}}_{\mathbf{N}})dA\\&+\int_{\mathscr{A}_u}\overset{\circ}{\overset{\langle}{\mathbf{u}}}\cdot\overset{\langle\langle}{\mathbf{D}}\cdot\overset{\langle\langle}{\mathbf{T}}\cdot\mathbf{N}dA.\end{aligned}\tag{4.16}$$

将上式取反号，并利用(3.2)式，又得一种等价的广义变分泛函：

$$\begin{aligned}\overset{*}{\Pi}{}^{C}(\overset{\langle}{\mathbf{u}},\overset{\langle\langle}{\mathbf{T}})=&\int_{\mathscr{V}}\Big\{\Sigma^{C}(\overset{\langle\langle}{\mathbf{T}})+\frac{1}{2}[(\overset{\langle}{\nabla}\overset{\langle}{\mathbf{u}})\cdot(\overset{\langle}{\mathbf{u}}\overset{\langle}{\nabla})]:\overset{\langle\langle}{\mathbf{T}}\\&+\overset{\langle}{\mathbf{u}}\cdot[(\overset{\langle\langle}{\mathbf{D}}\cdot\overset{\langle\langle}{\mathbf{T}})\cdot\overset{\langle}{\nabla}+\rho_0\mathbf{f}]\Big\}dV\\&-\int_{\mathscr{A}_t}\overset{\langle}{\mathbf{u}}\cdot(\overset{\langle\langle}{\mathbf{D}}\cdot\overset{\langle\langle}{\mathbf{T}}\cdot\mathbf{N}-\overset{\circ}{\mathbf{T}}_{\mathbf{N}})dA\\&-\int_{\mathscr{A}_u}\overset{\circ}{\overset{\langle}{\mathbf{u}}}\cdot\overset{\langle\langle}{\mathbf{D}}\cdot\overset{\langle\langle}{\mathbf{T}}\cdot\mathbf{N}dA.\end{aligned}\tag{4.17}$$

和系统总余能表达式 (3.7) 比较，我们发现上式多了两项，而这两项正是和可能应力场的两个约束条件 (1.2)，(1.3) 相联系的．下面我们证明，泛函 (4.17) 正是从总余能泛函导出的广义变分泛函．为此引进 Lagrange 乘子 $\overset{\langle}{\boldsymbol{\eta}}$ 和 $\overset{\langle}{\boldsymbol{\xi}}$（分别是定义在 $\mathscr{V}$ 和 $\mathscr{A}_t$ 的向量场），将条件(1.2)，(1.3)合并到总余能 Π^C（最终可证明，本构

关系也是引不进去的，因此就不将它合并了)，就得无约束条件的泛函

$$
\begin{aligned}
\overset{*}{\Pi}{}^{C} = \int_{\mathscr{V}} \Big\{ & \Sigma^{C}(\overset{\langle\langle}{\mathbf{T}}) + \frac{1}{2}[(\overset{\langle}{\boldsymbol{\nabla}}\overset{\langle}{\mathbf{u}}) \cdot (\overset{\langle}{\mathbf{u}}\overset{\langle}{\boldsymbol{\nabla}})] : \overset{\langle\langle}{\mathbf{T}} \\
& + \overset{\langle}{\boldsymbol{\eta}} \cdot [(\overset{\langle\langle}{\mathbf{D}} \cdot \overset{\langle\langle}{\mathbf{T}}) \cdot \overset{\langle}{\boldsymbol{\nabla}} + \rho_0 \mathbf{f}] \Big\} dV \\
& - \int_{\mathscr{A}_u} \overset{\circ}{\overset{\langle}{\mathbf{u}}} \cdot \overset{\langle\langle}{\mathbf{D}} \cdot \overset{\langle\langle}{\mathbf{T}} \cdot \mathbf{N} dA \\
& + \int_{\mathscr{A}_t} \overset{\langle}{\boldsymbol{\xi}} \cdot (\overset{\circ}{\mathbf{T}}_{\mathbf{N}} - \overset{\langle\langle}{\mathbf{D}} \cdot \overset{\langle\langle}{\mathbf{T}} \cdot \mathbf{N}) dA.
\end{aligned}
\tag{4.18}
$$

它的独立变量是 $\overset{\langle\langle}{\mathbf{T}}$, $\overset{\langle}{\mathbf{u}}$, $\overset{\langle}{\boldsymbol{\eta}}$ 和 $\overset{\langle}{\boldsymbol{\xi}}$. $\overset{*}{\Pi}{}^{C}$ 的变分是

$$
\begin{aligned}
\delta\overset{*}{\Pi}{}^{C} = & \int_{\mathscr{V}} \delta \Big\{ \Sigma^{C}(\overset{\langle\langle}{\mathbf{T}}) + \frac{1}{2}[(\overset{\langle}{\boldsymbol{\nabla}}\overset{\langle}{\mathbf{u}}) \cdot (\overset{\langle}{\mathbf{u}}\overset{\langle}{\boldsymbol{\nabla}})] : \overset{\langle\langle}{\mathbf{T}} \Big\} dV \\
& + \int_{\mathscr{V}} \Big\{ \delta\boldsymbol{\eta} \cdot (\overset{\langle\langle}{\boldsymbol{\tau}} \cdot \overset{\langle}{\boldsymbol{\nabla}} + \rho_0 \mathbf{f}) + \overset{\langle}{\boldsymbol{\eta}} \cdot (\delta\overset{\langle\langle}{\boldsymbol{\tau}}) \cdot \overset{\langle}{\boldsymbol{\nabla}} \Big\} dV \\
& - \int_{\mathscr{A}_u} \overset{\circ}{\overset{\langle}{\mathbf{u}}} \cdot \delta\overset{\langle\langle}{\boldsymbol{\tau}} \cdot \mathbf{N} dA + \int_{\mathscr{A}_t} \delta\overset{\langle}{\boldsymbol{\xi}} \cdot (\overset{\circ}{\mathbf{T}}_{\mathbf{N}} - \overset{\langle\langle}{\boldsymbol{\tau}} \cdot \mathbf{N})\, dA \\
& - \int_{\mathscr{A}_t} \overset{\langle}{\boldsymbol{\xi}} \cdot \delta\overset{\langle\langle}{\boldsymbol{\tau}} \cdot \mathbf{N} dA.
\end{aligned}
$$

考虑到(3.5)式及

$$
\begin{aligned}
\int_{\mathscr{V}} \overset{\langle}{\boldsymbol{\eta}} \cdot (\delta\overset{\langle\langle}{\boldsymbol{\tau}}) \cdot \overset{\langle}{\boldsymbol{\nabla}} dV = & \int_{\mathscr{V}} (\overset{\langle}{\boldsymbol{\eta}} \cdot \delta\overset{\langle\langle}{\boldsymbol{\tau}}) \cdot \overset{\langle}{\boldsymbol{\nabla}} dV \\
& - \int_{\mathscr{V}} \delta\overset{\langle\langle}{\boldsymbol{\tau}} : (\overset{\langle}{\boldsymbol{\eta}}\overset{\langle}{\boldsymbol{\nabla}}) dV \\
= & \oint_{\mathscr{A}} \overset{\langle}{\boldsymbol{\eta}} \cdot \delta\overset{\langle\langle}{\boldsymbol{\tau}} \cdot \mathbf{N} dA - \int_{\mathscr{V}} \delta\overset{\langle\langle}{\boldsymbol{\tau}} : (\overset{\langle}{\boldsymbol{\eta}}\overset{\langle}{\boldsymbol{\nabla}}) dV
\end{aligned}
$$

上式又可写成

$$
\begin{aligned}
\delta\overset{*}{\Pi}{}^{C} = & \int_{\mathscr{V}} \{ \delta\overset{\langle\langle}{\boldsymbol{\tau}} : [(\overset{\langle}{\mathbf{u}} - \overset{\langle}{\boldsymbol{\eta}})\overset{\langle}{\boldsymbol{\nabla}}] + \delta\overset{\langle}{\boldsymbol{\eta}} \cdot (\overset{\langle\langle}{\boldsymbol{\tau}} \cdot \overset{\langle}{\boldsymbol{\nabla}} + \rho_0 \mathbf{f}) \} dV \\
& + \int_{\mathscr{A}_u} (\overset{\langle}{\boldsymbol{\eta}} - \overset{\circ}{\overset{\langle}{\mathbf{u}}}) \cdot \delta\overset{\langle\langle}{\boldsymbol{\tau}} \cdot \mathbf{N} dA + \int_{\mathscr{A}_t} (\overset{\langle}{\boldsymbol{\eta}} - \overset{\langle}{\boldsymbol{\xi}}) \cdot \delta\overset{\langle\langle}{\boldsymbol{\tau}}
\end{aligned}
$$

$$\cdot \mathbf{N}dA + \int_{\mathscr{A}_t} \delta\overset{<}{\boldsymbol{\xi}} \cdot (\mathring{\mathbf{T}}_{\mathbf{N}} - \overset{<<}{\boldsymbol{\tau}} \cdot \mathbf{N})dA.$$

由 $\delta\overset{*}{\Pi}{}^C = 0$ 就可得出 Lagrange 乘子 $\overset{<}{\boldsymbol{\eta}}$ 和 $\overset{<}{\boldsymbol{\xi}}$ 的意义：

$$(\overset{<}{\mathbf{u}} - \overset{<}{\boldsymbol{\eta}})\overset{<}{\nabla} = 0 \quad 在 \mathscr{V}, \tag{4.19}$$

$$\overset{<}{\boldsymbol{\eta}}\Big|_{\mathscr{A}_u} = \overset{\circ}{\overset{<}{\mathbf{u}}}, \tag{4.20}$$

$$\overset{<}{\boldsymbol{\xi}} = \overset{<}{\boldsymbol{\eta}} \quad 在 \mathscr{A}_t. \tag{4.21}$$

从(4.19)式可知，向量场 $\overset{<}{\boldsymbol{\eta}}$ 和位移场 $\overset{<}{\mathbf{u}}$ 至多可差一个常向量场. 根据(4.20)式及连续性进一步可知，$\overset{<}{\boldsymbol{\eta}} = \overset{<}{\mathbf{u}}$ 在整个区域 $\mathscr{V}$. 而由(4.21)式又有 $\overset{<}{\boldsymbol{\xi}} = \overset{<}{\mathbf{u}}$ 在 $\mathscr{A}_t$. 将 $\overset{<}{\boldsymbol{\eta}}$ 和 $\overset{<}{\boldsymbol{\xi}}$ 的意义代回(4.18)式就得到(4.17)式的**系统广义总余能**. 与(4.17)式相联系的变分原理可称为**广义总余能驻值原理**.

总起来说，我们从虚功原理出发，统一地导出了两个基本变分原理：总势能驻值原理和总余能驻值原理. 前者的独立变量是可能位移场 $\overset{<}{\mathbf{u}}$，后者则是位移场 $\overset{<}{\mathbf{u}}$ 和可能应力场 $\overset{<<}{\mathbf{T}}$. 系统总势能和总余能在真实状态存在着互补关系：$\Pi + \Pi^C = 0$. 后来我们又用 Lagrange 乘子法系统地导出了广义总势能驻值原理和广义总余能驻值原理. 系统广义总势能和广义总余能也存在（不仅对真实状态）互补关系：$\overset{*}{\Pi} + \overset{*}{\Pi}{}^C = 0$，而且变量都是无约束的位移场和应力场：$\overset{<}{\mathbf{u}}$ 和 $\overset{<<}{\mathbf{T}}$. 因此，广义总势能驻值原理和广义总余能驻值原理，实质上是同一变分原理的两种形式，我们统称为**广义变分原理**. 这样，我们就给出了有限弹性变形理论两个基本变分原理和所对应的广义变分原理的系统推导及它们的内在联系，从下面的关系图中可以更清楚地看到这一点[1].

1）在图中称弹性势为弹性应变能.

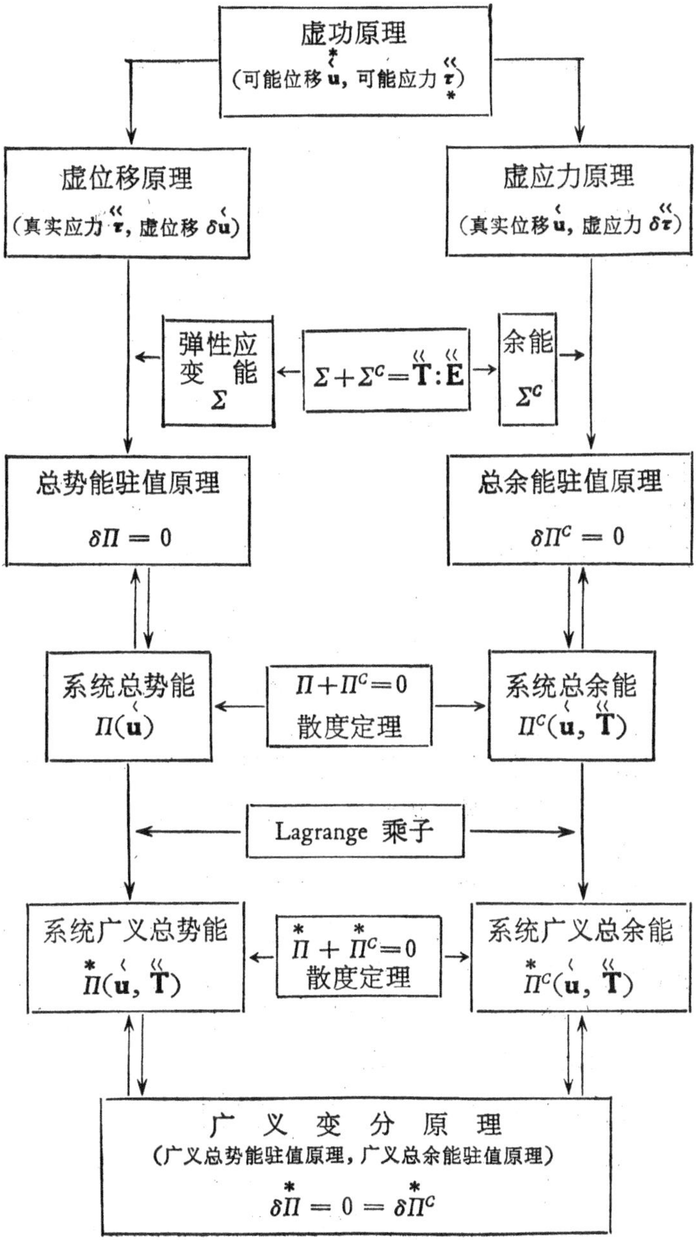
虚功原理
(可能位移 $\overset{*}{\mathbf{u}}$, 可能应力 $\overset{*}{\boldsymbol{\tau}}$)
虚位移原理
(真实应力 $\boldsymbol{\tau}$, 虚位移 $\delta\mathbf{u}$)
虚应力原理
(真实位移 $\mathbf{u}$, 虚应力 $\delta\boldsymbol{\tau}$)
弹性应变能
Σ
$\Sigma+\Sigma^{C}=\mathbf{T}:\mathbf{E}$
余能
Σ^{C}
总势能驻值原理
$\delta\Pi=0$
总余能驻值原理
$\delta\Pi^{C}=0$
系统总势能
$\Pi(\mathbf{u})$
$\Pi+\Pi^{C}=0$
散度定理
系统总余能
$\Pi^{C}(\mathbf{u},\mathbf{T})$
Lagrange 乘子
系统广义总势能
$\overset{*}{\Pi}(\mathbf{u},\mathbf{T})$
$\overset{*}{\Pi}+\overset{*}{\Pi}{}^{C}=0$
散度定理
系统广义总余能
$\overset{*}{\Pi}{}^{C}(\mathbf{u},\mathbf{T})$
广义变分原理
(广义总势能驻值原理，广义总余能驻值原理)
$\delta\overset{*}{\Pi}=0=\delta\overset{*}{\Pi}{}^{C}$

第七章　线性化理论（古典弹性力学）

§1. 基 本 假 定

从前面的叙述我们看到，有限弹性变形理论的观点是透彻的，概念是清楚的，推理是严格的，但还有不少理论和实践问题尚待进一步探讨．随着对客观世界认识的不断深化，这种探讨也不断地取得进展．到目前为止，该理论通过半反逆法求得了为数尚不算多的问题的解，使一些新现象得到了理论上的解释．利用有限元的数值计算法也有一定进展．但普遍地用它来解决一般问题还有相当困难，而且工作量也较大．另一方面，工程实际采用的许多材料，在通常的工作条件下，变形是很小的，因此利用这性质对弹性通论进行简化，从而使问题的可解范围扩大是有实际意义的，一百多年来也是这样做了．只要物体在所接受的小变形假定范围内工作，小变形理论的解将满足所要求的精确度，从而是客观实际的良好近似．要知道，有限变形理论本身也同样只不过是对自然界的一种近似而已．

简化理论种类繁多，这里我们将只讨论众所周知的古典弹性理论，看看它是怎样在统一简化假定下从有限弹性变形理论过渡而来的．

在简化过程中出现各式各样的小量．对于这些量怎样才算很小，在运算时如何处理，我们进行如下约定．首先根据物体的性质，工作条件和所要求精确度等等接受一个给定的正数 $\eta \ll 1$．

（1）一个无量纲标量 α 为小量，若 $|\alpha| \sim \eta$；有限个小量之和仍为小量，小量和 1 相比可以略去．

（2）一个无量纲向量 $\overset{\langle}{\mathbf{a}}$ 为小量，若 $|\overset{\langle}{\mathbf{a}}| \sim \eta$．

（3）一个具有长度量纲的向量 $\overset{\langle}{\mathbf{b}}$ 为小量，若它在三非共面向量 $\overset{\langle}{\mathbf{L}}_{\mathrm{I}}, \overset{\langle}{\mathbf{L}}_{\mathrm{II}}, \overset{\langle}{\mathbf{L}}_{\mathrm{III}}$ 上的分解系数的绝对值 $\sim\eta$，其中 $\overset{\langle}{\mathbf{L}}_{\mathrm{I}}, \overset{\langle}{\mathbf{L}}_{\mathrm{II}}, \overset{\langle}{\mathbf{L}}_{\mathrm{III}}$ 是

物体的特征长度向量，它们的取法没有一个严格的准则，只能凭直观举例说明. 举如图 13 所示的楔形和平行四面体为例. 对形状较复杂物体，取法的自由度就相应增大.

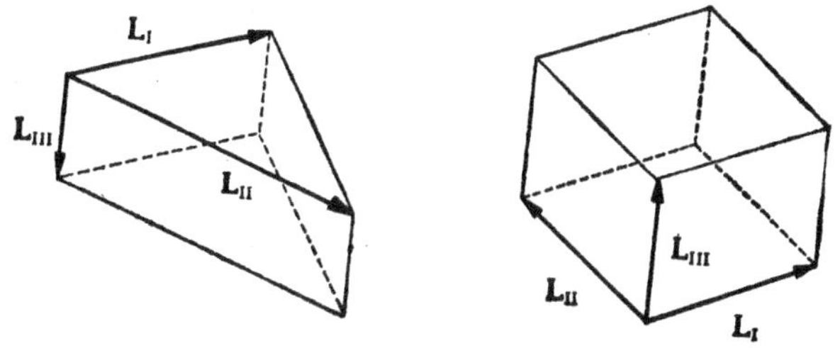

图 13

(4) 一个无量纲仿射量 $\overset{\langle\langle}{\mathbf{B}}$ 为小量，若任意不为小量的无量纲向量 $\overset{\langle}{\mathbf{v}}$ 的映象 $\overset{\langle\langle}{\mathbf{B}} \cdot \overset{\langle}{\mathbf{v}}$ 为小量. 小仿射量和单位仿射量相比可以略去.

古典弹性理论包含着几何方面和物理方面的简化，结果是问题的线性化.物理线性化是在几何线性化的基础上进行的，这将在本章最后简单提及，而几何线性化有如下两个基本假定：

在变形中物体内典型点的任意方向线素的

a) 伸长率为小量：$\Delta_{\mathbf{N}}$ 或 $\Delta_{\mathbf{n}} \sim \eta$（今后统一记为 Δ），

b) 变形前后方向的夹角 $\varphi_{\mathbf{Nn}}$（今后缩记为 φ）是这样的小量，它的平方 φ^2 是较 Δ 为高阶的小量，

§2. 应变分析的线性化

在第一章(4.2)，(4.3) 式中引入第一章 (8.4) 式的 Almansi-Hamel 应变张量 $\overset{\langle\langle}{\mathbf{E}}$ 和 $\overset{\rangle\rangle}{\mathbf{e}}$，并将第一章(4.4)式代入，分别得

$$(1+\Delta)^2 = \mathbf{N} \cdot (\overset{\langle\langle}{\mathbf{I}} + 2\overset{\langle\langle}{\mathbf{E}}) \cdot \mathbf{N} = 1 + 2\mathbf{N} \cdot \overset{\langle\langle}{\mathbf{E}} \cdot \mathbf{N}, \quad (2.1)$$

$$(1+\Delta)^{-2} = \mathbf{n} \cdot (\overset{\rangle\rangle}{\mathbf{I}} - 2\overset{\rangle\rangle}{\mathbf{e}}) \cdot \mathbf{n} = 1 - 2\mathbf{n} \cdot \overset{\rangle\rangle}{\mathbf{e}} \cdot \mathbf{n}. \quad (2.2)$$

根据假定 a)，只保留伸长率Δ(小量)的一次项又得

$$\Delta = \mathbf{N}\cdot\overset{\widetilde{\langle\langle}}{\mathbf{E}}\cdot\mathbf{N} = \tilde{E}_{AB}N^{A}N^{B}, \tag{2.3}$$

$$\Delta = \mathbf{n}\cdot\overset{\widetilde{\rangle\rangle}}{\mathbf{e}}\cdot\mathbf{n} = \tilde{e}_{ij}n^{i}n^{j}. \tag{2.4}$$

这里及以后剪切的表达式中，我们用符号 $\overset{\widetilde{\langle\langle}}{\mathbf{E}}$ 和 $\overset{\widetilde{\rangle\rangle}}{\mathbf{e}}$ 代替原来的 $\overset{\langle\langle}{\mathbf{E}}$ 和 $\overset{\rangle\rangle}{\mathbf{e}}$ 以示区别，因为简化假定使 Almansi-Hamel 应变张量的具体表达式(第一章(8.6)，(8.7)式)亦得到简化。为此，我们看任意线素变形前后方向的夹角 φ 的余弦：

$$\begin{aligned}\cos\varphi &= \frac{d\mathbf{P}\cdot d\overset{\langle}{\mathbf{p}}}{|d\mathbf{P}|\cdot|d\mathbf{p}|} = \frac{d\mathbf{P}\cdot\overset{\langle\langle}{\mathbf{D}}\cdot d\mathbf{P}}{(1+\Delta)|d\mathbf{P}|^{2}} = \frac{\mathbf{N}\cdot(\overset{\langle\langle}{\mathbf{I}}+\overset{\langle\langle}{\mathbf{u}\nabla})\cdot\mathbf{N}}{1+\Delta}\\ &= \frac{1}{1+\Delta}\left(1+\mathbf{N}\cdot\frac{\overset{\langle\langle}{\mathbf{u}\nabla}+\overset{\langle\langle}{\nabla\mathbf{u}}}{2}\cdot\mathbf{N}\right),\end{aligned} \tag{2.5}$$

$$\begin{aligned}\cos\varphi &= \frac{d\mathbf{p}\cdot d\overset{\rangle}{\mathbf{P}}}{|d\mathbf{p}|\cdot|d\mathbf{P}|} = \frac{(1+\Delta)d\mathbf{p}\cdot\overset{-1}{\overset{\rangle\rangle}{\mathbf{D}}}\cdot d\mathbf{p}}{|d\mathbf{p}|^{2}}\\ &= (1+\Delta)\mathbf{n}\cdot(\overset{\rangle\rangle}{\mathbf{I}}-\overset{\rangle\rangle}{\mathbf{u}\nabla})\cdot\mathbf{n}\\ &= (1+\Delta)\left(1-\mathbf{n}\cdot\frac{\overset{\rangle\rangle}{\mathbf{u}\nabla}+\overset{\rangle\rangle}{\nabla\mathbf{u}}}{2}\cdot\mathbf{n}\right).\end{aligned} \tag{2.6}$$

将 $(1+\Delta)\cos\varphi$ 和 $(1+\Delta)^{-1}\cos\varphi$ 展开为级数，并考虑到假定 b)，上面两式变为

$$\Delta = \mathbf{N}\cdot\frac{\overset{\langle\langle}{\mathbf{u}\nabla}+\overset{\langle\langle}{\nabla\mathbf{u}}}{2}\cdot\mathbf{N}, \tag{2.7}$$

$$\Delta = \mathbf{n}\cdot\frac{\overset{\rangle\rangle}{\mathbf{u}\nabla}+\overset{\rangle\rangle}{\nabla\mathbf{u}}}{2}\cdot\mathbf{n}. \tag{2.8}$$

将之代入(2.3)和(2.4)式，分别得

$$\mathbf{N}\cdot\left[\overset{\widetilde{\langle\langle}}{\mathbf{E}}-\frac{1}{2}(\overset{\langle\langle}{\mathbf{u}\nabla}+\overset{\langle\langle}{\nabla\mathbf{u}})\right]\cdot\mathbf{N} = 0, \tag{2.9}$$

$$\mathbf{n}\cdot\left[\tilde{\overset{\gg}{\mathbf{e}}}-\frac{1}{2}\left(\overset{\succ\succ}{\mathbf{u}\nabla}+\overset{\succ\succ}{\nabla\mathbf{u}}\right)\right]\cdot\mathbf{n}=0, \tag{2.10}$$

方括弧中均是对称仿射量．任何方向法分量均为零的对称仿射量必为零仿射量（只要依次取其主向的法分量就可证明它的三个主值均等于零），于是就有

$$\tilde{\overset{\ll}{\mathbf{E}}}=\frac{1}{2}\left(\overset{\prec\prec}{\mathbf{u}\nabla}+\overset{\prec\prec}{\nabla\mathbf{u}}\right),\quad \tilde{E}_{AB}=\frac{1}{2}\left(u_{A;B}+u_{B;A}\right), \tag{2.11}$$

$$\tilde{\overset{\gg}{\mathbf{e}}}=\frac{1}{2}\left(\overset{\succ\succ}{\mathbf{u}\nabla}+\overset{\succ\succ}{\nabla\mathbf{u}}\right),\quad \tilde{e}_{ij}=\frac{1}{2}\left(u_{i;j}+u_{j;i}\right). \tag{2.12}$$

(2.3)，(2.4)和(2.11)，(2.12)各式说明，在小变形情形，典型点的应变状态完全取决于位移梯度 $\overset{\prec\prec}{\mathbf{u}\nabla}$ 或 $\overset{\succ\succ}{\mathbf{u}\nabla}$ 加法分解的对称部分．在(2.3)，(2.4)式中，依次取 $\tilde{\overset{\ll}{\mathbf{E}}}$ 或 $\tilde{\overset{\gg}{\mathbf{e}}}$ 的主向 $\underset{\Gamma}{\mathbf{G}}$ 或 $\underset{\Gamma}{\mathbf{g}}$（它们同时也是 $\overset{\ll}{\mathbf{C}}$ 和 $\overset{\gg}{\mathbf{c}}$ 的主向，也就是应变空间主向和应变物质主向），可得，$\tilde{\overset{\ll}{\mathbf{E}}}$ 和 $\tilde{\overset{\gg}{\mathbf{e}}}$ 的主值正是相应主方向的伸长率：$\underset{\Gamma}{\Delta}=\underset{\Gamma}{\tilde{E}}=\underset{\Gamma}{\tilde{e}}$. 因为各主值是小量，使任何不为小量的无量纲向量 $\overset{\succ}{\mathbf{v}}$（或 $\overset{\prec}{\mathbf{v}}$）的映象 $\tilde{\overset{\ll}{\mathbf{E}}}\cdot\overset{\prec}{\mathbf{v}}$（或 $\tilde{\overset{\gg}{\mathbf{e}}}\cdot\overset{\succ}{\mathbf{v}}$）均为小向量，故 $\tilde{\overset{\ll}{\mathbf{E}}}$ 和 $\tilde{\overset{\gg}{\mathbf{e}}}$ 都是小仿射量．现将剪切公式，即第一章(4.8)式，改写（这里 $\underset{1}{\Delta}$，$\underset{2}{\Delta}$ 不一定是主伸长率）

$$\begin{aligned}&(1+\underset{1}{\Delta})(1+\underset{2}{\Delta})(\cos\Theta\cos\gamma+\sin\Theta\sin\gamma)\\&=\underset{1}{\mathbf{N}}\cdot(\overset{\ll}{\mathbf{I}}+2\tilde{\overset{\ll}{\mathbf{E}}})\cdot\underset{2}{\mathbf{N}}=\cos\Theta+2\underset{1}{\mathbf{N}}\cdot\tilde{\overset{\ll}{\mathbf{E}}}\cdot\underset{2}{\mathbf{N}},\end{aligned} \tag{2.13}$$

$$\begin{aligned}&\frac{\cos\vartheta\cos\gamma-\sin\vartheta\sin\gamma}{(1+\underset{1}{\Delta})(1+\underset{2}{\Delta})}=\underset{1}{\mathbf{n}}\cdot(\overset{\gg}{\mathbf{I}}-2\tilde{\overset{\gg}{\mathbf{e}}})\cdot\underset{2}{\mathbf{n}}\\&=\cos\vartheta-2\underset{1}{\mathbf{n}}\cdot\tilde{\overset{\gg}{\mathbf{e}}}\cdot\underset{2}{\mathbf{n}}.\end{aligned} \tag{2.14}$$

由于小向量和单位向量的点积是小标量，对任意两方向来说，

$\underset{1}{\mathbf{N}} \cdot \tilde{\overset{\ll}{\mathbf{E}}} \cdot \underset{2}{\mathbf{N}}$和$\underset{1}{\mathbf{n}} \cdot \tilde{\overset{\gg}{\mathbf{e}}} \cdot \underset{2}{\mathbf{n}}$都是小量．将上两式的 $\cos\gamma$ 和 $\sin\gamma$ 展开为幂级数，并对式的两边进行量阶比较，可知任意两方向的剪切 γ 也是小量，并且

$$\gamma \sin\Theta + (\underset{1}{\Delta} + \underset{2}{\Delta})\cos\Theta = 2\underset{1}{\mathbf{N}} \cdot \tilde{\overset{\ll}{\mathbf{E}}} \cdot \underset{2}{\mathbf{N}}, \tag{2.15}$$

$$\gamma \sin\vartheta + (\underset{1}{\Delta} + \underset{2}{\Delta})\cos\vartheta = 2\underset{1}{\mathbf{n}} \cdot \tilde{\overset{\gg}{\mathbf{e}}} \cdot \underset{2}{\mathbf{n}}. \tag{2.16}$$

这两式包含了作为特殊情形的伸长率表达式，因只要令两方向重合，即可分别得(2.3)和(2.4)式．若变形前两方向为正交，则 $\Theta = \dfrac{\pi}{2}$，或变形后为正交：$\vartheta = \dfrac{\pi}{2}$，则分别又得剪切的直接表达式，它们分别是 $\tilde{\overset{\ll}{\mathbf{E}}}$ 和 $\tilde{\overset{\gg}{\mathbf{e}}}$ 在这相应两方向的剪分量的两倍：

$$\gamma = 2\underset{1}{\mathbf{N}} \cdot \tilde{\overset{\ll}{\mathbf{E}}} \cdot \underset{2}{\mathbf{N}} \quad (\underset{1}{\mathbf{N}} \cdot \underset{2}{\mathbf{N}} = 0), \tag{2.17}$$

$$\gamma = 2\underset{1}{\mathbf{n}} \cdot \tilde{\overset{\gg}{\mathbf{e}}} \cdot \underset{2}{\mathbf{n}} \quad (\underset{1}{\mathbf{n}} \cdot \underset{2}{\mathbf{n}} = 0). \tag{2.18}$$

考虑到 $\tilde{\overset{\ll}{\mathbf{E}}}$ 和 $\tilde{\overset{\gg}{\mathbf{e}}}$ 是小仿射量，且具有相同主值（小量），则容积比就可写成

$$\begin{aligned}\mathscr{J} &= \sqrt{\mathrm{III}(\overset{\ll}{\mathbf{C}})} = \sqrt{\mathrm{III}(\overset{\ll}{\mathbf{I}} + 2\tilde{\overset{\ll}{\mathbf{E}}})} \\ &= \sqrt{1 + 2\mathrm{I}(\tilde{\overset{\ll}{\mathbf{E}}}) + 4\mathrm{II}(\tilde{\overset{\ll}{\mathbf{E}}}) + 8\mathrm{III}(\tilde{\overset{\ll}{\mathbf{E}}})} \\ &= 1 + \mathrm{I}(\tilde{\overset{\ll}{\mathbf{E}}}) = 1 + \mathrm{I}(\tilde{\overset{\gg}{\mathbf{e}}}),\end{aligned} \tag{2.19}$$

因此，$\mathrm{I}(\tilde{\overset{\ll}{\mathbf{E}}}) = \mathrm{I}(\tilde{\overset{\gg}{\mathbf{e}}})$——即三主方向伸长率之和——就是容积的改变率．

由于 $\overset{\ll}{\mathbf{C}}$ 和 $\overset{\gg}{\mathbf{c}}$ 的并矢形式是

$$\overset{\ll}{\mathbf{C}} = \overset{\ll}{\mathbf{I}} + 2\overset{\widetilde{\ll}}{\mathbf{E}} = \sum_{\Gamma=1}^{3}(1+2\underset{\Gamma}{\tilde{E}})\underset{\Gamma}{\mathbf{G}}\underset{\Gamma}{\mathbf{G}},$$

$$\overset{\gg}{\mathbf{c}} = \overset{\gg}{\mathbf{I}} - 2\overset{\widetilde{\gg}}{\mathbf{e}} = \sum_{\Gamma=1}^{3}(1-2\underset{\Gamma}{\tilde{e}})\underset{\Gamma}{\mathbf{g}}\underset{\Gamma}{\mathbf{g}},$$

则

$$\overset{-1}{\overset{\ll}{\mathbf{C}}} = \sum_{\Gamma=1}^{3}(1+2\underset{\Gamma}{\tilde{E}})^{-1}\underset{\Gamma}{\mathbf{G}}\underset{\Gamma}{\mathbf{G}} = \sum_{\Gamma=1}^{3}(1-2\underset{\Gamma}{\tilde{E}})\underset{\Gamma}{\mathbf{G}}\underset{\Gamma}{\mathbf{G}} = \overset{\ll}{\mathbf{I}} - 2\overset{\widetilde{\ll}}{\mathbf{E}}, \tag{2.20}$$

$$\overset{-1}{\overset{\gg}{\mathbf{c}}} = \sum_{\Gamma=1}^{3}(1-2\underset{\Gamma}{\tilde{e}})^{-1}\underset{\Gamma}{\mathbf{g}}\underset{\Gamma}{\mathbf{g}} = \sum_{\Gamma=1}^{3}(1+2\underset{\Gamma}{\tilde{e}})\underset{\Gamma}{\mathbf{g}}\underset{\Gamma}{\mathbf{g}} = \overset{\gg}{\mathbf{I}} + 2\overset{\widetilde{\gg}}{\mathbf{e}}. \tag{2.21}$$

于是由第一章(4.6),(4.7)式,面积改变率就是

$$\begin{aligned}\Sigma_{\mathbf{N}} = \sigma_{\mathbf{N}} - 1 &= [1+\mathrm{I}(\overset{\widetilde{\ll}}{\mathbf{E}})]\sqrt{\mathbf{N}\cdot(\overset{\ll}{\mathbf{I}} - 2\overset{\widetilde{\ll}}{\mathbf{E}})\cdot\mathbf{N}} - 1 \\ &= [1+\mathrm{I}(\overset{\widetilde{\ll}}{\mathbf{E}})]\sqrt{1-2\mathbf{N}\cdot\overset{\widetilde{\ll}}{\mathbf{E}}\cdot\mathbf{N}} - 1 \\ &= \mathrm{I}(\overset{\widetilde{\ll}}{\mathbf{E}}) - \mathbf{N}\cdot\overset{\widetilde{\ll}}{\mathbf{E}}\cdot\mathbf{N} = \mathrm{I}(\overset{\widetilde{\ll}}{\mathbf{E}}) - \Delta_{\mathbf{N}},\end{aligned} \tag{2.22}$$

$$\Sigma_{\mathbf{n}} = \sigma_{\mathbf{n}} - 1 = \frac{1+\mathrm{I}(\overset{\widetilde{\ll}}{\mathbf{E}})}{\sqrt{1+2\mathbf{n}\cdot\overset{\widetilde{\gg}}{\mathbf{e}}\cdot\mathbf{n}}} - 1 = \mathrm{I}(\overset{\widetilde{\ll}}{\mathbf{E}}) - \Delta_{\mathbf{n}}. \tag{2.23}$$

可见,在小变形的应变分析里,位移梯度的对称部分 $\overset{\widetilde{\ll}}{\mathbf{E}}$ 或 $\overset{\widetilde{\gg}}{\mathbf{e}}$ 起着有如Green-Cauchy 应变张量在有限变形里相类似的作用,称为**小变形应变张量**(从严格意义来说,$\overset{\widetilde{\ll}}{\mathbf{E}}$ 确定“**投影伸长率**”: $e = \frac{\mathbf{N}\cdot d\overset{<}{\mathbf{p}}}{|d\mathbf{P}|} - 1 = \mathbf{N}\cdot\overset{\ll}{\mathbf{D}}\cdot\mathbf{N} - 1 = \mathbf{N}\cdot(\overset{\ll}{\mathbf{I}} + \overset{<}{\mathbf{u}}\overset{<}{\nabla})\cdot\mathbf{N} - 1 = \mathbf{N}\cdot\overset{\widetilde{\ll}}{\mathbf{E}}\cdot\mathbf{N}$).

§ 3. 小 转 动

既然物质线素 $d\mathbf{P}$ 的变形由

$$d\mathbf{p}=\overset{\rangle\langle}{\mathbf{I}}\cdot(\overset{\langle\langle}{\mathbf{I}}+\overset{\langle}{\mathbf{u}}\overset{\langle}{\nabla})\cdot d\mathbf{P}=\overset{\rangle\langle}{\mathbf{I}}\cdot(\overset{\langle\langle}{\mathbf{I}}+\overset{\widetilde{\langle\langle}}{\mathbf{E}}+\overset{\langle\langle}{\mathbf{W}})\cdot d\mathbf{P},\quad(3.1)$$

$$d\mathbf{P}=\overset{\langle\rangle}{\mathbf{I}}\cdot(\overset{\rangle\rangle}{\mathbf{I}}-\overset{\rangle}{\mathbf{u}}\overset{\rangle}{\nabla})\cdot d\mathbf{p}=\overset{\langle\rangle}{\mathbf{I}}\cdot(\overset{\rangle\rangle}{\mathbf{I}}-\overset{\widetilde{\rangle\rangle}}{\mathbf{e}}-\overset{\rangle\rangle}{\mathbf{w}})\cdot d\mathbf{p}\quad(3.2)$$

来描述，那么位移梯度的反称部分：

$$\overset{\langle\langle}{\mathbf{W}}=\frac{1}{2}(\overset{\langle}{\mathbf{u}}\overset{\langle}{\nabla}-\overset{\langle}{\nabla}\overset{\langle}{\mathbf{u}}),\quad(3.3)$$

$$\overset{\rangle\rangle}{\mathbf{w}}=\frac{1}{2}(\overset{\rangle}{\mathbf{u}}\overset{\rangle}{\nabla}-\overset{\rangle}{\nabla}\overset{\rangle}{\mathbf{u}})\quad(3.4)$$

在变形中起着什么作用呢？引进和它们等价的反偶

$$\overset{\langle}{\boldsymbol{\Omega}}=-\frac{1}{2!}\overset{\langle\langle\langle}{\boldsymbol{\epsilon}}:\overset{\langle\langle}{\mathbf{W}}=\frac{1}{2}\overset{\langle}{\nabla}\times\overset{\langle}{\mathbf{u}},\quad(3.5)$$

$$\overset{\rangle}{\boldsymbol{\omega}}=-\frac{1}{2!}\overset{\rangle\rangle\rangle}{\boldsymbol{\epsilon}}:\overset{\rangle\rangle}{\mathbf{w}}=\frac{1}{2}\overset{\rangle}{\nabla}\times\overset{\rangle}{\mathbf{u}},\quad(3.6)$$

(3.1)和(3.2)式又可写成

$$d\mathbf{p}=\overset{\rangle\langle}{\mathbf{I}}\cdot(d\mathbf{P}+\overset{\widetilde{\langle\langle}}{\mathbf{E}}\cdot d\mathbf{P}+\overset{\langle}{\boldsymbol{\Omega}}\times d\mathbf{P}),\quad(3.7)$$

$$d\mathbf{P}=\overset{\langle\rangle}{\mathbf{I}}\cdot(d\mathbf{p}-\overset{\widetilde{\rangle\rangle}}{\mathbf{e}}\cdot d\mathbf{p}-\overset{\rangle}{\boldsymbol{\omega}}\times d\mathbf{p})\quad(3.8)$$

对于任意线素，$\overset{\langle}{\boldsymbol{\Omega}}\times d\mathbf{P}$ 和 $\overset{\rangle}{\boldsymbol{\omega}}\times d\mathbf{p}$ 总是分别垂直于 $\overset{\langle}{\boldsymbol{\Omega}}$ 和 $\overset{\rangle}{\boldsymbol{\omega}}$，若 $|\overset{\langle}{\boldsymbol{\Omega}}|\equiv\Omega$ 和 $|\overset{\rangle}{\boldsymbol{\omega}}|\equiv\omega$ 为小量，则根据第一部分第二章 § 5 的结论，$\overset{\langle\langle}{\mathbf{W}}$ 和 $\overset{\rangle\rangle}{\mathbf{w}}$ 就有小转动的意义。下面我们来对 Ω 和 ω 进行估计。若令应变空间主向线素 $\underset{r}{d\mathbf{P}}=|\underset{r}{d\mathbf{P}}|\underset{r}{\mathbf{G}}$ 和相对应的应变物质主向线素 $\underset{r}{d\mathbf{p}}=|\underset{r}{d\mathbf{p}}|\underset{r}{\mathbf{g}}$ 之夹角（亦即线素变形前后之夹角）为 $\underset{r}{\varphi}$，则有

$$\sin\underset{r}{\varphi}=\frac{|\underset{r}{d\mathbf{p}}\times\underset{r}{d\mathbf{P}}|}{|\underset{r}{d\mathbf{p}}|\cdot|\underset{r}{d\mathbf{P}}|},$$

将(3.7)和(3.8)式代入，并考虑到 $\overset{\widetilde{\langle\langle}}{\mathbf{E}}\cdot\underset{r}{\mathbf{G}}=\underset{r}{\tilde{E}}\underset{r}{\mathbf{G}}$ 和 $\overset{\widetilde{\rangle\rangle}}{\mathbf{e}}\cdot\underset{r}{\mathbf{g}}=\underset{r}{\tilde{e}}\underset{r}{\mathbf{g}}$ 分别得

$$(1+\underset{r}{\Delta})\sin\underset{r}{\varphi}=|(\overset{\langle}{\boldsymbol{\Omega}}\times\underset{r}{\mathbf{G}})\times\underset{r}{\mathbf{G}}|=|\overset{\langle}{\boldsymbol{\Omega}}\times\underset{r}{\mathbf{G}}|,$$

$$(1+\underset{\Gamma}{\Delta})^{-1}\sin\underset{\Gamma}{\varphi} = |(\overset{\rangle}{\omega}\times\underset{\Gamma}{\mathbf{g}})\times\underset{\Gamma}{\mathbf{g}}| = |\overset{\rangle}{\omega}\times\underset{\Gamma}{\mathbf{g}}|.$$

记 $\overset{\langle}{\boldsymbol{\Omega}}$ 和 $\underset{\Gamma}{\mathbf{G}}$ 之夹角为 $\underset{\Gamma}{\Theta}$，$\overset{\rangle}{\boldsymbol{\omega}}$ 和 $\underset{\Gamma}{\mathbf{g}}$ 之夹角为 $\underset{\Gamma}{\vartheta}$，并对上两式应用简化假定又得

$$\underset{\Gamma}{\varphi} = \Omega\sin\underset{\Gamma}{\Theta},\ \sum_{\Gamma=1}^{3}\underset{\Gamma}{\varphi}^{2} = \Omega^{2}\left(3-\sum_{\Gamma=1}^{3}\cos^{2}\underset{\Gamma}{\Theta}\right) = 2\Omega^{2}, \quad (3.9)$$

$$\underset{\Gamma}{\varphi} = \omega\sin\underset{\Gamma}{\vartheta},\ \sum_{\Gamma=1}^{3}\underset{\Gamma}{\varphi}^{2} = \omega^{2}\left(3-\sum_{\Gamma=1}^{3}\cos^{2}\underset{\Gamma}{\vartheta}\right) = 2\omega^{2}. \quad (3.10)$$

可见，作为简化假定的直接后果，$\Omega=\omega$ 与线素变形前后的夹角同量阶，故是小转动的角度．这样，位移梯度的反称部分 $\overset{\langle\langle}{\mathbf{W}}$（及 $\overset{\rangle\rangle}{\mathbf{w}}$）或 $\overset{\langle}{\boldsymbol{\Omega}}$（及 $\overset{\rangle}{\boldsymbol{\omega}}$）就分别是小转动仿射量和向量．对(3.7)式进行几何解释，就有**小变形的基本定理：**任何点的变形由移动，刚性转动和纯变形三部分复合．和有限变形情形的区别在于这里出现的是加法复合．(3.7)式右边的第一项 $d\overset{\rangle}{\mathbf{P}} = \overset{\rangle\langle}{\mathbf{I}}\cdot d\mathbf{P}$ 代表移动部分，纯变形部分 $\overset{\rangle\langle}{\mathbf{I}}\cdot\overset{\widetilde{\langle\langle}}{\mathbf{E}}\cdot d\mathbf{P} = \overset{\widetilde{\rangle\rangle}}{\mathbf{E}}\cdot\overset{\rangle\langle}{\mathbf{I}}\cdot d\mathbf{P}$ 可认为是小变形应变张量在 $\mathbf{P}$ 点作用于线素 $d\mathbf{P}$ 后再移至 $\mathbf{p}$ 点或是先将线素移至 $\mathbf{p}$ 点，再以小应变张量 $\overset{\widetilde{\rangle\rangle}}{\mathbf{E}}$ 作用之．第三项代表转动部分 $\overset{\rangle\langle}{\mathbf{I}}\cdot\overset{\langle}{\boldsymbol{\Omega}}\times d\mathbf{P} = \overset{\rangle}{\boldsymbol{\Omega}}\times d\overset{\rangle}{\mathbf{P}}$，亦有相类似情况．但这三部分之间由于是加法复合，所以不产生如有限变形那样的复合次序问题．对(3.8)式也可作线素 $d\mathbf{p}$ 如何反变形至初始构型 $d\mathbf{P}$ 的相类似解释．

下面我们从另一途径对小转动向量再作一个几何解释．将第一部分第四章(3.17) Stokes 公式应用于向量场（相对于 $\mathbf{P}$ 点的位移场）$\overset{\langle}{\mathbf{u}}-\overset{\langle}{\mathbf{u}}_{\mathbf{P}}$，其中常向量 $\overset{\langle}{\mathbf{u}}_{\mathbf{P}}$ 为 $\mathbf{P}$ 点的位移向量，于是有

$$\overset{\langle}{\boldsymbol{\nabla}}\times(\overset{\langle}{\mathbf{u}}-\overset{\langle}{\mathbf{u}}_{\mathbf{P}}) = \overset{\langle}{\boldsymbol{\nabla}}\times\overset{\langle}{\mathbf{u}},$$

$$\int_{A} d\overset{\langle}{\mathbf{A}}\cdot\overset{\langle}{\boldsymbol{\nabla}}\times\overset{\langle}{\mathbf{u}} = \oint_{F} d\overset{\langle}{\mathbf{F}}\cdot(\overset{\langle}{\mathbf{u}}-\overset{\langle}{\mathbf{u}}_{\mathbf{P}}).$$

将(3.5)式代入又得

$$2\int_{A} d\overset{\langle}{\mathbf{A}}\cdot\overset{\langle}{\boldsymbol{\Omega}}=\oint_{F} d\overset{\langle}{\mathbf{F}}\cdot(\overset{\langle}{\mathbf{u}}-\overset{\langle}{\mathbf{u}}_{\mathbf{P}}). \tag{3.11}$$

这公式对物体内任意简单封闭曲线 F 及以 F 为周界的曲面均成立. 若取过 **P** 点平面(其单位法向量为 **N**)上以 **P** 为圆心，半径为 R 的圆为积分面积 A(见图 14)，则在小变形情形，即当线素变形前后夹角 φ 为小量时，

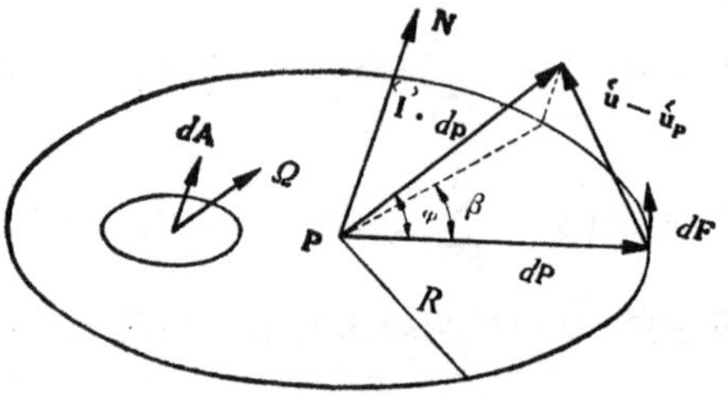

图 14

$\dfrac{(\overset{\langle}{\mathbf{u}}-\overset{\langle}{\mathbf{u}}_{\mathbf{P}})\cdot d\overset{\langle}{\mathbf{F}}}{R\,|d\overset{\langle}{\mathbf{F}}|}$ 是终点在圆周上线素 $d\mathbf{P}$ 在变形中绕过 **P** 点的 **N** 轴所转过角度 β. 对(3.11)式应用积分中值定理得平均转角 $\beta^{*}=\mathbf{N}\cdot\overset{\langle}{\boldsymbol{\Omega}}{}^{*}$，其中 $\overset{\langle}{\boldsymbol{\Omega}}{}^{*}$ 是圆周内某一点的小转动向量. 当 $R\to 0$，则 $\overset{\langle}{\boldsymbol{\Omega}}{}^{*}\to\overset{\langle}{\boldsymbol{\Omega}}(\mathbf{P})$，于是

$$\beta^{*}=\mathbf{N}\cdot\overset{\langle}{\boldsymbol{\Omega}}. \tag{3.12}$$

也就是说，**P** 微体内平面上各线素绕垂直于平面 **N** 轴的平均小转角 β^{*} 等于 **P** 点的小转动向量在 **N** 方向的分量.

由于 $\overset{\widetilde{\langle\langle}}{\mathbf{E}}$ 和 $\overset{\langle\langle}{\mathbf{W}}$，$\overset{\widetilde{\rangle\rangle}}{\mathbf{e}}$ 和 $\overset{\rangle\rangle}{\mathbf{w}}$ 都是小仿射量，因而位移梯度

$$\overset{\langle\,\langle}{\mathbf{u}\nabla}=\overset{\widetilde{\langle\langle}}{\mathbf{E}}+\overset{\langle\langle}{\mathbf{W}},\quad \overset{\rangle\,\rangle}{\mathbf{u}\nabla}=\overset{\widetilde{\rangle\rangle}}{\mathbf{e}}+\overset{\rangle\rangle}{\mathbf{w}} \tag{3.13}$$

也是小仿射量. 在今后讨论中(就是指应力分析而言)，凡位移梯度和单位仿射量相加就可以忽略. 当然，不能再回过头来对应变分析[在(3.1)和(3.2)式中]采取这步骤，因这将意味着应变为零，也就无所谓变形了. 因此，假定 a) 和 b) 在变形体力学的应变分析里可算是最极端的简化了. 所谓应变分析的线性化，主要是指小应变张量 $\overset{\widetilde{\langle\langle}}{\mathbf{E}}$ (不是 $\overset{\widetilde{\rangle\rangle}}{\mathbf{e}}$) 和位移向量成线性关系.

§4. 线性协调方程

将 $C_{AB}=G_{AB}+2\tilde{E}_{AB}$ 和 $\overset{-1}{C}{}^{AB}=G^{AB}-2\tilde{E}^{AB}$ 代入第一章的(9.3),(9.4)式的相容性条件,得

$$\frac{1}{2}(G_{IL,JK}+G_{JK,IL}-G_{IK,JL}-G_{JL,IK})+(\tilde{E}_{IL,JK}+\tilde{E}_{JK,IL}$$
$$-\tilde{E}_{IK,JL}-\tilde{E}_{JL,IK})+(G^{RS}-2\tilde{E}^{RS})[(\Gamma_{ILR}+2\Gamma^{(E)}_{ILR})(\Gamma_{JKS}$$
$$+2\Gamma^{(E)}_{JKS})-(\Gamma_{IKR}+2\Gamma^{(E)}_{IKR})(\Gamma_{JLS}+2\Gamma^{(E)}_{JLS})]=0, \tag{4.1}$$

其中

$$\Gamma_{IJK}=\frac{1}{2}(G_{JK,I}+G_{KI,J}-G_{IJ,K}), \tag{4.2}$$

$$\Gamma^{(E)}_{IJK}=\frac{1}{2}(\tilde{E}_{JK,I}+\tilde{E}_{KI,J}-\tilde{E}_{IJ,K}). \tag{4.3}$$

考虑到建立在度量张量 G_{AB} 基础上的曲率张量 $R_{IJKL}=0$,并且只保留含 $\tilde{E}_{AB}$ 的线性项(我们接受,$\tilde{E}_{AB}$ 的变化足够平缓,以致其导数也是小量),则(4.1)式简化为

$$\tilde{E}_{IL,JK}+\tilde{E}_{JK,IL}-\tilde{E}_{IK,JL}-\tilde{E}_{JL,IK}+2G^{RS}(\Gamma_{ILR}\Gamma^{(E)}_{JKS}+\Gamma_{JKS}\Gamma^{(E)}_{ILR}$$
$$-\Gamma_{IKR}\Gamma^{(E)}_{JLS}-\Gamma_{JLS}\Gamma^{(E)}_{IKR})-2\tilde{E}^{RS}(\Gamma_{ILR}\Gamma_{JKS}-\Gamma_{IKR}\Gamma_{JLS})=0. \tag{4.4}$$

可以验证(较麻烦),上式可写成为

$$\tilde{E}_{IL;JK}+\tilde{E}_{JK;IL}-\tilde{E}_{IK;JL}-\tilde{E}_{JL;IK}=0. \tag{4.5}$$

也可以从(4.4)式这样想,因它对任何坐标系均成立,则在直线坐标系 $\{X^{A'}\}(\Gamma_{I'J'K'}=0)$ 有

$$\tilde{E}_{I'L',J'K'}+\tilde{E}_{J'K',I'L'}-\tilde{E}_{I'K',J'L'}-\tilde{E}_{J'L',I'K'}=0.$$

再转换回曲线坐标系,偏导数成为协变导数,即得(4.5)式.

可以验证,(4.5)式关于指标的对称和反称性质相同于曲率张量 R_{IJKL},因此它等价于

$$\epsilon^{IPQ}\tilde{E}_{PS;QR}\epsilon^{RSJ}=0,\quad \overset{\leftarrow\leftarrow\leftarrow}{\boldsymbol{\epsilon}}:(\overset{\leftarrow}{\boldsymbol{\nabla}}\overset{\leftarrow\leftarrow}{\tilde{\mathbf{E}}}\overset{\leftarrow}{\boldsymbol{\nabla}}):\overset{\leftarrow\leftarrow\leftarrow}{\boldsymbol{\epsilon}}=0, \tag{4.6}$$

而只有六个代数上独立的方程——就是熟知的线性协调方程.

§5. 动量方程和应力边条件的线性化

应变分析线性化完成后,动力学分析中就可(包括变形梯度在内)彻底执行§1的基本假定了. 于是

$$\overset{\rangle\langle}{\mathbf{D}} = \mathbf{p}\overset{\langle}{\nabla} = \overset{\rangle\langle}{\mathbf{I}}\cdot(\mathbf{p}\overset{\langle\langle}{\nabla}) = \overset{\rangle\langle}{\mathbf{I}}\cdot(\overset{\langle\langle}{\mathbf{I}} + \mathbf{u}\overset{\langle\langle}{\nabla}) \doteq \overset{\rangle\langle}{\mathbf{I}}, \tag{5.1}$$

$$\overset{-1}{\overset{\rangle\langle}{\mathbf{D}}}{}^{*} = \overset{\rangle}{\nabla}\mathbf{P} = (\overset{\rangle\rangle}{\nabla\mathbf{P}})\cdot\overset{\rangle\langle}{\mathbf{I}} = (\overset{\rangle\rangle}{\mathbf{I}} - \overset{\rangle\rangle}{\nabla\mathbf{u}})\cdot\overset{\rangle\langle}{\mathbf{I}} \doteq \overset{\rangle\langle}{\mathbf{I}}, \tag{5.2}$$

$$d\mathbf{p} = \overset{\rangle\langle}{\mathbf{D}}\cdot d\mathbf{P} \doteq \overset{\rangle\langle}{\mathbf{I}}\cdot d\mathbf{P}, \tag{5.3}$$

$$d\overset{\rangle}{\mathbf{a}} = \mathscr{J}\,\overset{-1}{\overset{\rangle\langle}{\mathbf{D}}}{}^{*}\cdot d\overset{\langle}{\mathbf{A}} \doteq [1+\mathrm{I}(\overset{\sim}{\overset{\langle\langle}{\mathbf{E}}})]\cdot\overset{\rangle\langle}{\mathbf{I}}\cdot d\overset{\langle}{\mathbf{A}} \doteq \overset{\rangle\langle}{\mathbf{I}}\cdot d\overset{\langle}{\mathbf{A}}, \tag{5.4}$$

$$\mathbf{n} = \frac{d\overset{\rangle}{\mathbf{a}}}{|d\overset{\rangle}{\mathbf{a}}|} \doteq \frac{|d\overset{\langle}{\mathbf{A}}|}{|d\overset{\rangle}{\mathbf{a}}|}\overset{\rangle\langle}{\mathbf{I}}\cdot\frac{d\overset{\langle}{\mathbf{A}}}{|d\overset{\langle}{\mathbf{A}}|} \doteq (1-\Sigma_{\mathbf{N}})\overset{\rangle\langle}{\mathbf{I}}\cdot\mathbf{N} \doteq \overset{\rangle\langle}{\mathbf{I}}\cdot\mathbf{N}, \tag{5.5}$$

$$\rho = \not{\mathscr{J}}\,\rho_0 \doteq [1-\mathrm{I}(\overset{\sim}{\overset{\langle\langle}{\mathbf{E}}})]\rho_0 \doteq \rho_0. \tag{5.6}$$

从这些公式可以看出,在动力学分析中执行简化假定的结果,实质上把受到小应变和小转动的各微体看作是: 没有应变和转动, 只作平移. 因此, 可以不区分变形前后而笼统地说物体典型点的质量密度 ρ, 元素的长度、面积和体积了. 动力学分析包含三方面问题: 应力状态,应力边条件和动量方程. 下面分别进行简化.

考虑到(5.4)和(5.5)式,由第二章(4.2),(4.11)式

$$\overset{\rangle\rangle}{\mathbf{t}}\cdot d\overset{\rangle}{\mathbf{a}} = \overset{\rangle\langle}{\boldsymbol{\tau}}\cdot d\overset{\langle}{\mathbf{A}} = \overset{\rangle\langle}{\boldsymbol{\tau}}\cdot\overset{\langle\rangle}{\mathbf{I}}\cdot d\overset{\rangle}{\mathbf{a}},$$

$$\overset{\rangle\rangle}{\mathbf{t}}\cdot d\overset{\rangle}{\mathbf{a}} = \overset{\rangle\langle}{\mathbf{D}}\cdot\overset{\langle\langle}{\mathbf{T}}\cdot d\overset{\langle}{\mathbf{A}} = \overset{\rangle\langle}{\mathbf{I}}\cdot\overset{\langle\langle}{\mathbf{T}}\cdot\overset{\langle\rangle}{\mathbf{I}}\cdot d\overset{\rangle}{\mathbf{a}},$$

得

$$\overset{\rangle\rangle}{\mathbf{t}} = \overset{\rangle\langle}{\boldsymbol{\tau}}\cdot\overset{\langle\rangle}{\mathbf{I}} = \overset{\rangle\langle}{\mathbf{I}}\cdot\overset{\langle\langle}{\mathbf{T}}\cdot\overset{\langle\rangle}{\mathbf{I}}. \tag{5.7}$$

原来只有间接意义的 Piola-Kirchhoff 应力张量 $\overset{\rangle\langle}{\boldsymbol{\tau}}$, $\overset{\langle\langle}{\mathbf{T}}$, 现在具有和 Cauchy 应力张量 $\overset{\rangle\rangle}{\mathbf{t}}$ 相同的物理意义, 是同一个对称仿射量移动的

结果. 因此,可以统一地记为 $\overset{\rangle\rangle}{\mathbf{t}}$, $\boldsymbol{\tau}=\overset{\rangle\langle}{\mathbf{t}}$, $\mathbf{T}=\overset{\langle\langle}{\mathbf{t}}$. 在精确理论中有倍数差别的应力向量 $\mathbf{t}_{\mathbf{n}}$, $\mathbf{T}_{\mathbf{N}}$, 在关系:

$$\mathbf{t}_{\mathbf{n}}=\overset{\rangle\rangle}{\mathbf{t}}\cdot\mathbf{n}=\overset{\rangle\langle}{\mathbf{t}}\cdot\mathbf{N}=\overset{\rangle\langle}{\mathbf{I}}\cdot\overset{\langle\langle}{\mathbf{t}}\cdot\mathbf{N}=\overset{\rangle\langle}{\mathbf{I}}\cdot\mathbf{T}_{\mathbf{N}}$$

下, 也只有移动的关系了. 当然, $\mathbf{T}_{\mathbf{N}}$ 仍是作用在构型 $\mathscr{R}$ 上的向量, 但只要将 $\mathbf{T}_{\mathbf{N}}$ 平移就得到截面的真正应力向量. 总起来说, $\overset{\rangle\rangle}{\mathbf{t}}$, $\overset{\rangle\langle}{\mathbf{t}}$, $\overset{\langle\langle}{\mathbf{t}}$ 都同样直接代表应力状态, 只要将后两者作用在典型点 $\mathbf{P}$ 在构型 $\mathscr{R}$ 的截面的外法向量 $\mathbf{N}$, 就得或经移动后就得应力向量. 外载荷——面力是作用在构型 $\mathscr{r}$ 的边界面上的. 当 $\mathscr{r}$ 的边界面还属未知时, 无法给出作用在它上面的面力. 在简化理论里, 无论 $\mathscr{r}(t)$ 如何变化,外载荷均可直接给在 $\mathscr{R}$ 上,只需平移到 $\mathscr{r}(t)$ 上的对应点,就得到当前构型的外力边条件.

在这种情况下,只要给的外载在构型 $\mathscr{R}$ 上满足合力和合力矩为零的整体平衡条件, 则这些条件在任何构型 $\mathscr{r}(t)$ 也是满足的:

$$\oint_{\mathscr{A}}\mathbf{t}_{\mathbf{n}}da=\oint_{\mathscr{A}}\overset{\rangle\rangle}{\mathbf{t}}\cdot d\overset{\rangle}{\mathbf{a}}=\oint_{\mathscr{A}}\overset{\rangle\langle}{\mathbf{t}}\cdot d\overset{\langle}{\mathbf{A}}=\oint_{\mathscr{A}}\overset{\rangle\langle}{\mathbf{I}}\cdot\overset{\langle\langle}{\mathbf{t}}\cdot d\overset{\langle}{\mathbf{A}}$$

$$=\oint_{\mathscr{A}}\overset{\langle\langle}{\mathbf{t}}\cdot d\overset{\langle}{\mathbf{A}}=\oint_{\mathscr{A}}\mathbf{T}_{\mathbf{N}}dA,$$

$$\oint_{\mathscr{A}}\mathbf{p}\times\mathbf{t}_{\mathbf{n}}da\doteq\oint_{\mathscr{A}}\mathbf{P}\times\mathbf{T}_{\mathbf{N}}dA.$$

前一条件用到了: 移动后向量之和等于向量求和后再移动. 后一条件的根据是: 当原点 O 取得足够远, 则有 $\frac{|\mathbf{u}|}{|\mathbf{P}|}\sim\eta$, 从而 $\overset{\langle}{\mathbf{p}}=\mathbf{P}+\mathbf{u}\doteq\mathbf{P}$. 在有体力的情况下,处理也是完全一样的.

余下的问题就是反映各邻近微体应力状态间关系的动量方程将有何变化? 利用(5.7), Kirchhoff 动量方程

$$(\overset{\rangle\langle}{\mathbf{D}}\cdot\overset{\langle\langle}{\mathbf{t}})\cdot\overset{\langle}{\square}+\rho\mathbf{f}=\rho\mathbf{a}$$

简化后完全相同于 Boussinesq 方程

$$\overset{\rangle\langle}{\mathbf{t}}\cdot\overset{\langle}{\square}+\rho\mathbf{f}=\rho\mathbf{a}.\qquad(5.8)$$

考虑到

$$\overset{\rangle\langle}{\mathbf{t}} \cdot \overset{\langle}{\square} = (\overset{\rangle\rangle\langle}{\mathbf{t}\square}):\overset{\rangle\langle}{\mathbf{I}} = [\overset{\rangle\rangle\langle}{\mathbf{t}\nabla} + (\overset{\rangle\rangle\rangle}{\mathbf{t}\nabla}) \cdot \overset{\rangle\langle}{\mathbf{D}}]:\overset{\rangle\langle}{\mathbf{I}}$$

$$= [(\overset{\rangle\rangle\rangle}{\mathbf{t}\nabla}) \cdot \overset{\rangle\langle}{\mathbf{I}}]:\overset{\rangle\langle}{\mathbf{I}} = (\overset{\rangle\rangle\rangle}{\mathbf{t}\nabla}):\overset{\rangle\rangle}{\mathbf{I}} = \overset{\rangle\rangle}{\mathbf{t}} \cdot \overset{\rangle}{\nabla} \tag{5.9}$$

方程(5.8)又相同于 Cauchy 动量方程. 在简化假定下，经过移动，Kirchhoff-Boussinesq-Cauchy 动量方程都统一为

$$\overset{\langle\langle}{\mathbf{t}} \cdot \overset{\langle}{\nabla} + \rho \overset{\langle}{\mathbf{f}} = \rho \overset{\langle}{\mathbf{a}}\left[= \rho \overset{\cdot\cdot\langle}{\mathbf{u}} = \rho \frac{\partial^2 \overset{\langle}{\mathbf{u}}(\mathbf{P}, t)}{\partial t^2}\right]. \tag{5.10}$$

就是说，代表典型点在 $\mathscr{r}(t)$ 的应力状态而定义在 $\mathscr{R}$ 上的 $\overset{\langle\langle}{\mathbf{t}}$ 在各邻近点的关系满足方程 (5.10). 这在实质上就等于把构型 $\mathscr{R}$ 看作是当前构型那样，连同直接给在 $\mathscr{R}$ 上的外载荷，直接列出动量方程和应力边条件.

总括起来，动力学分析简化的结果就是古典理论所直接接受的所谓“**刚化假设**”——即外力的给定和动力学分析均可形式地直接在初始构型 $\mathscr{R}$ 上进行.

§6. 虎 克 体

将 $\overset{\langle\langle}{\mathbf{C}} = \overset{\langle\langle}{\mathbf{I}} + 2\overset{\sim\langle\langle}{\mathbf{E}}$ 代入弹性势表达式得 $\Sigma = \Sigma(\overset{\sim\langle\langle}{\mathbf{E}})$，而由第四章(7.12):

$$\overset{\langle\langle}{\mathbf{t}} = \overset{\langle\langle}{\mathbf{T}} = \frac{d\Sigma}{d\overset{\sim\langle\langle}{\mathbf{E}}}, \quad t^{AB} = \frac{\partial \Sigma}{\partial \tilde{E}_{AB}}, \tag{6.1}$$

对可压缩各向同性体有

$$\overset{\langle\langle}{\mathbf{t}} = \frac{\partial \Sigma}{\partial \mathrm{I}} \frac{d\mathrm{I}}{d\overset{\sim\langle\langle}{\mathbf{E}}} + \frac{\partial \Sigma}{\partial \mathrm{II}} \frac{d\mathrm{II}}{d\overset{\sim\langle\langle}{\mathbf{E}}} + \frac{\partial \Sigma}{\partial \mathrm{III}} \frac{d\mathrm{III}}{d\overset{\sim\langle\langle}{\mathbf{E}}}$$

$$= \frac{\partial \Sigma}{\partial \mathrm{I}} \overset{\langle\langle}{\mathbf{I}} + \frac{\partial \Sigma}{\partial \mathrm{II}} (\mathrm{I}\overset{\langle\langle}{\mathbf{I}} - \overset{\sim\langle\langle}{\mathbf{E}}) + \mathrm{III} \frac{\partial \Sigma}{\partial \mathrm{III}} \overset{\sim\langle\langle}{\mathbf{E}}^{-1}. \tag{6.2}$$

若取

$$\Sigma = \left(\frac{\lambda}{2} + \mu\right) \mathrm{I}^2 - 2\mu \mathrm{II}, \tag{6.3}$$

则

$$\begin{aligned} \overset{\langle\langle}{\mathbf{t}} &= (\lambda + 2\mu)\mathrm{I}\overset{\langle\langle}{\mathbf{I}} - 2\mu(\mathrm{I}\overset{\langle\langle}{\mathbf{I}} - \overset{\widetilde{\langle\langle}}{\mathbf{E}}) \\ &= \lambda \mathrm{I}(\overset{\widetilde{\langle\langle}}{\mathbf{E}})\overset{\langle\langle}{\mathbf{I}} + 2\mu\overset{\widetilde{\langle\langle}}{\mathbf{E}}. \end{aligned} \tag{6.4}$$

这就是熟知的**虎克定律**，其中 λ 和 μ 是 Lamé 系数. 也可以考虑各向异性虎克体及不可压缩体的线性本构关系.

这样，我们从统一的简化假定出发，从有限弹性变形理论得到了古典弹性理论的全部关系式：Cauchy 关系，虎克定律，动量方程，应力边条件及协调方程：

$$\overset{\widetilde{\langle\langle}}{\mathbf{E}} = \frac{1}{2}(\overset{\langle}{\mathbf{u}}\overset{\langle}{\nabla} + \overset{\langle}{\nabla}\overset{\langle}{\mathbf{u}}), \quad \widetilde{E}_{AB} = \frac{1}{2}(u_{A;B} + u_{B;A}), \tag{6.5}$$

$$\overset{\langle\langle}{\mathbf{t}} = \lambda \mathrm{I}(\overset{\widetilde{\langle\langle}}{\mathbf{E}})\overset{\langle\langle}{\mathbf{I}} + 2\mu\overset{\widetilde{\langle\langle}}{\mathbf{E}}, \quad t^{AB} = \lambda \widetilde{E}^{M}{}_{\cdot M} G^{AB} + 2\mu \widetilde{E}^{AB}, \tag{6.6}$$

$$\overset{\langle\langle}{\mathbf{t}} \cdot \overset{\langle}{\nabla} + \rho \mathbf{f} = \rho \overset{\langle}{\ddot{\mathbf{u}}}, \quad t^{AM}{}_{;M} + \rho f^A = \rho \frac{\partial^2 u^A}{\partial t^2}, \tag{6.7}$$

$$\mathbf{t}_{\mathbf{N}} = \overset{\langle\langle}{\mathbf{t}} \cdot \mathbf{N}, \quad t_{\mathbf{N}}^{A} = t^{AM} N_M, \tag{6.8}$$

$$\overset{\langle\langle\langle}{\boldsymbol{\epsilon}} : (\overset{\langle}{\nabla}\overset{\widetilde{\langle\langle}}{\mathbf{E}}\overset{\langle}{\nabla}) : \overset{\langle\langle\langle}{\boldsymbol{\epsilon}} = 0, \quad \epsilon^{IPQ} \widetilde{E}_{PS;QR} \epsilon^{RSJ} = 0. \tag{6.9}$$

这些关系式全部是线性的，因此又叫线性弹性理论.

附录 非线性弹性理论变分原理的统一理论[1)]

§1. 引言

在非线性弹性理论里，是否存在像线性理论那样应力场是唯一独立变量的余能原理，是一个近年来引起广泛兴趣的问题. 讨论的焦点在于 Piola 应力张量和变形梯度的关系是否可逆，亦即相应的 Legendre 变换[1,2]是否成立. 至今被提出的非线性弹性变分理论的余能原理可概括为三大类. 首先是基于 Kirchhoff 应力张量的 Reissner 原理[3-7]，它常被认为不是纯粹的余能原理，因为这里除了应力张量，位移向量也是独立变量. 其后是仅基于 Piola 应力张量 $\boldsymbol{\tau}$，一度被宣称为真正余能原理的 Levinson 原理[8-17]. 可是，这原理并不总是成立的，因为，即使是各向同性的简单情形，也只有当 $\boldsymbol{\tau}^* \cdot \boldsymbol{\tau}$[2)] 在物体的每一点有不相同的主值(难于预先知道这条件是否满足)时，Piola 应力张量和变形梯度的函数关系才是可逆的. 尽管文献 [16] 给出了选择合适分支的条件，该函数的逆在整体意义下的多值性(对各向同性体至少有四个不同分支)也给实际应用带来附加困难. 总是成立的却是基于极分解的 Fraeijs de Veubeke 原理[12-17]. 但这里除了 Piola 应力张量，转动张量也作为独立变量出现，又没有达到人们所期待的余能原理的纯粹性. 看来，问题是否这样提法以及余能原理的其他一些问题还有待于进一步的深究.

本文的目的在于证明，非线性弹性的各变分原理(势能原理和各余能原理以及它们的推广)均可从单一的虚功原理导出，使它们在统一的框架里构成一个有机的整体. 文中也给出了各原理间的内在联系及其关系图.

---

1) 本文是作者在德国鲁尔大学 (Ruhr-Universität) 期间完成的. 作者对德国洪堡基金会 (Alexander von Humboldt-Stiftung)，鲁尔大学和 Th. Lehmann 教授的热情接待表示谢意.

2) “*” 表示张量的共轭.

§2. 数学符号

本工作采用两点张量场法[18,19]. 设物体 $\mathscr{B}$ 的参考(未变形)构型为 $\mathscr{R}$，当前(已变形)构型为 $\mathscr{r}$，分别配以两个任意的曲线坐标系 $\{X^A\}$ 和 $\{x^i\}$. 它们的基向量和度量张量相应地为

$$\mathbf{G}_A,\ \mathbf{G}^A,\ G_{AB},\ G^{AB},$$
$$\mathbf{g}_i,\ \mathbf{g}^i,\ g_{ij},\ g^{ij}.$$

物体从 $\mathscr{R}$ 至 $\mathscr{r}$ 的变形体现为

$$\mathbf{x}=\mathbf{x}(\mathbf{X}) \quad 或 \quad x^i=x^i(X^A), \tag{2.1}$$

它表示物体 $\mathscr{B}$ 的质点 $\mathbf{X}$ 变形后占有空间位置 $\mathbf{x}$.

作用于 $\mathbf{X}$ 点的所有向量构成三维欧氏空间，不妨也记为 $\mathscr{R}$，它的任意元素均可表为 $\mathbf{G}_A$ 或 $\mathbf{G}^A$ 的线性组合，例如 $\mathbf{V}=V^A\mathbf{G}_A=V_A\mathbf{G}^A$. 类似地有 $\mathscr{r}$，例如 $\mathbf{v}=v^i\mathbf{g}_i=v_i\mathbf{g}^i$. 又考虑四个张量积空间：$\mathscr{R}\otimes\mathscr{R}$，$\mathscr{R}\otimes\mathscr{r}$，$\mathscr{r}\otimes\mathscr{R}$ 和 $\mathscr{r}\otimes\mathscr{r}$，它们的任意元素分别可表成 $\mathbf{G}_A\otimes\mathbf{G}_B$，$\mathbf{G}_A\otimes\mathbf{g}_i$，$\mathbf{g}_i\otimes\mathbf{G}_A$ 和 $\mathbf{g}_i\otimes\mathbf{g}_j$（也可代入逆变基向量. 今后省去张量积符号而用 Gibbs 并矢记法)的线性组合，记为，例如，

$$\mathbf{R}=R^{AB}\mathbf{G}_A\mathbf{G}_B,\quad \mathbf{S}=S^{Ai}\mathbf{G}_A\mathbf{g}_i,$$
$$\mathbf{T}=T^{iA}\mathbf{g}_i\mathbf{G}_A,\quad \mathbf{U}=U^{ij}\mathbf{g}_i\mathbf{g}_j.$$

通过点积运算，张量积 (9 维) 空间的元素变成从 3 维空间到 3 维空间的线性变换(或叫张量)，例如

$$\mathbf{W}=\mathbf{R}\cdot\mathbf{V}=(R^{AB}\mathbf{G}_A\mathbf{G}_B)\cdot(V_D\mathbf{G}^D)=R^{AB}V_B\mathbf{G}_A=W^A\mathbf{G}_A,$$
$$\mathbf{w}=\mathbf{T}\cdot\mathbf{V}=(T^{iA}\mathbf{g}_i\mathbf{G}_A)\cdot(V_B\mathbf{G}^B)=T^{iA}V_A\mathbf{g}_i=w^i\mathbf{g}_i.$$

$\mathscr{R}\otimes\mathscr{r}$ 或 $\mathscr{r}\otimes\mathscr{R}$ 的元素，例如 $\mathbf{S}$ 和 $\mathbf{T}$，称为两点张量. 并矢的次序是本质的. “*” 表示张量的共轭：

$$\mathbf{R}^*=R^{AB}\mathbf{G}_B\mathbf{G}_A,\quad \mathbf{T}^*=T^{iA}\mathbf{G}_A\mathbf{g}_i.$$

$\mathscr{R}\otimes\mathscr{R}$ 和 $\mathscr{r}\otimes\mathscr{r}$ 的单位元素(单位张量)是

$$\overset{\langle\langle}{\mathbf{I}}=G_{AB}\mathbf{G}^A\mathbf{G}^B=\delta^A_B\mathbf{G}_A\mathbf{G}^B=\cdots,$$
$$\overset{\rangle\rangle}{\mathbf{I}}=g_{ij}\mathbf{g}^i\mathbf{g}^j=\delta^i_j\mathbf{g}_i\mathbf{g}^j=\cdots.$$

而 $\mathscr{R}\otimes\mathscr{r}$ 和 $\mathscr{r}\otimes\mathscr{R}$ 的单位元素(称为转移张量)是

$$\overset{\langle\rangle}{\mathbf{I}}=g_A^{\cdot i}\mathbf{G}^A\mathbf{g}_i=g_{Ai}\mathbf{G}^A\mathbf{g}^i=\cdots,$$

$$\overset{\ll}{\mathbf{I}} = g_i^{\cdot A}\mathbf{g}^i\mathbf{G}_A = g^{iA}\mathbf{g}_i\mathbf{G}_A = \cdots.$$

转移张量的几何意义是将 $\mathscr{r}$ 或 $\mathscr{R}$ 的向量不变地平移至 $\mathscr{R}$ 或 $\mathscr{r}$，其中 $g_A^{\cdot i} = \mathbf{G}_A \cdot \mathbf{g}^i = \mathbf{g}^i \cdot \mathbf{G}_A = g^i_{\cdot A}$，故可统一记为 g^i_A，g^A_i 亦然. 利用转移张量可将两点张量化成一点张量，或反之. 如果在张量的基向量并矢间用点积代替张量积，就得该张量的迹，如

$$\mathrm{tr}\,\mathbf{R} \overset{df}{=} R^{AB}\mathbf{G}_A \cdot \mathbf{G}_B = R^A_{\cdot A},$$

$$\mathrm{tr}\,\mathbf{S} \overset{df}{=} S^A_{\cdot i}\mathbf{G}_A \cdot \mathbf{g}^i = g^i_A S^A_{\cdot i}.$$

张量的迹是标量，两张量的双点积也是标量：

$$\mathbf{R}:\mathbf{S} \overset{df}{=} \mathrm{tr}\,(\mathbf{R}^* \cdot \mathbf{S}).$$

张量场 **R** 和 **U** 的绝对微分是

$$d\mathbf{R} = (\mathbf{R}\nabla) \cdot d\mathbf{X},$$

$$d\mathbf{U} = (\mathbf{U}\overset{\circ}{\nabla}) \cdot d\mathbf{x},$$

其中绝对微商(梯度)

$$\mathbf{R}\nabla = R^{BC}_{\ \ \ ;A}\mathbf{G}_B\mathbf{G}_C\mathbf{G}^A,$$

$$\mathbf{U}\overset{\bullet}{\nabla} = U^{jk}_{\ \ ;i}\mathbf{g}_j\mathbf{g}_k\mathbf{g}^i.$$

$(\quad)_{;A}$ 和 $(\quad)_{;i}$ 分别表示在 $\mathscr{R}$ 和 $\mathscr{r}$ 的协变微商. 对于两点张量场，绝对微商应理解为全绝对微商.

$$\mathbf{R} \cdot \nabla = R^{BC}_{\ \ \ ;A}\mathbf{G}_B\mathbf{G}_C \cdot \mathbf{G}^A = R^{BA}_{\ \ \ ;A}\mathbf{G}_B,$$

$$\mathbf{R} \times \nabla = R^{BC}_{\ \ \ ;A}\mathbf{G}_B\mathbf{G}_C \times \mathbf{G}^A$$

分别称为 **R** 的散度和旋度. 单位张量和转移张量对于绝对微商有如常量. 在今后的全部讨论里，我们认为所有出现各量已通过转移张量预先化成在 $\mathscr{R}$ 的一点张量，这时用 **I** 表示 $\overset{\ll}{\mathbf{I}}$. 这种做法称为 **Lagrange 描述法**.

§3. 应变和应力

在变形 (2.1) 中，物体质点 **X** 的位移向量为

$$\mathbf{u}(\mathbf{X}) = \mathbf{x}(\mathbf{X}) - \mathbf{X}. \tag{3.1}$$

变形梯度

$$\mathbf{F} = \mathbf{x}\nabla = \mathbf{I} + \mathbf{u}\nabla \tag{3.2}$$

的极分解为

$$\mathbf{F} = \mathbf{R} \cdot \mathbf{U}, \tag{3.3}$$

其中 $\mathbf{U}$ 是(右)**伸长张量**，代表纯变形，$\mathbf{R}$ 是**转动张量**($\mathbf{R}^* \cdot \mathbf{R} = \mathbf{R} \cdot \mathbf{R}^* = \mathbf{I}$)．$\mathbf{U}$ 是唯一确定的正定对称张量(它的主值全 > 0)，满足

$$\mathbf{U}^2 = \mathbf{F}^* \cdot \mathbf{F} \overset{df}{=} \mathbf{C}. \tag{3.4}$$

$\mathbf{C}$ 称为 **Green 应变张量**．今后还用到 **Almansi 应变张量**:

$$\mathbf{E} = \frac{1}{2}(\mathbf{C} - \mathbf{I}) = \frac{1}{2}[\mathbf{u}\nabla + \nabla\mathbf{u} + (\nabla\mathbf{u}) \cdot (\mathbf{u}\nabla)], \tag{3.5}$$

其中

$$\nabla\mathbf{u} = (\mathbf{u}\nabla)^*.$$

具有描述应力状态直接物理意义的是 **Cauchy 应力张量 t**，它作用于构型 ~ 上的单位向量 $\mathbf{n}$ 给出以 $\mathbf{n}$ 为法向的单位面积元的接触力 $\mathbf{t}_\mathbf{n}$:

$$\mathbf{t} \cdot \mathbf{n} = \mathbf{t}_\mathbf{n}. \tag{3.6}$$

$\mathbf{t}$ 满足 **Cauchy** (力)**平衡方程**(为叙述简单计，设无体力):

$$\mathbf{t} \cdot \mathring{\nabla} = 0 \tag{3.7}$$

及**力矩平衡条件**:

$$\mathbf{t} = \mathbf{t}^*, \tag{3.8}$$

即 $\mathbf{t}$ 是对称张量．平衡方程 (3.7) 是 **Euler** 型的．为了得到 **Lagrange** 型平衡方程，人们引进了 **Piola 应力张量** $\boldsymbol{\tau}$ 和 **Kirchhoff 应力张量 T**:

$$\boldsymbol{\tau} \cdot \mathbf{N} = \mathbf{F} \cdot (\mathbf{T} \cdot \mathbf{N}) = \sigma_\mathbf{n}\mathbf{t}_\mathbf{n} = \mathbf{T}_\mathbf{N}, \tag{3.9}$$

其物理意义是: $\boldsymbol{\tau}$ 作用于参考构型 $\mathscr{R}$ 上面积元的单位法向量 $\mathbf{N}$ 给出相对应的以 $\mathbf{n}$ 为法向但面积为 $\sigma_\mathbf{n}$ 的面积元上的接触力 $\mathbf{T}_\mathbf{N}$ ($\sigma_\mathbf{n}$ 是面积元变形后和变形前的面积比)，而 $\mathbf{T}$ 作用于 $\mathbf{N}$ 后还要经过变形梯度的作用才给出上述接触力．这三个应力张量的相互关系是:

$$\boldsymbol{\tau} = J\mathbf{t} \cdot \overset{-1}{\mathbf{F}}{}^* = \mathbf{F} \cdot \mathbf{T}, \tag{3.10}$$

$$\mathbf{T}=\overset{-1}{\mathbf{F}}\cdot\boldsymbol{\tau}=J\overset{-1}{\mathbf{F}}\cdot\mathbf{t}\cdot\overset{-1}{\mathbf{F}}{}^{*},\tag{3.11}$$

$$\mathbf{t}=j\mathbf{F}\cdot\mathbf{T}\cdot\mathbf{F}^{*}=j\boldsymbol{\tau}\cdot\mathbf{F}^{*},\tag{3.12}$$

其中 (−1) 表示逆，j 是体积元变形前后的容积比，而 $J=1/j$. Piola 张量 $\boldsymbol{\tau}$ 满足 **Boussinesq** (力)**平衡方程**:

$$\boldsymbol{\tau}\cdot\nabla=0,\tag{3.13}$$

Kirchhoff 张量 $\mathbf{T}$ 满足 **Kirchhoff** (力)**平衡方程**:

$$(\mathbf{F}\cdot\mathbf{T})\cdot\nabla=0.\tag{3.14}$$

从 (3.12) 可看到，当 $\mathbf{T}$ 是对称张量时，力矩平衡条件自然满足，而对 $\boldsymbol{\tau}$ 的力矩平衡条件是

$$\boldsymbol{\tau}\cdot\mathbf{F}^{*}=\mathbf{F}\cdot\boldsymbol{\tau}^{*}.\tag{3.15}$$

今后认为，$\mathbf{t}$ 和 $\mathbf{T}$ 都是对称张量. 此外，下节将论及，从功的角度还引进了对余能原理起重要作用的 **Jaumann 应力张量** $\mathbf{S}$:

$$\mathbf{S}=\frac{1}{2}(\mathbf{T}\cdot\mathbf{U}+\mathbf{U}\cdot\mathbf{T}).\tag{3.16}$$

它也是对称张量. 将

$$\mathbf{T}=\overset{-1}{\mathbf{F}}\cdot\boldsymbol{\tau}=\overset{-1}{\mathbf{U}}\cdot\mathbf{R}^{*}\cdot\boldsymbol{\tau}=\boldsymbol{\tau}^{*}\cdot\mathbf{R}\cdot\overset{-1}{\mathbf{U}}$$

代入上式，又得 Jaumann 张量的另一表达式

$$\mathbf{S}=\frac{1}{2}(\boldsymbol{\tau}^{*}\cdot\mathbf{R}+\mathbf{R}^{*}\cdot\boldsymbol{\tau}).\tag{3.17}$$

§4. 共轭变量和 Legendre 变换

物体弹性的数学叙述为应力应变的一一对应. 超弹性材料具有贮能函数 Σ (每单位参考构型体积)，它可以是任意应变度量，如 $\mathbf{E}$, $\mathbf{U}$ 等的函数，也可以通过应变度量作为变形梯度 $\mathbf{F}$ 的复合函数. 为使公式简短，今后常用 $(\dot{\ })$ 代替 $\delta(\ )$. 在任意虚位移 $\dot{\mathbf{u}}\equiv\delta\mathbf{u}$ 中，贮能函数的增量，即物体单位未变形体积吸收的虚功是

$$\dot{\Sigma}=J\mathbf{t}:(\dot{\mathbf{u}}\overset{\circ}{\nabla}).\tag{4.1}$$

依次将 $(3.12)_{2,1}$ 式代入，又有

$$\begin{aligned}\dot{\Sigma}&=(\boldsymbol{\tau}\cdot\mathbf{F}^{*}):(\dot{\mathbf{u}}\overset{\circ}{\nabla})=\boldsymbol{\tau}:[(\dot{\mathbf{u}}\overset{\circ}{\nabla})\cdot\mathbf{F}]=\boldsymbol{\tau}:[(\dot{\mathbf{u}}\overset{\circ}{\nabla})\cdot(\mathbf{x}\nabla)]\\&=\boldsymbol{\tau}:(\dot{\mathbf{u}}\nabla)=\boldsymbol{\tau}:[(\mathbf{x}+\dot{\mathbf{u}})\nabla-\mathbf{x}\nabla]=\boldsymbol{\tau}:\dot{\mathbf{F}},\end{aligned}\tag{4.2}$$

$$\dot{\Sigma} = (\mathbf{F}\cdot\mathbf{T}):\dot{\mathbf{F}} = \mathbf{T}:(\mathbf{F}^*\cdot\dot{\mathbf{F}}) = \mathbf{T}:\frac{1}{2}\delta(\mathbf{F}^*\cdot\mathbf{F}) = \mathbf{T}:\dot{\mathbf{E}}. \tag{4.3}$$

上式还可以写成 $\frac{1}{2}\mathbf{T}:\dot{\mathbf{C}}$,但这并不带来新内容. 将分析力学广义坐标和广义力的概念推广至变形体力学，我们可以把任意应变度量看作广义坐标，而从 $\dot{\Sigma}$ 的表达式得出对应的广义应力[20,21]. 取下面要用到的伸长张量 $\mathbf{U}$, 将 (3.5) 和 (3.4) 式代入上式，得

$$\begin{aligned}\dot{\Sigma} &= \mathbf{T}:\frac{1}{2}(\mathbf{U}\cdot\dot{\mathbf{U}}+\dot{\mathbf{U}}\cdot\mathbf{U}) = \frac{1}{2}(\mathbf{T}\cdot\mathbf{U}+\mathbf{U}\cdot\mathbf{T}):\dot{\mathbf{U}}\\ &= \mathbf{S}:\dot{\mathbf{U}}.\end{aligned} \tag{4.4}$$

$\mathbf{S}$ 就是上节所提及的 Jaumann 应力张量.

上面虚功的四个表达式中，仅 $\dot{\mathbf{E}}$ 和 $\dot{\mathbf{U}}$ 是应变度量的增量. 因此就本文所提及的应力张量，只有 $\mathbf{T}$ 和 $\mathbf{S}$ 才满足广义应力定义的要求. 分别将 $\mathbf{E}$ 和 $\mathbf{U}$ 作为 Σ 的变量，从 (4.3,4) 两式我们有

$$\mathbf{T}(\mathbf{E}) = \frac{d\Sigma}{d\mathbf{E}} \tag{4.5}$$

和

$$\mathbf{S}(\mathbf{U}) = \frac{d\Sigma}{d\mathbf{U}}. \tag{4.6}$$

应力应变关系的一一对应导致 $\mathbf{T}(\mathbf{E})$ 和 $\mathbf{S}(\mathbf{U})$ 是整体可逆的. 这种成对的变量我们称为**共轭应力应变变量**[21]，并记作 $(\mathbf{T},\mathbf{E})$ 和 $(\mathbf{S},\mathbf{U})$. 对每一对共轭变量，可以通过 **Legendre 变换**定义相应的余能:

$$\Sigma^C(\mathbf{T}) = \mathbf{T}:\mathbf{E}(\mathbf{T}) - \Sigma[\mathbf{E}(\mathbf{T})], \tag{4.7}$$

$$\tilde{\Sigma}^C(\mathbf{S}) = \mathbf{S}:\mathbf{U}(\mathbf{S}) - \Sigma[\mathbf{U}(\mathbf{S})], \tag{4.8}$$

并且有

$$\mathbf{E}(\mathbf{T}) = \frac{d\Sigma^C}{d\mathbf{T}} \tag{4.9}$$

和

$$\mathbf{U}(\mathbf{S}) = \frac{d\tilde{\Sigma}^C}{d\mathbf{S}}. \tag{4.10}$$

由于

$$\mathbf{S}:\mathbf{U}=(\mathbf{T}\cdot\mathbf{U}):\mathbf{U}=\mathbf{T}:\mathbf{U}^2=2\mathbf{T}:\mathbf{E}+\operatorname{tr}\mathbf{T},$$

我们有

$$\tilde{\Sigma}^C=\Sigma^C+\mathbf{T}:\mathbf{E}+\operatorname{tr}\mathbf{T}. \tag{4.11}$$

我们约定分别称 Σ^C 和 $\tilde{\Sigma}^C$ 为第一、二余能.下面将看到,变换(4.7)引导到 Reissner 原理.

将 Σ 看作 $\mathbf{F}$ 的复合函数,(4.2)式给出

$$\boldsymbol{\tau}(\mathbf{F})=\frac{d\Sigma}{d\mathbf{F}}. \tag{4.12}$$

变形梯度 $\mathbf{F}$ 既包含应变,也包含转动,所对应的 Piola 张量 $\boldsymbol{\tau}$ 并不满足广义应力定义的要求,但由于(4.2)式的形式,在一定程度上也可称 $(\boldsymbol{\tau},\mathbf{F})$ 为共轭变量[21]. $\dot{\mathbf{F}}$ 的转动部分对 $\dot{\Sigma}$ 没有贡献. 从

$$\begin{aligned}\boldsymbol{\tau}:\dot{\mathbf{F}}&=\boldsymbol{\tau}:(\mathbf{R}\cdot\dot{\mathbf{U}}+\dot{\mathbf{R}}\cdot\mathbf{U})=(\boldsymbol{\tau}^*\cdot\mathbf{R}):\dot{\mathbf{U}}+\boldsymbol{\tau}:(\dot{\mathbf{R}}\cdot\mathbf{R}^*\cdot\mathbf{F})\\&=\frac{1}{2}(\boldsymbol{\tau}^*\cdot\mathbf{R}+\mathbf{R}^*\cdot\boldsymbol{\tau}):\dot{\mathbf{U}}+(\boldsymbol{\tau}\cdot\mathbf{F}^*):(\dot{\mathbf{R}}\cdot\mathbf{R}^*)\\&=\mathbf{S}:\dot{\mathbf{U}}+J\mathbf{t}:(\dot{\mathbf{R}}\cdot\mathbf{R}^*)\end{aligned} \tag{4.13}$$

可以看到这一点. 式中两项分别与纯应变增量和转动增量有关.由于 $\dot{\mathbf{R}}\cdot\mathbf{R}^*$ 为反对称, $\mathbf{t}$ 为对称, 后一项等于零. 和(4.4)式比较,这点也是显然的. $\mathbf{F}$ 唯一确定应变和应力状态,但一个应力状态可以在不同的转动状态下对应同一个应变状态, 在可逆的情况下, $\boldsymbol{\tau}(\mathbf{F})$ 的逆的多值性是可以理解的. 当 $\boldsymbol{\tau}(\mathbf{F})$ 可逆时,根据

$$\mathbf{S}:\mathbf{U}=(\boldsymbol{\tau}^*\cdot\mathbf{R}):\mathbf{U}=\boldsymbol{\tau}:(\mathbf{R}\cdot\mathbf{U})=\boldsymbol{\tau}:\mathbf{F}, \tag{4.14}$$

变换(4.8)可写为

$$\tilde{\Sigma}^C(\boldsymbol{\tau})=\boldsymbol{\tau}:\mathbf{F}(\boldsymbol{\tau})-\Sigma[\mathbf{F}(\boldsymbol{\tau})], \tag{4.15}$$

并且有

$$\mathbf{F}(\boldsymbol{\tau})=\frac{d\tilde{\Sigma}^C}{d\boldsymbol{\tau}}. \tag{4.16}$$

应注意的是, 类似于 $\Sigma(\mathbf{F})$, $\tilde{\Sigma}^C(\boldsymbol{\tau})$ 只能通过与转动无关的应力度量如 $\boldsymbol{\tau}^*\cdot\boldsymbol{\tau}$ 作为 $\boldsymbol{\tau}$ 的复合函数,有的作者称这为标架无差异性[16].变换(4.15)引导到 Levinson 原理.

当 $\boldsymbol{\tau}(\mathbf{F})$ 不可逆时，根据 (3.17) 式和 $\mathbf{S}(\mathbf{U})$ 的可逆性，变换 (4.8) 的右端依赖于同时看作为独立变量的 $\boldsymbol{\tau}$ 和 $\mathbf{R}$. 这时第二余能可写成

$$\tilde{\Sigma}^C[\mathbf{S}(\boldsymbol{\tau}, \mathbf{R})] = \boldsymbol{\tau}:[\mathbf{R}\cdot\mathbf{U}(\mathbf{S})] - \Sigma[\mathbf{U}(\mathbf{S})], \tag{4.17}$$

它将引导到 Fraeijs de Veubeke 原理.

§5. 虚功原理

虚功原理是本文推导各变分原理的出发点.

设物体 $\mathscr{B}$ 在构型 $\mathscr{R}$ 占有区域 V, 边界为 A. 在边界的 A_u 部分给定位移: $\mathbf{u}|_{A_u} = \mathring{\mathbf{u}}$;在边界的余下部分 A_t 给定每单位面积的面力: $\mathbf{T}_\mathbf{N}|_{A_t} = \mathring{\mathbf{T}}_\mathbf{N}$, 其中 $\mathbf{N}$ 是构型 $\mathscr{R}$ 边界单位外法向量. 显然,面力总是作用在构型 $\mathscr{R}$ 的边界面上. 我们只考虑,不管构型 $\mathscr{R}$ 如何,外力总取上述给定值的情形,称为死载荷.

若问题的解存在,并且是位移场 $\mathbf{u}$ 和 Piola 应力场 $\boldsymbol{\tau}$, 就分别称之为该问题的真实位移和真实应力. **"真实"**二字是相对下面两个概念而言的:

(1) **可能位移场** $\overset{*}{\mathbf{u}}$: 在 V 足够光滑;在 A_u 满足几何边条件

$$\overset{*}{\mathbf{u}}|_{A_u} = \mathring{\mathbf{u}}; \tag{5.1}$$

(2) **可能应移场** $\underset{*}{\boldsymbol{\tau}}$: 在 V 满足力平衡方程

$$\underset{*}{\boldsymbol{\tau}}\cdot\boldsymbol{\nabla} = 0; \tag{5.2}$$

在 A_t 满足力边条件

$$\underset{*}{\boldsymbol{\tau}}\cdot\mathbf{N}|_{A_t} = \mathring{\mathbf{T}}_\mathbf{N}. \tag{5.3}$$

对任取的,互不相关的可能位移场 $\overset{*}{\mathbf{u}}$ 和可能应力场 $\underset{*}{\boldsymbol{\tau}}$, 下列积分关系式成立:

$$\begin{aligned}\int_{A_u}\mathring{\mathbf{u}}\cdot\underset{*}{\boldsymbol{\tau}}\cdot\mathbf{N}dA + \int_{A_t}\overset{*}{\mathbf{u}}\cdot\mathring{\mathbf{T}}_\mathbf{N}dA &= \oint_A\overset{*}{\mathbf{u}}\cdot\underset{*}{\boldsymbol{\tau}}\cdot\mathbf{N}dA \\ &= \int_V(\overset{*}{\mathbf{u}}\cdot\underset{*}{\boldsymbol{\tau}})\cdot\boldsymbol{\nabla}dV = \int_V\underset{*}{\boldsymbol{\tau}}:(\overset{*}{\mathbf{u}}\boldsymbol{\nabla})dV,\end{aligned} \tag{5.4}$$

这里用到了条件 (5.1—3). 关系式 (5.4) 首先由 Vorobyev 给出, Novozhilov 在专著 [22] 中作了转述.

若记 $\overset{*}{\mathbf{u}} = \mathbf{u} + \dot{\mathbf{u}}$，并代入 (5.4) 式，得

$$\int_{A_u} \mathring{\mathbf{u}} \cdot \underset{*}{\boldsymbol{\tau}} \cdot \mathbf{N} dA + \int_{A_t} (\mathbf{u} + \dot{\mathbf{u}}) \cdot \mathring{\mathbf{T}}_{\mathbf{N}} dA$$

$$= \int_V \underset{*}{\boldsymbol{\tau}} : (\mathbf{u}\nabla + \dot{\mathbf{u}}\nabla) dV. \tag{5.5}$$

(5.4) 式对真实位移 $\mathbf{u}$ 亦成立：

$$\int_{A_u} \mathring{\mathbf{u}} \cdot \underset{*}{\boldsymbol{\tau}} \cdot \mathbf{N} dA + \int_{A_t} \mathbf{u} \cdot \mathring{\mathbf{T}}_{\mathbf{N}} dA = \int_V \underset{*}{\boldsymbol{\tau}} : (\mathbf{u}\nabla) dV. \tag{5.6}$$

从 (5.5) 式减去 (5.6) 式，并取真实应力，得**虚位移原理**：

$$\int_{A_t} \dot{\mathbf{u}} \cdot \mathring{\mathbf{T}}_{\mathbf{N}} dA = \int_V \boldsymbol{\tau} : (\dot{\mathbf{u}}\nabla) dV. \tag{5.7}$$

又若记 $\underset{*}{\boldsymbol{\tau}} = \boldsymbol{\tau} + \dot{\boldsymbol{\tau}}$，并代入 (5.4) 式，得

$$\int_{A_u} \mathring{\mathbf{u}} \cdot (\boldsymbol{\tau} + \dot{\boldsymbol{\tau}}) \cdot \mathbf{N} dA + \int_{A_t} \overset{*}{\mathbf{u}} \cdot \mathring{\mathbf{T}}_{\mathbf{N}} dA$$

$$= \int_V (\boldsymbol{\tau} + \dot{\boldsymbol{\tau}}) : (\overset{*}{\mathbf{u}}\nabla) dV. \tag{5.8}$$

(5.4) 式对真实应力 $\boldsymbol{\tau}$ 亦成立：

$$\int_{A_u} \mathring{\mathbf{u}} \cdot \boldsymbol{\tau} \cdot \mathbf{N} dA + \int_{A_t} \overset{*}{\mathbf{u}} \cdot \mathring{\mathbf{T}}_{\mathbf{N}} dA = \int_V \boldsymbol{\tau} : (\overset{*}{\mathbf{u}}\nabla) dV. \tag{5.9}$$

上两式相减，并取真实位移，又得**虚应力原理**：

$$\int_{A_u} \mathring{\mathbf{u}} \cdot \dot{\boldsymbol{\tau}} \cdot \mathbf{N} dA = \int_V \dot{\boldsymbol{\tau}} : (\mathbf{u}\nabla) dV. \tag{5.10}$$

虚位移原理是推导总势能驻值原理的基础，而虚应力原理则是推导各种余能原理的基础. 我们约定泛称同源于 (5.4) 式的虚位移和虚应力原理为**虚功原理**.

§6. 古典变分原理

将 (4.2) 式代入虚位移原理 (5.7)，得

$$\int_V \dot{\Sigma} dV - \int_{A_t} \dot{\mathbf{u}} \cdot \mathring{\mathbf{T}}_{\mathbf{N}} dA = 0. \tag{6.1}$$

鉴于 $\mathring{\mathbf{T}}_{\mathbf{N}}$ 是死载荷，我们有

$$\delta\left(\int_V \Sigma dV - \int_{A_t} \mathbf{u} \cdot \mathring{\mathbf{T}}_{\mathbf{N}} dA\right) = 0. \tag{6.2}$$

我们称定义在可能位移场函数类的泛函

$$\Pi(\mathbf{u}) = \int_V \Sigma(\mathbf{F})dV - \int_{A_t} \mathbf{u} \cdot \mathring{\mathbf{T}}_{\mathbf{N}} dA \tag{6.3}$$

为**系统总势能**．(6.2) 式的意义是，真实位移场 $\mathbf{u}$ 使系统总势能 Π 取驻值．下面证明，使泛函 $\Pi(\mathbf{u})$ 取驻值的可能位移场 $\mathbf{u}$ 根据本构关系(4.12)所对应的应力场 $\boldsymbol{\tau}$ 是满足力矩平衡条件的可能应力场．利用

$$\dot{\Sigma} = \frac{d\Sigma}{d\mathbf{F}} : \dot{\mathbf{F}} = \boldsymbol{\tau} : (\dot{\mathbf{u}}\nabla) = (\dot{\mathbf{u}} \cdot \boldsymbol{\tau}) \cdot \nabla - \dot{\mathbf{u}} \cdot (\boldsymbol{\tau} \cdot \nabla), \tag{6.4}$$

得 $\Pi(\mathbf{u})$ 的变分

$$\begin{aligned}\dot{\Pi} &= \int_V [(\dot{\mathbf{u}} \cdot \boldsymbol{\tau}) \cdot \nabla - \dot{\mathbf{u}} \cdot (\boldsymbol{\tau} \cdot \nabla)]dV - \int_{A_t} \dot{\mathbf{u}} \cdot \mathring{\mathbf{T}}_{\mathbf{N}} dA \\ &= \int_{A_t} \dot{\mathbf{u}} \cdot (\boldsymbol{\tau} \cdot \mathbf{N} - \mathring{\mathbf{T}}_{\mathbf{N}})dA - \int_V \dot{\mathbf{u}} \cdot (\boldsymbol{\tau} \cdot \nabla)dV,\end{aligned} \tag{6.5}$$

这里用到 $\dot{\mathbf{u}}|_{A_u} = 0$．由 $\dot{\Pi} = 0$ 及 $\dot{\mathbf{u}}$ 在 V 及 A_t 的任意性，得

$$\boldsymbol{\tau} \cdot \nabla = 0 \qquad \text{在 } V, \tag{6.6}$$

$$\boldsymbol{\tau} \cdot \mathbf{N} = \mathring{\mathbf{T}}_{\mathbf{N}} \qquad \text{在 } A_t. \tag{6.7}$$

由于 $\Sigma(\mathbf{F})$ 是 $\mathbf{F}$ 的复合函数(通过应变度量)．今取该应变度量为 $\mathbf{C} = \mathbf{F}^* \cdot \mathbf{F}$，则有

$$\boldsymbol{\tau} = \frac{d\Sigma}{d\mathbf{F}} = 2\mathbf{F} \cdot \frac{d\Sigma}{d\mathbf{C}}. \tag{6.8}$$

注意到 $d\Sigma/d\mathbf{F}$ 的对称性，也有

$$\boldsymbol{\tau}^* = 2\frac{d\Sigma}{d\mathbf{C}} \cdot \mathbf{F}^*.$$

从而又得

$$\boldsymbol{\tau} \cdot \mathbf{F}^* = \mathbf{F} \cdot \boldsymbol{\tau}^* \qquad \text{在 } V. \tag{6.9}$$

于是，该应力场 $\boldsymbol{\tau}$ 是真实应力场，因为它既对应于可能位移场 $\mathbf{u}$，又满足条件(6.6, 7, 9)．与泛函(6.3)相联系的变分原理称为**系统总势能驻值原理**．

最后，对于真实位移场和真实应力场，利用散度定理，(6.3)式可改写为

$$\Pi = \int_V \Sigma dV - \oint_A \mathbf{u}\cdot\boldsymbol{\tau}\cdot\mathbf{N}dA + \int_{A_u} \mathring{\mathbf{u}}\cdot\boldsymbol{\tau}\cdot\mathbf{N}dA$$
$$= \int_V [\Sigma - \boldsymbol{\tau}:(\mathbf{u}\boldsymbol{\nabla})]dA + \int_{A_u} \mathring{\mathbf{u}}\cdot\boldsymbol{\tau}\cdot\mathbf{N}dA.$$

考虑到

$$\boldsymbol{\tau}:(\mathbf{u}\boldsymbol{\nabla}) = (\mathbf{F}\cdot\mathbf{T}):(\mathbf{u}\boldsymbol{\nabla}) = (\mathbf{u}\boldsymbol{\nabla}):\mathbf{T} + [(\boldsymbol{\nabla}\mathbf{u})\cdot(\mathbf{u}\boldsymbol{\nabla})]:\mathbf{T}$$
$$= \frac{1}{2}[\mathbf{u}\boldsymbol{\nabla} + \boldsymbol{\nabla}\mathbf{u} + (\boldsymbol{\nabla}\mathbf{u})\cdot(\mathbf{u}\boldsymbol{\nabla})]:\mathbf{T} + \frac{1}{2}[(\boldsymbol{\nabla}\mathbf{u})\cdot(\mathbf{u}\boldsymbol{\nabla})]:\mathbf{T}$$
$$= \mathbf{E}:\mathbf{T} + \frac{1}{2}[(\boldsymbol{\nabla}\mathbf{u})\cdot(\mathbf{u}\boldsymbol{\nabla})]:\mathbf{T},$$

系统总势能在真实状态的值可用真实位移和真实应力表达为

$$\Pi'(\mathbf{u},\mathbf{T}) = \int_V \left\{\Sigma(\mathbf{E}) - \mathbf{T}:\mathbf{E} - \frac{1}{2}[(\boldsymbol{\nabla}\mathbf{u})\cdot(\mathbf{u}\boldsymbol{\nabla})]:\mathbf{T}\right\}dV$$
$$+ \int_{A_u} \mathring{\mathbf{u}}\cdot\mathbf{F}\cdot\mathbf{T}\cdot\mathbf{N}dA. \tag{6.10}$$

Π' 的意义见下文.

现在我们从虚应力原理 (5.10) 推导**系统总余能驻值原理**, 即 **Reissner 原理**. 利用 (4.7) 式所定义的第一余能 $\Sigma^C(\mathbf{T})$, (4.9) 式及 (3.5) 式, 得

$$\dot{\boldsymbol{\tau}}:(\mathbf{u}\boldsymbol{\nabla}) = \delta(\mathbf{F}\cdot\mathbf{T}):(\mathbf{u}\boldsymbol{\nabla}) = (\dot{\mathbf{F}}\cdot\mathbf{T}):(\mathbf{u}\boldsymbol{\nabla}) + (\mathbf{F}\cdot\dot{\mathbf{T}}):(\mathbf{u}\boldsymbol{\nabla})$$
$$= [(\boldsymbol{\nabla}\mathbf{u})\cdot\dot{\mathbf{F}}]:\mathbf{T} + [(\boldsymbol{\nabla}\mathbf{u})\cdot\mathbf{F}]:\dot{\mathbf{T}}$$
$$= [(\boldsymbol{\nabla}\mathbf{u})\cdot(\dot{\mathbf{u}}\boldsymbol{\nabla})]:\mathbf{T} + [\boldsymbol{\nabla}\mathbf{u} + (\boldsymbol{\nabla}\mathbf{u})\cdot(\mathbf{u}\boldsymbol{\nabla})]:\dot{\mathbf{T}}$$
$$= \frac{1}{2}\delta[(\boldsymbol{\nabla}\mathbf{u})\cdot(\mathbf{u}\boldsymbol{\nabla})]:\mathbf{T} + \frac{1}{2}[\mathbf{u}\boldsymbol{\nabla} + \boldsymbol{\nabla}\mathbf{u} + 2(\boldsymbol{\nabla}\mathbf{u})$$
$$\cdot(\mathbf{u}\boldsymbol{\nabla})]:\dot{\mathbf{T}} = \mathbf{E}:\dot{\mathbf{T}} + \frac{1}{2}\delta\{[(\boldsymbol{\nabla}\mathbf{u})\cdot(\mathbf{u}\boldsymbol{\nabla})]:\mathbf{T}\}$$
$$= \delta\left\{\Sigma^C + \frac{1}{2}[(\boldsymbol{\nabla}\mathbf{u})\cdot(\mathbf{u}\boldsymbol{\nabla})]:\mathbf{T}\right\}. \tag{6.11}$$

将之代入 (5.10) 式, 得

$$\delta\left\{\int_V\left[\Sigma^C + \frac{1}{2}[(\boldsymbol{\nabla}\mathbf{u})\cdot(\mathbf{u}\boldsymbol{\nabla})]:\mathbf{T}\right]dV - \int_{A_u}\mathring{\mathbf{u}}\cdot\mathbf{F}\cdot\mathbf{T}\cdot\mathbf{N}dA\right\}$$
$$= 0, \tag{6.12}$$

这里同时出现位移场 $\mathbf{u}$ 和应力场 $\mathbf{T}$. 我们称定义在可能位移场（由于在 A_u 的面积分里已出现位移的给定边界值，可能位移的条件可削弱为不必满足将来以自然边条件出现的 (5.1) 式）和可能应力场函数类的泛函

$$\Pi^C(\mathbf{T}, \mathbf{u}) = \int_V \left\{\Sigma^C(\mathbf{T}) + \frac{1}{2}[(\nabla\mathbf{u})\cdot(\mathbf{u}\nabla)]:\mathbf{T}\right\} dV - \int_{A_u} \mathring{\mathbf{u}}\cdot\mathbf{F}\cdot\mathbf{T}\cdot\mathbf{N}dA \tag{6.13}$$

为**系统总余能**. (6.12) 式的含义是：真实应力场 $\mathbf{T}$ 和真实位移场 $\mathbf{u}$ 使系统总余能取驻值. 下面证明，使泛函 $\Pi^C(\mathbf{T}, \mathbf{u})$ 取驻值的可能应力场 $\mathbf{T}$ 和可能位移场 $\mathbf{u}$ 是互相对应的，并且 $\mathbf{u}$ 满足边条件 (5.1)，因而是问题的解. 变量 $\mathbf{T}$ 在 V 内受力平衡方程的约束，证明时需先解除约束. 我们将应力边条件也引进泛函，使 $\mathbf{T}$ 成为完全的自由变量. 引进 Lagrange 乘子 $\boldsymbol{\eta}$ 和 $\boldsymbol{\xi}$（分别是定义在 V 和 A_t 的向量场），得无约束条件的泛函：

$$\overset{*}{\Pi}{}^C = \int_V \left\{\Sigma^C(\mathbf{T}) + \frac{1}{2}[(\nabla\mathbf{u})\cdot(\mathbf{u}\nabla)]:\mathbf{T} + \boldsymbol{\eta}\cdot[(\mathbf{F}\cdot\mathbf{T})\cdot\boldsymbol{\Delta}]\right\} dV - \int_{A_u} \mathring{\mathbf{u}}\cdot\mathbf{F}\cdot\mathbf{T}\cdot\mathbf{N}dA + \int_{A_t} \boldsymbol{\xi}\cdot(\mathring{\mathbf{T}}_\mathbf{N} - \mathbf{F}\cdot\mathbf{T}\cdot\mathbf{N})dA, \tag{6.14}$$

其中 $\mathbf{T}, \mathbf{u}, \boldsymbol{\eta}$ 和 $\boldsymbol{\xi}$ 是独立的自由变量. 首先暂且令 $\mathbf{T}, \boldsymbol{\eta}$ 和 $\boldsymbol{\xi}$ 保持不变地求 $\overset{*}{\Pi}{}^C$ 的变分：

$$\begin{aligned}\delta\overset{*}{\Pi}{}^C &= \int_V \{[(\nabla\mathbf{u})\cdot(\dot{\mathbf{u}}\nabla)]:\mathbf{T} + \boldsymbol{\eta}\cdot[(\dot{\mathbf{F}}\cdot\mathbf{T})\cdot\nabla]\}dV \\ &\quad - \int_{A_u} \mathring{\mathbf{u}}\cdot\dot{\mathbf{F}}\cdot\mathbf{T}\cdot\mathbf{N}dA - \int_{A_t} \boldsymbol{\xi}\cdot\dot{\mathbf{F}}\cdot\mathbf{T}\cdot\mathbf{N}dA \\ &= \int_V [(\mathbf{u} - \boldsymbol{\eta})\nabla]:\boldsymbol{\tau}dV + \int_{A_u} (\boldsymbol{\eta} - \mathring{\mathbf{u}})\cdot\boldsymbol{\tau}\cdot\mathbf{N}dA \\ &\quad + \int_{A_t} (\boldsymbol{\eta} - \boldsymbol{\xi})\cdot\boldsymbol{\tau}\cdot\mathbf{N}dA,\end{aligned} \tag{6.15}$$

这里 $\dot{\boldsymbol{\tau}} = \dot{\mathbf{F}} \cdot \mathbf{T}$ 是仅由于 $\dot{\mathbf{u}}$ 而引起的 Piola 张量场 $\boldsymbol{\tau}$ 的变化，它完全是自由的．由此，$\delta \overset{*}{\Pi}{}^{C} = 0$ 就给出 Lagrange 乘子 $\boldsymbol{\eta}$ 和 $\boldsymbol{\xi}$ 的意义：

$$(\mathbf{u} - \boldsymbol{\eta})\boldsymbol{\nabla} = 0 \qquad \text{在 } V, \tag{6.16}$$

$$\boldsymbol{\eta} = \mathring{\mathbf{u}} \qquad \text{在 } A_u, \tag{6.17}$$

$$\boldsymbol{\xi} = \boldsymbol{\eta} \qquad \text{在 } A_t. \tag{6.18}$$

从 (6.16) 式可知，向量场 $\boldsymbol{\eta}$ 和位移场 $\mathbf{u}$ 至多可差一个常向量场．根据 (6.17) 式及连续性进一步可知，在整个区域 V 内 $\boldsymbol{\eta} = \mathbf{u}$．而由 (6.18) 式，在 A_t 上又有 $\boldsymbol{\xi} = \mathbf{u}$．将 $\boldsymbol{\eta}$ 和 $\boldsymbol{\xi}$ 的意义代回 (6.14) 式就得

$$\overset{*}{\Pi}{}^{C}(\mathbf{T}, \mathbf{u}) = \int_V \left\{ \Sigma^C(\mathbf{T}) + \frac{1}{2}[(\boldsymbol{\nabla}\mathbf{u}) \cdot (\mathbf{u}\boldsymbol{\nabla})] : \mathbf{T} + \mathbf{u} \cdot [(\mathbf{F} \cdot \mathbf{T}) \cdot \boldsymbol{\nabla}] \right\} dV - \int_{A_u} \mathring{\mathbf{u}} \cdot \mathbf{F} \cdot \mathbf{T} \cdot \mathbf{N} dA - \int_{A_t} \mathbf{u} \cdot (\mathbf{F} \cdot \mathbf{T} \cdot \mathbf{N} - \mathring{\mathbf{T}}_{\mathbf{N}}) dA. \tag{6.19}$$

这是一个具有两个自由变量 $\mathbf{T}$ 和 $\mathbf{u}$ 的无约束泛函．现在用它来进行上面所提及的证明．先将 $\overset{*}{\Pi}{}^{C}(\mathbf{T}, \mathbf{u})$ 改写为

$$\overset{*}{\Pi}{}^{C}(\mathbf{T}, \mathbf{u}) = \int_V \left\{ \Sigma^C(\mathbf{T}) + \frac{1}{2}[(\boldsymbol{\nabla}\mathbf{u}) \cdot (\mathbf{u}\boldsymbol{\nabla})] : \mathbf{T} - (\mathbf{u}\boldsymbol{\nabla}) : (\mathbf{F} \cdot \mathbf{T}) \right\} dV + \int_{A_u} (\mathbf{u} - \mathring{\mathbf{u}}) \cdot \mathbf{F} \cdot \mathbf{T} \cdot \mathbf{N} dA + \int_{A_t} \mathbf{u} \cdot \mathring{\mathbf{T}}_{\mathbf{N}} dA. \tag{6.20}$$

它的变分是

$$\delta \overset{*}{\Pi}{}^{C} = \int_V \left\{ \frac{d\Sigma^C}{d\mathbf{T}} : \dot{\mathbf{T}} + \frac{1}{2}[(\boldsymbol{\nabla}\mathbf{u}) \cdot (\mathbf{u}\boldsymbol{\nabla})] : \dot{\mathbf{T}} + [(\boldsymbol{\nabla}\mathbf{u}) \cdot (\dot{\mathbf{u}}\boldsymbol{\nabla})] : \mathbf{T} - (\dot{\mathbf{u}}\boldsymbol{\nabla}) : (\mathbf{F} \cdot \mathbf{T}) - (\mathbf{u}\boldsymbol{\nabla}) : (\dot{\mathbf{F}} \cdot \mathbf{T}) - (\mathbf{u}\boldsymbol{\nabla}) : (\mathbf{F} \cdot \dot{\mathbf{T}}) \right\} dV + \int_{A_u} \dot{\mathbf{u}} \cdot \mathbf{F} \cdot \mathbf{T} \cdot \mathbf{N} dA$$

$$+\int_{A_u}(\mathbf{u}-\mathring{\mathbf{u}})\cdot\delta(\mathbf{F}\cdot\mathbf{T})\cdot\mathbf{N}dA+\int_{A_t}\dot{\mathbf{u}}\cdot\mathring{\mathbf{T}}_{\mathbf{N}}dA$$

$$=\int_V\left\{\left[\frac{d\Sigma^C}{d\mathbf{T}}-\frac{1}{2}(\mathbf{u}\nabla+\nabla\mathbf{u}+(\nabla\mathbf{u})\cdot(\mathbf{u}\nabla))\right]:\dot{\mathbf{T}}\right.$$

$$\left.+[(\mathbf{F}\cdot\mathbf{T})\cdot\nabla]\cdot\dot{\mathbf{u}}\right\}dV+\int_{A_u}(\mathbf{u}-\mathring{\mathbf{u}})\cdot\delta(\mathbf{F}\cdot\mathbf{T})$$

$$\cdot\mathbf{N}dA-\int_{A_t}\dot{\mathbf{u}}\cdot(\mathbf{F}\cdot\mathbf{T}\cdot\mathbf{N}-\mathring{\mathbf{T}}_{\mathbf{N}})dA. \tag{6.21}$$

于是得

$$(\mathbf{F}\cdot\mathbf{T})\cdot\nabla=0 \quad 在\ V, \tag{6.22}$$

$$\mathbf{F}\cdot\mathbf{T}\cdot\mathbf{N}=\mathring{\mathbf{T}}_{\mathbf{N}} \quad 在\ A_t, \tag{6.23}$$

$$\mathbf{u}=\mathring{\mathbf{u}} \quad 在\ A_u, \tag{6.24}$$

$$\frac{d\Sigma^C}{d\mathbf{T}}=\frac{1}{2}[\mathbf{u}\nabla+\nabla\mathbf{u}+(\nabla\mathbf{u})\cdot(\mathbf{u}\nabla)] \quad 在\ V. \tag{6.25}$$

(6.25) 式说明，使 $\overset{*}{\Pi}{}^C(\mathbf{T},\mathbf{u})$（亦即使 $\Pi^C(\mathbf{T},\mathbf{u})$）取驻值的 $\mathbf{T}$ 通过本构关系 (4.9) 与使 $\overset{*}{\Pi}{}^C$ 取驻值的 $\mathbf{u}$ 相对应．这就是所需证明的．

利用 (4.7) 式，比较 (6.10) 和 (6.13) 两式，我们有 $\Pi^C\overset{r}{=}-\Pi'$. 即对于真实位移和真实应力，系统总势能和系统总余能间存在互补关系

$$\Pi+\Pi^C\overset{r}{=}0. \tag{6.26}$$

这里"$\overset{r}{=}$"表示仅在真实状态才成立的等式．应注意的是，$\Pi(\mathbf{u})$ 和 $\Pi^C(\mathbf{T},\mathbf{u})$ 是两个不同的泛函，(6.26) 式只说明它们在驻点的值相同而已．

这样，我们从虚功原理出发，统一地推导并充分论证了非线性弹性的两个古典变分原理，还指出了它们间的相互关系．

§7. 广义变分原理

两个古典变分原理都是有条件的变分原理，在应用上有时未必方便．后来发展了广义变分的思想．这思想起初是通过猜测，后来是通过 Lagrange 乘子实现的．在这方面我国学者做过相当

的工作[23,24]. **Lagrange 乘子**将附加条件合并到原始泛函而得到无约束泛函. 其实, 在证明 Reissner 原理时, 我们已经这样做了. 可以说,广义变分的思想就是: 把证明带约束的变分问题时,在弄清用以解除约束的 Lagrange 乘子的物理意义后所得的无约束泛函,作为原始问题的泛函而加以应用.

现从总势能泛函推导广义变分泛函. 总势能驻值原理的独立变量是 $\mathbf{u}$, 但 Π 所包含的贮能函数 Σ 实际上是通过应变度量, 如 (3.5) 式的 $\mathbf{E}$,依赖于 $\mathbf{u}$ 的. 我们引入待定的 Lagrange 乘子 $\boldsymbol{\sigma}$ (定义在 V 的对称张量场) 和 $\boldsymbol{\xi}$ (定义在 A_u 的向量场), 将条件 (3.5) 和约束位移的边条件 (5.1) 合并到总势能 (6.3), 得

$$\overset{*}{\Pi}=\int_V \Sigma(\mathbf{E})dV+\int_V\left\{\frac{1}{2}[\mathbf{u}\boldsymbol{\nabla}+\boldsymbol{\nabla}\mathbf{u}+(\boldsymbol{\nabla}\mathbf{u})\cdot(\mathbf{u}\boldsymbol{\nabla})]-\mathbf{E}\right\}:\boldsymbol{\sigma}dV-\int_{A_t}\mathbf{u}\cdot\mathring{\mathbf{T}}_{\mathbf{N}}dA+\int_{A_u}(\mathring{\mathbf{u}}-\mathbf{u})\cdot\boldsymbol{\xi}dA. \tag{7.1}$$

这里的独立变量是 $\mathbf{E}$, $\mathbf{u}$, $\boldsymbol{\sigma}$ 和 $\boldsymbol{\xi}$. 暂且令 $\boldsymbol{\sigma}$ 和 $\boldsymbol{\xi}$ 保持不变地求 $\overset{*}{\Pi}$ 的变分. 利用 (4.3) 式, 得

$$\delta\overset{*}{\Pi}=\int_V\{(\mathbf{T}-\boldsymbol{\sigma}):\dot{\mathbf{E}}+(\dot{\mathbf{u}}\boldsymbol{\nabla}):\boldsymbol{\sigma}+(\dot{\mathbf{u}}\boldsymbol{\nabla}):[(\mathbf{u}\boldsymbol{\nabla})\cdot\boldsymbol{\sigma}]\}dV-\int_{A_t}\dot{\mathbf{u}}\cdot\mathring{\mathbf{T}}_{\mathbf{N}}dA-\int_{A_u}\dot{\mathbf{u}}\cdot\boldsymbol{\xi}dA. \tag{7.2}$$

利用散度定理,又得

$$\int_V\{(\dot{\mathbf{u}}\boldsymbol{\nabla}):\boldsymbol{\sigma}+(\dot{\mathbf{u}}\boldsymbol{\nabla}):[(\mathbf{u}\boldsymbol{\nabla})\cdot\boldsymbol{\sigma}]\}dV=\int_V(\dot{\mathbf{u}}\boldsymbol{\nabla}):(\mathbf{F}\cdot\boldsymbol{\sigma})dV$$
$$=\oint_A\dot{\mathbf{u}}\cdot\mathbf{F}\cdot\boldsymbol{\sigma}\cdot\mathbf{N}dA-\int_V\dot{\mathbf{u}}\cdot[(\mathbf{F}\cdot\boldsymbol{\sigma})\cdot\boldsymbol{\nabla}]dV.$$

将之代入 (7.2) 式, 有

$$\delta\overset{*}{\Pi}=\int_V\{(\mathbf{T}-\boldsymbol{\sigma}):\dot{\mathbf{E}}-[(\mathbf{F}\cdot\boldsymbol{\sigma})\cdot\boldsymbol{\nabla}]\cdot\dot{\mathbf{u}}\}dV+\int_{A_t}(\mathbf{F}\cdot\boldsymbol{\sigma}\cdot\mathbf{N}-\mathring{\mathbf{T}}_{\mathbf{N}})\cdot\dot{\mathbf{u}}dA$$

$$+\int_{A_u}(\mathbf{F}\cdot\boldsymbol{\sigma}\cdot\mathbf{N}-\boldsymbol{\xi})\cdot\dot{\mathbf{u}}dA. \tag{7.3}$$

由 $\delta\overset{*}{\Pi}=0$，从体积分的第一项及最后一个面积分，得 Lagrange 乘子的物理意义:

$$\boldsymbol{\sigma}=\mathbf{T} \qquad 在 V, \tag{7.4}$$

$$\boldsymbol{\xi}=\mathbf{F}\cdot\mathbf{T}\cdot\mathbf{N} \qquad 在 A_u. \tag{7.5}$$

代回 (7.1) 式，就得

$$\overset{*}{\Pi}(\mathbf{u},\mathbf{T})=\int_V\left\{\Sigma(\mathbf{E})-\left[\mathbf{E}-\frac{1}{2}(\mathbf{u}\nabla+\nabla\mathbf{u}+(\nabla\mathbf{u})\cdot(\mathbf{u}\nabla))\right]:\mathbf{T}\right\}dV-\int_{A_t}\mathbf{u}\cdot\overset{*}{\mathbf{T}}_{\mathbf{N}}dA$$
$$-\int_{A_u}(\mathbf{u}-\mathring{\mathbf{u}})\cdot\mathbf{F}\cdot\mathbf{T}\cdot\mathbf{N}dA. \tag{7.6}$$

尽管 **E** 也在泛函里出现，但它是通过本构关系 (4.5) 依赖于 **T** 的. 可以称具有两个自由变量 **u** 和 **T** 的无约束泛函 $\overset{*}{\Pi}(\mathbf{u},\mathbf{T})$ 为**系统广义总势能**. **E** 不是独立变量这一点也可以从 (7.6) 式的变分看出，由于 (4.3) 式而 $\dot{\mathbf{E}}$ 不出现. $\overset{*}{\Pi}(\mathbf{u},\mathbf{T})$ 的变分是

$$\delta\overset{*}{\Pi}=\int_V\left\{\left[\frac{1}{2}(\mathbf{u}\nabla+\nabla\mathbf{u}+(\nabla\mathbf{u})\cdot(\mathbf{u}\nabla))-\mathbf{E}\right]:\dot{\mathbf{T}}-[(\mathbf{F}\cdot\mathbf{T})\cdot\nabla]\cdot\dot{\mathbf{u}}\right\}dV+\int_{A_t}(\mathbf{F}\cdot\mathbf{T}\cdot\mathbf{N}-\overset{*}{\mathbf{T}}_{\mathbf{N}})$$
$$\cdot\dot{\mathbf{u}}dA+\int_{A_u}(\mathring{\mathbf{u}}-\mathbf{u})\cdot\delta(\mathbf{F}\cdot\mathbf{T})\cdot\mathbf{N}dA. \tag{7.7}$$

由此可知，使泛函 $\overset{*}{\Pi}(\mathbf{u},\mathbf{T})$ 取驻值的 **u**, **T** 以及 **E** $\left(通过 \mathbf{T}=\dfrac{d\Sigma}{d\mathbf{E}} 对应于 \mathbf{T}\right)$满足条件:

$$\mathbf{u}=\mathring{\mathbf{u}} \qquad 在 A_u, \tag{7.8}$$

$$\mathbf{F}\cdot\mathbf{T}\cdot\mathbf{N}=\overset{*}{\mathbf{T}}_{\mathbf{N}} \qquad 在 A_t, \tag{7.9}$$

$$(\mathbf{F}\cdot\mathbf{T})\cdot\nabla=0 \qquad 在 V, \tag{7.10}$$

$$\mathbf{E}=\frac{1}{2}[\mathbf{u}\nabla+\nabla\mathbf{u}+(\nabla\mathbf{u})\cdot(\mathbf{u}\nabla)] \qquad 在 V. \tag{7.11}$$

(7.11) 式表明, $\mathbf{T}$ 通过本构关系 (4.5) 和 $\mathbf{u}$ 相对应; (7.8—10) 式则表明,这两相对应的 $\mathbf{u}$ 和 $\mathbf{T}$ 同时是可能位移场和可能应力场,因而是问题的解. 泛函为 $\overset{*}{\Pi}(\mathbf{u}, \mathbf{T})$ 的无约束条件的变分原理称为**广义总势能驻值原理.**

利用下述结果

$$\frac{1}{2}[\mathbf{u}\nabla + \nabla\mathbf{u} + (\nabla\mathbf{u})\cdot(\mathbf{u}\nabla)]:\mathbf{T} = (\mathbf{u}\nabla):(\mathbf{F}\cdot\mathbf{T})$$

$$-\frac{1}{2}[(\nabla\mathbf{u})\cdot(\mathbf{u}\nabla)]:\mathbf{T} = (\mathbf{u}\cdot\mathbf{F}\cdot\mathbf{T})\cdot\nabla$$

$$-\mathbf{u}\cdot[(\mathbf{F}\cdot\mathbf{T})\cdot\nabla] - \frac{1}{2}[(\nabla\mathbf{u})\cdot(\mathbf{u}\nabla)]:\mathbf{T}, \qquad (7.12)$$

散度定理和 (4.7) 式,并改变符号, 广义总势能 (7.6) 又可化成另一种等价形式:

$$\overset{*}{\Pi}{}^{C}(\mathbf{u}, \mathbf{T}) = \int_V \left\{\Sigma^C(\mathbf{T}) + \frac{1}{2}[(\nabla\mathbf{u})\cdot(\mathbf{u}\nabla)]:\mathbf{T} + \mathbf{u}\cdot[(\mathbf{F}\cdot\mathbf{T})\right.$$

$$\left.\cdot\nabla]\right\} dV - \int_{A_t} \mathbf{u}\cdot(\mathbf{F}\cdot\mathbf{T}\cdot\mathbf{N} - \mathring{\mathbf{T}}_{\mathbf{N}})dA$$

$$-\int_{A_u} \mathring{\mathbf{u}}\cdot\mathbf{F}\cdot\mathbf{T}\cdot\mathbf{N}dA. \qquad (7.13)$$

这正是证明 Reissner 原理时出现的无约束泛函 (6.19). 假如类似地称泛函 (6.19) 为**系统广义总余能**, 并相应地有**广义总余能驻值原理**,则广义总势能和广义总余能间也存在互补关系

$$\overset{*}{\Pi} + \overset{*}{\Pi}{}^{C} = 0. \qquad (7.14)$$

(7.12) 式对任意无关的 $\mathbf{u}$ 和 $\mathbf{T}$ 成立,从而互补关系 (7.14) 也对任意 $\mathbf{u}$ 和 $\mathbf{T}$ 成立(不同于 (6.26) 式),故广义总势能原理和广义总余能原理实质上是同一泛函(差一符号)的驻值原理, 因此可统称为**广义变分原理.**

§8. Levinson 原理

在 $\boldsymbol{\tau}(\mathbf{F})$ 可逆的条件下,采用变换 (4.15) 定义的第二余能,得

$$\Sigma^C = \mathbf{F}:\dot{\boldsymbol{\tau}} = \dot{\boldsymbol{\tau}}:(\mathbf{u}\nabla) + \mathrm{tr}\,\dot{\boldsymbol{\tau}}. \qquad (8.1)$$

代入虚应力原理(5.10),我们有

$$\delta\left\{\int_V[\tilde{\Sigma}^C(\boldsymbol{\tau})-\operatorname{tr}\boldsymbol{\tau}]dV-\int_{A_u}\mathring{\mathbf{u}}\cdot\boldsymbol{\tau}\cdot\mathbf{N}dA\right\}=0. \quad (8.2)$$

对于定义在可能应力场函数类的泛函:

$$\Pi_1^C(\boldsymbol{\tau})=\int_V[\tilde{\Sigma}^C(\boldsymbol{\tau})-\operatorname{tr}\boldsymbol{\tau}]dV-\int_{A_u}\mathring{\mathbf{u}}\cdot\boldsymbol{\tau}\cdot\mathbf{N}dA, \quad (8.3)$$

(8.2)式的意义是,真实应力场 $\boldsymbol{\tau}$ 使 $\Pi_1^C(\boldsymbol{\tau})$ 取驻值. 下面证明,使 Π_1^C 取驻值的可能应力场 $\boldsymbol{\tau}$ 满足力矩平衡条件,且有满足边条件的位移场 $\mathbf{u}$ 与之相对应. 由于 $\tilde{\Sigma}^C(\boldsymbol{\tau})$ 是 $\boldsymbol{\tau}$ 的标架无差异的复合函数(通过 $\mathbf{K}=\boldsymbol{\tau}^*\cdot\boldsymbol{\tau}$), 故

$$\mathbf{F}=\frac{d\tilde{\Sigma}^C}{d\boldsymbol{\tau}}=2\boldsymbol{\tau}\cdot\frac{d\tilde{\Sigma}^C}{d\mathbf{K}}. \quad (8.4)$$

考虑到 $d\tilde{\Sigma}^C/d\mathbf{K}$ 的对称性,即得力矩平衡条件

$$\boldsymbol{\tau}\cdot\mathbf{F}^*=\mathbf{F}\cdot\boldsymbol{\tau}^* \qquad \text{在 } V. \quad (8.5)$$

只有当(8.4)式的 $\mathbf{F}$ 满足条件

$$\mathbf{F}\times\boldsymbol{\nabla}=0 \qquad \text{在 } V, \quad (8.6)$$

才有可能从

$$\mathbf{u}(\mathbf{X})=\int_{\mathbf{X}_0}^{\mathbf{X}}(\mathbf{F}-\mathbf{I})\cdot d\mathbf{X}+\mathring{\mathbf{u}}(\mathbf{X}_0) \quad (8.7)$$

求得位移场. 为了证明,我们这次不用 Lagrange 乘子解除约束而引进自然满足力平衡方程(3.13)的**应力张量函数** $\boldsymbol{\Phi}$:

$$\boldsymbol{\tau}=\boldsymbol{\Phi}\times\boldsymbol{\nabla} \quad (8.8)$$

以代替受约束的变量 $\boldsymbol{\tau}$. 这样, Π_1^C 的变分是

$$\dot{\Pi}_1^C=\int_V(\mathbf{F}-\mathbf{I}):(\dot{\boldsymbol{\Phi}}\times\boldsymbol{\nabla})dV-\int_{A_u}\mathring{\mathbf{u}}\cdot\dot{\boldsymbol{\tau}}\cdot\mathbf{N}dA. \quad (8.9)$$

利用恒等式

$$(\mathbf{F}-\mathbf{I}):(\dot{\boldsymbol{\Phi}}\times\boldsymbol{\nabla})=(\mathbf{F}\times\boldsymbol{\nabla}):\dot{\boldsymbol{\Phi}} + \operatorname{tr}\{[(\mathbf{F}^*-\mathbf{I})\cdot\dot{\boldsymbol{\Phi}}]\times\boldsymbol{\nabla}\} \quad (8.10)$$

及散度定理

$$\int_V\operatorname{tr}[(\mathbf{F}^*\cdot\dot{\boldsymbol{\Phi}})\times\boldsymbol{\nabla}]dV=\oint_A\mathbf{F}:(\dot{\boldsymbol{\Phi}}\times\mathbf{N})dA, \quad (8.11)$$

(8.9) 式成为

$$\dot{\Pi}_1^C = \int_V (\mathbf{F} \times \boldsymbol{\nabla}) : \dot{\boldsymbol{\Phi}} dV + \oint_A (\mathbf{F} - \mathbf{I}) : (\dot{\boldsymbol{\Phi}} \times \mathbf{N}) dA$$
$$- \int_{A_u} \mathring{\mathbf{u}} \cdot \dot{\boldsymbol{\tau}} \cdot \mathbf{N} dA. \tag{8.12}$$

从体积分项得可积条件 (8.6). 因此, 可积分 (8.7) 式而得向量场 $\mathbf{u}(\mathbf{X})$. 当这向量场满足几何边条件时, 就成为对应的位移场. 将 $\mathbf{u}(\mathbf{X})$ 代入上式的第一个面积分,它的被积函数化为

$$(\mathbf{F} - \mathbf{I}) : (\dot{\boldsymbol{\Phi}} \times \mathbf{N}) = (\mathbf{u}\boldsymbol{\nabla}) : (\dot{\boldsymbol{\Phi}} \times \mathbf{N})$$
$$= \mathbf{u} \cdot (\dot{\boldsymbol{\Phi}} \times \boldsymbol{\nabla}) \cdot \mathbf{N} - [(\mathbf{u} \cdot \dot{\boldsymbol{\Phi}}) \times \boldsymbol{\nabla}] \cdot \mathbf{N}. \tag{8.13}$$

根据 Stokes 定理,任何向量场的旋度在闭曲面上的通量等于零,于是 (8.12) 式的两个面积分变为

$$\oint_A \mathbf{u} \cdot (\dot{\boldsymbol{\Phi}} \times \boldsymbol{\nabla}) \cdot \mathbf{N} dA - \int_{A_u} \mathring{\mathbf{u}} \cdot \dot{\boldsymbol{\tau}} \cdot \mathbf{N} dA$$
$$= \int_{A_u} (\mathbf{u} - \mathring{\mathbf{u}}) \cdot \dot{\boldsymbol{\tau}} \cdot \mathbf{N} dA. \tag{8.14}$$

于是得

$$\mathbf{u}|_{A_u} = \mathring{\mathbf{u}}, \tag{8.15}$$

这里用到 $\dot{\boldsymbol{\tau}}|_{A_t} = 0$. 于是, **Levinson 原理**得到全部证明(恒等式 (8.10,13) 及散度定理 (8.11) 都不难用分量形式证明).

同样可以用 Lagrange 乘子将可能应力场的约束条件合并到泛函 (8.3),略去中间过程,最终得无约束泛函:

$$\overset{*}{\Pi}{}_1^C(\boldsymbol{\tau}, \mathbf{u}) = \int_V [\tilde{\Sigma}^C(\boldsymbol{\tau}) - \operatorname{tr} \boldsymbol{\tau} + \mathbf{u} \cdot (\boldsymbol{\tau} \cdot \boldsymbol{\nabla})] dV$$
$$- \int_{A_u} \mathring{\mathbf{u}} \cdot \boldsymbol{\tau} \cdot \mathbf{N} dA - \int_{A_t} \mathbf{u} \cdot (\boldsymbol{\tau} \cdot \mathbf{N} - \mathring{\mathbf{T}}_{\mathbf{N}}) dA. \tag{8.16}$$

它的变分是

$$\delta\overset{*}{\Pi}{}_1^C(\boldsymbol{\tau}, \mathbf{u}(= \int_V [(\mathbf{F} - \mathbf{I} - \mathbf{u}\boldsymbol{\nabla}) : \dot{\boldsymbol{\tau}} + (\boldsymbol{\tau} \cdot \boldsymbol{\nabla}) \cdot \dot{\mathbf{u}}] dV$$
$$+ \int_{A_u} (\mathbf{u} - \mathring{\mathbf{u}}) \cdot \dot{\boldsymbol{\tau}} \cdot \mathbf{N} dA - \int_{A_t} \dot{\mathbf{u}} \cdot (\boldsymbol{\tau} \cdot \mathbf{N} - \mathring{\mathbf{T}}_{\mathbf{N}}) dA. \tag{8.17}$$

$\delta\overset{*}{\Pi}{}_1^C = 0$ 给出

$$\left.\begin{array}{ll}\boldsymbol{\tau}\cdot\nabla=0 & \text{在 } V,\\ \mathbf{u}\nabla=\mathbf{F}-\mathbf{I} & \text{在 } V,\\ \boldsymbol{\tau}\cdot\mathbf{N}=\mathring{\mathbf{T}}_{\mathbf{N}} & \text{在 } A_t,\\ \mathbf{u}=\mathring{\mathbf{u}} & \text{在 } A_u.\end{array}\right\}\tag{8.18}$$

(8.18) 各式加上力矩平衡条件 (8.5) 及可积条件 (8.6) 说明，$\boldsymbol{\tau}$ 和 $\mathbf{u}$ 就是真实应力场和真实位移场. 可以称与泛函 (8.16) 相联系的变分原理为**广义 Levinson 原理.**

对于真实状态，下列等式成立

$$\tilde{\Sigma}^C-\operatorname{tr}\boldsymbol{\tau}=\Sigma^C+\frac{1}{2}[(\nabla\mathbf{u})\cdot(\mathbf{u}\nabla)]:\mathbf{T},\tag{8.19}$$

故亦存在两个互补关系:

$$\Pi+\Pi_1^C\overset{r}{=}0,\qquad \overset{*}{\Pi}+\overset{*}{\Pi}{}_1^C\overset{r}{=}0.\tag{8.20}$$

§9. Fraeijs de Veubeke 原理

当 $\boldsymbol{\tau}(\mathbf{F})$ 不可逆时，Levinson 原理失效. 采用 (4.17) 式的第二余能

$$\tilde{\Sigma}^C[\mathbf{S}(\boldsymbol{\tau},\mathbf{R})]=\boldsymbol{\tau}:[\mathbf{R}\cdot\mathbf{U}(\mathbf{S})]-\Sigma[\mathbf{U}(\mathbf{S})],\tag{9.1}$$

虚应力原理就引导到基于极分解的 **Fraeijs de Veubeke 原理.** 将仍然成立的 (8.1) 式代入虚应力原理 (5.10)，我们就有

$$\delta\left\{\int_V[\tilde{\Sigma}^C(\mathbf{S})-\operatorname{tr}\boldsymbol{\tau}]dV-\int_{A_u}\mathring{\mathbf{u}}\cdot\boldsymbol{\tau}\cdot\mathbf{N}\,dA\right\}=0.\tag{9.2}$$

对于以 Piola 应力张量 $\boldsymbol{\tau}$ 和转动张量 $\mathbf{R}$ 作为独立变量的泛函:

$$\Pi_2^C(\boldsymbol{\tau},\mathbf{R})=\int_V\{\tilde{\Sigma}^C[\mathbf{S}(\boldsymbol{\tau},\mathbf{R})]-\operatorname{tr}\boldsymbol{\tau}\}dV-\int_{A_u}\mathring{\mathbf{u}}\cdot\boldsymbol{\tau}\cdot\mathbf{N}dA,\tag{9.3}$$

(9.2) 式的意义是：真实应力场 $\boldsymbol{\tau}$ 和真实转动场 $\mathbf{R}$ 使泛函 Π_2^C 取驻值. 逆命题也是对的：使 Π_2^C 取驻值的可能应力场 $\boldsymbol{\tau}$ 和转动场 $\mathbf{R}$ 满足力矩平衡条件，且有唯一的，满足几何边条件的位移场 $\mathbf{u}$ 与之对应，因而是问题的解. 注意，这里力矩平衡条件已不能像 Levinson 原理那样由 $\tilde{\Sigma}^C$ 函数本身的形式所保证. 所谓对应的位移场，

就是指从下述步骤求出的向量场 $\mathbf{u}$：从 $\boldsymbol{\tau}$ 和 $\mathbf{R}$ 出发，根据 (3.17) 式及 $\mathbf{S}(\mathbf{U})$ 的可逆性算出 $\mathbf{R}\cdot\mathbf{U}$，然后根据 (3.2, 3) 积分得

$$\mathbf{u}(\mathbf{X})=\int_{\mathbf{X}_0}^{\mathbf{X}}(\mathbf{R}\cdot\mathbf{U}-\mathbf{I})\cdot d\mathbf{X}+\mathring{\mathbf{u}}(\mathbf{X}_0). \tag{9.4}$$

可积条件是

$$(\mathbf{R}\cdot\mathbf{U})\times\boldsymbol{\nabla}=0 \qquad \text{在 } V. \tag{9.5}$$

利用 (4.10) 和 (3.17) 式，考虑到伸长张量 $\mathbf{U}$ 的对称性，并引入应力张量函数 $\boldsymbol{\Phi}$ 如 (8.8) 式，则泛函 Π_2^C 变分的体积分被积函数是

$$\begin{aligned}\frac{d\tilde{\Sigma}^C}{d\mathbf{S}}:\dot{\mathbf{S}}-\operatorname{tr}\dot{\boldsymbol{\tau}}&=\mathbf{U}:(\dot{\boldsymbol{\tau}}^*\cdot\mathbf{R}+\boldsymbol{\tau}^*\cdot\dot{\mathbf{R}})-\operatorname{tr}\dot{\boldsymbol{\tau}}\\&=\dot{\boldsymbol{\tau}}:(\mathbf{R}\cdot\mathbf{U}-\mathbf{I})+\boldsymbol{\tau}:(\dot{\mathbf{R}}\cdot\mathbf{U})=(\mathbf{R}\cdot\mathbf{U}-\mathbf{I}):(\dot{\boldsymbol{\Phi}}\times\boldsymbol{\nabla})\\&\quad+\frac{1}{2}(\boldsymbol{\tau}\cdot\mathbf{U}\cdot\mathbf{R}^*-\mathbf{R}\cdot\mathbf{U}\cdot\boldsymbol{\tau}^*):(\dot{\mathbf{R}}\cdot\mathbf{R}^*).\end{aligned} \tag{9.6}$$

利用恒等式 (8.10) 及散度定理 (8.11)，得 Π_2^C 的变分：

$$\begin{aligned}\dot{\Pi}_2^C=&\int_V\Big\{[(\mathbf{R}\cdot\mathbf{U})\times\boldsymbol{\nabla}]:\dot{\boldsymbol{\Phi}}+\frac{1}{2}(\boldsymbol{\tau}\cdot\mathbf{U}\cdot\mathbf{R}^*\\&-\mathbf{R}\cdot\mathbf{U}\cdot\boldsymbol{\tau}^*):(\dot{\mathbf{R}}\cdot\mathbf{R}^*)\Big\}dV\\&+\oint_A(\mathbf{R}\cdot\mathbf{U}-\mathbf{I}):(\dot{\boldsymbol{\Phi}}\times\mathbf{N})dA\\&-\int_{A_u}\mathring{\mathbf{u}}\cdot\dot{\boldsymbol{\tau}}\cdot\mathbf{N}dA.\end{aligned} \tag{9.7}$$

从体积分项得可积条件 (9.5) 及力矩平衡条件

$$\boldsymbol{\tau}\cdot\mathbf{U}\cdot\mathbf{R}^*=\mathbf{R}\cdot\mathbf{U}\cdot\boldsymbol{\tau}^* \qquad \text{在 } V. \tag{9.8}$$

只要用 $\mathbf{R}\cdot\mathbf{U}$ 代替 $\mathbf{F}$，就可用完全类似于证 Levinson 原理的步骤求得满足几何边条件的位移场 $\mathbf{u}(\mathbf{X})$。从而 Fraeijs de Veubeke 原理得到全部证明。

类似地，相应的无约束泛函是

$$\begin{aligned}\overset{*}{\Pi}{}_2^C(\boldsymbol{\tau},\mathbf{R},\mathbf{u})=&\int_V\{\tilde{\Sigma}^C[\mathbf{S}(\boldsymbol{\tau},\mathbf{R})]-\operatorname{tr}\boldsymbol{\tau}+\mathbf{u}\cdot(\boldsymbol{\tau}\cdot\boldsymbol{\nabla})\}dV\\&-\int_{A_u}\mathring{\mathbf{u}}\cdot\boldsymbol{\tau}\cdot\mathbf{N}dA-\int_{A_t}\mathbf{u}\cdot(\boldsymbol{\tau}\cdot\mathbf{N}-\mathring{\mathbf{T}}_{\mathbf{N}})dA.\end{aligned} \tag{9.9}$$

它的变分是

$$\delta \overset{*}{\Pi}{}_2^C = \int_V \Big[(\mathbf{R}\cdot\mathbf{U}-\mathbf{I}-\mathbf{u}\nabla):\dot{\boldsymbol{\tau}} + \frac{1}{2}(\boldsymbol{\tau}\cdot\mathbf{U}\cdot\mathbf{R}^*$$

$$-\mathbf{R}\cdot\mathbf{U}\cdot\boldsymbol{\tau}^*):(\dot{\mathbf{R}}\cdot\mathbf{R}^*) + (\boldsymbol{\tau}\cdot\nabla)\cdot\dot{\mathbf{u}}\Big]dV$$

$$+\int_{A_u}(\mathbf{u}-\mathring{\mathbf{u}})\cdot\dot{\boldsymbol{\tau}}\cdot\mathbf{N}dA - \int_{A_t}\dot{\mathbf{u}}\cdot(\boldsymbol{\tau}\cdot\mathbf{N}-\mathring{\mathbf{T}}_{\mathbf{N}})dA. \tag{9.10}$$

$\delta \overset{*}{\Pi}{}_2^C = 0$ 给出

$$\left.\begin{array}{ll}\boldsymbol{\tau}\cdot\nabla = 0 & \text{在 } V, \\ \boldsymbol{\tau}\cdot\mathbf{U}\cdot\mathbf{R}^* = \mathbf{R}\cdot\mathbf{U}\cdot\boldsymbol{\tau}^* & \text{在 } V, \\ \mathbf{u}\nabla = \mathbf{R}\cdot\mathbf{U}-\mathbf{I} & \text{在 } V, \\ \boldsymbol{\tau}\cdot\mathbf{N} = \mathring{\mathbf{T}}_{\mathbf{N}} & \text{在 } A_t, \\ \mathbf{u} = \mathring{\mathbf{u}} & \text{在 } A_u.\end{array}\right\} \tag{9.11}$$

它们加上本构关系

$$\mathbf{U} = \mathbf{U}(\mathbf{S}) = \mathbf{U}\left[\frac{1}{2}(\boldsymbol{\tau}^*\cdot\mathbf{R}+\mathbf{R}^*\cdot\boldsymbol{\tau})\right] \tag{9.12}$$

及转动张量的正交性

$$\mathbf{R}\cdot\mathbf{R}^* = \mathbf{I} \tag{9.13}$$

构成了问题的全部关系式. 可以称与泛函 $\overset{*}{\Pi}{}_2^C$ 相联系的变分原理为**广义 Fraeijs de Veubeke 原理.**

类似地也可证明两个关系:

$$\Pi + \Pi_2^C \overset{r}{=} 0, \qquad \overset{*}{\Pi} + \overset{*}{\Pi}{}_2^C \overset{r}{=} 0,$$

§10. 关系图

这里给出统一从虚功原理推导出来的各变分原理的关系图. 它使我们更能看清各原理间的纵横内在联系: 纵向是势能原理、余能原理、Levinson 原理 (L-原理) 和 Fraeijs de Veubeke 原理 (FV-原理)四条线, 古典变分原理构成一闭迴路, 而 L- 和 FV-原理则各单独成一开分支;各原理间又存在着横向的互补关系.

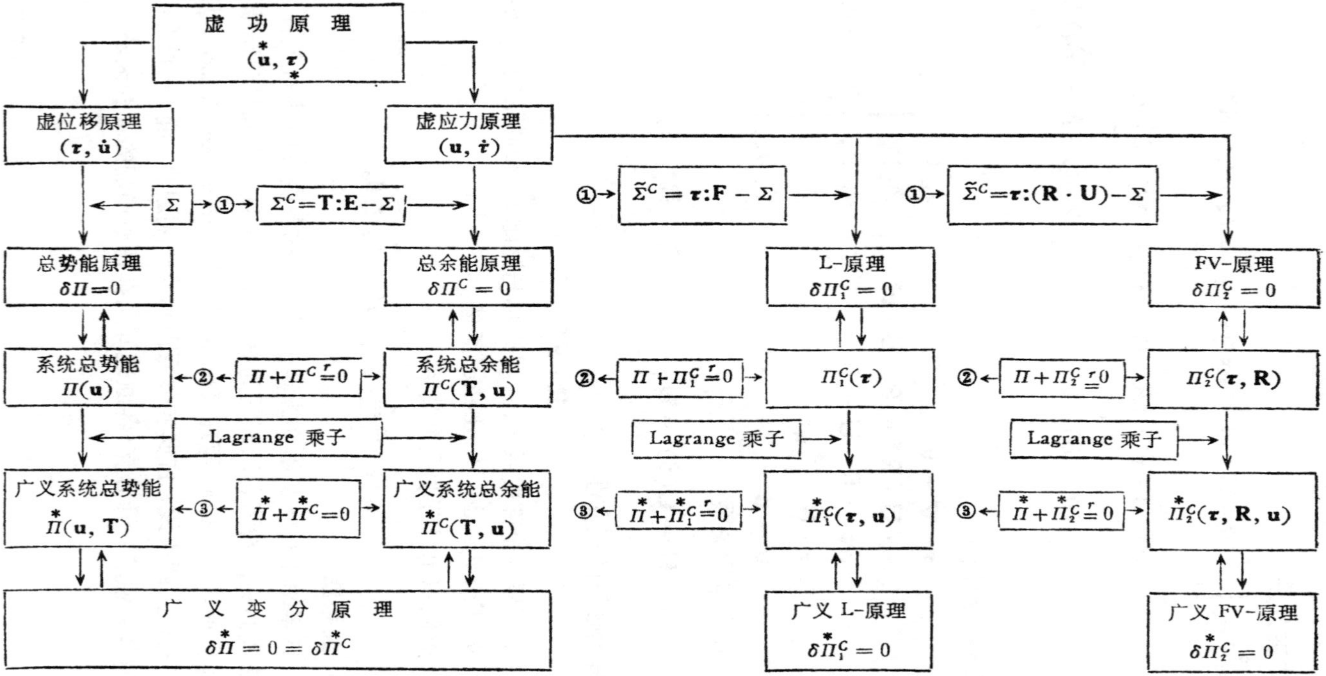
虚 功 原 理
$(\overset{*}{\mathbf{u}}, \underset{*}{\boldsymbol{\tau}})$
虚位移原理
$(\boldsymbol{\tau}, \dot{\mathbf{u}})$
虚应力原理
$(\mathbf{u}, \dot{\boldsymbol{\tau}})$
Σ
①
$\Sigma^C = \mathbf{T}:\mathbf{E} - \Sigma$
$\tilde{\Sigma}^C = \boldsymbol{\tau}:\mathbf{F} - \Sigma$
$\tilde{\Sigma}^C = \boldsymbol{\tau}:(\mathbf{R}\cdot\mathbf{U}) - \Sigma$
总势能原理
$\delta\Pi = 0$
总余能原理
$\delta\Pi^C = 0$
L-原理
$\delta\Pi_1^C = 0$
FV-原理
$\delta\Pi_2^C = 0$
系统总势能
$\Pi(\mathbf{u})$
②
$\Pi + \Pi^C \overset{r}{=} 0$
系统总余能
$\Pi^C(\mathbf{T}, \mathbf{u})$
$\Pi + \Pi_1^C \overset{r}{=} 0$
$\Pi_1^C(\boldsymbol{\tau})$
$\Pi + \Pi_2^C \overset{r}{=} 0$
$\Pi_2^C(\boldsymbol{\tau}, \mathbf{R})$
Lagrange 乘子
广义系统总势能
$\overset{*}{\Pi}(\mathbf{u}, \mathbf{T})$
③
$\overset{*}{\Pi} + \overset{*}{\Pi}{}^C = 0$
广义系统总余能
$\overset{*}{\Pi}{}^C(\mathbf{T}, \mathbf{u})$
$\overset{*}{\Pi} + \overset{*}{\Pi}{}_1^C \overset{r}{=} 0$
$\overset{*}{\Pi}{}_1^C(\boldsymbol{\tau}, \mathbf{u})$
$\overset{*}{\Pi} + \overset{*}{\Pi}{}_2^C \overset{r}{=} 0$
$\overset{*}{\Pi}{}_2^C(\boldsymbol{\tau}, \mathbf{R}, \mathbf{u})$
广 义 变 分 原 理
$\delta\overset{*}{\Pi} = 0 = \delta\overset{*}{\Pi}{}^C$
广义 L-原理
$\delta\overset{*}{\Pi}{}_1^C = 0$
广义 FV-原理
$\delta\overset{*}{\Pi}{}_2^C = 0$

参 考 文 献

[1] Courant, R., Hilbert, D., Methode der Mathematischen Physik I. 3. Auflage, Springer, 1968, S. 201—207.

[2] Sewell, M. J., On dual approximation principles and optimization in continuum mechanics, *Philos. Trans. Roy. Soc. London*, Ser. A**265** (1969), pp. 319—351.

[3] Reissner, E., On a variational theorem for finite elastic deformations, *J. Math. Phys.*, **32**(1953), pp. 129—135.

[4] Truesdell, C., Noll. W., Non-linear Field Theories of Mechanics, Handbuch der Physik Bd. III/3, Springer, 1965.

[5] Nemat-Nasser, S., General variational principles in nonlinear and linear elasticity with applications, Mechanics Today vol. 1, Pergamon, 1972.

[6] Washizu, K., Variational Methods in Elasticity and Plasticity, ed. II, Oxford, 1975.

[7] Washizu, K., Complementary Variational Principles in Elasticity and Plasticity, Lecture at the Conference on "Duality and Complementary in Mechanics of Deformable Solids", Jabłonna Poland, 1977.

[8] Levinson, M., The complementary energy theorem in finite elasticity, *Trans. ASME, Ser. E, J. Appl, Mech.*, **87**(1965), pp. 826—828.

[9] Zubov, L. M., The stationary principle of complementary work in nonlinear theory of elasticity, *Prikl. Mat. Meh.*, **34** (1970), pp. 228—232.

[10] Koiter, W. T., On the principle of stationary complementary energy in the nonlinear theory of elasticity, *SIAM, J. Appl. Math.*, **25**(1973), pp. 424—434.

[11] Koiter, W. T., On the complementary, energy theorem in nonlinear elasticity theory, Trends in Appl. of pure Math. to Mech, ed. G. Fichera, Pitman, 1976.

[12] Fraeijs de Veubeke, B., A new variational principle for finite elastic displacements, *Int. J. Engng. Sci.*, **10**(1972), pp. 745—763.

[13] Christoffersen, J., On Zubov's principle of stationary complementary energy and a related principle, Rep. No. 44, Danish Center for Appl. Math. and Mech., April, 1973.

[14] Ogden, R. W., A note on variational theorems in nonlinear elastostatics, *Math. Proc. Camb. Phil. Soc.*, **77** (1975), pp. 609—615.

[15] Dill, E. H., The complementary energy principle in nonlinear elasticity, *Lett. Appl. and Engng. Sci.*, **5**(1977), pp. 95—106.

[16] Ogden, R. W., Inequalities associated with the inversion of elastic stress-deformation relations and their implications, *Math. Proc. Camb. Phil. Soc.*, **81**(1977), pp. 313—324.

[17] Ogden, R. W., Extremum principles in non-linear elasticity and their application to composite-I, *Int. J. Solids Struct.*, **14**(1978), pp. 265—282.

[18] Truesdell, C., Toupin, R., The Classical Field Theories, Handbuch der

Physik Bd. III/1, Springer, 1960.
[19] 本书.
[20] Macvean, D. B., Die Elementararbeit in einem Kontinuum und die Zuordnung von Spannungs-und Verzerrungstensoren, *ZAMP*, **19**(1968), S. 157—185.
[21] Hill, R., On constitutive inequalities for simple materials-I, *J. Mech. Phys. Solids*, **16**(1968), pp. 229—242.
[22] Novozhilov, V. V., Theory of Elasticity, Pergamon, 1961.
[23] 胡海昌,弹塑性理论中的一些变分原理,中国科学, **4**(1955), 33—54 页.
[24] 钱伟长,弹性理论中广义变分原理的研究及其在有限元计算中的应用,清华大学科学报告, 1978 年 11 月.